高等职业教育计算机系列教材

大学信息技术基础

（GPT 版）

涂蔚萍　贺　琦　主　编
鲁　珏　周　芃　副主编

電子工業出版社
Publishing House of Electronics Industry
北京 • BEIJING

内容简介

本书充分贯彻《高等职业教育专科信息技术课程标准（2021 年版）》和《上海市高等学校信息技术水平考试大纲（2022 年版）》的要求，在编写时结合了计算机科学技术的发展成果，充分考虑大学生的知识结构和学习特点，注重对信息技术基础知识的介绍和学生动手能力的培养。

本书共 7 章，包括信息技术基础，Windows 10 操作系统、文字处理软件 Word 2016、电子表格处理软件 Excel 2016、演示文稿软件 PowerPoint 2016 的基本操作，多媒体技术基础及数字媒体 Web 集成七大模块，每个模块按照学生的学习习惯设计了基础实训和进阶实训，循序渐进、易学易用。

本书不仅适合作为高职院校各专业通用的信息技术基础教材，还适合作为参加上海市高校信息技术水平考试（一级）的学生的参考书，以及计算机基础、计算机常用工具软件的自学者的参考书，同时适合作为成人教育的教材及办公自动化培训的教材。

图书在版编目（CIP）数据

大学信息技术基础：GPT 版 / 涂蔚萍，贺琦主编 . —北京：电子工业出版社，2023.9

高等职业教育计算机系列教材

ISBN 978-7-121-46375-4

Ⅰ . ①大… Ⅱ . ①涂… ②贺… Ⅲ . ①电子计算机－高等职业教育－教材 Ⅳ . ① TP3

中国国家版本馆 CIP 数据核字（2023）第 176657 号

责任编辑：杨永毅
印　　刷：三河市良远印务有限公司
装　　订：三河市良远印务有限公司
出版发行：电子工业出版社
　　　　　北京市海淀区万寿路 173 信箱　　　邮编：100036
开　　本：787×1 092　1/16　印张：18.25　字数：479 千字
版　　次：2023 年 9 月第 1 版
印　　次：2023 年 9 月第 1 次印刷
印　　数：4 000 册　定价：63.00 元

凡所购买电子工业出版社图书有缺损问题，请向购买书店调换。若书店售缺，请与本社发行部联系，联系及邮购电话：（010）88254888，88258888。

质量投诉请发邮件至 zlts@phei.com.cn，盗版侵权举报请发邮件至 dbqq@phei.com.cn。

本书咨询联系方式：（010）88254570，xujj@phei.com.cn。

前　　言

2021 年 3 月 23 日教育部办公厅印发的《高等职业教育专科信息技术课程标准（2021 年版）》（简称《国标》）中强调，信息技术涵盖信息的获取、表示、传输、存储、加工、应用等各种技术。信息技术已成为经济社会转型发展的主要驱动力，是建设创新型国家、制造强国、质量强国、网络强国、数字中国、智慧社会的基础支撑。提升国民信息素养，增强个体在信息社会的适应力与创造力，对个人的生活、学习和工作，对全面建设社会主义现代化国家具有重大意义。

高等职业教育专科信息技术课程是各专业大学生必修或限定选修的公共基础课程。学生们通过学习本课程，能够增强信息意识、提升计算思维、促进数字化创新与发展能力、树立正确的信息社会价值观和责任感，为其职业的发展、形成终身学习和服务社会的理念奠定基础。

本书结合能力本位的课程改革需要编写，以提高学生实践能力为目标。“信息技术”是诸多高校的一门计算机基础课程，也是学习其他计算机相关技术课程的前导课程。本书旨在培养学生的信息素养，增强学生对计算机操作系统的应用能力，提高学生的计算机综合应用的文化素质，使其熟练掌握常用办公软件、多媒体软件等的使用，构建自主学习的知识结构，提升计算机项目实践能力，从而达到真正的“学以致用”。

本书由长期从事信息技术课程教学的一线教师编写，他们熟知学生的认知过程和学习规律。本书在编写过程中强调了实用性和可操作性，以“项目引领、任务驱动”的方式，融合了理论与实践，兼顾了知识与技能。项目内容紧跟社会主流与生活实际，最大限度地激发学生的学习热情，并使其有效掌握最新的实用技术。同时，本书在编写过程中还充分考虑了教学实施的需求，合理设置了项目的分层，以基础项目和进阶项目的方式引导学生阶梯式地学习、提升，有利于提高教学效率和教学效果。

本书以任务驱动的方式逐步展开，有利于适应高职“教、学、做”一体化教学模式，更贴近学生的学习习惯。另外，本书还采用了虚实结合的方式，实现“纸质教材 + 虚拟电子教材”形式，适应不同学生的个性化需要，并注重培养学生解决实际问题的能力，从而达到提高学生综合素质的教学目标。此外，为加快推进党的二十大精神“进教材、进课堂、进头脑”，把立德树人作为基本要求，在书中融入了素质目标，培养学生爱国情操，以贯彻“教育、科技、人才是全面建设社会主义现代化国家的基础性、战略性支撑”等党的二十大精神。

本书由上海电子信息职业技术学院的教师组织编写，由涂蔚萍、贺琦担任主编，由鲁珏、周芃担任副主编。其中，第 1 章、第 6 章的 6.1 节至 6.6 节由涂蔚萍编写，第 2 章、第 5 章由姚倩倩编写，第 3 章由周芃编写，第 4 章由贺琦编写，第 6 章的 6.7 节至 6.10 节由贾邦稳编写，第 7 章由鲁珏编写。同时，本书在编写过程中参考了许多资料，得到各方面的大力支持，在此一并表示感谢。

为了方便教师教学，本书配有电子教学课件及相关资源，以及相关的项目实训素材文件，请有此需要的教师登录华信教育资源网（www.hxedu.com.cn）注册后免费下载，如有问题可在网站留言板留言或与电子工业出版社联系（E-mail：hxedu@phei.com.cn）。

由于编者水平有限，编写时间仓促，书中难免存在疏漏和不足，恳请广大读者给予批评和指正。

编　者

目录

Contents

第 1 章 信息技术基础

本章导读

技能目标

- 理解信息技术的发展
- 掌握计算机硬件组成
- 掌握计算机软件组成
- 了解信息技术的新发展
- 认识数据通信的系统组成及概念

素质目标

- 提升对信息道德的重视度
- 加强对信息道德的教育
- 培育信息价值观
- 养成信息社会的自律行为

1.1 信息技术

1.1.1 信息技术概述

自 1928 年美国学者哈特莱（Hartly）提出信息的概念以来，“信息”这个名词就与社会生活和经济发展产生了不解之缘。有人断言，物质、能源和信息是人类生存和社会进步的必要条件，可见信息在现代社会中的作用和地位十分重要。

信息是一切物质运行状态和运动方式的表征，它来源于物质的运动，是物质的一种固有属性。可以说没有物质，没有物质的运动，就没有信息。但是信息不等同于物质，信息不是物质本身，它只是反映物质的运动状态和方式。同时，信息与能量也有密切的关系，没有能量，物质就不能运动，当然就没有信息。但是信息不等同于能量，能量是物质运动的原因，信息则是物质运动的结果。

1.1.2 信息技术定义

对信息的识别、检测、提取、变换、传递、存储、检索、处理、再生、转化及应用等方面的技术被称为信息技术。古代人类依靠感官来获取信息，采用语言和动作来表达、传递信息。自从人类发明了文字、造纸术和印刷术，人类就开始采用纸张、文字来传递信息。随着人类发明了电报、电话和电视，人类进入了电信时代，采用越来越多的方式进行信息传递。在 20 世纪，随着无线电技术、计算机及其网络技术和通信技术的发展，信息技术进入了崭新的时代。进入 21 世纪后，信息技术以多媒体计算机技术和网络通信技术为主要标志，人类不断探索、研究并开发出更先进的信息技术，从而能够更方便地获取信息和存储信息，更好地加工信息和再生信息。

根据信息技术开发和应用的发展历史，可以将信息技术的发展分为以下 3 个阶段。

1. 古代信息技术革命

第一次信息技术革命是语言的使用，发生在距今 35 000 ～ 50 000 年前。

语言的使用是人类从猿进化到人的重要标志。

第二次信息技术革命是文字的创造。大约在公元前 3500 年出现了文字。

文字的创造标志着信息第一次打破时间、空间的限制。

第三次信息技术革命是印刷技术的发明。汉朝以前，人类使用竹木简或帛做为书的材料，直到公元 105 年蔡伦改进了造纸术，这种纸被称为“蔡侯纸”。大约在公元 1041 年，我国开始使用活字印刷术（欧洲人在公元 1451 年开始使用印刷技术）。

2. 近代信息技术革命

第四次信息技术革命是电报、电话、广播和电视的发明与普及应用。

19 世纪中期以后，随着电报、电话的发明，以及电磁波的发现，人类在通信领域发生了根本性的变革，实现了使用金属导线上的电脉冲来传递信息，以及通过电磁波来进行无线通信。1837 年美国人 Samuel Morse 研制出了世界上第一台有线电报机。

3. 现代信息技术革命

第五次信息技术革命始于 20 世纪 60 年代，其开始标志是电子计算机的普及应用，以及计算机与现代通信技术的有机结合。

随着电子技术的高速发展，在军事、科研领域中需要使用的计算工具也得到了改进。在 1946 年，由美国宾夕法尼亚大学研制的第一台电子计算机诞生了。

1.2 计算机硬件组成

硬件系统是组成计算机的重要部件，它是计算机的物质基础。

在通常情况下，一台个人计算机的硬件系统是由 CPU、主板、内存、硬盘、电源、显示器、键盘、鼠标、光驱、显卡、声卡、机箱、电源、音箱等基本部件组成的。用户可以根据自己的需要配置话筒、摄像头、打印机、扫描仪、调制解调器等其他外部设备。

1.2.1 CPU

CPU 是英文 Central Processing Unit 的缩写，中文名称为“中央处理器”，是一台计算机的运算核心和控制核心。计算机中的所有操作都由 CPU 负责读取指令，对指令进行译码和执行。CPU 的种类决定了计算机使用的操作系统和相应的软件，CPU 的型号往往还决定了一台计算机的档次。图 1-1 和图 1-2 所示为不同 CPU 的外观。

图 1-1 CPU 的外观 1

图 1-2 CPU 的外观 2

1.2.2 主板

主板（Motherboard）又称系统板或母板，是计算机中极为重要的部件。如果把 CPU 比作计算机的“心脏”，主板则是计算机的“躯干”。主板采用了开放式结构，大都有 6 ～ 8 个扩展插槽，供计算机外围设备的适配器（控制卡）进行插接。作为计算机的基础部件，主板的作用非常重要，尤其是在稳定性和兼容性方面，其作用更不容忽视。如果主板选择不当，则插在主板上的其他部件的性能可能无法充分发挥。目前主流的主板品牌有华硕、微星和技嘉等，用户在选购主板之前，应根据自己的实际情况谨慎考虑购买方案。不要盲目地认为最贵的就是最好的。

图 1-3 所示为一个主板的外观。

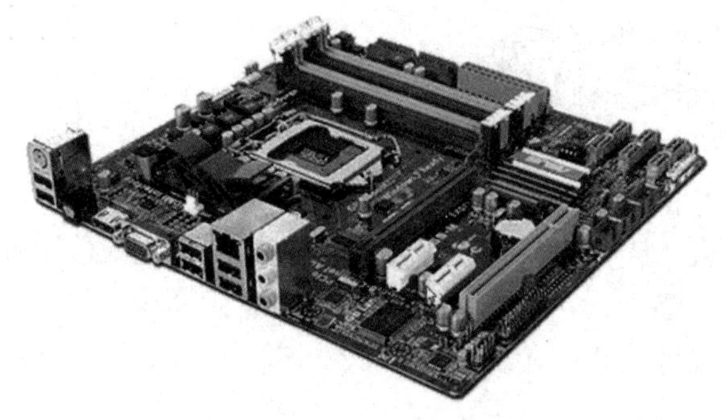

图 1-3　主板的外观

1.2.3　内存

内存储器（简称内存，又称主存储器）用于存放计算机运行所需的程序和数据。内存的容量与性能是计算机整体性能的一个决定性因素。内存的容量大小及其时钟频率（内存在单位时间内处理指令的次数，单位是 MHz）直接影响计算机的运行速度。如果 CPU 的主频很高，硬盘容量很大，但内存的容量很小，那么计算机的运行速度也无法提高。

图 1-4　内存的外观

目前，常见的内存品牌主要有威刚、三星、金士顿和宇瞻等，主流计算机的内存容量一般是 8GB 或 16GB。

图 1-4 所示为金士顿 DDR3 1333 内存的外观。

1.2.4　硬盘

硬盘是计算机最重要的外部存储器之一，由一个或多个铝制或玻璃制的碟片组成。这些碟片的外部覆盖有铁磁性材料。大多数硬盘都是固定硬盘，被永久性地密封、固定在硬盘驱动器中。由于硬盘的碟片和硬盘的驱动器是密封在一起的，因此人们常说的硬盘或硬盘驱动器其实是一回事。

与软盘相比，硬盘具有性能好、速度快、容量大的优点。硬盘固定在主机箱内，一般不可被移动。硬盘最重要的指标是硬盘容量，容量的大小决定了硬盘可存储信息的多少。目前，常见的硬盘品牌主要有迈拓、希捷、西部数据、三星、日立和富士通等。图 1-5 所示为硬盘的外观。

图 1-5　硬盘的外观

1.2.5　电源

电源是一种安装在计算机主机箱内的封闭式独立部件，它的作用是将交流电通过开关电源变压器转换为 5V、−5V、+12V、−12V、+3.3V 等稳定的直流电，以供主机箱内主板、硬盘、各种适配器扩展卡等系统部件使用。

在用户装机时，电源的重要性常常会被忽略，尤其是新手用户在选配计算机时，有时甚至会对电源的品质毫不在意。事实上，这会存在很多隐患，同时也为不法商贩留下了可乘之机。

1.2.6　显示器

显示器是计算机重要的输出设备，也是计算机的“脸面”。计算机操作的各种状态、结果，编辑的文本、程序、图形等都可以在显示器上显示出来。显示器、键盘、鼠标是人与计算机“对话”的主要设备。

显示器主要分为阴极射线管（Cathode Ray Tube，CRT）显示器和液晶显示器两种，外观分别如图 1-6 和图 1-7 所示。台式计算机、笔记本式计算机和掌上电脑一般都采用液晶显示器。

图 1-6　CRT 显示器的外观

图 1-7　液晶显示器的外观

目前，液晶显示器的技术已经很成熟了，它的应用范围也从笔记本式计算机扩展到台式计算机，成为新的热点。目前著名的显示器品牌制造商主要有飞利浦、三星、LG、索尼、日立、现代、明基、爱国者等。

1.2.7　键盘和鼠标

键盘是计算机最基本的输入设备之一。用户的各种命令、程序和数据都可以通过键盘输入到计算机中。

常见的键盘主要可分为机械式和电容式两类，现在的键盘大多都是电容式键盘。按照键盘的外形可分为普通标准键盘和人体工学键盘两类；按照键盘的接口可分为 AT 接口（大口）、PS/2 接口（小口）、USB 接口等类型的键盘。标准键盘的外观如图 1-8 所示。

鼠标用于确定鼠标指针在屏幕上的位置。在应用软件的支持下，鼠标可以快速、方便地完成某种特定的功能。随着 Windows 操作系统的普及，鼠标已成为计算机的标准输入设备之一。鼠标的外观如图 1-9 所示。

图 1-8　标准键盘的外观

图 1-9　鼠标的外观

1.2.8 光驱

光驱是对光盘上存储的信息进行读写操作的设备，光驱由光盘驱动部件、光盘转速控制电路、读写光头和读写电路，以及聚焦控制、寻道控制、接口电路等部分组成，其机理比较复杂。光驱的外观如图 1-10 所示。在大多数情况下，操作系统及应用软件的安装都需要依靠光驱来完成。目前，光驱主要可分为 CD 光驱、DVD 光驱两种类型。由于 DVD 光驱的容量更大，存放的数据更多，所以 DVD 光驱已成为市场中的主流产品。

图 1-10 光驱的外观

光驱最主要的性能指标是读盘速率，一般用 X 倍速表示。这是因为第一代光驱的读盘速率为 150KB/s，其被称为单倍速光驱，而以后的光驱的读盘速率一般为单倍速光驱的读盘速率的若干倍。例如，50X 光驱的读盘速率为 50×150KB/s=7500KB/s。

1.2.9 显卡和声卡

显卡又称图形加速卡，它是计算机主要的板卡之一，其基本作用为控制计算机的图形输出。

一般来说，二维图形或图像的输出功能是计算机必备的。在此基础上，将部分或全部的三维图像处理功能嵌入显示芯片中，由这种芯片制成的显卡就是人们常说的“3D 显卡”。有些显卡以附加卡的形式安装在计算机主板的扩展槽中，有些则集成在主板的芯片上。图 1-11 所示为太阳花 7300GT 显卡的外观。

声卡（又称音频卡）是多媒体计算机的必要部件之一，是计算机进行声音处理的适配器。图 1-12 所示为 PCI 声卡的外观。

图 1-11 太阳花 7300GT 显卡的外观

图 1-12 PCI 声卡的外观

声卡是多媒体计算机中用来处理声音的接口卡。声卡可以把来自话筒、收录音机、激光唱机等设备的语音、音乐等声音信号变成数字信号，并传送给计算机处理，同时以文件形式存盘；还可以把数字信号还原成为真实的声音，并进行输出。目前大部分主板都集成了声卡，一般不需要再另外配备独立的声卡，除非计算机对音质有比较高的要求。

声卡主要有以下 3 个基本功能。

（1）音乐合成发音功能。

（2）混音器（Mixer）功能和数字声音效果处理器（DSP）功能。

（3）模拟声音信号的输入和输出功能。

1.2.10　其他外部设备

打印机作为各种计算机的主要输出设备之一，是在使用计算机办公时不可缺少的一部分。

打印机随着计算机技术的发展和日趋多样的用户需求有较快的发展。目前，针式打印机、喷墨打印机、激光打印机和多功能一体打印机“百花齐放”，各自发挥优势，满足不同行业用户的不同需求。

1.3　计算机软件组成

软件是计算机的重要组成部分。计算机的软件系统可以分为操作系统和应用程序。

1.3.1　操作系统

操作系统（Operating System，OS）是管理计算机硬件与软件资源的程序，也是计算机系统的内核与基础。操作系统用于管理计算机全部硬件资源、软件资源、数据资源并控制程序运行，为用户提供操作界面。

操作系统是一款庞大的管理、控制程序，包括 5 个方面的管理功能：进程与处理机管理、作业管理、存储管理、设备管理、文件管理。目前，应用较广泛的操作系统主要有 UNIX、Linux、macOS 和 Windows 等，这些操作系统所适用的用户不同，用户可以根据自己的实际需要选择安装不同的操作系统。

1. UNIX

UNIX 是一个强大的、多任务的、多用户的操作系统。按照操作系统的分类，其属于分时操作系统。早在 20 世纪 60 年代末期，AT&T 贝尔实验室的 Ken Thompson、Dennis Ritchie 及其他研究人员为了满足研究环境的需要，计划建立多使用者、多任务、多层次的 MULTICS 操作系统（MULTiplexed Information and Computing System）研究项目，最终开发出了 UNIX 操作系统。目前商标权由国际开发标准组织（The Open Group）所拥有。UNIX 操作系统的可移植性使其能够用于任何类型的计算机，如微型计算机、工作站、小型计算机、多处理机和大型计算机等。

2. Linux

Linux 是一套可免费使用和自由传播的类 UNIX 操作系统，是一个基于 POSIX 和 UNIX 操作系统的多用户、多任务、支持多线程和多 CPU 的操作系统。它能运行主要的 UNIX 工具软件、应用程序和网络协议，支持 32 位和 64 位硬件。Linux 操作系统以其高效性和灵活性著称。Linux 操作系统模块化的设计结构使其既能够在价格昂贵的工作站上运行，也能够在廉价的个人计算机上实现全部的 UNIX 操作系统的特性，具有多任务、多用户的特点。

Linux 操作系统之所以受到广大计算机爱好者的喜爱，主要原因有两点：一是 Linux 属于自由软件，用户不用支付任何费用就可以获得它和它的源代码，并且可以根据自己的需要对其进行必要的修改，无约束地继续实现代码的传播；二是 Linux 具有 UNIX 操作系统的全部功能和特点，稳定、可靠、安全，且有强大的网络功能，任何使用 UNIX 操作系统或想要学习 UNIX 操作系统的用户都可以从 Linux 操作系统中获益。

3. macOS

Mac（全称为 Macintosh）是苹果公司自 1984 年起开发的个人消费型计算机，包括 iMac、Mac mini、Macbook Air、Macbook Pro、Macbook、Mac Pro 等计算机，它们都使用 macOS 操作系统，macOS 是首个在商用领域成功实现图形用户界面的操作系统。macOS 操作系统的界面非常独特，突出地显示了形象的图标，并实现了人机对话功能。

4. Windows

Windows 是美国微软公司研发的一套操作系统，它于 1985 年问世，起初仅作为 Microsoft-DOS 的模拟环境。由于微软公司不断更新升级后续的 Windows 操作系统版本，使 Windows 操作系统不但易用，还成为人们最喜爱的操作系统。

Windows 采用了图形化模式的图形用户界面（Graphical User Interface，GUI），与之前 DOS 的需要键入指令使用的方式相比更人性化。随着计算机硬件和软件的不断升级，微软公司的 Windows 操作系统也在不断升级，其架构从 16 位、16+32 位混合版（Windows 9x）、32 位升级到 64 位，系统版本从最初的 Windows 1.0 升级到大家熟知的 Windows 95、Windows 98、Windows ME、Windows 2000、Windows 2003、Windows XP、Windows Vista、Windows 7、Windows 8、Windows 8.1、Windows 10 和 Windows Server 服务器企业级操作系统，现在仍在持续更新。

其中，Windows 10 是由微软公司发布的新一代的全平台操作系统，其应用范围涵盖传统个人计算机、平板电脑、二合一设备、手机等，支持多种设备类型。新一代 Windows 操作系统将倡导“One product family 、One platform、One store”的新思路，打造全平台“统一”的操作系统。图 1-13 所示为 Windows 标志，图 1-14 所示为 Windows 10 的界面。

图 1-13　Windows 标志

图 1-14　Windows 10 的界面

1.3.2 应用程序

应用程序是指除系统软件外的所有软件，它是利用计算机及其提供的系统软件，为用户解决各种实际问题而编制的计算机程序。

目前，常见的应用程序包括各种用于科学计算的程序包、各种文字处理软件、信息管理软件、计算机辅助设计软件、计算机辅助教学软件、实时控制软件和各种图形图像设计软件等。

应用软件是指为完成某项工作而开发的一组程序，它能够为用户解决各种实际问题，主要包括如下类别。

（1）办公处理软件，如 Microsoft Office、WPS Office 等。

（2）图形图像处理软件，如 Photoshop、CorelDRAW 等。

（3）各种财务管理软件、税务管理软件、辅助教育等专业软件。

目前应用较广泛的应用软件是文字处理软件，它能实现对文本的编辑、排版和打印，如微软公司的 Word 软件。

1.3.3 二进制编码

自然界存在很多两种状态的事物，例如，开关的“开”和“关”，电灯的“亮”和“不亮”。如果用数字来表示两种状态，则可以使用数字“0”和“1”的一位二进制数。

计算机内部采用的是二进制编码。任何信息的数据在计算机内部都用“0”和“1”的各种组合来表示。也就是说在存储器中，指令和数据均以二进制编码的形式出现，在运算时也采用二进制形式运算。采用二进制形式的原因，一是二进制编码容易在二元器件上进行物理实现；二是在人类思维中，“是”和“非”两种状态的判断最简单、稳定。因此，如今的电子数字计算机在其内部无一例外地采用二进制编码，从而成为计算机的主要特点之一。

二进制编码是进位计数的数字系统的一种，十进制数的基本特点是“逢十进一”，二进制数的基本特点是“逢二进一”。在二进制数中“1+1”不再等于 2，而是 10B（B 表示二进制数），“10B+10B”则等于 100B。使用二进制表示的数比较长，很不方便，因此在书面表示时经常使用十六进制数，其基本特点是“逢十六进一”，把四位二进制数写成一个数值，实现“逢十六进一”。其基本符号必须有 16 个，因此除 0 ～ 9 外再加上 A、B、C、D、E、F 这 6 个符号。对应的十六进制数的最后应加上字母 H。

各种进制的相互转换可以使用 Windows 操作系统中自带的“计算机”程序实现。

1.3.4 数据在计算机内部的表示

数据是指能够被输入计算机，并被计算机处理的数值、字符、图像、图形、声音和视频等的集合。在计算机内部，可以采用二进制编码来存放任何数据。

1. 数值

由于数值不仅有正整数、负数、小数等，有时还会遇到很大的数或很小的数，这就需要考虑计算机的运算能力，因此数值在计算机内部的表示是比较复杂的。

（1）原码：符号位加上真值的绝对值，即用第一位表示符号（0 表示正，1 表示负），其余位表示值。

（2）反码：正数的反码与原码相同，负数的反码是在其原码的基础上，符号位不变，其余各位取反。

（3）补码：正数的补码就是其本身，负数的补码是在其原码的基础上，符号位不变，其余各位取反，最后加上 1（即在反码的基础上加 1）。

为何会有反码和补码呢？根据运算法则，减去一个正数等于加上一个负数，即 1-1=1+(-1)=0，所以在计算机的逻辑运算单元设计时，只设计加法运算器，可以使计算机的运算更简单。

2. 西文字符

在计算机系统中，目前西文字符主要采用 ASCII 码，它是美国标准信息交换码，已经被国际标准化组织（ISO）定为国际标准。ASCII 码包括七位的基本 ASCII 码和八位的扩展 ASCII 码两种类型。

基本 ASCII 编码表中只包含 128 个代码，每个代码用七位二进制数来表示。基本 ASCII 码中的字符在计算机中占据 1 字节的低七位，最高位是 0。而扩展 ASCII 码在计算机中占据 1 字节，最高位是 1。

3. 汉字字符

计算机对汉字字符的处理要比西文字符复杂，主要原因是汉字的数量多、字形复杂、字音多变等。因此，汉字字符的编码也要复杂得多。

1）国标码

GB/T 2312—1980：该标准为 6763 个汉字及 682 个常用符号规定了 2 字节的代码，该代码用 2 个七位二进制数来表示。GB/T 2312—1980 是我国使用最广泛的汉字编码标准。

2000 年，我国正式发布并实施国家标准 GB 18030—2000，该标准为常用的非汉字符号和 27 533 个汉字规定了统一的 2 字节或 4 字节的编码。2005 年我国发布了 GB 18030—2005，增加了 42 711 个汉字和多种我国少数民族文字，成为超大型的中文编码字符集。

2）机内码

汉字的机内码是供计算机内部存储、处理和传输汉字而统一使用的代码。由于国标码采用的是 2 字节代码，每个字节的最高位是 0，在计算机内部容易与 ASCII 码混淆。因此在计算机内部表示汉字时，把每个字节的最高位固定为 1，后七位的编码仍以 GB/T 2312—1980 中的标准为基础，形成汉字机内码。

3）输入码

将汉字输入到计算机中的编码被称为汉字输入码，输入码是由键盘上的字母、数字或符号组成的，同一个汉字采用的输入方法不同，其输入码也不同。

4）输出码

汉字在屏幕上显示，或者在打印机上打印而使用的编码被称为输出码，又被称为汉字的字形码。每个汉字的字形都预先存放在计算机中，汉字字形主要有点阵和矢量两种表示方法。

4. 图像与图形

图像与图形都是数字媒体系统中的可视化元素，但图像与图形的产生、描述和存储方式不同。图形是人们根据客观事物制作生成的，它不是客观存在的；而图像是可以直接通过照相、扫描、摄像、绘制得到的。

5. 声音

计算机或电子设备的声音一般有两种：一种是使用麦克风录制模拟声音，经过数字化后得到的波形音频；另一种是使用电子合成设备合成的电子音频。

1）波形音频

声音是一种具有一定的振幅和频率的、随时间变化的声波信息。为了在计算机内部存储这些信息，需要通过采样、量化、编码把电信号数字化，以得到波形音频。

2）电子音频

使用计算机和一些电子合成设备合成的电子音频又可以分为语音和音乐两大类。语音合成，又称文本-语音转换（Text to Speech，TTS）技术，是利用电子计算机和一些专用装置来模拟、制造出语音的技术。而电子合成音乐是一种用来产生、修改正弦波形并叠加，通过声音产生器和扬声器发出特定声音的技术。

6. 视频

视频（Video）泛指将一系列静态影像以电信号的方式捕捉、记录、处理、存储、传送与重现的各种技术。视频实际上是由一幅幅连续的画面组成的，每幅画面就是一帧，帧是组成数字视频的基本单位。

1.3.5 信息技术的新发展

1. 云计算

云计算（Cloud Computing）是继互联网、计算机之后在信息时代的又一种革新。云计算不是一种全新的网络技术，而是一种全新的网络应用概念。云计算的核心就是将很多的计算机资源协调在一起，使用户通过网络获取无限的资源，同时获取的资源不受时间和空间的限制。

2. 物联网

简单来说，物联网是将各种物体连接起来的网络。即按约定的协议，通过射频识别（Radio Frequency Identification，RFID）、红外感应器、嵌入式系统、全球定位系统、激光扫描器等信息传感设备，将任何物体与互联网连接，进行信息交换和通信，以实现对物体的智能化识别、定位、跟踪、监控和管理。

物联网具有 3 个主要的特征：一是互联网特征，即物体接入能够实现互联互通的网络；二是识别与通信特征，即物体具有自动识别、物物通信的功能；三是智能化特征，即物联网具有自动化、自我反馈与智能控制的特点。

3. 大数据

大数据（Big Data，BD）又称巨量资料，是指在新处理模式下具有更强的决策力、洞察力和流程优化能力的海量、高增长率和多样化的信息资产。

我们将数据库类比为“池塘捕鱼”，将大数据类比为“大海捕鱼”。“池塘捕鱼”代表传统数据库时代的数据管理方式，而“大海捕鱼”则代表大数据时代的数据管理方式，“鱼”是待处理的数据。“捕鱼”环境条件的差异导致了“捕鱼”方式的根本性差异。这些差异主要体现在如下几方面：数据规模、数据类型、模式和数据的关系、处理对象、处理工具。

大数据具有以下 4 个特征：数据量（Volume）大、数据种类（Variety）多、快速（Velocity）化、价值（Value）高。

4. 5G 通信

第五代移动通信技术（5th Generation Mobile Networks，简称 5G）是新一代蜂窝移动通信技术。5G 网络是数字蜂窝网络，在这种网络中，供应商覆盖的服务区域被划分为许多被称为“蜂窝”的小地理区域。蜂窝中的所有 5G 无线设备通过无线电波与蜂窝中的本地天线阵和低功率自动收发器（发射机和接收机）进行通信。

5G 网络的主要优势在于两点，一是 5G 网络的数据传输速率远远高于以前的蜂窝网络的数据传输速率，最高可达 10Gbit/s；二是 5G 网络具有较低的网络延迟（即具有更快的响应时间），网络延迟时间低于 1ms。5G 网络的目标是提高数据传输速率、减少延迟、节省能源、降低成本、提高系统容量和大规模设备连接。

5. 人工智能

人工智能（Artificial Intelligence，AI），又称机器智能，是人类智慧与机器的结合。人工智能是利用数字计算机，或者由数字计算机控制的机器模拟、延伸和扩展人的智能，可以感知环境、获取知识并使用知识，最终获得最佳结果的理论、方法、技术及应用系统。人工智能不是人的智能，但能像人一样思考，也可能超过人的智能。

6. 区块链

区块链（Blockchain）是分布式数据存储、点对点传输、共识机制、加密算法等计算机技术的新型应用模式。区块链是比特币的一个重要概念，它本质上是一个去中心化的数据库。同时，区块链作为比特币的底层技术，是一串使用密码学方法相互关联产生的数据块，每一个数据块中包含了一个批次的比特币网络交易的信息，用于验证信息的有效性（防伪），以及生成下一个区块。

区块链最初通过数字的方式来记录账本，从而达到替代现金货币的目的。后来逐渐通过计算机联网运行来达到有效地利用社会资源，解决商业、民生、政务等问题的目的。

狭义来看，区块链是一种按照时间顺序将数据区块以顺序相连的方式组合成的链式数据结构，并且是以密码学的方式保证的、不可篡改的和不可伪造的分布式账本。广义来看，区块链技术是一种全新的分布式基础架构与计算范式，利用块链式数据结构来验证与存储数据，利用分布式节点共识算法来生成和更新数据，利用密码学的方式来保证数据传输和访问的安全，利用自动化脚本代码组成的智能合约来编程和操作数据。

从区块链的概念中可以看出，它具有以下 5 个特征：去中心化、开放性、自治性、信息不可篡改性、匿名性。

7. GPT

通用预训练转换器（Generative Pre-training Transformer，GPT）是人工智能生成内容领域内科学技术发展水平的代表。GPT 是由美国人工智能研究公司 OpenAI 研制的产品。该产品是一种人工智能技术驱动的自然语言处理工具，能够通过学习和理解人类的语言进行对话，像人类一样聊天交流，甚至能完成文案等。它是一种自回归语言模型，这种模型利用深度学习产生类似人类语言的文本。

通俗来说，GPT 就是一种会不断学习并自行完成文字相关工作的计算机程序，在学习过程中无须任何人员操作。如今，GPT 已经发展到第 4 代，即 GPT-4，其参数数量已超过 10 万亿个。

现阶段的 GPT 已经能做到以下几点。

（1）作为基于问题的搜索引擎（类似百度、谷歌等）。

（2）作为历史人物与用户交谈的聊天机器人。

（3）回答医疗问题。

（4）谱写吉他曲谱。

（5）翻译中外文。

（6）自动创作（如小说、散文等）。

未来的 GPT 还能完成一系列令人难以置信的任务。

GPT 在教育领域的应用，将带来教育生态、教育文化的变革与创新。随着互联网、云计算、大数据、物联网、虚拟现实、人工智能等技术的飞速发展，GPT 将使教育的变革成为现实；将打破传统教育体系的形态，使其向更加灵活、更加人性化的教育新生态迈进。

1.3.6 计算思维与信息素养

1. 计算思维

2006 年 3 月，美国卡内基梅隆大学前计算机科学系主任周以真提出并定义了计算思维。她认为：计算思维是运用计算机科学的基础概念去求解问题、设计系统和理解人类行为的一系列思维活动的统称。计算思维的本质是抽象和自动化，它反映了计算的根本问题，即什么能被有效地、自动地进行。它有如下几个特性。

（1）计算思维是概念化的抽象思维，而不是计算机编程。

（2）计算思维是每个人必须掌握的根本技能，而不是刻板技能。

（3）计算思维是人的思维，而不是计算机的思维方式。

（4）计算机思维是数学和工程思维的互补与融合。

（5）计算思维是一种思想，而不是人造物，面向所有人和所有地方。

技术与知识是创新的支撑，而思维是创新的源头。计算思维将成为每个人重要的思维模式和技能组合成分，不仅限于科学家。

2. 信息素养

信息素养（Information Literacy）是信息化社会成员必须具备的基本素养，包括信息意识，利用信息技术与信息工具获取信息、处理信息、再生和创造信息、展现信息、使信息发挥效用的能力，计算思维和利用计算机解决问题的能力，在信息化环境中协同工作和合作的能力，在信息应用中遵循法律和道德。

信息行为是信息时代人类最基本的社会行为，信息道德则是信息制造者、信息服务者和信息使用者的信息行为的规范。信息道德是在信息技术发展的前提下形成的，是人们在利用电子信息网络进行交往时所表现出来的一种道德关系。

信息道德作为一种意识形态，它的建设除了需要从政府层面制定相应的法律法规和技术规范，从技术层面不断完善技术的监控、网络的监管等，还需要构建学校、家庭、社会“三位一体”的信息道德教育网络，多管齐下，形成整体性的教育合力，从而多方面、多角度地促进信息道德培养目标的最终实现。

当代大学生具备的信息素质主要包括信息意识、信息知识、信息能力、信息道德。

1）信息意识

信息意识，是信息素质的前提。信息意识包括主体意识、信息获取意识、信息传播意识、信息更新意识、信息安全意识等，通俗地说，就是面对不懂的东西，能积极主动地寻找答案，并知道去哪里、用什么方法来寻找答案。

2）信息知识

信息知识，是信息素质的基础，是有关信息源的特点与类型、信息搜集和传播的基本规律、信息分析方法、信息检索、信息技术等方面的知识。信息知识不但可以改变人的知识结构，而且可以激活原有的学科专业知识，使文化知识和专业知识发挥更大的作用。

3）信息能力

信息能力，是信息素养的保证，是信息素养最重要的一个方面。它主要包括以下几个方面的能力：信息获取能力、信息选择能力、信息整理能力、信息利用能力、信息交流能力等。

4）信息道德

信息道德，是信息素养的准则。信息道德，是指在组织和利用信息时，要树立正确的法治观念，遵循公序良俗，增强信息安全意识，提高对信息的判断和评价能力，准确、合理地使用信息资源，保护知识产权、尊重个人隐私、抵制不良信息等。

1.4 数据通信的系统组成及概念

数据通信是通信技术和计算机技术结合而产生的一种新的通信方式，主要目的是通过传输信道将数据终端与计算机连接起来，从而使不同地点的数据终端实现软、硬件和信息资源的共享。

1. 数据通信的系统组成

数据通信的主要内容就是计算机通信，是计算机技术和通信技术的结合。数据通信网由硬件部分和软件部分组成。硬件部分包括数据传输设备、数据交换设备及通信线路；软件部分是指支持上述硬件的网络协议等。数据通信网的任务是在网络用户之间，透明地、无差错地、迅速地实现数据通信。计算机通信网由通信子网和资源子网构成，通信子网就是数据通信网。计算机通信子网按网络覆盖范围的大小可分为局域网、城域网和广域网。

2. 数据通信的概念

数据是事实或观察的结果，可以是符号、文字、数字、语音、图像与图形、视频等。在计算机系统中，数据以二进制信息单元的形式表示。

数据通信是随着计算机技术和通信技术的迅速发展，以及两者之间的相互渗透、结合而兴起的一种新的通信方式，它是计算机与通信技术结合的产物。数据通信是指通过某种传输媒体在两个设备之间交换数据的技术，通常也可以将数据通信称为计算机通信。在互联网高度发达的今天，数据通信一般是指人与计算机之间，或者计算机与计算机之间的信息交换过程，通信的双方至少有一方是计算机。数据通信系统不仅可以进行单纯的信息交换，还可以利用计算机进行数据处理。传输过程包含相当复杂的处理操作。数据通信的研究内容与传输数据的格式和传输数据的方法有关。数据通信包括数据处理与数据传输两大部分，即：

数据通信 = 数据处理 + 数据传输

数据通信的任务是使双方完成数据交换。一般的数据通信系统由源站、发送器、传输系统、接收器、目的站构成。数据通信系统的一般模型如图 1-15 所示。

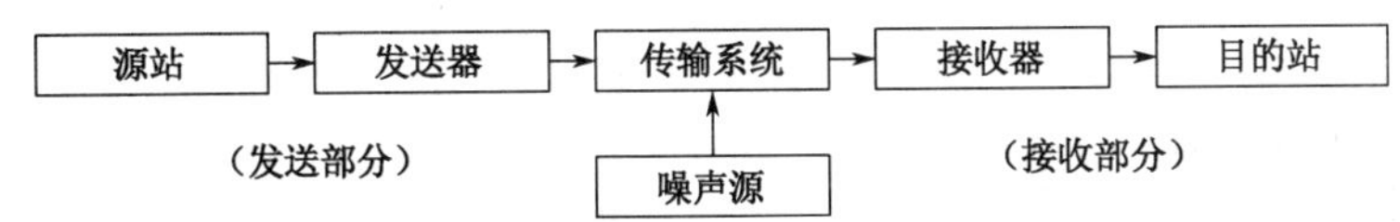

图 1-15　数据通信系统的一般模型

1.5　计算机网络

1.5.1　计算机网络的定义和功能

目前正处于以网络为核心的信息时代，世界经济也正在从工业经济向知识经济转型，知识经济最重要的特点是信息化和全球化。要实现信息化和全球化，就必须依赖完善的网络体系，即电信网络、有线电视网络和计算机网络。在这三类网络中，起到核心作用的是计算机网络，它是一门涉及多种学科和技术领域的综合性技术。

1. 计算机网络的定义

计算机网络是指分布在不同地理位置上的、具有独立功能的多个计算机系统，可以通过通信设备和通信线路连接起来，在网络软件的管理下实现数据传输和资源共享。它综合应用了现代信息处理技术、计算机技术和通信技术的研究成果，把分散在广泛领域中的许多信息处理系统连接在一起，组成一个规模更大、功能更强、可靠性更高的信息综合处理系统。

2. 计算机网络的功能

计算机网络具有丰富的功能，主要体现在信息交换、资源共享和分布式处理三个方面。

1）信息交换

信息交换功能是计算机网络的最基本功能，主要用于完成网络中各节点之间的通信。例如，通过计算机网络实现铁路运输的实时管理与控制，以提高铁路运输能力。又如，人们可以在网络上使用 E-mail（电子邮件）、IP Phone（IP 电话）和即时信息等各种新型的通信手段，从而提高计算机系统的整体性能，也方便人们的工作和生活。

2）资源共享

计算机网络最本质的、最吸引人的功能是共享资源，包括硬件资源和软件资源的共享。利用计算机网络可以共享主机设备，如中型机、小型机和工作站等，以完成特殊的处理任务；可以共享外部设备，如激光打印机、绘图仪、数字化仪和扫描仪等，以节约投资；更重要的是，还可以共享软件、数据等信息资源，以最大限度地降低成本和提高效率。

3）分布式处理

对于较大型的综合性问题，可以通过一定的算法，把数据处理的功能交给不同的计算机，以达到均衡使用网络资源，实现分布式处理的目的。对于解决复杂问题，可以将多台计算机联合使用，构成高性能的计算体系。使用协同工作、并行处理的工作方式要比单独购置高性能的大型计算机的成本低很多。

1.5.2 计算机网络的分类

计算机网络的分类标准有很多，根据不同的分类标准，可以把计算机网络分为不同类型。如果按拓扑结构划分，常见的计算机网络可分为星形、网状形、总线型、环形等，如图 1-16 所示。

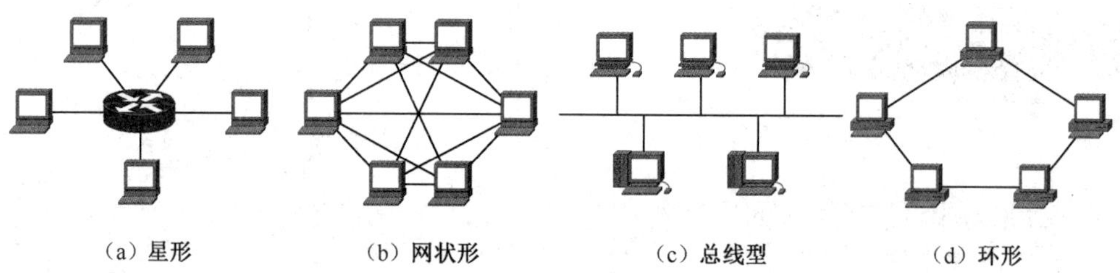

图 1-16　常见的计算机网络拓扑结构

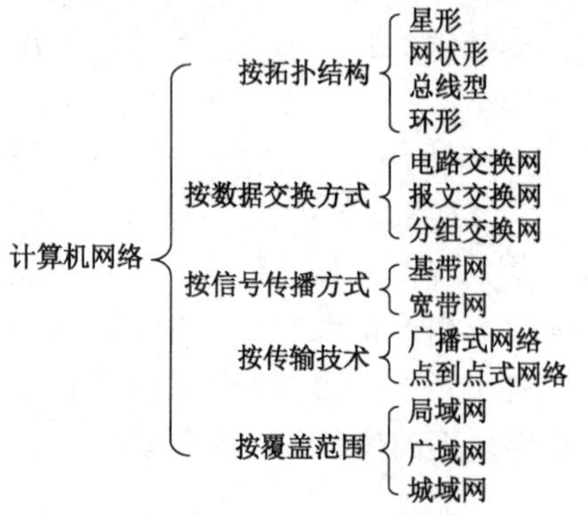

图 1-17　计算机网络分类示意

按数据交换方式划分，计算机网络可分为电路交换网、报文交换网、分组交换网；按信号传播方式划分，计算机网络可分为基带网和宽带网；按传输技术划分，计算机网络可分为广播式网络和点到点式网络；按覆盖范围划分，计算机网络可分为局域网、广域网、城域网。计算机网络分类示意如图 1-17 所示。

上述每种分类标准只能反映计算机网络某方面的特征，并不能全面地反映网络的本质。从不同的角度观察计算机网络，有利于全面了解计算机网络的特性。

第 2 章

Windows 10 操作系统

本章导读

技能目标

- 熟悉 Windows 10 桌面的组成
- 掌握桌面、开始菜单与任务栏的操作和个性化的设置
- 熟悉 Windows 10 的智能搜索框的使用方法
- 熟练掌握 Windows 10 常用的系统设置的功能和方法
- 熟悉文件和文件夹的基本操作
- 了解网络基础知识及基本应用技能

素质目标

- 加强使用正版操作系统的意识
- 自觉维护健康的网络环境
- 了解规范使用软件的法律法规
- 规范远程桌面的安全意识

2.1 Windows 10 操作系统的工作环境

2.1.1 Windows 10 的正常启动、用户切换和关闭方法

Windows 10 的正常启动需要计算机电源正常工作，在数据线和硬件线路连接正确的基础上，按下计算机的开机按钮，进入系统启动界面。

（1）按下开机按钮后，计算机进入自检状态，Windows 10 正常启动后在显示器上出现“正在启动 Windows”的字样和图标，完成启动，出现的开机界面如图 2-1 所示。

（2）用户单击开机界面左下角的“⊞”按钮，在弹出的菜单中出现“👤”按钮，将鼠标指针在按钮上悬停片刻，则自动感应切换为“Administrator”按钮，单击“Administrator”按钮后弹出用户菜单，如图 2-2 所示。

（3）用户单击“更改账户设置”命令可以切换账户。用户可以根据个人或家庭需要设置多个账户，默认为“Administrator”账户。

（4）关闭 Windows 10 系统有以下 5 种方法。

① 单击“⏻”按钮，在打开的菜单中单击“关机”命令。

② 单击“⏻”按钮，在打开的菜单中单击“重启”命令。

③ 单击“⏻”按钮，在打开的菜单中单击“睡眠”命令。

④ 单击“👤”按钮，在弹出的用户菜单中单击“注销”命令。

⑤ 按“Alt+F4”组合键，弹出“关闭 Windows”对话框，如图 2-3 所示。在对话框的下拉菜单中单击“关机”选项，并单击“确定”按钮。

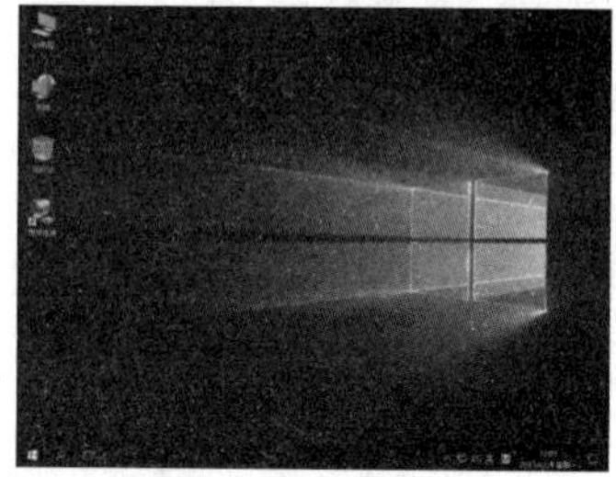

图 2-1　开机界面

图 2-2　用户菜单

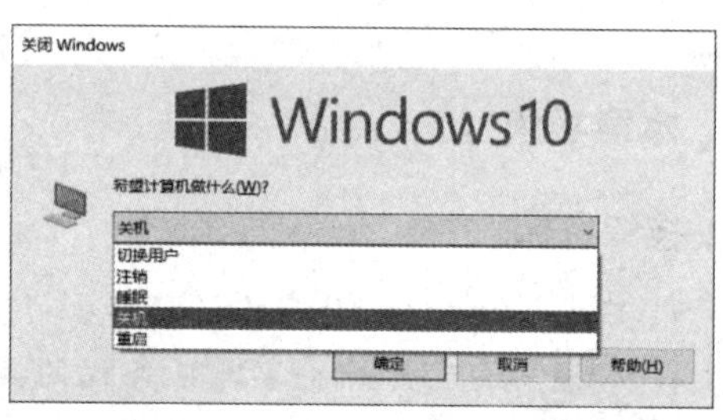

图 2-3　“关闭 Windows”对话框

2.1.2　操作系统的操作界面：窗口、对话框、菜单的基本组成和操作

在 Windows 10 操作系统中，窗口是用户界面中最重要的组成部分，对窗口的操作也是最基本的操作之一。显示屏幕区域被划分成许多框，这些框被称为窗口。窗口是屏幕上与应用程序对应的矩形区域，是用户与对应的应用程序之间的可视界面，用户可随意在任意窗口上工作，并在各窗口之间交换信息。

1. 打开窗口的方法

使用鼠标双击桌面上的计算机图标，或者在计算机图标上使用鼠标右击，在弹出的快捷菜单中单击“打开”命令，如图 2-4 和图 2-5 所示。

图 2-4　计算机图标

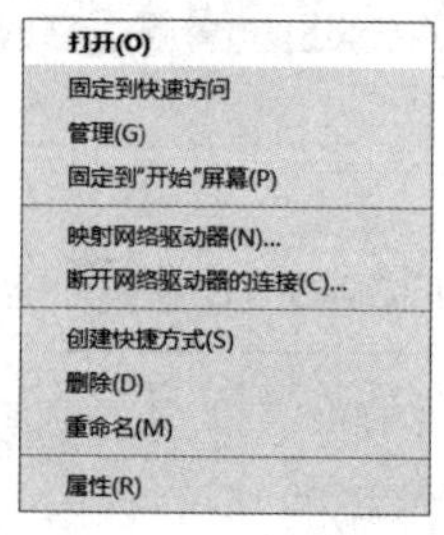

图 2-5　快捷菜单

显示屏幕上弹出计算机窗口，如图 2-6 所示。

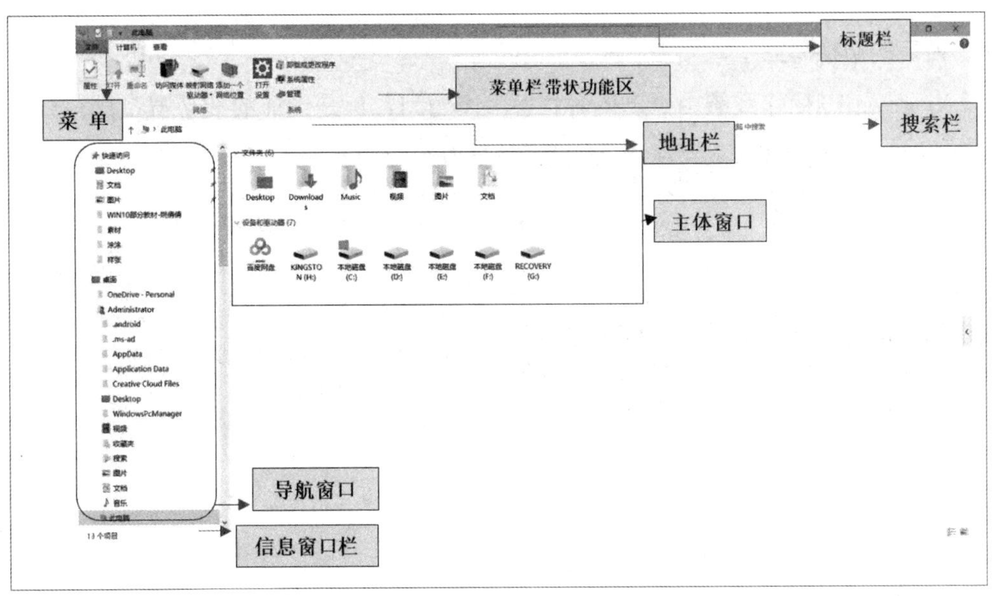

图 2-6　计算机窗口

2. 计算机窗口的组成部分

（1）标题栏：位于计算机窗口顶端，通过鼠标拖曳标题栏可以移动计算机窗口，双击标题栏可以改变计算机窗口的大小。标题栏上有“最小化”按钮、“最大化”按钮和“关闭”按钮。

（2）地址栏：在 Windows 10 操作系统中，单击地址栏左侧的方向键按钮，可以在弹出的下拉菜单中选择路径来浏览文件。

（3）搜索栏：在地址栏中确定要查找的内容的路径范围，并在搜索栏中输入要查找的内容，在主体窗口中将显示相应内容的文件。

（4）菜单：包括“文件”“计算机”“查看”等菜单项。单击不同的菜单项，可以按照功能分组的形式提供不同的功能选项卡，并提供可操作的各种菜单。菜单按照功能需要可以划分为不同的带状功能区以提供相关的常用命令和工具。

（5）主体窗口：主体窗口是计算机窗口最重要的部分，占窗口面积的比例最大，是用于显示程序和内容的主要区域。

（6）导航窗口：导航窗口中的文件夹列表以树状结构的形式显示信息，方便用户快速地定位所需要的文件。

（7）信息窗口栏：用于显示当前操作的状态及提示信息，包括被选中文件的详细信息。

3. 窗口的排列方式

在 Windows 10 操作系统中可以同时打开多个窗口，当窗口全部处于显示状态时，需要对其进行排列。右击桌面的任务栏（位于桌面的底端）弹出快捷菜单，可以设置显示窗口的 3 种排列方式，即层叠窗口、堆叠显示窗口、并排显示窗口，如图 2-7 所示。

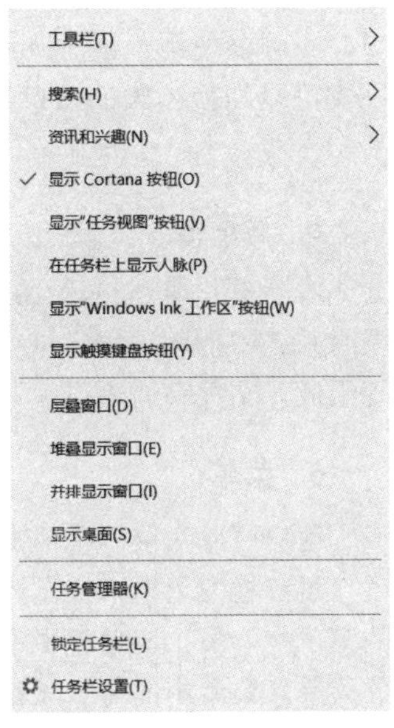

图 2-7　任务栏快捷菜单

4. 窗口的切换浏览

在 Windows 10 操作系统中可以同时打开多个窗口，但是当前的活动窗口只有一个。如果需要将窗口设置为当前的活动窗口，则可通过以下方法进行操作。

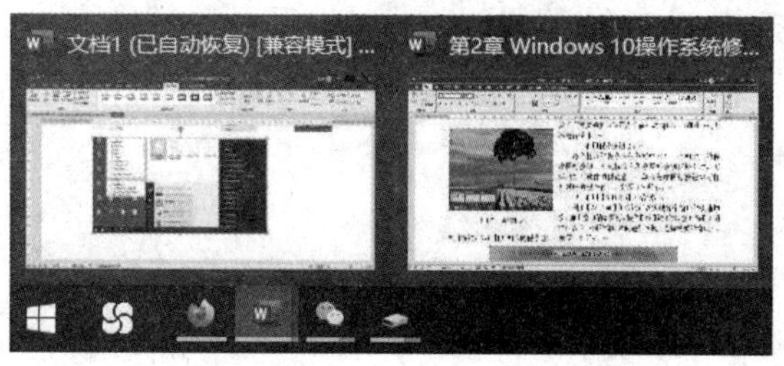

图 2-8　使用程序按钮区域切换多个窗口

（1）使用程序按钮区域。

每个打开的程序在任务栏中都有一个对应的程序按钮。将鼠标指针悬停在程序按钮区域上时，可以弹出该程序的预览窗口，单击程序按钮即可打开对应的程序窗口，如图 2-8 所示。

（2）使用“Alt+Tab”组合键。

使用“Alt+Tab”组合键可以实现各窗口的快速切换。先按住“Alt”键不放，再按“Tab”键就可以在不同的窗口之间进行切换。在切换到需要的窗口后，松开按键，即可打开相应的程序窗口，如图 2-9 所示。

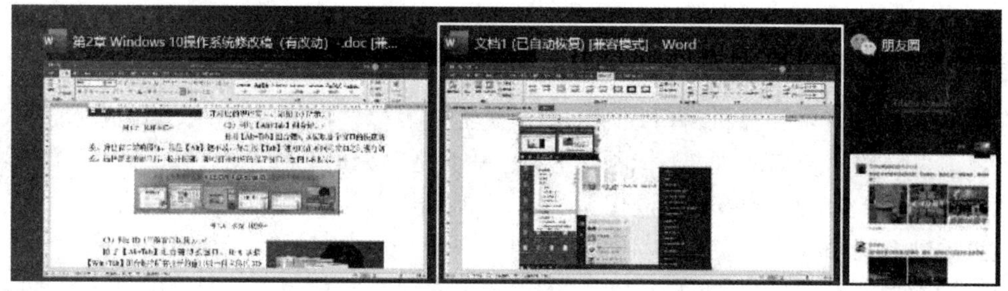

图 2-9　使用“Alt+Tab”组合键切换多个窗口

（3）使用“⊞+Tab”组合键。

还可以使用“⊞ +Tab”组合键切换窗口，这种窗口切换的方式以日期和时间为索引，不仅可以切换当天的窗口，还可以切换至历史日期范围内曾经打开的文件窗口，如图 2-10 所示。

5. 对话框

对话框是 Windows 10 操作系统中实现用户与应用程序相互沟通的界面，用户通过对话框对系统中的应用程序进行设置。典型的对话框由标题栏、选项卡、文本框、列表框、按钮等组成。文件夹的“属性”对话框如图 2-11 所示。

6. 菜单

用户可以在菜单中单击所需的命令来指示应用程序执行相应的操作。

菜单栏位于窗口标题栏下方的显示行，主窗口和应用程序窗口都有适用于各自窗口操作的菜单栏，每个菜单栏上有若干类命令，每类命令被称为菜单项。单击菜单项可以展开相应的菜单，菜单中的每一项都被称为命令。在单击命令时会弹出相应的对话框，如果菜单中的命令显示为灰色，则该命令不可用。

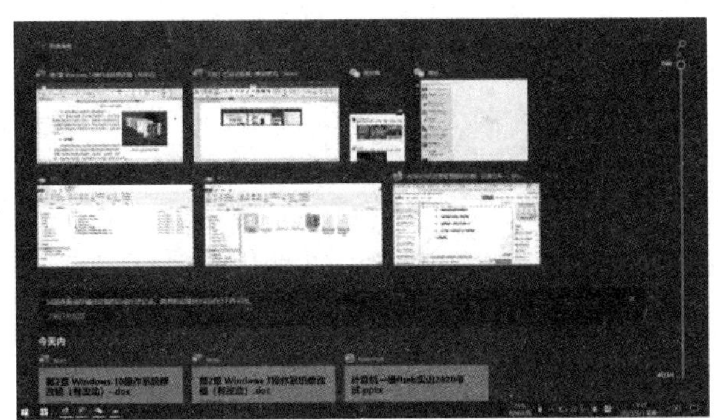

图 2-10　使用“ +Tab”组合键切换多个窗口

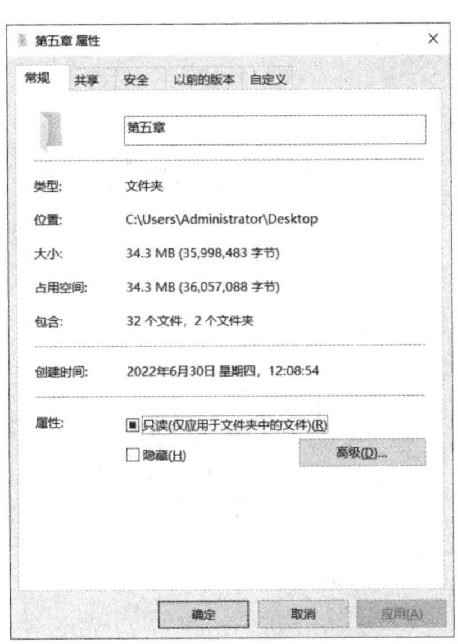

图 2-11　文件夹的“属性”对话框

2.1.3　文件打开方式设置

在 Windows 10 操作系统中，在设置打开文件方式前要知道文件的类型，文件的类型由文件的扩展名来标识。

文件打开方式的设置方法：右击文件，在弹出的快捷菜单中单击“属性”命令，打开该文件的“属性”对话框，在“常规”选项卡中单击打开方式进行设置或更改。

2.2　Windows 10 基础

2.2.1　桌面

1. 桌面主题的概念、自定义和保存

1）桌面主题的概念

桌面是打开计算机并登录到 Windows 10 之后看到的主屏幕区域，是用户工作的主界面。在打开应用程序或文件夹时，其相应的窗口便会排列在桌面上。

Windows 桌面主题简称桌面主题、主题，微软公司官方对桌面主题的定义是背景加上一组声音、图标，以及只需要单击就可以个性化设置计算机的元素。通俗地说，桌面主题就是不同风格的桌面背景、窗口边框颜色、声音、鼠标光标、字体、屏幕锁屏等经过系统地组合、设置和自定义设置的组合体。

在桌面上右击，在弹出的快捷菜单中单击“个性化”命令，进入“主题”窗口，如图 2-12 所示。

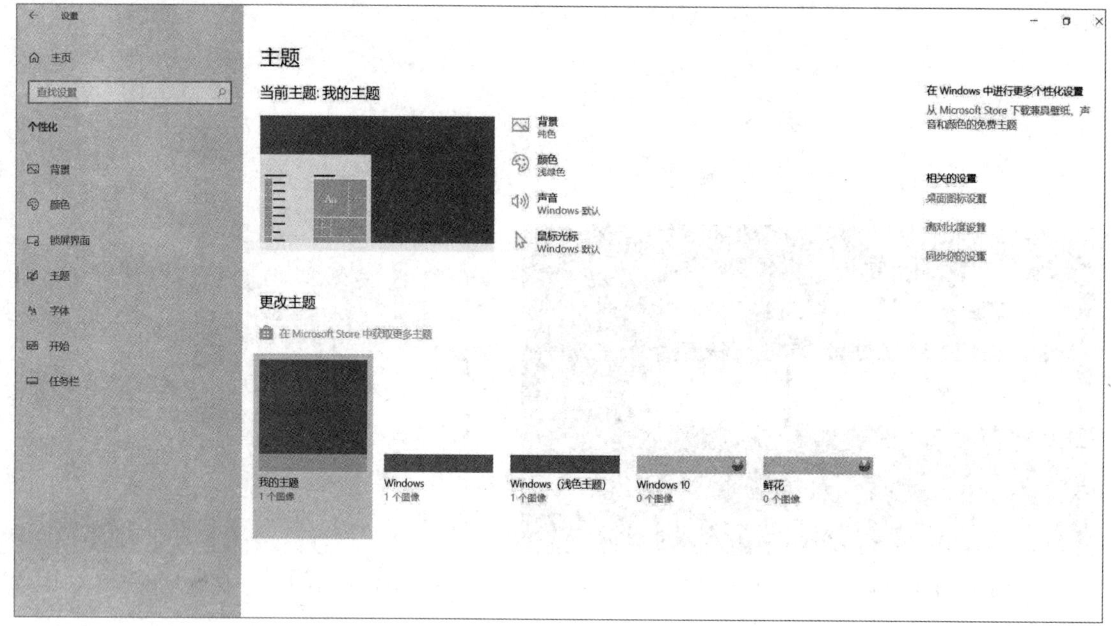

图 2-12　“主题”窗口

如下为桌面主题的各部分。

（1）桌面背景：用于为用户打开的窗口设置背景图片、颜色等。桌面背景可以选择图片、纯色或幻灯片放映这 3 种形式。用户可以选择自己喜欢的颜色，也可以使用单张图片，或者选择一组自己心仪的图片以放映的形式设置为桌面背景，如图 2-13 所示。

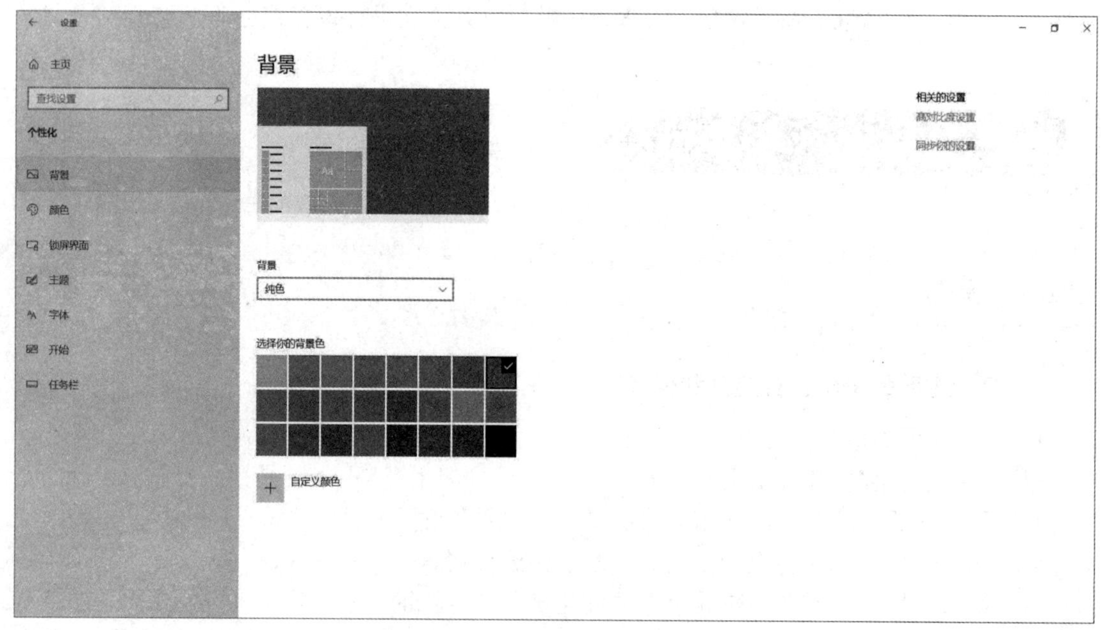

图 2-13　桌面背景设置

（2）标题性和窗口边框颜色：勾选“颜色”主体窗口最下方的“标题栏和窗口边框”复选框，即可设置标题栏和窗口边框颜色，如图 2-14 所示。

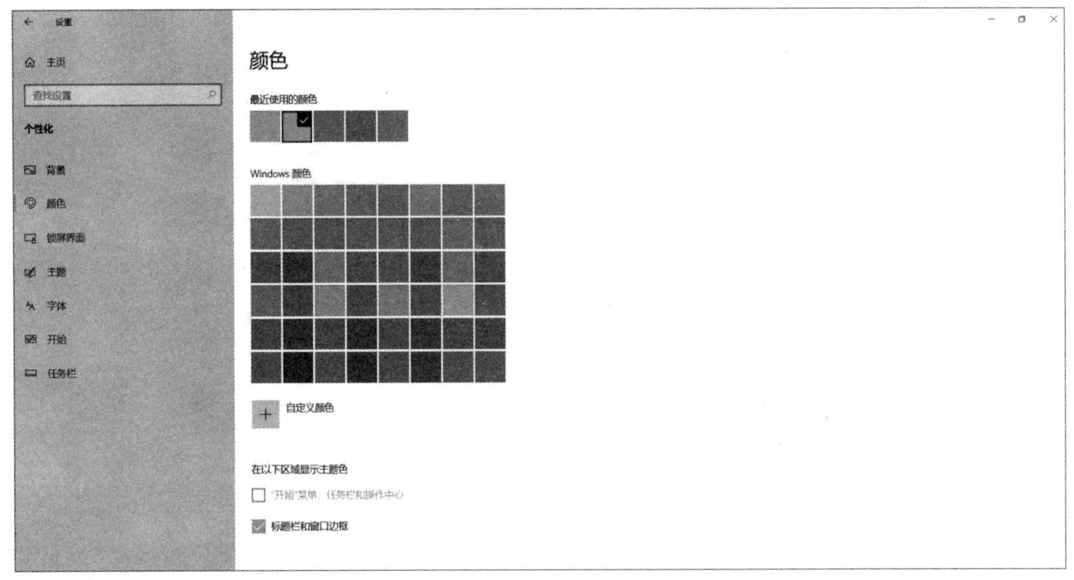

图 2-14　设置标题栏和窗口边框颜色

（3）声音：在“声音”对话框中设置计算机上发生事件时的相关声音的集合，如图 2-15 所示。

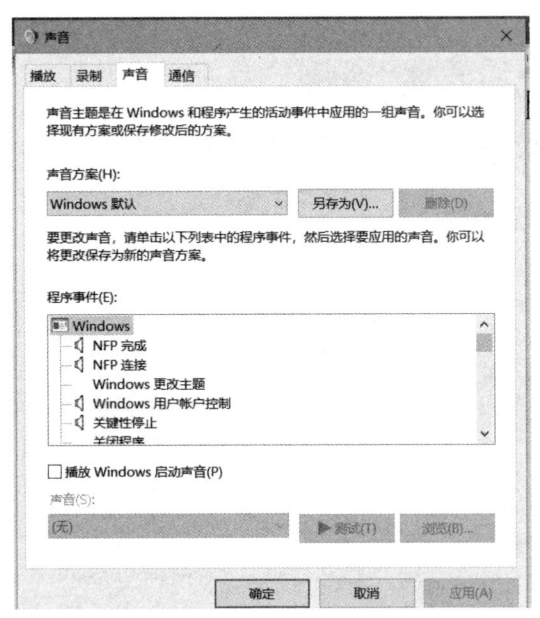

图 2-15　设置声音

（4）屏幕保护程序：设置在指定时间内没有使用鼠标或键盘时，计算机屏幕上显示的移动图片或图案。

2）桌面主题的自定义

单击要应用于桌面的任何主题，更改主题的每个部分，直到桌面背景、标题栏和窗口边框颜色、声音及屏幕保护程序符合要求。保存所有更改到“我的主题”分组中，如图 2-16 所示。

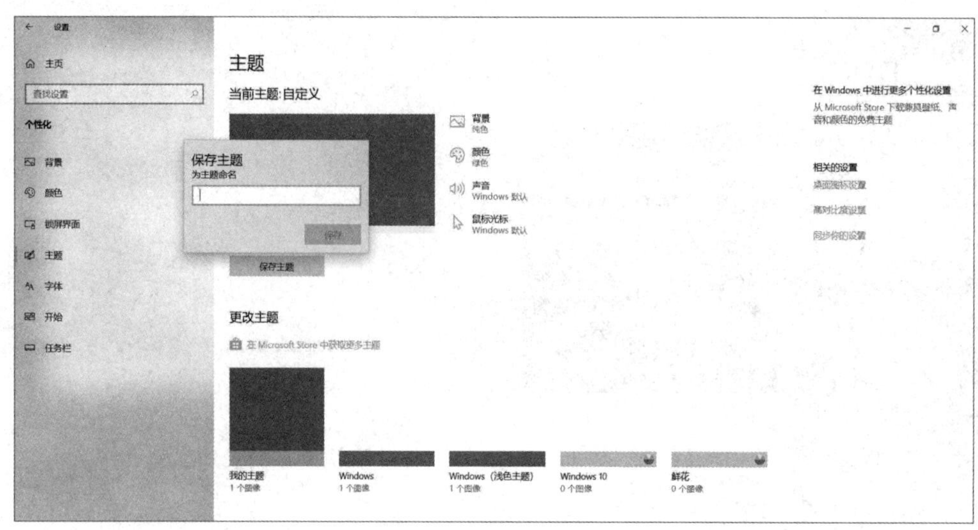

图 2-16 保存主题

如果用户对新的桌面主题的显示和声音感到满意，则可以保存该主题，以便随时使用。

3）桌面主题的保存

单击“开始”→“设置”→“个性化”命令，在弹出的对话框中单击设置自定义的各主题选项，将其应用于桌面。单击“保存主题”命令并输入该主题的名称，最后单击“保存”按钮。

此时该主题出现在“我的主题”分组中。

2. 桌面图标、字体、开始菜单、任务栏的设置

（1）桌面图标是系统自带的用户常用应用程序的图标，其实质上是快捷方式，包括“计算机”、“用户的文件”、“回收站”、“网络”和“控制面板”图标。在桌面上右击，并在弹出的快捷菜单中单击“个性化”命令。在弹出的“个性化”窗口中单击“主题”选项，单击“主题”主体窗口的“桌面图标设置”选项，在弹出的“桌面图标设置”对话框中设置显示或取消显示桌面图标，如图 2-17 所示。

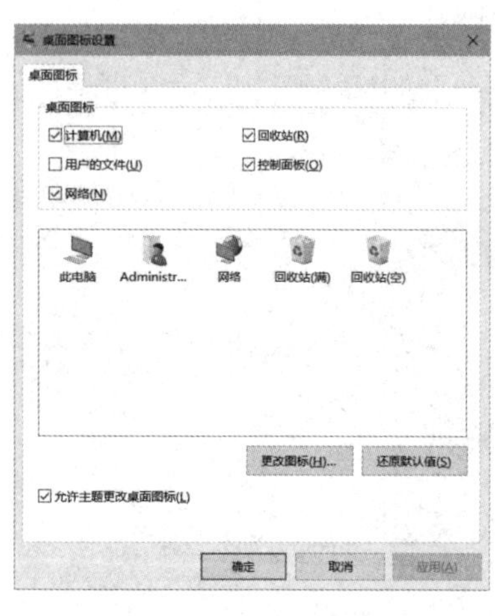

图 2-17 “桌面图标设置”对话框

（2）由于用户的年龄和个性不同，用户的需求也不同，需要对字体外观进行个性化设置。在“个性化”窗口中单击“字体”选项即可进入“字体”主体窗口。在“字体”主体窗口中可以单击添加已经下载的字体，或者下载 Windows 系统提供的字体样式集合，也可以根据个人的需求调整“ClearType”文本，选择更适合用户的文本阅读样式，如图 2-18 所示。

（3）在“个性化”窗口中单击“开始”选项，可以进入“开始”主体窗口设置开始菜单的样式。可以设置在开始菜单上显示更多磁贴、应用列表、最近添加的应用、全屏“开始”屏幕等，用户可以根据需求进行“开 / 关”设置，还可以选择将哪些需要的文件夹显示在开始菜单上，进行个性化开始菜单的设置，“开始”窗口如图 2-19 所示。

图 2-18 “ClearType 文本设置”对话框

（4）任务栏是位于屏幕底部的水平长条区域，是在用户打开应用程序和文件时用于放置及集成显示操作图标的区域。在“任务栏”窗口中，可以设置锁定、隐藏、最小化任务栏。此外 Windows 还允许用户将任务栏放置在桌面左侧、底部、右侧、顶部等位置，方便用户灵活地使用屏幕，更贴合用户的个性化需求。当文件或应用程序被频繁地打开时，用户还可以通过单击“从不”“任务栏已满”“始终合并按钮”等选项设置如何在任务栏上显示应用程序图标及文件，如图 2-20 所示。

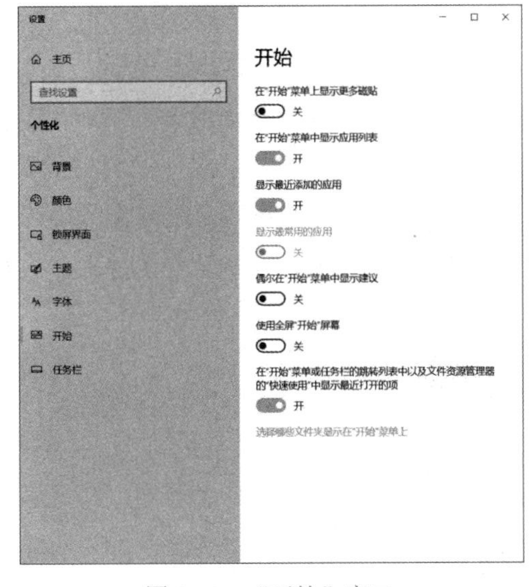

图 2-19 “开始”窗口

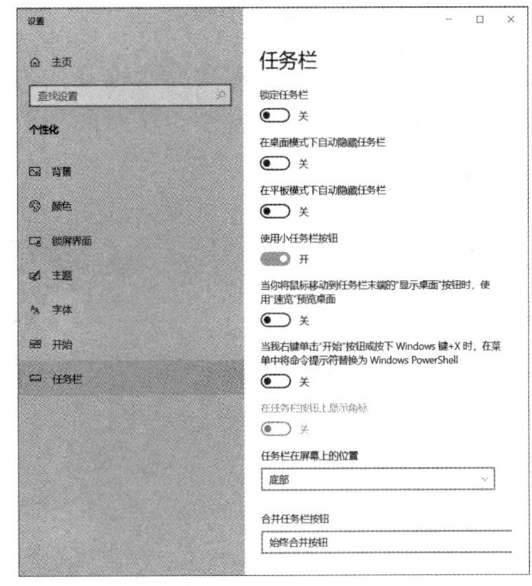

图 2-20 “任务栏”窗口

3. 快捷方式的概念、创建、修改、使用、删除

（1）快捷方式是指向计算机上某个对象（如文件、文件夹或程序）的链接。可以先创建快捷方式，再将其放置在方便的位置，如桌面或导航窗口（左侧窗口）的“收藏夹”部分，

以便用户访问快捷方式对应链接的对象。快捷方式图标上的箭头可以用来区分快捷方式和原始对象。

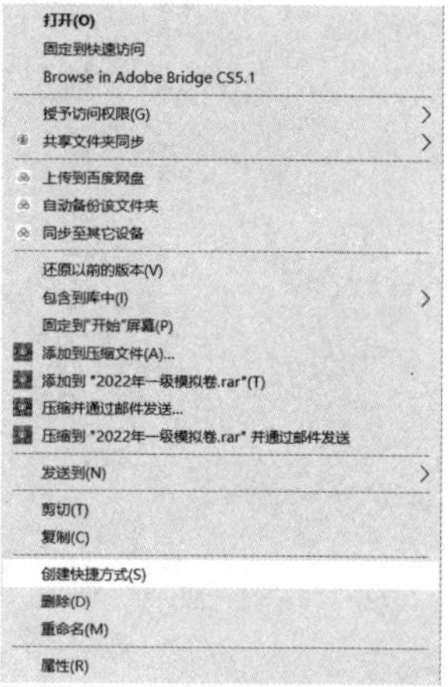

（2）创建快捷方式：打开要创建快捷方式的对象所在的位置。

右击该对象，在弹出的快捷菜单中单击“创建快捷方式”命令。新的快捷方式将出现在原始对象的旁边。

将新的快捷方式拖曳到所需位置上。如果快捷方式链接到某个文件夹，则可以将其拖曳到界面左侧的“收藏夹”区域中，以创建该文件夹的收藏夹链接。

为当前打开的文件夹创建快捷方式的快速方法，是将地址栏（位于任何文件夹窗口的顶部）左侧的图标直接拖曳到桌面等位置上。

还可以通过将 Web 浏览器中的地址栏左侧的图标拖曳到桌面等位置上来创建指向网站的快捷方式。

图 2-21　创建快捷方式

（3）修改快捷方式：右击快捷方式，在弹出的快捷菜单中单击“属性”命令，在“属性”对话框中修改快捷方式的相关内容。

（4）使用快捷方式：双击创建的快捷方式，可以运行相应的程序，或者打开快捷方式指向的文档或文件夹。

（5）删除快捷方式：右击要删除的快捷方式，在弹出的快捷菜单中单击“删除”命令，并在弹出的对话框中单击“是”按钮。在删除快捷方式时，只会删除快捷方式，不会删除原始对象。

2.2.2　开始菜单

开始菜单是计算机程序、文件夹和设置的主门户。之所以称之为“菜单”，是因为它可以提供一个选项列表，就像餐馆里的菜单那样。“开始”的含义是用户需要启动或打开某项内容的位置，如图 2-22 所示。

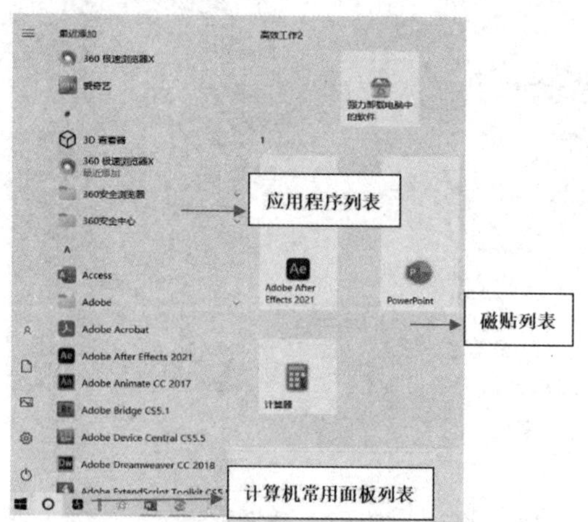

图 2-22　开始菜单

使用开始菜单可执行这些常见的活动。例如，启动程序，打开常用的文件夹，搜索文件、文件夹和程序，调整计算机设置，获取有关 Windows 操作系统的帮助信息，关闭计算机，注销 Windows，或者切换到其他账户。

开始菜单由如下 3 个主要部分组成。

（1）左侧窗格显示计算机上应用程序的一个短列表，由计算机常用面板列表组成，包括“电源”按钮、“控制面板”按钮、“文档”按钮、“图片”按钮、“Administrator”按钮，单击按钮后可以直接跳转操作；单击中间的“所有安装的程序”按钮可显示完整列表。

（2）中间窗格显示计算机已安装的所有应用程序列表。应用程序列表按照已安装程序的名称首字母进行分类并排序，方便操作人员快速定位到所需要的应用程序。其中还包含了 Windows 系统自带的应用程序和系统工具。右击某个应用程序图标，在弹出的快捷菜单中可以对应用程序进行“固定到开始屏幕”“固定到任务栏”“打开文件所在的位置”“以管理员身份运行”“卸载应用程序”等操作。如果单击“固定到开始屏幕”命令，则对应的应用程序图标将出现在右侧的磁贴列表中。

（3）右侧窗格提供对常用文件夹、文件、设置和功能的访问，以磁贴列表的形式分组显示。可以右击常用的应用程序图标，在弹出的快捷菜单中单击“固定到开始屏幕”命令，相应的应用程序图标出现在右侧窗格中。如果应用程序图标不需要出现在右侧窗格中，可以右击应用程序图标，在弹出的快捷菜单中单击“从‘开始屏幕’取消固定”命令，即可删除磁贴。在使用中，用户通常可以对磁贴列表进行分组命名管理，右击磁贴列表中的应用程序图标可以直接卸载应用程序，还可以放大或缩小应用程序图标、设置文件位置，以及以管理员身份运行，如图 2-23 所示。

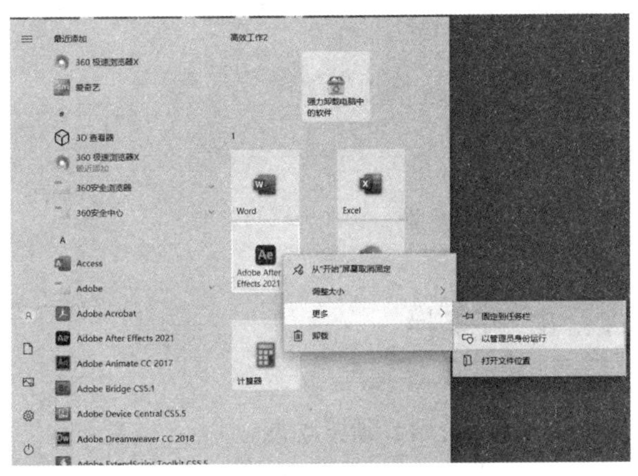

图 2-23　右击磁贴列表中的应用程序图标

开始菜单最常见的一个用途是打开计算机上安装的应用程序。如果要打开开始菜单的应用程序列表中显示的应用程序图标，则可以单击并打开该应用程序，开始菜单也随之关闭。

如果看不到所需的程序，则可以拖动应用程序列表的滚动条。应用程序列表按字母顺序显示应用程序图标，可以在其中查找。

单击其中一个应用程序图标即可启动对应的应用程序，并关闭开始菜单。例如，单击“Windows 附件”应用程序图标就会显示存储在该文件夹中的应用程序列表。单击其中一个应用程序图标可以将其打开，也可以单击右侧窗格的磁贴列表中的应用程序图标将其打开，或者右击应用程序图标，在弹出的快捷菜单中单击“打开”命令，或者单击“最近”命令，并在展开的列表中单击文件名称直接打开需要的具体文件。

随着时间的推移，开始菜单中的应用程序列表也会发生变化。当安装新应用程序时，新应用程序图标会被添加到应用程序列表中。

开始菜单的左侧窗格中包含用户很可能经常使用的部分 Windows 链接。从上到下有以下几种。

（1）用户。如图 2-24 所示，单击“Administrator”按钮，上方弹出设置管理员账户的菜单，提供账户的更改设置、锁定和注销功能，也提供多用户之间的跳转、切换功能。

（2）文档。单击“文档库”按钮，可以访问和打开文本文件、电子表格、演示文稿及其他类型的文档。

（3）图片。单击“图片库”按钮，可以访问并查看数字图片及图形文件。

（4）设置。单击“设置”按钮，打开“控制面板”界面，可以在这里自定义计算机的外观和功能、安装或卸载程序、时间与语言、设置网络连接和管理用户的账户等计算机系统的操作命令。

（5）电源。如图 2-25 所示，在电源菜单中可以单击“关机”按钮关闭计算机，或者单击“重启”按钮重新启动计算机，或者单击“睡眠”按钮快速进入计算机的睡眠状态，如果需要，则随时可以唤醒计算机进入工作状态。

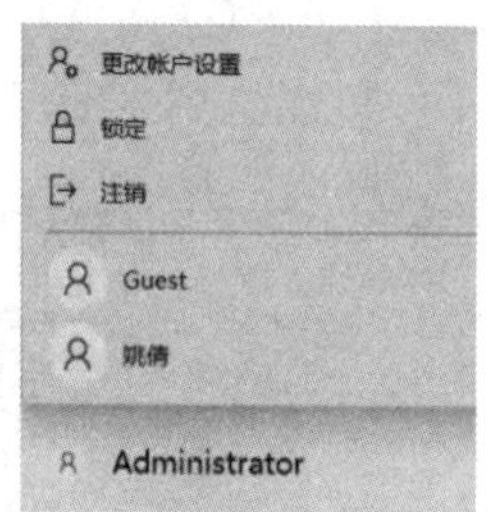

图 2-24　设置账户的菜单

图 2-25　电源菜单

2.2.3　任务栏

1. 分组管理、预览功能

任务栏是位于屏幕底部的水平长条区域，由三部分组成。单击“开始”按钮可以打开开始菜单；通知部分用于显示时钟、电池及一些特定应用程序图标；中间部分用于显示打开的应用程序和文件。

在使用 Windows 10 操作系统时，打开的每个应用程序都会在任务栏的中间部分显示独立的图标。在同时打开多个相同应用程序时，任务栏中的应用程序图标的外观会出现分组管理方式。用户可以通过单击和拖曳操作重新排列任务栏上的应用程序图标的顺序，如图 2-26 所示。

图 2-26　任务栏上的应用程序图标

窗口预览功能是在桌面上打开多个窗口的情况下，将鼠标指针指向任务栏上的应用程序图标，与该应用程序图标相关的所有窗口的预览将出现在任务栏上方。用户可以看到当前的为该应用程序打开的所有项目的缩略图。单击缩略图可以使该窗口显示在桌面的最前方。

2. 跳转列表、程序锁定的基本操作

在任务栏上，对于已固定到任务栏的应用程序和当前正在运行的应用程序，会出现跳转

列表。可以先右击任务栏中的应用程序图标，或者将应用程序图标拖曳到桌面来查看某个应用程序的跳转列表，再从跳转列表中单击打开这些应用程序，如图 2-27 所示。

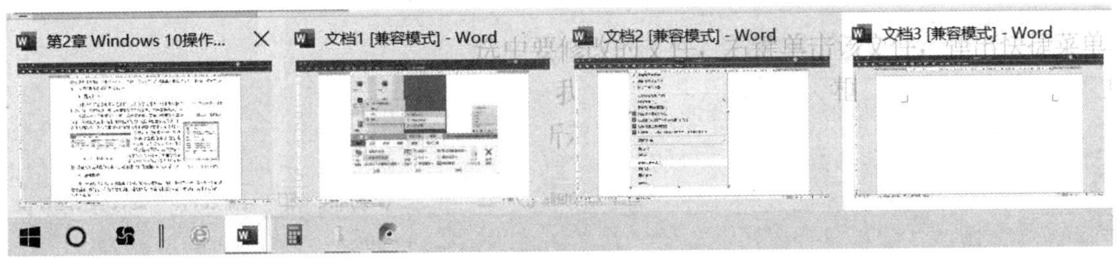

图 2-27　任务栏上的跳转列表

在 Windows 10 操作系统中，还可以将应用程序图标锁定到任务栏中的任意位置。将应用程序图标锁定到任务栏后，用户只需单击应用程序图标即可打开该应用程序。

3. 通知区域和显示桌面的功能及基本操作

通知区域位于任务栏的最右侧，包括时间图标和系统图标，如图 2-28 所示。

图 2-28　任务栏的通知区域

这些图标用于表示计算机中某应用程序的状态，或者提供访问应用程序的特定途径。因此看到的图标集取决于 Windows 10 安装的程序或服务，以及计算机制造商设置的方式。

当鼠标指针指向特定图标时，会看到该图标的名称或某个设置的状态。例如，指向“音量”图标将显示计算机的当前音量；又如，指向“电源”图标、“网络”图标、“日期时间”图标、“信息通知”图标将分别显示电源使用状况、网络的连接情况、连接速度及信号强度的信息、日期和时间信息、通知信息。

双击通知区域中的图标通常可以打开系统的设置界面。例如，双击“音量”图标会打开音量控件的设置界面，双击“网络”图标会打开“网络和共享中心”设置界面。

在对计算机添加新的硬件设备之后，通知区域中会显示小的弹出窗口（被称为通知），用于向用户通知某些信息。

单击通知右上角的“关闭”按钮可关闭该通知。如果没有执行任何操作，则在几秒之后，通知会自行消失。

为了减少混乱，如果在一段时间内没有使用图标，则其会被隐藏在通知区域中。如果图标状态变为隐藏，则单击“显示隐藏的图标”按钮可以临时显示隐藏的图标，如图 2-29 所示。

将“显示桌面”按钮从“开始”按钮拖曳到任务栏的另一端，这样可以很容易地单击此按钮，或者使用鼠标指针指向此按钮，如图 2-30 所示。

图 2-29　“显示隐藏的图标”按钮

图 2-30　“显示桌面”按钮

除了可以单击“显示桌面”按钮显示桌面；还可以使用鼠标指针指向任务栏末端的“显示桌面”按钮，将所有打开的窗口都淡出视图，来显示桌面。

2.2.4 多任务间的数据传递

剪贴板是从一个位置复制或移动内容，并在其他位置使用该内容的临时存储区域。可以先选择文本或图形内容，再使用“剪切”或“复制”命令将所选内容移动到剪贴板中。在使用“粘贴”命令将该内容插入到其他位置之前，它会一直存储在剪贴板中。剪贴板不可见，因此即使使用剪贴板来复制或移动内容，在实际执行操作时也绝不会看到剪贴板。

通过在文件中的内容上按住并拖曳鼠标，选择要复制的内容。右击所选内容，在弹出的快捷菜单中单击“复制”命令，将其复制到剪贴板中。打开要复制到的文件，在需要插入内容的位置右击，在弹出的快捷菜单中单击“粘贴”命令。

可以使用同样的方法复制任意种类的内容，包括声音和图片。例如，在画图程序中，可以选择图片的一部分并将其复制到剪贴板中，并粘贴到可以显示图片的其他应用程序中。还可以将全部文件从一个文件夹中复制并粘贴到另一个文件夹中。最容易的复制并粘贴方法是使用键盘上的“Ctrl+C”组合键（复制）和“Ctrl+V”组合键（粘贴）。

剪贴板一次只能保留一条内容。每次将内容复制到剪贴板中时，剪贴板中的旧内容会被新内容替换。

2.3 Windows 10 文件与文件夹管理

2.3.1 文件夹的概念

文件是存储在计算机上各类数据的集合，依据数据的不同作用形成各种格式的文件，如图 2-31 所示。

文件夹是文件的集合。每个文件都存储在文件夹或子文件夹（文件夹中的文件夹）中，如图 2-32 所示。可以单击计算机窗口的导航窗口中的“计算机”选项来访问所有文件夹。

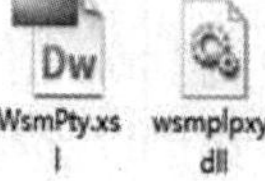
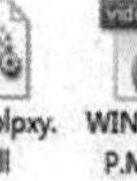

图 2-31 文件

图 2-32 文件夹

2.3.2 文件与文件夹管理文件类型、属性

文件可以分为文本文件、图像文件、照片文件、压缩文件、音频文件、视频文件等。不同文件类型的图标不同，查看方式也不同。只有安装了相应的软件，才能查看文件的内容，常见文件类型如表 2-1 所示。

表 2-1 常见文件类型

文件扩展名	文件简介
.txt	文本文件，用于存储无格式的文字信息
.doc 或 .docx	Word 文件，使用 Microsoft Office Word 创建
.xls 或 .xlsx	Excel 电子表格文件，使用 Microsoft Office Excel 创建
.ppt 或 .pptx	PowerPoint 幻灯片文件，使用 Microsoft Office PowerPoint 创建
.pdf	PDF 是 Portable Document Format（便携文件格式）的缩写，是一种电子文件格式，与操作系统无关
.jpeg	被广泛使用的压缩图像文件格式，显示文件的颜色没有限制，效果好，体积小
.psd	Photoshop 生成的文件，可保存各种 Photoshop 中的专用属性，如图层、通道等信息，体积较大
.gif	用于互联网的压缩文件格式，只能显示 256 种颜色，不过可以显示多帧动画
.bmp	位图文件，不压缩的文件格式，显示文件的颜色没有限制，效果好，唯一的缺点就是文件体积大
.png	能够提供长度比扩展名为“.gif”的文件小 30% 的无损压缩图像文件，是网络上比较受欢迎的图片格式之一
.rar	使用 RAR 算法压缩的文件，目前使用较为广泛
.zip	使用 ZIP 算法压缩的文件，历史比较悠久
.Jar	用于 Java 程序打包的压缩文件
.cab	微软公司制定的压缩文件格式，用于各种软件的压缩和发布
.wav	波形声音文件，通常通过直接录制生成采样，体积比较大
.mp3	使用 MP3 格式压缩存储的声音文件，是使用最广泛的声音文件格式之一
.wma	微软公司制定的声音文件格式，可被媒体播放器直接播放，体积小，便于传播
.ra	RealPlayer 声音文件，广泛用于网络的声音播放
.swf	Flash 视频文件，通过 Flash 软件制作并输出的视频文件，用于网络的传播
.avi	使用 MPG4 编码的视频文件，用于存储高质量视频文件
.wmv	微软公司制定的视频文件格式，可被媒体播放器直接播放，体积小，便于传播
.rm	RealPlayer 视频文件，广泛用于网络的视频播放
.exe	可执行文件，二进制信息，可以被计算机直接执行
.ico	图标文件，有固定大小和尺寸的图标图片
.dll	动态链接库文件，能够被可执行程序调用，用于功能封装

注意：在同一位置不允许有两个同名文件，文件名最长可达 256 个字符，文件名中允许使用空格，不允许使用以下字符（英文输入法状态下）：<、>、/、\、|、:、"、*、?。

2.3.3 文件与文件夹操作

1. 创建新文件

创建新文件的最常见方式是使用应用程序创建。例如，可以在文字处理程序中创建文本文档，或者在视频编辑程序中创建电影文件。

在一些应用程序打开时就会创建文件。例如，在打开写字板程序时，将使用空白页启动，这表示空（且未保存）文件。输入内容，并在准备保存用户输入的内容时，单击“保存”按钮。在显示的对话框中，输入文件名（文件名有助于以后查找该文件），并单击“保存”按钮。

在默认情况下，大多数应用程序将文件保存在常见的文件夹（如“我的文档”文件夹和“我的图片”文件夹）中，便于下次查找文件。

2. 查看和排列文件与文件夹

在打开文件夹时，可以更改文件在窗口中的显示方式。例如，可以选择以较大（或较小）的图标来显示，或者选择以每个文件的不同种类信息的视图来显示。如果要执行这些更改操作，则可以使用菜单栏中的“查看”选项卡，如图 2-33 所示。

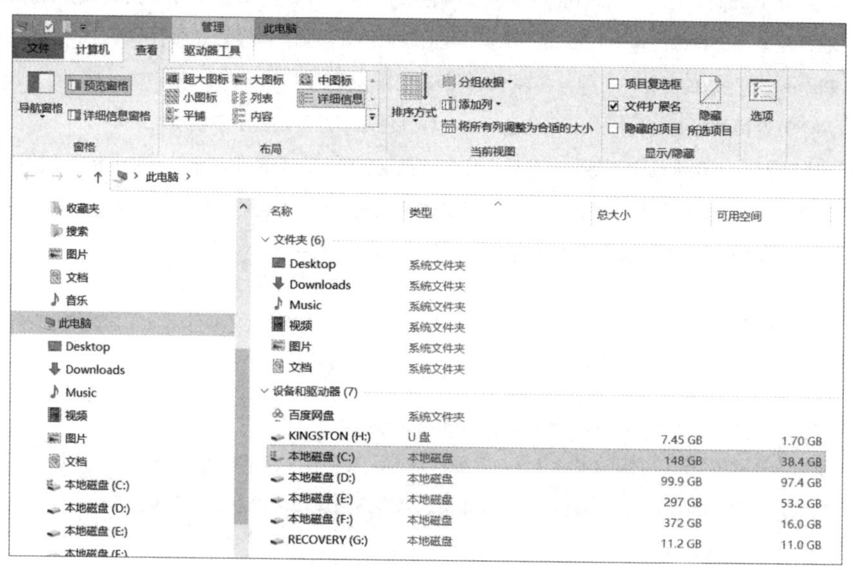

图 2-33 “查看”选项卡

在菜单栏中单击“查看”菜单项，可以打开“查看”选项卡。在“窗格”组中，可以预览窗格，查看文件夹的详细信息等。

在“布局”组中，可以设置以超大图标、小图标、内容、列表、中图标、详细信息来显示查看内容。

在“当前视图”组中，可以设置文件及文件夹的排列方式，按照名称、修改日期、类型、大小、创建日期、作者等分类排列；单击“添加列”按钮，可以在弹出的快捷菜单中以多条件排列文件及文件夹，如图 2-34 所示。

在“显示 / 隐藏”组中，可以设置显示还是隐藏文件的扩展名、隐藏的文件，是否显示项目复选框。

单击“选项”按钮，可以在弹出的“文件夹选项”对话框中查看文件、文件夹选项，设置常规、查看、搜索选项，如图 2-35 所示。

3. 打开文件

如果要打开某个文件，则可以双击该文件。该文件通常会在用户曾用于创建或更改它的应用程序中打开。例如，双击某个文本文件将在用户的文字处理程序中打开。

另外，双击某个图片文件通常会在图片查看器中打开。如果要更改图片，则需要使用其他应用程序。右击该文件，在弹出的快捷菜单中单击“打开方式”命令，在弹出的对话框中选择要使用的应用程序的名称。

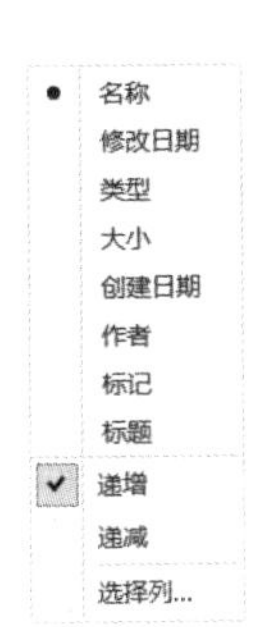

图 2-34 “添加列”快捷菜单

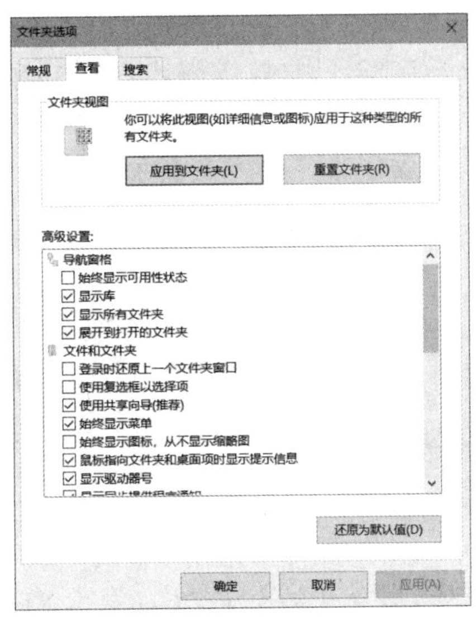

图 2-35 “文件夹选项”对话框

4. 复制、移动文件和文件夹

有时，用户需要更改文件在计算机中的存储位置。例如，用户需要将文件移动到其他文件夹中，或者将其复制到可移动媒体（如 CD 或内存卡）中与其他设备共享。

在多数情况下，可以使用拖放的方法复制和移动文件。首先，打开包含需要移动的文件或文件夹的文件夹。然后，在其他窗口中打开需要移动到的文件夹。将两个窗口并排置于桌面上，以便用户可以同时看到它们的内容。

接着，从第一个文件夹中将文件或文件夹拖曳到第二个文件夹中，这就是要执行的所有操作，如图 2-36 所示。

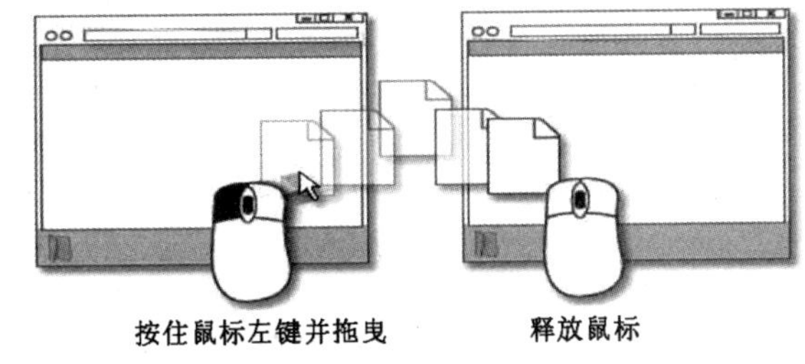

图 2-36 拖曳操作

在使用拖曳操作时，要注意有时是复制文件或文件夹，而有时是移动文件或文件夹。如果对存储在同一个硬盘位置上的两个文件夹之间的某个对象执行拖曳操作，则是移动该对象，这样就不会在同一位置上创建相同文件或文件夹的两个副本。如果将对象拖曳到其他位置（如网络位置或内存卡位置）的文件和文件夹中，则会复制该对象。

5. 文件的压缩与解压缩

在压缩文件时，先选中不连续文件，按住“Ctrl”键，单击选中需要压缩的文件并右击，在弹出的快捷菜单中单击“添加到压缩文件”命令。再在弹出的压缩文件窗口中，单击地址栏右侧的“更改目录”图标，弹出“另存为”窗口。在“另存为”窗口中选择压缩文件需要的存储路径。

在解压缩文件时，选中需要解压缩的素材文件并右击，在弹出的快捷菜单中单击“解压到”命令。在弹出的“解压文件”窗口中单击地址栏右侧的“更改目录”图标，弹出“浏览文件夹”窗口。在“浏览文件夹”窗口中选择解压缩文件需要存储的路径。

2.3.4 删除、恢复、查找文件与属性设置

1. 删除文件

当不再需要某个文件时，可以从计算机中将其删除以节约硬盘空间，并保持计算机不被无用的文件干扰。如果要删除某个文件，则需要打开包含该文件的文件夹，先选中该文件，按“Delete”键，再在弹出的“删除文件”对话框中，单击“是”按钮。

被删除的文件被放入回收站中，单击“清空回收站”命令可以释放被占用的硬盘空间。

2. 恢复文件

在删除文件时，被删除的文件会被临时存储在回收站中。回收站可以被视为文件最后的“安全屏障”，在其中可以恢复被意外删除的文件或文件夹。打开“回收站”窗口，右击被删除的文件，在弹出的快捷菜单中单击“还原”命令，文件将被恢复到原来位置上。

3. 查找文件

查找文件意味着可能需要浏览数百个文件和子文件夹，这不是轻松的任务。为了省时省力，可以使用搜索栏来查找文件，如图 2-37 所示。

搜索栏位于每个窗口的顶部。单击搜索栏，打开“搜索”选项卡，如图 2-38 所示。如果要查找文件，则可以选择要查找的文件范围（硬盘或文件夹）作为搜索的起点，并单击搜索栏，输入搜索的关键字文本。在“搜索”选项卡中可以选择需要搜索的内容的属性分类（大小、文件类型、修改日期）以缩小搜索范围，基于输入的关键字文本筛选当前视图。如果输入的文本与文件的名称、标记、其他属性匹配，或者与文本文档内的文本匹配，则将文件作为搜索结果显示出来。

4. 属性设置

选中要修改属性的文件，右击该文件，在弹出的快捷菜单中单击“属性”命令，并在弹出的“属性”对话框中进行修改。在“常规”选项卡中勾选“只读”复选框，并单击“确定”按钮后该文件不可以被修改，如图 2-39 所示。

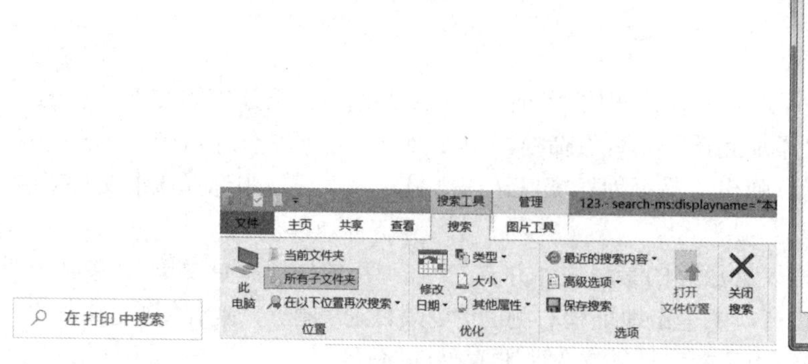

图 2-37 搜索栏

图 2-38 “搜索”选项卡

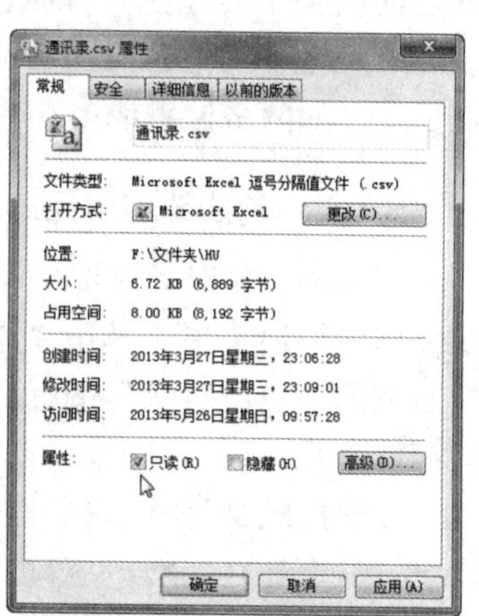

图 2-39 “属性”对话框

2.4　Windows 10 系统工具

2.4.1　磁盘管理

1. 创建和格式化硬盘分区

如果要在硬盘上创建分区或卷（这两个术语通常互换使用），则用户必须以管理员身份登录，并且在硬盘上必须有未分配的磁盘空间，或者在硬盘上的扩展分区内必须有可用的空间。

如果没有未分配的磁盘空间，则可以通过压缩现有分区、删除分区，或者使用第三方分区中的程序创建一些空间。

创建和格式化新分区（卷）的步骤如下。

（1）右击桌面上的“此电脑”图标，在弹出的快捷菜单中单击“管理”命令，打开“计算机管理”窗口，如图 2-40 所示。

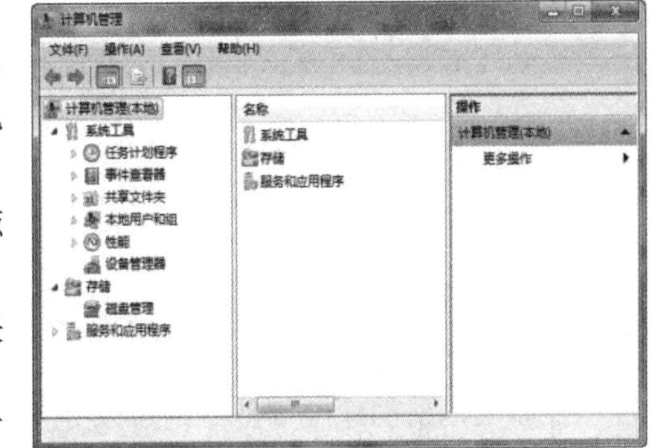

图 2-40　“计算机管理”窗口

（2）单击左侧窗格中的“存储”下面的“磁盘管理”选项。

（3）右击硬盘上未分配的区域，在弹出的快捷菜单中单击“新建简单卷”命令。

（4）在“新建简单卷向导”对话框中，单击“下一步”按钮。

（5）输入要创建的卷的大小（MB），或者输入卷能接受的最大默认大小，并单击“下一步”按钮。

（6）设置默认的驱动器号，或者选择其他驱动器号以标识分区，并单击“下一步”按钮。

在“格式化分区”对话框中，执行如下操作之一。

- 如果不想立即格式化该卷，则可以先单击“不要格式化这个卷”按钮，再单击“下一步”按钮。如果要使用默认设置格式化该卷，则单击“下一步”按钮。
- 查看用户的选择，并单击“完成”按钮。

另外，在基本磁盘上创建新分区时，前 3 个分区将被格式化为主分区。从第 4 个分区开始，会将每个分区配置为扩展分区内的逻辑驱动器。

格式化现有分区（卷）的步骤如下。

（1）在执行以下操作前，先确保已备份所有要保存的数据，再开始操作。格式化卷将会破坏分区上的所有数据。

（2）右击“此电脑”图标，在弹出的快捷菜单中单击“管理”命令，打开“计算机管理”窗口。

（3）单击左侧窗格中的“存储”下面的“磁盘管理”选项。

（4）右击要格式化的卷，在弹出的快捷菜单中单击“格式化”命令。

（5）如果要使用默认设置格式化卷，则可以在“格式化”对话框中先单击“确定”按钮，再单击“确定”按钮。

另外，无法对当前正在使用的磁盘或分区（包括包含 Windows 操作系统的分区）进行格式化。

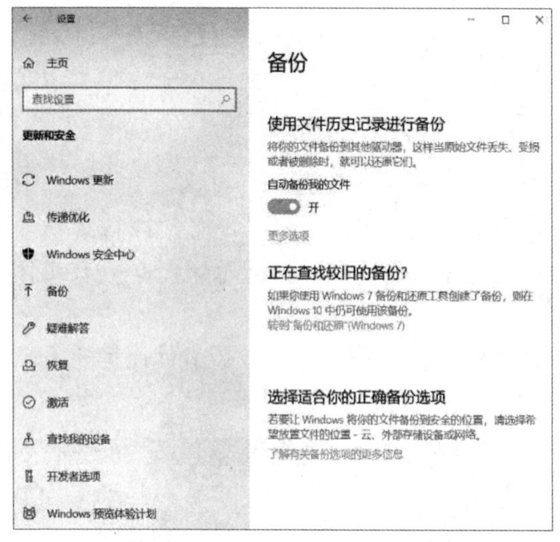

图 2-41 “备份”窗口

单击“执行快速格式化”命令将创建新的文件表，但不会完全覆盖或擦除卷。快速格式化比普通格式化快得多，后者会完全擦除卷上现有的所有数据。

2. 备份文件

为了确保用户的文件不会丢失，应定期备份这些文件。可以设置自动备份，或者随时手动备份文件。

单击“开始”→“设置”→“更新和安全”→“备份”选项，在右侧的“备份”窗口中的“自动备份我的文件”设置为开，如图 2-41 所示，单击“更多选项”选项，打开“备份选项”窗口。

执行如下操作之一。

- 如果以前从未创建过 Windows 备份，则可以单击“设置备份”选项，然后按照向导中的步骤操作。
- 如果以前创建过备份，则可以等待定期计划备份的发生，或者可以通过单击“立即备份”选项手动创建新备份。

另外，建议不要将文件备份到安装 Windows 操作系统的硬盘中。

始终将用于备份的介质（移动硬盘、DVD）存储在安全的位置，以防未经授权的人员访问。

2.4.2 磁盘信息的查看

要查看磁盘信息，应右击本地磁盘，在弹出的快捷菜单中单击“属性”命令，在弹出的本地磁盘的“属性”对话框中，选择要查看的项目，如图 2-42 所示。

除了可以查看磁盘信息，还可以查看系统信息，单击“开始”→“设置”→“性能信息和工具”→“高级工具”选项，打开“高级工具”窗口，在窗口中可查看这些高级工具的其他性能信息。

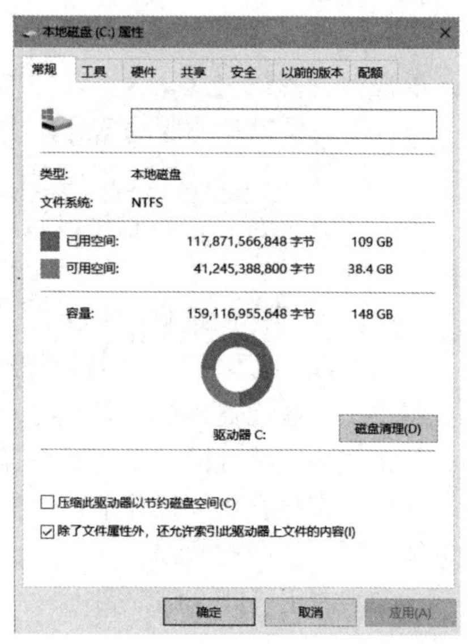

图 2-42 “属性”对话框

打开“系统信息”窗口，可以查看高级的系统详细信息，如图 2-43 所示。

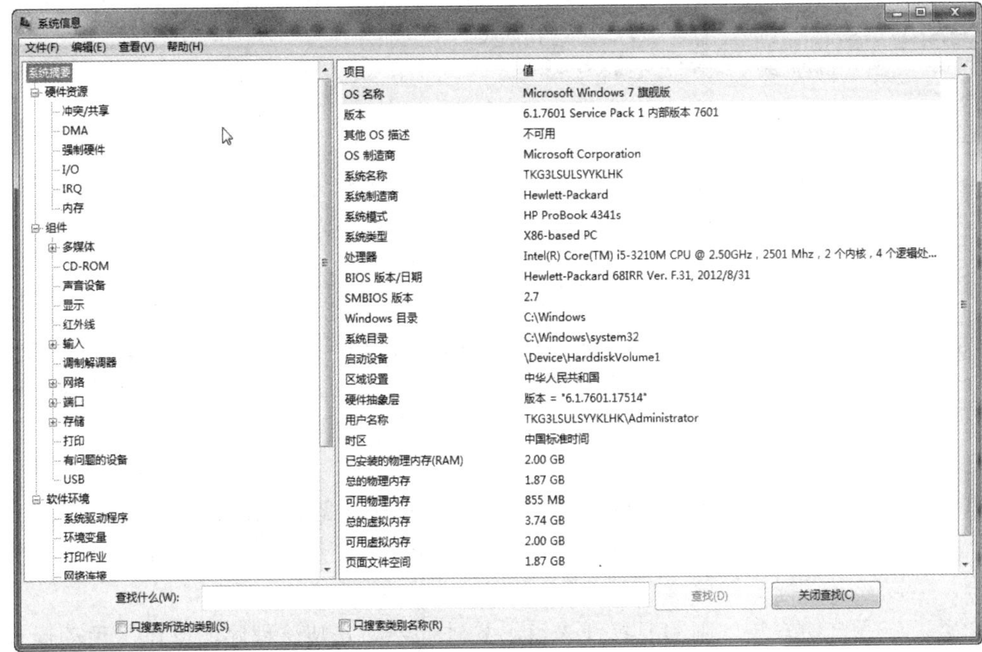

图 2-43　“系统信息”窗口

打开“资源监视器”窗口，如图 2-44 所示。

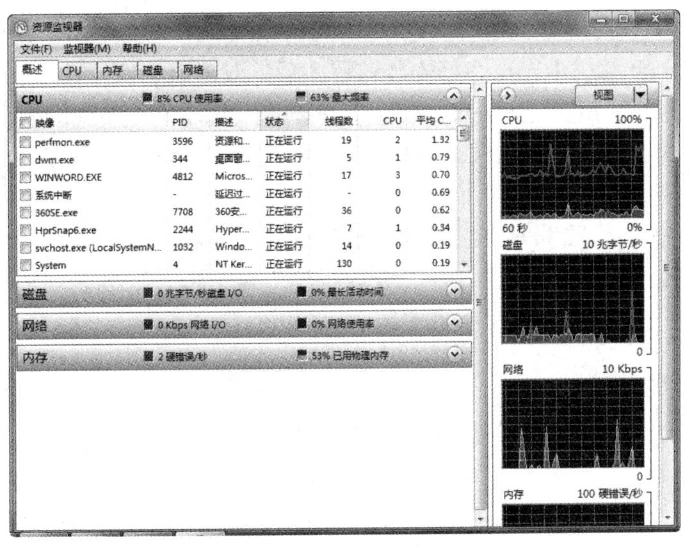

图 2-44　“资源监视器”窗口

通过查看更多详细的信息，用户可以对计算机系统有更加深刻的认识和了解。

2.5 Windows 10 软件管理

2.5.1 程序的安装与卸载

1. 安装程序

使用 Windows 系统中附带的程序和功能可以执行许多操作，但可能还需要安装其他程序。

如何安装程序，取决于程序的安装文件所处的位置。通常，程序可以从 DVD、Internet 或网络安装。

（1）从 DVD 安装程序的步骤如下。

首先将光盘插入到计算机的驱动器中，然后按照屏幕上的说明进行操作。

从 DVD 安装的许多程序会自动打开程序的安装向导。在这种情况下，将显示“自动播放”对话框，可以选择运行该向导。

如果程序不自动安装，则需要打开光盘，并进行手动安装该程序的操作，手动运行该程序的安装文件。

（2）从 Internet 安装程序的步骤如下。

在浏览器中，单击指向程序的链接。执行如下操作：如果需要立即安装程序，则单击“打开”或“运行”按钮，按照屏幕上的说明进行操作。如果暂时不安装程序，则单击“保存”按钮，并将安装文件下载到计算机中。准备好安装该程序后，双击该文件，并按照屏幕上的说明进行操作。这是比较安全的方式，因为可以在程序安装前，扫描该程序中的病毒。部分从 Internet 下载的程序会携带恶意程序，为确保计算机系统的安全，请用户在值得信任的网站上下载程序。

（3）从网络安装程序的步骤如下。

单击“开始”→“设置”→“应用和功能”→“程序和功能”选项，在弹出的左侧窗格中单击“从网络安装程序”选项，打开“获取程序”对话框。在列表中选中一个程序，并单击“安装”按钮，按照屏幕上的说明来安装。

2. 卸载或更改程序

如果不再使用某个程序，或者希望释放硬盘的空间，则可以从计算机上卸载该程序。可以使用“程序和功能”功能卸载程序，或者通过添加或删除某些选项来更改程序的配置。

卸载或更改程序的步骤如下：单击“开始”→“设置”→“应用和功能”→“程序和功能”选项，打开“程序和功能”窗口。

选择程序，并单击“卸载”按钮。除了卸载功能，某些程序还包含更改或修复的功能，但许多程序只提供卸载功能。如果要更改程序，请单击“更改”按钮或“修复”按钮。

2.5.2 打印机的安装与默认打印设置

打印机是办公系统中的常用设备，可以将电子文件转换为纸质文件。下面介绍正确使用打印机的方法。

第一种方法：通过购买打印机的附件（驱动光盘），进行打印机驱动程序的安装，根据安装向导，连接打印机与计算机设备，完成后可进行测试页的打印，确认打印机能够正常工作。

第二种方法：单击“开始”→“设置”→“设备”→“打印机和扫描仪”选项。在弹出的界面中，单击“添加打印机和扫描仪”→“添加本地打印机”选项，进入选择打印机端口，勾选“使用现有的端口”单选框，并选择厂商和打印机型号。最后单击“确定”按钮后添加打印机名称，设置打印机共享选项，完成打印机的添加。

2.5.3 设置打印参数、打印文档、查看打印队列

1. 设置打印机属性

单击“开始”→“设置”→“设备”→“设备和打印机”选项，打开已安装完毕的“EPSON WF-5620 Series”打印机，如图 2-45 所示。

图 2-45 打开打印机

右击“打印机”选项，在弹出的快捷菜单中单击“属性”命令。在打开的打印机属性对话框中，对打印机系统和打印参数进行设置，如图 2-46 所示。

单击“首选项”按钮，弹出“打印首选项”对话框，如图 2-47 所示。

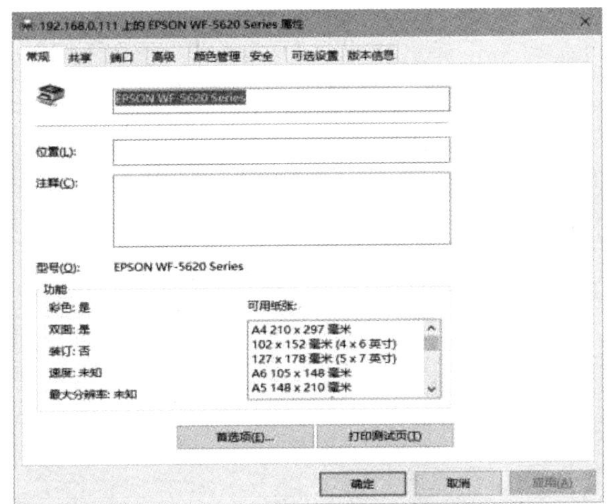

图 2-46 打印机属性对话框

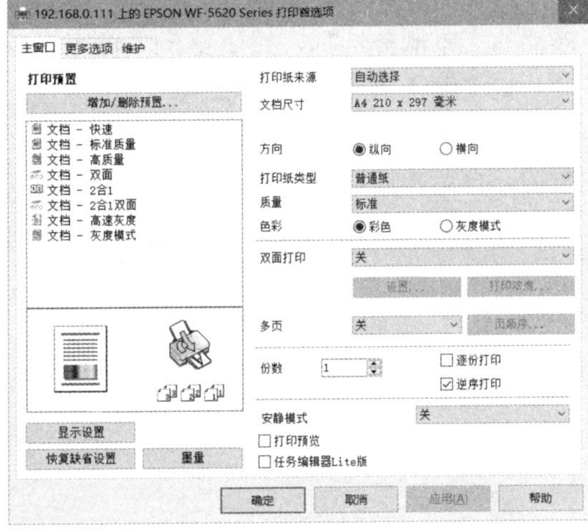

图 2-47 “打印首选项”对话框

2. 打印文档

（1）右击需要打印的文档，在弹出的快捷菜单中单击“打印”命令。

（2）打开文档，单击“文件”菜单中的“打印”选项，进行打印。

3. 查看打印队列

单击打印机对话框中的“查看”选项，可以查看正在打印的内容。另外，右击任务栏右侧中的打印机图标，在弹出的快捷菜单中单击“打开所有活动打印机”命令，可以弹出如图 2-48 所示的对话框，显示当前的打印状态，用户可以单击“打印机”选项进行状态的修改。

图 2-48　当前打印状态

2.5.4 添加、更改输入语言

在输入文本或编辑文档时，需要使用不同的语言，可以通过添加或更改的方式输入语言。

Windows 10 中包含多种输入语言，添加输入语言的步骤如下。

方法一，单击“开始”→“设置”→“时间和语言”选项，打开“日期和语言”界面。单击界面左侧列表中“语言”选项，并选择需要添加的语言，单击“添加语言”按钮，如图 2-49 所示。

方法二，右击任务栏右侧中的语言图标，在弹出的快捷菜单中单击“设置”命令，在弹出的“时间和语言”界面中，选择需要添加的语言，再单击“添加语言”按钮。

在任务栏中双击要添加的语言，双击“键盘”命令，在弹出的“键盘”界面中，选择要添加的文本服务选项，然后单击“确定”按钮。

更改输入语言的步骤如下。

在更改要使用的输入语言之前，需要确保已经添加输入语言。单击语言栏上的“输入语言”按钮，再单击要使用的输入语言，如图 2-50 所示。

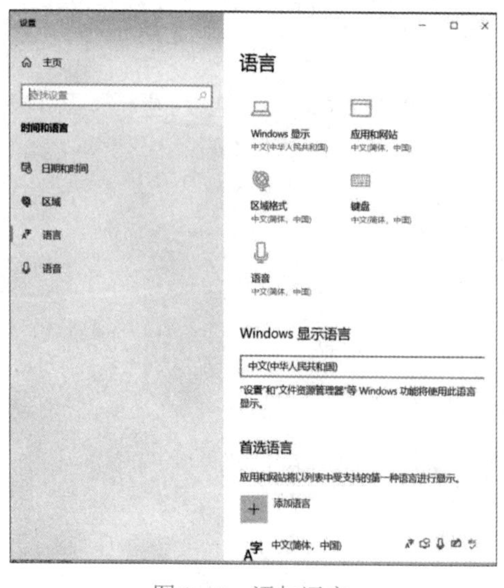

图 2-49　添加语言

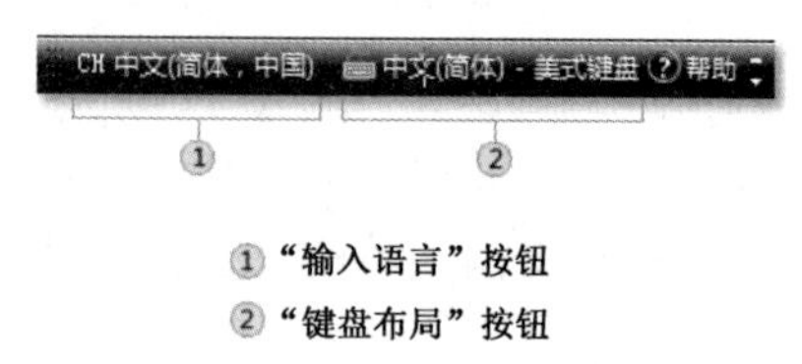

图 2-50　语言栏

2.6　网络基础知识及应用

互联网又称网际网络，也称因特网。它是网络与网络之间串联形成的庞大的网络。这些网络以一组通用的协议相连，形成逻辑上的单一、巨大的国际网络。

2.6.1　IP 地址

在互联网上的主机完成通信时，需要彼此识别身份，也就是说每台主机必须由一个唯一的地址来标识。在互联网中采用 IP 地址来表示该主机的位置，也称主机网际协议地址。IP 地址由两部分组成：网络号和主机号。网络号用于表示互联网中一个特定的网络，主机号用于表示网络中主机的一个特定的连接。目前，IP 地址使用 32 位二进制地址格式，其在整个互联网中是唯一的。

IP 地址采用点分十进制标记法，符合人们的识记习惯。IP 地址被划分为 4 段，分别写为 4 个十进制数，并用英文圆点隔开，每个十进制数从 0 ～ 255 中取值来表示 IP 地址的一个字节。

2.6.2　IP 地址的分类

目前，Internet 委员会将 IP 地址分为 5 类：A 类、B 类、C 类、D 类、E 类。其中，A 类、B 类、C 类地址用于表示基本的 IP 地址，提供用户使用的地址，分类列表如表 2-2 所示。D 类地址被称为多播地址，E 类地址尚未使用（保留地址）。

表 2-2　基本 IP 地址分类列表

类别	第一个字节	网络号位数	最多网络数	主机号位数	网络中最多主机数	地址范围
A 类	0 ～ 127	7 位	126	24 位	16 777 214	0.0.0.0 ～ 127.255.255.255
B 类	128 ～ 191	14 位	16 382	16 位	65 534	128.0.0.0 ～ 191.255.255.255
C 类	192 ～ 223	21 位	2 097 160	8 位	254	192.0.0.0 ～ 223.255.255.255

2.6.3　ipconfig 命令和 ping 命令

ipconfig 命令可用于查看本机的网络配置信息，ping 命令可用于检查网络连通情况。按“■ +R”组合键，并输入 cmd 命令，可打开命令提示符窗口，输入命令可查看网络配置信息及网络连通情况。

2.7 Windows 10 项目实训

2.7.1 项目一：创建文件和文件夹及相关设置

实训目的：掌握文件夹和文件的创建、属性查看及设置。

要求：在 D 盘中分别创建名为“ta”“tb”的文件夹，其中，将 ta 文件夹的属性设置为“只读”和“隐藏”。在 tb 文件夹中创建一个名为“st4.txt”的文本文件，文本内容为“和谐”。

操作步骤如下。

（1）在计算机窗口的左侧窗格中选定“D:”作为当前文件夹，在右侧窗格中右击空白处，在弹出的快捷菜单中单击“新建”→“文件夹”命令，分别创建 ta、tb 文件夹，如图 2-51 所示。

（2）选中 D:\ta 文件夹，单击“组织”组中的“属性”命令，在弹出的文件夹属性对话框中单击“常规”选项卡，勾选“只读”和“隐藏”复选框，如图 2-52 所示，单击“确定”按钮完成设置。

（3）在左侧窗格中选定“D:\tb”作为当前文件夹，新建名为“st4.txt”的空白文本文档。

（4）双击打开 st4.txt 文本文件，输入“和谐”文本。保存文件后关闭。

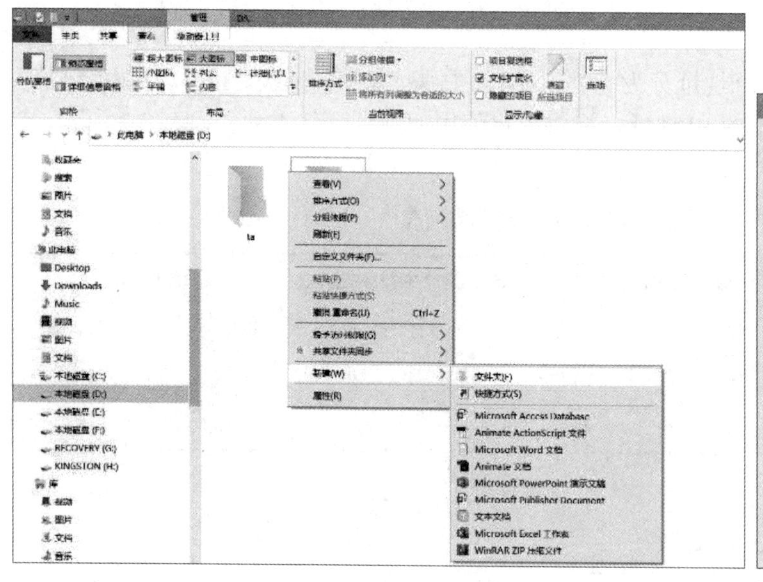

图 2-51　文件夹的创建

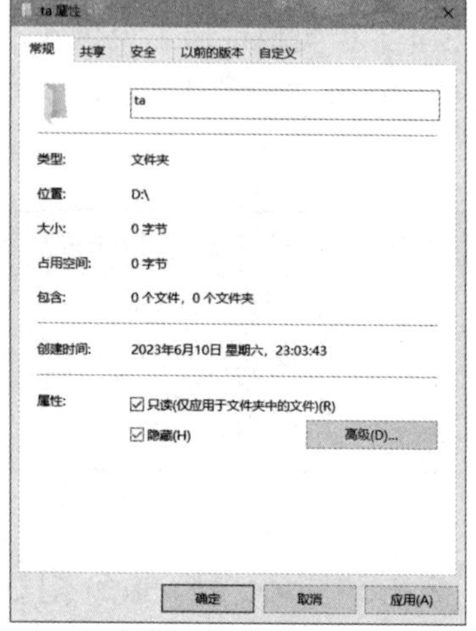

图 2-52　文件夹的属性设置

2.7.2 项目二：查找、复制、修改文件

实训目的：掌握文件和文件夹的查找、复制及修改。

要求：在 C 盘中查找“计算器”文件（calc.exe），在找到该文件后将其复制到 D:\sx 文件夹下，并将其文件名修改为“jisuanji.ini”。

操作步骤如下。

（1）在左侧窗格中选定“C:”作为当前文件夹，在搜索框中输入关键词“calc.exe”。当开始输入关键词时，搜索就已经开始。随着输入字符的增多，搜索的结果会反复筛选，直到查找到满足条件的结果。搜索结果将在右侧窗格中显示，如图 2-53 所示。

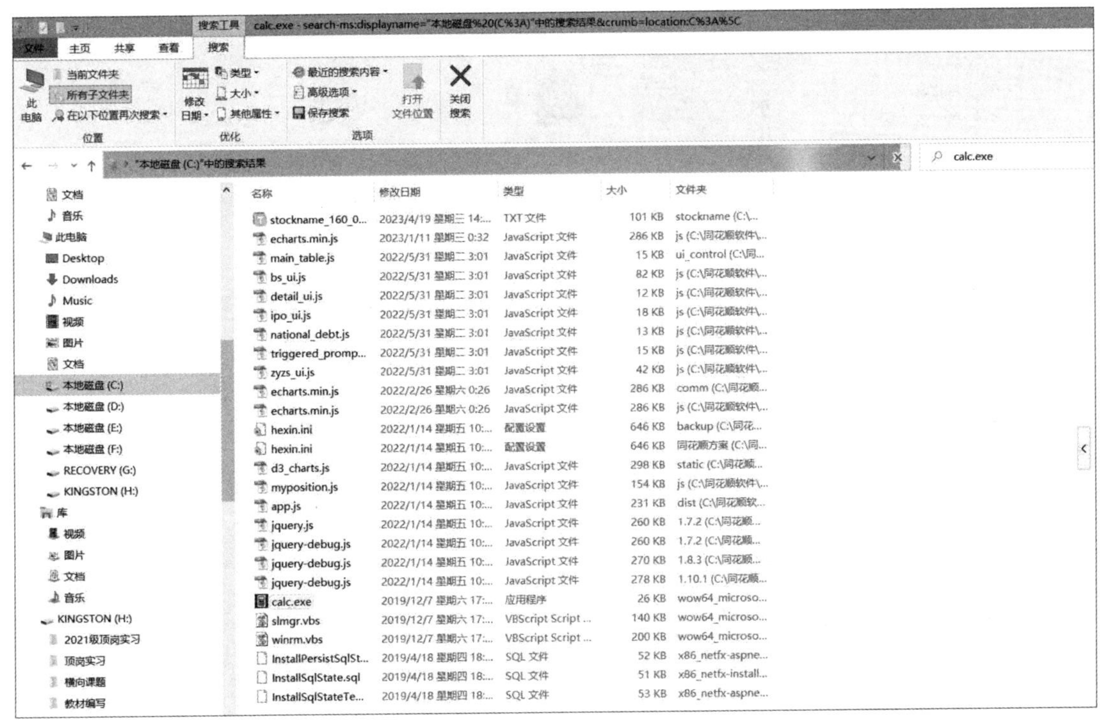

图 2-53　文件的搜索

（2）选中文件 calc.exe，单击“组织”→“复制”命令，或者右击该文件，在弹出的快捷菜单中单击“复制”命令，也可以使用“Ctrl+C”组合键进行复制。

选中文件夹 D:\sx，单击“组织”→“粘贴”命令，或者右击该文件，在弹出的快捷菜单中单击“粘贴”命令，也可以使用“Ctrl+V”组合键进行粘贴。

（3）选中 D:\sx\calc.exe 文件，单击“组织”→“重命名”命令，输入文本“jisuanji.ini”，按“Enter”键完成文件名的修改。

2.7.3　项目三：删除与恢复文件及文件夹

实训目的：掌握文件及文件夹的删除与恢复。

要求：隐藏的 D:\ta 文件夹和 D:\tb\st4.txt 文件的删除与恢复。

操作步骤如下。

（1）打开 D:\tb 文件夹，选中 st4.txt 文件，按“Delete”键删除，或者右击该文件，在弹出的快捷菜单中单击“删除”命令删除。

（2）选中 D 盘，在菜单栏中单击“查看”菜单项，在“显示 / 隐藏”组中勾选“隐藏的项目”复选框，显示 D 盘下隐藏的 ta 文件夹，如图 2-54 所示。

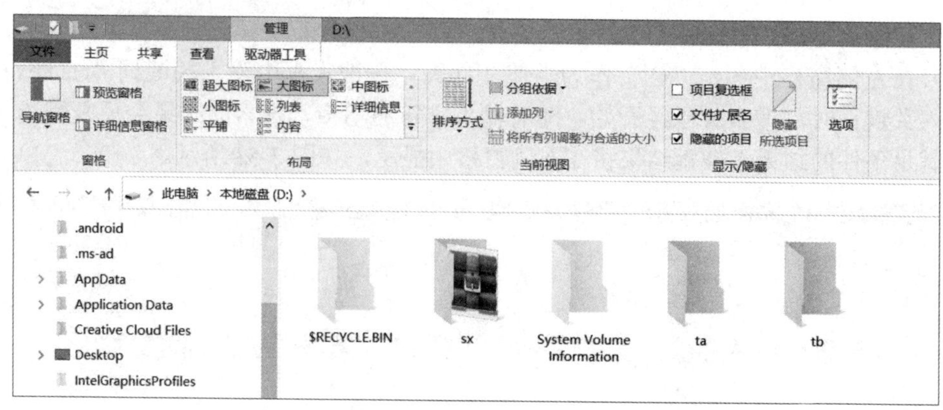

图 2-54　显示隐藏的文件夹

（3）从“回收站”中恢复 D:\tb\st4.txt 文件。双击桌面上的“回收站”图标，打开“回收站”窗口，选中 st4.txt 文件，单击工具栏中的“还原此项目”按钮，或者右击该文件，在弹出的快捷菜单中单击“还原”命令，恢复被删除的文件。

（4）永久性地删除 D:\ta 文件夹。按“Shift+Del”组合键，在弹出的“删除确认”对话框中单击“是”按钮，彻底删除该文件夹。

2.7.4　项目四：创建快捷方式

实训目的：掌握快捷方式的创建。

要求：在 D:\sx 文件夹中建立一个名为“JSB”的快捷方式，该快捷方式指向 C:\windows\system32\ notepad.exe 文件，并设置组合键为“Ctrl+Shift+J”。

操作步骤如下。

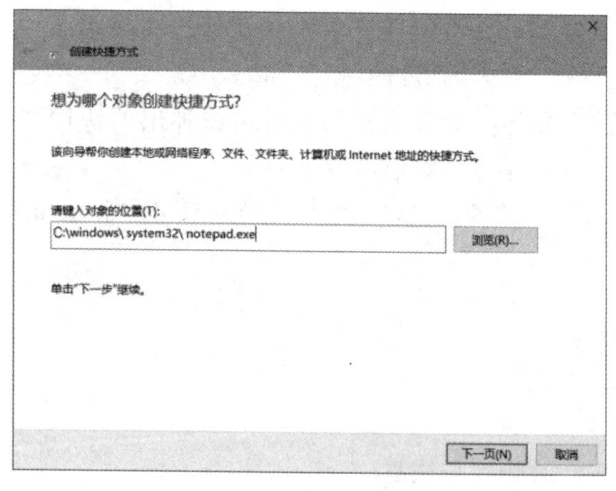

图 2-55　文件快捷方式的创建

（1）在左侧窗格中选定 D:\sx 作为当前文件夹，在右侧窗格中的空白处右击，在弹出的快捷菜单中单击“新建”→“快捷方式”命令。

（2）在弹出的“创建快捷方式”对话框的“请键入对象的位置”文本框中输入“C:\windows\system32\notepad.exe”，如图 2-55 所示，单击“下一页”按钮。

（3）在下一个对话框中输入“JSB”，并单击“确定”按钮，完成快捷方式的创建。

（4）右击创建好的“JSB”快捷方式，在弹出的快捷菜单中单击“属性”命令，弹出“属性”对话框。在“快捷方式”选项卡中的“快捷键”文本框内同时按下“Ctrl+Shift+J”组合键，单击“确定”按钮完成快捷键的设置。

2.7.5　项目五：使用剪贴板

实训目的：掌握多任务间数据的传递——剪贴板的使用。

要求：利用“剪贴板”将 Windows 系统中的“计算器”程序的界面复制到“画图”程序中，设置保存类型为单色位图，并命名为“picture.bmp”保存在 D:\sx 文件夹中。

操作步骤如下。

（1）单击“开始”→“应用程序”→“计算器”选项，按“Alt+Print Screen”组合键，复制“计算器”程序的界面。

提示：复制当前应用程序的界面可使用“Alt+Print Screen”组合键，复制整个桌面可使用“Print Screen”键。

（2）打开 Windows 附件中的“画图”程序，按“Ctrl+V”组合键，将“计算器”程序的界面复制到“画图”程序中，如图 2-56 所示。

（3）单击“保存”按钮（![]），弹出“保存为”对话框，选择保存的路径为“D:\sx”，设置保存类型为“单色位图”，输入文件名“picture.bmp”，如图 2-57 所示，单击“保存”按钮完成操作。

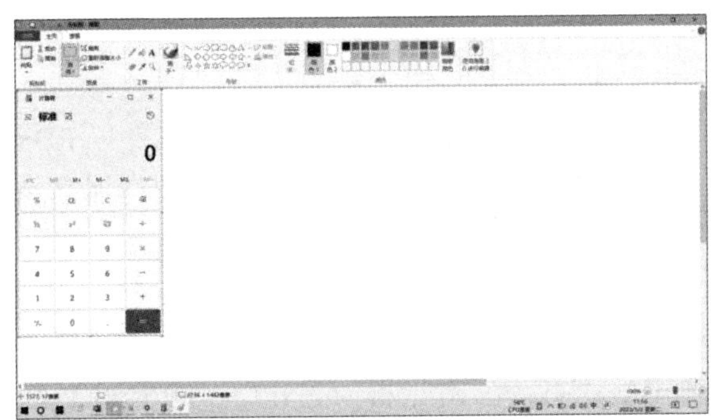

图 2-56　剪贴板的使用

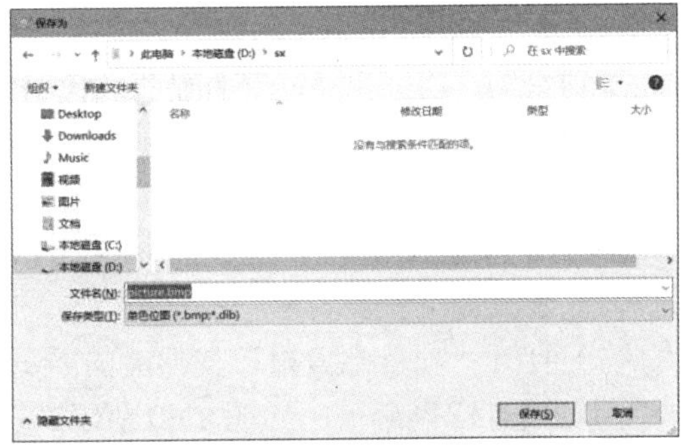

图 2-57　保存 picture.bmp 文件

2.7.6　项目六：压缩文件

实训目的：文件压缩和解压缩的操作。

要求：将“项目六素材”文件夹中的 pic01.jpg 文件和 pic02.jpg 文件压缩到 D:\sx\pic12.rar 中。

操作步骤如下。

（1）同时选中素材中的 pic01.jpg 文件、pic02.jpg 文件并右击，在弹出的快捷菜单中单击“添加到压缩文件”命令，弹出如图 2-58 所示的对话框。在“压缩文件名”文本框中输入“D:\sx\pic12.rar”。

提示：此操作需要系统已经安装压缩软件，如 WinRar、HaoZip 等。

（2）如果已经在 D 盘下创建了 sx 文件夹，则直接单击“确定”按钮；否则会弹出“警告”对话框，单击“是”按钮，完成对文件的压缩，如图 2-59 所示。

（3）选中“项目六素材”文件夹中的 pic.zip 素材压缩文件并右击，在弹出的快捷菜单中单击“解压到”命令。在弹出的“解压文件”窗口中单击地址栏右侧的“更改目录”图标，弹出“浏览文件夹”窗口。在“浏览文件夹”窗口中选择 D:\sx 文件夹，单击“确定”按钮，再单击“解压文件”窗口中的“立即解压”按钮解压缩文件。

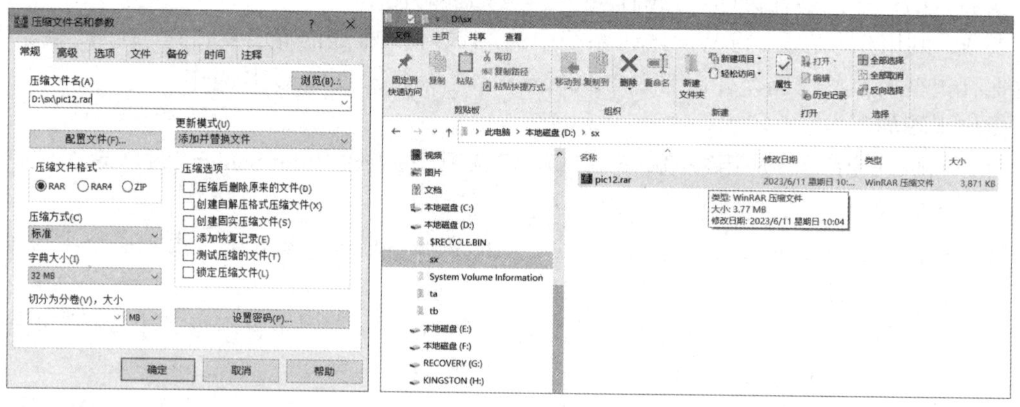

图 2-58 “压缩文件名和参数”　　图 2-59 压缩后的文件

2.7.7 项目七：网页格式文件与 PDF 格式文件相互转换

实训目的：将网页格式文件转换为 PDF 格式文件。

要求：打开“项目七素材”文件夹中的网页格式文件 J.html，将该网页格式文件以 PDF 格式保存在 D:\sx 文件夹中，设置文件名为“WYJ.pdf”，并将网页中的任意一张图片保存到 D:\sx 文件夹中，设置文件的主名为“WYTPJ”，扩展名为默认。

操作步骤如下。

（1）打开“项目七素材”文件夹的网页格式文件 J.html，右击空白处，在弹出的快捷菜单中单击“打印”命令，如图 2-60 所示，在弹出的“打印”对话框中单击“Microsoft Print to PDF”选项，并单击界面下方的“打印”按钮，在弹出的“将打印输出另存为”对话框中设置路径为“D:\sx”，文件名为“WYJ.PDF”，如图 2-61 所示。

图 2-60 单击“打印”命令

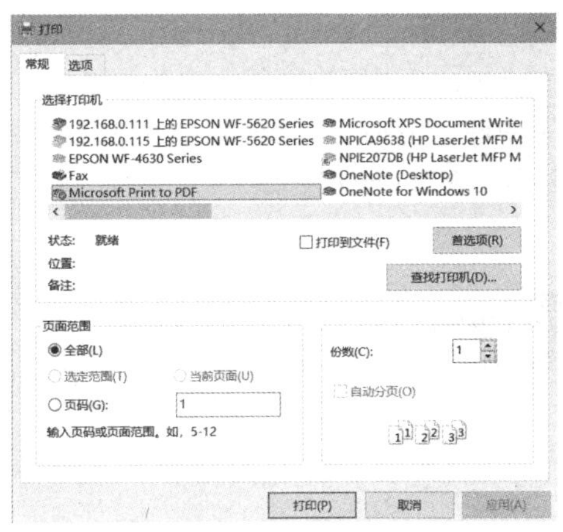

图 2-61　“打印”对话框

（2）选中并右击网页图片，在弹出的快捷菜单中单击“图片另存为”命令，在弹出的“保存图片”对话框中设置路径为“D:\sx”，文件名为“WYTPJ”。

2.7.8　项目八：查看网络信息配置及网络连通情况

实训目的：了解、查看本机网络信息配置及网络配置信息。

要求：利用命令查找本机的网络信息，将使用的命令与当前计算机的任一网络适配器的动态主机配置协议（Dynamic Host Configuration Protocol，DHCP）是否已启用、自动配置是否已启用的信息复制并粘贴到 D:\sx\net.txt 文件中，每条信息独占一行。

测试本机网络连通情况，将命令窗口截图文件以 JPG 格式保存在 D:\sx 文件夹中，设置文件名为“WLLJ.jpg”。

操作步骤如下。

（1）按“ +R”组合键，打开“运行”对话框，或者单击“开始”→“Windows 管理工具”→“命令符”选项。在“运行”对话框中输入“cmd”并按“Enter”键，打开命令提示符窗口。在命令提示符窗口中输入“ipconfig/all”并按“Enter”键。如图 2-62 所示，复制需要的网络配置信息。打开 D 盘，在空白处右击，在弹出的快捷菜单中单击“新建”→“文本文档”命令，创建 net.txt 文件。双击打开该文件，单击“编辑”菜单中的“粘贴”命令，如图 2-63 所示。

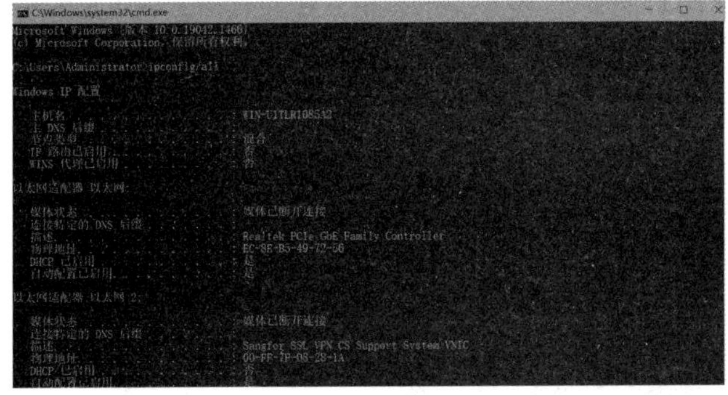

图 2-62　网络配置信息

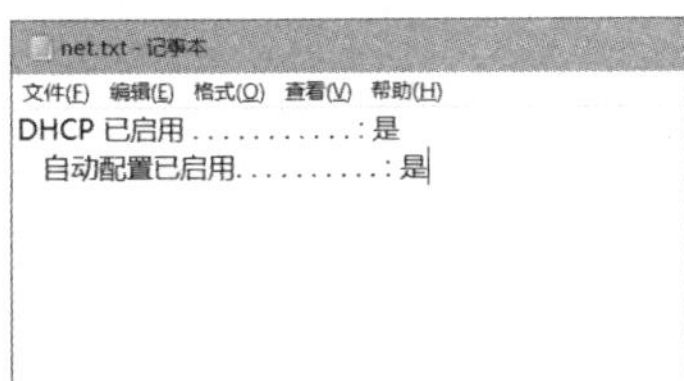

图 2-63　net.txt 文件

（2）继续输入“ping”，按“Alt+Print Screen”组合键，复制当前界面。单击“开始”→“附件”→“画图”选项，在打开的“画图”程序界面的空白处右击，在弹出的快捷菜单中单击“粘贴”命令。单击“文件”菜单中的“另存为”选项，在弹出的对话框中选择“JPEG”格式，设置路径为“D:\sx”，文件名为“WLLJ.jpg”。

2.8 课后上机习题

1．在 D 盘中创建一个名为“test”的文件夹，并在该文件夹中创建一个名为“sub”的子文件夹。

2．在计算机中搜索任意两个文本文件，并把它们复制到 sub 子文件夹中。

3．选中其中一个文本文件，修改文件名为“abc.ini”，设置文件属性为“隐藏”。

4．在桌面上创建一个指向 C:\Windows\system32\mspaint.exe 的名为“画图”的快捷方式，设置快捷键为“Alt+Shift+N”。

5．利用命令查找本机的 IP 地址，将其信息保存在 D\sx\ip.txt 文件中。

6．打开“画图”程序，把该程序的窗口快照，通过 Word 软件保存到 D:\sx 文件夹中，并命名为“picture.docx”。

7．把素材文件夹里的压缩文件 sample.rar 解压缩到 D:\sx 文件夹中。

2.9 课后练习与指导

一、选择题

1．Windows 桌面主题主要包括（　　）、声音、桌面背景、边框颜色四个部分的设置。

A．更改电源设置　　B．段落格式

C．屏幕保护程序　　D．可以卸载桌面应用程序

2．Windows 10 操作系统通用的桌面图标有 5 个，但不包括（　　）。

A．计算机　　B．控制面板　　C．IE 浏览器　　D．回收站

3．创建虚拟桌面，可以按照日期和时间切换窗口预览效果，可以按（　　）组合键显示出来。

A．“⊞ +Shift”　　B．“Ctrl+Tab”　　C．“⊞ +Tab”　　D．“Shift+Tab”

4．要选定多个不连续的文件需要按（　　）键并使用鼠标单击。

A．“Shift”　　B．“Alt”　　C．“Ctrl”　　D．“Tab”

5．在 Windows 操作系统中，经常用到剪切、复制和粘贴功能，其中剪切功能的组合键为（　　）。

A．“Ctrl+S”　　B．“Ctrl+X”　　C．“Ctrl+C”　　D．“Ctrl+V”

6．在 Windows 操作系统中，回收站中的内容将（　　）。

A．永久保留，可以恢复　　B．暂时保留，可以恢复

C．永久删除，不能恢复　　D．暂时删除，不能恢复

7．桌面图标实质上是（　　）。

A．文件　　B．程序　　C．文件夹　　D．快捷方式

8．Windows 10 操作系统中将网页保存为 PDF 文件的方法是（　　）。

A．图片另存为　　B．裁剪网页

C．用软件转换　　D．打印网页进行转换

9．查看本机网络联通情况的命令是（　　）。

A．dir　　B．Ipconfig　　C．cd　　D．ping

10．下列关于任务栏作用的说法中，错误的是（　　）。

A．显示当前活动窗口名　　B．显示正在后台工作的窗口名

C．实际窗口之间的切换　　D．显示系统所有功能

二、填空题

1．在 Windows 10 操作系统中，使用“________”组合键，可以在打开的多窗口之间来回切换。

2．按“________”组合键可以将当前活动窗口的界面录入剪贴板。

3．在 Windows 10 操作系统的桌面上可以按下列三种方式之一自动排列当前打开的窗口，即层叠窗口、堆叠显示窗口、________ 窗口。

4．一个文件的扩展名通常表示 ________。

5．在 Windows 10 操作系统中，使用鼠标右击对象，可以弹出该对象的 ________。

第3章 文字处理软件 Word 2016

本章导读

技能目标

- 熟悉 Word 2016 操作界面
- 掌握 Word 2016 的启动、保存和退出等基本操作
- 掌握字体格式、段落格式、样式、文本的查找和替换设置方法
- 掌握表格的创建和编辑、表格格式的设置方法
- 掌握页面设置、分栏、首字下沉等设置方法
- 掌握图片、形状、SmartArt、页眉、页脚、页码等对象的插入方法
- 掌握文本框、艺术字、日期和时间、公式、符号、编号等对象的使用方法
- 掌握制表位、水印、页面颜色、页面边框等对象的设置方法
- 掌握目录、脚注、尾注、题注的使用方法

素质目标

- 培养信息处理能力
- 加强文档管理教育
- 提升信息和数字化素质
- 培养适应信息化社会发展的必备能力

3.1 Word 2016 的基础知识

3.1.1 启动 Word 2016

常见的 Word 2016 的启动方法有以下几种。

1. 开始菜单

在 Windows 10 操作系统任务栏中，单击“开始”→“所有应用”→“Word”选项，即可启动。

2. 桌面快捷方式

通常安装了 Office 2016 后，默认在桌面上创建 Word 2016 的快捷方式图标，双击即可启动。

3. 资源管理器

在“资源管理器”界面的右侧空白处右击，在弹出的快捷菜单中单击“新建”→“Microsoft Word 文档”命令，即可启动。

3.1.2　Word 2016 操作界面

启动 Word 2016 后，在打开的界面中会显示最近使用的文档信息，并提示用户创建新文档，选择需要创建的文档类型，即可进入 Word 2016 操作界面，如图 3-1 所示。

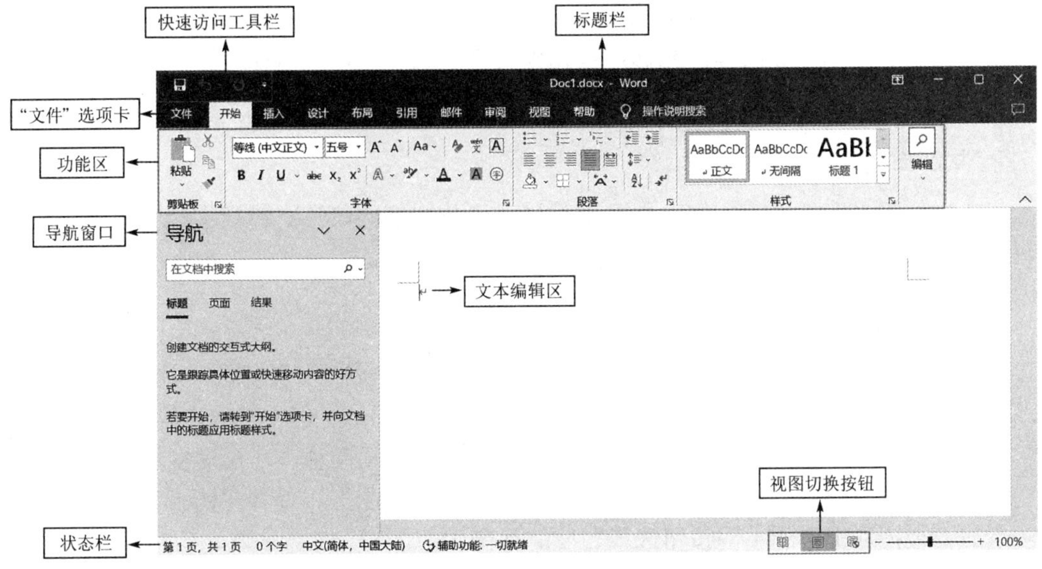

图 3-1　Word 2016 操作界面

Word 2016 操作界面由快速访问工具栏、标题栏、“文件”选项卡、功能区、文本编辑区、状态栏等组成。

1. 快速访问工具栏

快速访问工具栏位于界面的左上角。快速访问工具栏显示多个常用工具按钮，默认按钮有“保存”“撤销键入”“重复键入”“自定义快速访问工具栏命令”等。用户可以根据需要，单击“自定义快速访问工具栏命令”按钮，添加常用命令。

2. 标题栏

标题栏位于界面的最顶端，默认有文档名称、功能区显示选项和最右侧的界面控制按钮。

界面控制按钮包含“最小化”“最大化”（或“向下还原”按钮）“关闭”按钮。

3. “文件”选项卡

“文件”选项卡中包含“新建”“打开”“保存”“另存为”“打印”“共享”“导出”“关闭”等基本命令。单击“文件”选项卡最下方的“选项”命令，可以打开“Word 选项”对话框，在该对话框中可以对 Word 组件进行“常规”“显示”“校对”“自定义功能区”等多项设置。

4. 功能区

Word 2016 使用多个选项卡取代了传统菜单的操作方式。单击任一选项卡可以打开其对应的功能区。每个功能区根据不同功能又分为多个组。例如，在“开始”选项卡中有 5 个组，分别为“剪贴板”组、“字体”组、“段落”组、“样式”组、“编辑”组。单击功能区右下角的“对话框启动器”按钮（↘），将弹出相应功能的对话框或窗格。

5. 文本编辑区

文本编辑区是用于显示文档内容的区域，在这里不仅可以对文本和段落的内容、格式等进行修改及编辑操作，还可以对文档和页面的参数进行编辑。新建空白文档后，在文档编辑区的左上角中将显示一个闪烁的光标，该光标为文本插入点，其所在位置即文本的起始输入位置。

6. 状态栏

状态栏位于界面的底端左侧，主要用于显示当前文档的信息。包括文档当前的页码、总页码、字数、Word 发现校对错误、语言（国家 / 地区）等。

7. 视图切换按钮

视图切换按钮位于界面的底端右侧，有 3 种不同的视图方式：阅读视图、页面视图、Web 版式视图。虽然文档视图方式可以设置为不同的视图方式，但文档的内容不变。单击“视图”选项卡，可以看到 Word 2016 提供了 5 种视图方式：阅读视图、页面视图、Web 版式视图、大纲视图、草稿视图。可以根据不同需求，以不同的视图方式查看文档。可以单击“视图”选项卡的“视图”组中的不同按钮选择需要的视图。

3.1.3 退出 Word 2016

退出 Word 2016 的方法有以下几种。

（1）单击“文件”选项卡中的“关闭”命令。

（2）单击 Word 2016 标题栏右侧的“关闭”按钮。

（3）双击快速访问工具栏左侧空白处。

（4）当 Word 2016 操作界面为当前活动窗口时，按“Alt+F4”组合键。

在退出 Word 2016 时，假如文档未保存，Word 2016 会弹出一个对话框，询问是否保存该文档。如果单击“保存”按钮，则保存当前文档；如果单击“不保存”按钮，则放弃当前修改的文档。如果单击“取消”按钮，则返回当前文档。

3.2　Word 2016 的文本编辑

3.2.1　输入文档内容

1. 输入中、英文字符

按“Ctrl+Shift”组合键，可以切换输入法。按“Ctrl+Space”组合键，还可以切换中、英文输入法。

在英文输入状态下，可以直接输入英文字符，默认为输入小写英文。可以按“Caps Lock”键切换大小写，或者按“Shift+ 字符”组合键输入大写字母；还可以单击“开始”选项卡的“字体”组中的“更改大小写”命令来切换大小写。

2. 插入符号

1）常用符号

单击“插入”选项卡的“符号”组中的“符号”按钮，在弹出的下拉菜单中列出了常用的符号，单击所需要的符号，可以将其插入到文档。

2）Wingdings 符号

单击“插入”选项卡的“符号”组中的“符号”按钮，在弹出的下拉菜单中单击“其他符号”按钮，弹出“符号”对话框，在“字体”下拉菜单中单击“Wingdings”选项，如图 3-2 所示。找到“☎”符号，单击“插入”按钮可以将“☎”符号插入到文档。

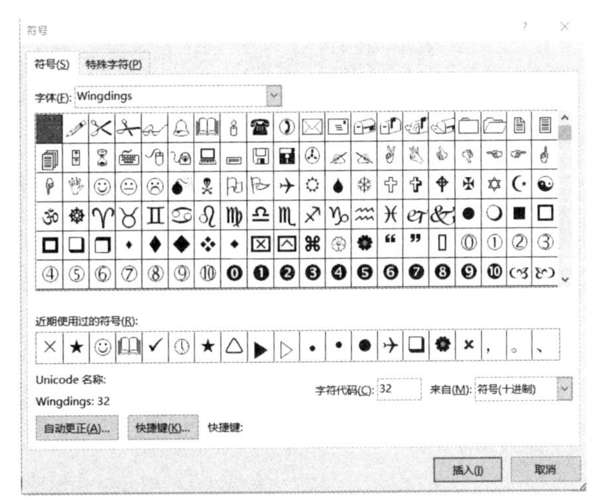

图 3-2　插入 Wingdings 符号

3. 插入日期和时间

单击“插入”选项卡的“文本”组中的“日期和时间”按钮，弹出“日期和时间”对话框，自动显示默认格式的当前日期，按“Enter”键即可插入当前日期。

如果要插入其他格式的日期和时间，则可以在“日期和时间”对话框中设置“语言”为“中文（中国）”或“英文（美国）”，并可以根据需求选择是否勾选“自动更新”复选框。

4. 插入公式

单击“插入”选项卡的“符号”组中的“公式”按钮，会自动跳转到浮动的“公式”选项卡中，如图 3-3 所示。利用“公式”选项卡中的“工具”、“符号”和“结构”组中的功能按钮可以输入公式。

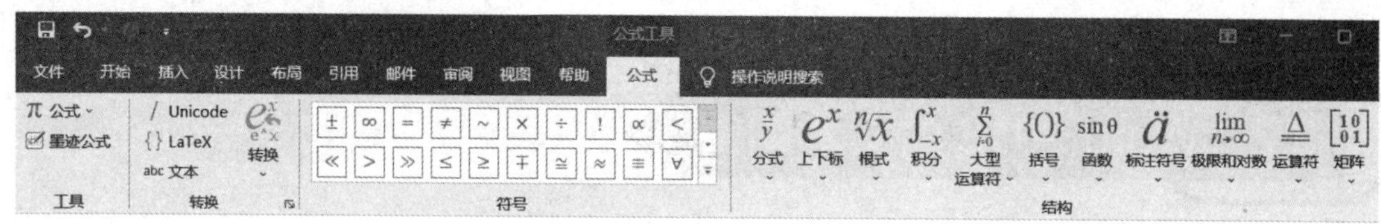

图 3-3 “公式”选项卡

5. 插入其他文档内容

将鼠标光标移动到目标文档的插入位置，单击“插入”选项卡的“文本”组中的“对象”下拉按钮，单击“文件中的文字”选项，在弹出的“插入文件”对话框中，选择文件（可以多选），并单击“插入”按钮。

3.2.2 文本编辑

1. 选取文本

当需要对文本进行修改、移动、复制与删除等编辑操作时，必须先选取文本。选取文本包括选取任意文本、选取一行文本、选取一段文本、选取整篇文档等多种方式。根据选取文本的长短和区域的不同，可以分为以下几种。

（1）选取任意文本：将鼠标光标移动到需要选取文本的首字符处，按住鼠标左键不放，并拖曳鼠标指针至需要选取文本的结尾。被选取的文本以灰底黑字的样式显示。

（2）选取一行文本：将鼠标指针移动到该行左边的空白位置，当鼠标指针变成箭头形状时，单击鼠标左键，则选取一行文本。

（3）选取一段文本：除了可以使用选取任意文本的方法选取一段文本，还可以在段落中任意位置连续按鼠标左键 3 次。可以将鼠标指针移动到段落左边的空白位置，当鼠标指针变为箭头形状时双击鼠标来选取一段文本。

（4）选取整篇文档：将鼠标指针移动到文档左边的空白位置，当鼠标指针变成箭头形状时，连续单击鼠标 3 次。还可以在“开始”选项卡的“编辑”组中单击“选择”按钮，在弹出的下拉菜单中单击“全选”选项，或者按“Ctrl+A”组合键来选取整篇文档。

（5）选取不连续文本：先选取第一部分文本，再按住“Ctrl”键不放，继续按住鼠标左键并拖曳鼠标指针选取其他文本，直到选取结束。

（6）选取以列为单位的文本：按“Alt”键，并在按住鼠标左键的同时拖曳鼠标指针选中一块矩形文本。

2. 插入与删除文本

将鼠标光标移动到需要插入文本的位置，鼠标光标呈现不断闪烁的状态，表示当前文档处于可插入状态，在插入点处可输入文本。

按“Backspace”键可以删除鼠标光标前面的文本。按“Delete”键可以删除鼠标光标后面的文本。选取需要删除的文本，按“Delete”键可以删除被选取的文本。

3. 移动文本

移动文本是将被选取的文本移动到另一个位置，原位置不再保留该文本，主要有以下几种方法。

（1）选取需要移动的文本，将鼠标指针移动到被选取的文本上，按住鼠标左键不放，将其拖曳到目标位置后放开鼠标。

（2）选取需要移动的文本，在“开始”选项卡的“剪贴板”组中单击“剪切”按钮，或者按“Ctrl+X”组合键剪切文本。先在需要插入该文本的目标位置单击，再单击“剪贴板”组中的“粘贴”按钮，或者按“Ctrl+V”组合键粘贴文本。

（3）选取需要移动的文本后右击，在弹出的快捷菜单中单击“剪切”命令，在需要插入该文本的目标位置右击，在弹出的快捷菜单中单击“粘贴选项”→“保留源格式”命令，即可移动文本。

4. 复制文本

可以选取需要复制的文本，在“开始”选项卡的“剪贴板”组中单击“复制”按钮复制文本。将鼠标光标移动到需要插入该文本的目标位置，在“开始”选项卡的“剪贴板”组中单击“粘贴”按钮粘贴文本。

可以选取需要复制的文本后右击，在弹出的快捷菜单中单击“复制”命令，在需要插入该文本的目标位置右击，在弹出的快捷菜单中单击“粘贴”命令，粘贴文本。

可以选取需要复制的文本后，按“Ctrl+C”组合键复制文本，在需要插入该文本的目标位置单击，按“Ctrl+V”组合键粘贴文本。

还可以选取需要复制的文本，按住“Ctrl”键的同时按住鼠标左键不放，将需要复制的文本拖曳到需要插入该文本的目标位置上。

5. 查找和替换文本

当需要将文档中的一个词替换为另一个词时，利用查找和替换文本功能，可以快速地修改文本。具体操作步骤如下。

（1）在“开始”选项卡的“编辑”组中单击“查找”按钮或“替换”按钮，或者按“Ctrl+H”组合键。

（2）打开“查找和替换”对话框，分别在“查找内容”和“替换为”文本框中输入文本。

（3）单击“查找下一处”按钮，即可看到在文档中查找到的第一个文本为被选中状态。

（4）继续单击“查找下一处”按钮，直至出现对话框提示已完成文档的搜索，单击“确定”按钮，返回“查找和替换”对话框，或者单击“全部替换”按钮，完成文本的查找和替换。

6. 撤销与恢复

当编辑文档时，Word 2016 可以记录最近执行的操作，如果有误操作，则可以使用撤销功能撤销误操作。如果撤销了某些操作，则还可以使用恢复功能将文档恢复。

单击快速访问工具栏中的“撤销”按钮，或者按“Ctrl+Z”组合键，即可撤销上一步操作。

单击“恢复”按钮，或者按“Ctrl+Y”组合键，则可以恢复到撤销操作前的文档效果。

3.2.3 拼写检查与自动更正

Word 2016 对文本有自动检查的功能，通常红色波浪的下画线表示文本可能存在拼写问题，绿色波浪的下画线表示文本可能存在语法问题。

单击“文件”选项卡最下方的“选项”命令，可以打开“Word 选项”对话框，单击左侧的“校对”按钮，可以设置更正拼写和语法检查等功能。

3.3 Word 2016 的文档排版

3.3.1 设置文本格式

文本的格式主要是指字体、字号和文本颜色。此外，使用 Word 2016 还可以为文本设置颜色、下画线或着重号和改变文字间距等。

1. 使用浮动工具栏

在选取文本时停止移动鼠标光标，被选中文本的右上方会出现浮动工具栏。将鼠标光标移动到浮动工具栏上，利用功能按钮和选项对文本进行格式设置。例如，在“字体”下拉菜单中选择所需的字体；在“字号”下拉菜单中选择所需的字号。

2. 使用“字体”组

在选取文本后，可以在“开始”选项卡的“字体”组中对所选文本进行格式设置。例如，“字号”下拉菜单中选择字号。单击“加粗”按钮、“下画线”按钮、“字体颜色”按钮，即可分别设置文本的加粗、下画线和文本颜色效果。

3. 使用“字体”对话框

在选取文本后，在“字体”组的右下角单击“↘”按钮。在打开的“字体”对话框中，单击“高级”选项卡，可以对字体进行更多设置。例如，在“缩放”下拉菜单中可以设置在水平方向上扩展或压缩文字，当设置为 100% 时文字为标准缩放比例，当小于 100% 时文字会变窄，当大于 100% 时文字会变宽。在“位置”下拉菜单中可以设置上升或下降显示的位置，系统默认为标准。设置磅值，可以改变文字位置。设置后，可以先在预览框中查看效果，再单击“确定”按钮。

3.3.2 设置段落格式

1. 设置段落对齐方式

段落对齐方式是指段落中文本的排列方式，包括左对齐、居中对齐、右对齐、两端对齐和分散对齐等几种方式。默认的对齐方式为“两端对齐”。

选中要设置的段落，在“开始”选项卡的“段落”组中，单击相应的“对齐”按钮，即可设置段落的对齐方式。

2. 设置段落缩进

段落缩进是指段落相对左、右页边距向页内缩进一段距离，包括左缩进、右缩进、首行缩进、悬挂缩进。

选中要设置的段落，单击“段落”组右下角的“↘”按钮。打开“段落”对话框，在“缩进和间距”选项卡中，可以单击“缩进”组中的“左侧”和“右侧”文本框的“增加”“减少”按钮，每按一次按钮增加或减少 0.5 字符。也可以在文本框中直接键入数字和单位。在“特殊格式”下拉菜单中单击“首行缩进”或“悬挂缩进”选项，在“缩进值”数据框中可以设置字符、厘米或磅值。

3. 设置行间距及段落间距

行间距是指行与行之间的距离，段落间距是指两个相邻段落之间的距离。

选中需要设置的段落，单击“段落”组右下角的“↘”按钮。打开“段落”对话框，在“缩进和间距”选项卡中，单击“间距”组中的“段前”和“段后”文本框的“增加”“减少”按钮，每按一次增加或减少 0.5 行。也可以在文本框中直接键入数字和单位。“段前”值表示所选段落与上一个段落之间的距离，“段后”值表示所选段落与下一个段落之间的距离。可以在“预览”窗口中查看，确认设置效果后，单击“确定”按钮。如果设置效果不理想，可以单击“取消”按钮取消本次设置。

3.3.3 设置边框与底纹

为了提升文档的美观度，或者为了突出重点，在文档中可以为字符和段落设置边框和底纹。

选中要设置的文本，在“开始”选项卡的“字体”组中单击“字符边框”按钮，即可为文本设置字符边框。在“字体”组中单击“字符底纹”按钮，即可为选中的文本设置字符底纹。

选中要设置的段落，在“开始”选项卡的“段落”组中单击“底纹”按钮右侧的下拉按钮，可以设置不同颜色的底纹样式。单击“边框”按钮右侧的下拉按钮，在弹出的下拉菜单中，可以设置不同类型的框线。如果单击“边框与底纹”选项，在打开的“边框与底纹”对话框中，可以详细设置边框与底纹样式。

3.3.4 设置项目符号和编号

选中文本，在“开始”选项卡的“段落”组中，单击“项目符号”按钮右侧的下拉按钮，在弹出的“项目符号库”下拉菜单中，可以设置项目符号样式；或者单击“定义新项目符号”选项，在弹出“定义新项目符号”对话框中，可以设置项目符号。

选中文本，在“开始”选项卡的“段落”组中，单击“编号”按钮右侧的下拉按钮，在弹出的“编号库”下拉菜单中，可以设置编号样式和编号。另外，在“编号库”下拉菜单中单击“定义新编号格式”选项可以自定义编号格式，方法与自定义项目符号相似。

3.3.5 使用格式刷

使用格式刷能快速地将文本的格式应用到其他的文本上。选取已设置格式的文本，单击“开始”选项卡的“剪贴板”组中的“格式刷”按钮，此时鼠标指针变为刷子形状，将鼠标指针移动到某行文本的开始处，按住鼠标左键并拖曳即可为这行文本应用格式，释放鼠标即可完成格式的复制。单击“格式刷”按钮只能使用一次格式复制操作；双击“格式刷”按钮，可以使用多次格式复制操作，再次单击“格式刷”按钮或按“Esc”键可关闭格式刷功能。

3.3.6 设置样式

样式是已命名并保存的字体和段落格式，它设定了文档中标题、正文等文本内容的格式。在 Word 2016 中，样式可分为内置样式和自定义样式。内置样式是指 Word 2016 为文档提供的标准样式。自定义样式是指用户根据需要设定的样式。

1. 应用样式

将鼠标光标定位在要使用样式的段落或字符处，单击“开始”选项卡的“样式”组右下角的“对话框启动器”按钮，打开“样式”任务窗格，将鼠标指针悬停在列表框中的样式名称上会显示该样式包含的格式信息。在样式列表中可以根据需要选择对应的样式。

2. 新建样式

当 Word 2016 提供的样式不能满足需要时，用户可以新建样式。单击“开始”选项卡的“样式”组右下角的下拉按钮，在弹出的下拉菜单中单击“新建样式”按钮，在弹出的“根据格式化创建新样式”对话框中，输入样式名称，并单击“确定”按钮，即可新建样式。

3. 修改样式

单击“开始”选项卡的“样式”组右下角的下拉按钮，弹出下拉菜单，在需要进行修改的样式上右击，在弹出的快捷菜单中单击“修改”命令。打开“修改样式”对话框，即可重新设置样式的名称和格式。

3.3.7 创建目录

可以根据用户设置的大纲级别，生成文档目录。在创建目录后，可以编辑目录中的字体、字号、对齐方式等。单击“引用”选项卡的“目录”组中的“目录”按钮，在弹出的下拉菜单中单击“自定义目录”命令，打开“目录”对话框，取消勾选“使用超链接而不使用页码”复选框，如图 3-4 所示。

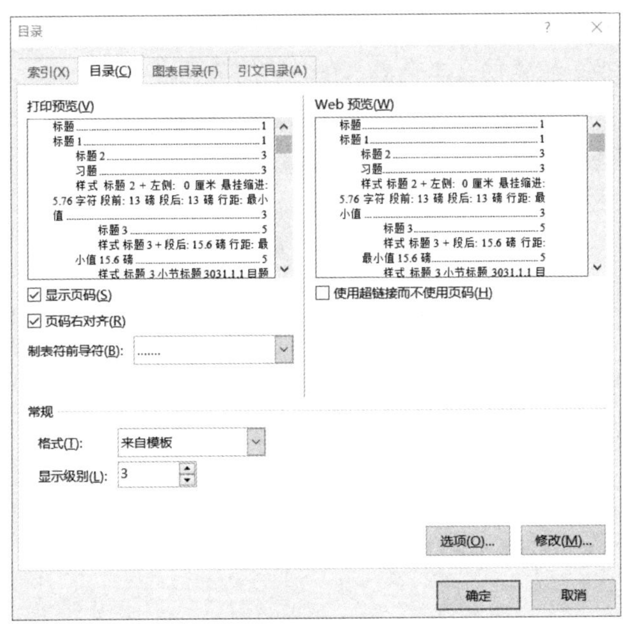

图 3-4　创建目录

3.4　Word 2016 的表格

3.4.1　创建表格

表格一般是由行和列组成的，横向为行，纵向为列，由行和列组成的方格为单元格。在创建表格时，首先需要明确表格的行数和列数，然后将鼠标光标定位到需要创建表格的位置。Word 2016 提供了几种创建表格的方法。

（1）单击“插入”选项卡的“表格”组中的下拉按钮，在弹出的“表格”下拉菜单的方格上移动鼠标指针，方格上方显示对应的列数和行数。例如，创建 6 行 5 列的表格时，在“表格”下拉菜单的方格上移动鼠标指针，方格上方显示对应的“列数 × 行数”，确认后单击鼠标左键即可创建对应行列数的表格，如图 3-5 所示。

（2）单击“插入”选项卡的“表格”组的下拉按钮，在弹出的“表格”下拉菜单中单击“插入表格”命令，打开如图 3-6 所示的“插入表格”对话框，分别设置所需表格的列数和行数，单击“确定”按钮即可创建表格。

（3）单击“插入”选项卡的“表格”组的下拉按钮，在弹出的“表格”下拉菜单中单击“文本转换为表格”命令创建表格。

如果无法确定表格的行列数，则可以先输入文本，再按“Tab”键（制表符）分隔，在各行文本的最后按“Enter”键换行。输入完整文本后，先按“Ctrl+A”组合键选取所有文本，再单击“插入”选项卡的“表格”组的下拉按钮，在弹出的“表格”下拉菜单中单击“文本转换成表格”命令，打开“将文本转换成表格”对话框，可以将所选文本按段落标记来建立表格，在“文字分隔位置”选项中，单击“制表符”单选按钮，并单击“确定”按钮，即可实现文本到表格的转换。输入的文本会显示在对应的单元格中。

图 3-5　移动鼠标指针创建表格

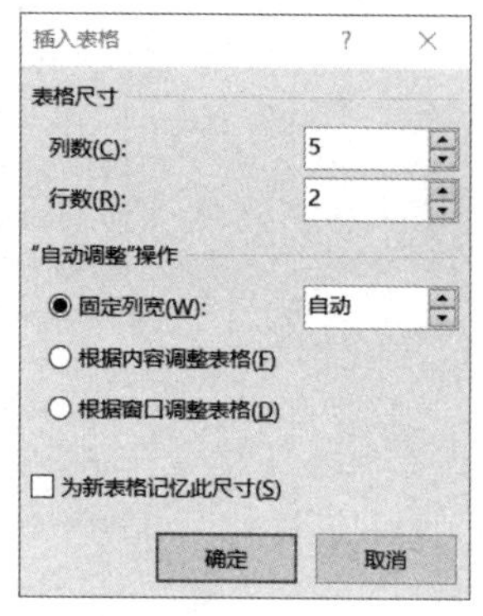

图 3-6　“插入表格”对话框

3.4.2　编辑表格

1. 插入行、列或单元格

将鼠标光标移动到要插入的行、列或相邻的单元格中，在浮动的“表格工具”选项卡中，单击“布局”选项卡的“行和列”组中的“从上方插入”“从下方插入”“从左侧插入”“从右侧插入”按钮，可以实现插入行、列或单元格。

2. 删除行、列、单元格或表格

将鼠标光标移动到要插入的行、列或单元格中，在浮动的“表格工具”选项卡中，单击“布局”选项卡的“行和列”组中的“删除”按钮，在弹出的下拉菜单中单击“删除单元格”、“删除列”、“删除行”或“删除表格”命令，可以实现删除行、列、单元格或表格。

3. 合并与拆分单元格

选中 2 个或 2 个以上相邻单元格，在浮动的“表格工具”选项卡中，单击“布局”选项卡的“合并”组中的“合并单元格”按钮。

将鼠标光标移动到要拆分的单元格中，在浮动的“表格工具”选项卡中，单击“布局”选项卡的“合并”组中的“拆分单元格”按钮，在弹出的“拆分单元格”对话框中，输入要拆分的列数和行数，并单击“确定”按钮。

4. 拆分表格

先将鼠标光标移动到要拆分后成为新表格的第一行任意单元格中，再在浮动的“表格工具”选项卡中，单击“布局”选项卡的“合并”组中的“拆分表格”按钮，在当前行的上方插入一个空白行，将表格拆分成两张表格。

如果要合并两个表格，则只要删除两张表格之间的空白行即可。

5. 绘制与擦除斜线

表格除了有横线和竖线，还有斜线。

（1）在“插入”选项卡的“表格”组中，单击“表格”下拉菜单中的“绘制表格”按钮。当鼠标光标变成笔形状时，表明已处于“手动绘制”状态。

（2）在单元格左上角按住鼠标左键不放，拖曳鼠标到单元格的右下角，可以绘制出斜线。也可以从单元格的一角向对角绘制斜线。

（3）在浮动的“表格工具”选项卡中，单击“布局”选项卡的“绘图”组中的“橡皮擦”按钮，当鼠标光标变成橡皮形状时，将橡皮擦形状的光标移动到需要擦除的斜线上，按住鼠标左键拖曳即可擦除。

3.4.3　设置表格格式

1. 设置表格的行高和列宽

选中表格，在浮动的“表格工具”选项卡中，单击“布局”选项卡的“单元格大小”组中的“表格行高”“表格列宽”按钮，可以设置行高和列宽。

2. 设置表格的边框和底纹

可以在浮动的“表格工具”选项卡中，单击“表设计”选项卡的“表格样式”组中的“底纹”按钮，以及“边框”组中的“边框”按钮，设置表格的底纹颜色和表格边框线的线型。

也可以在表格上右击，在弹出快捷菜单中单击“表格属性”命令，在弹出的“表格属性”对话框的“表格”选项卡中单击“边框和底纹”按钮，设置表格的边框和底纹。

3. 套用表格样式

Word 2016 内置了多种表格样式，可以根据需要套用表格样式。在浮动的“表格工具”选项卡中，可以看到“表设计”选项卡的“表格样式”组中有多种样式，单击“其他”按钮可以看到有更多表格样式列表框。选择所需的表格样式即可完成表格样式的套用。

3.5　Word 2016 的图文混排

3.5.1　插入图片、形状、SmartArt

1. 插入图片

在 Word 2016 中插入图片，可以使文档更加丰富。在插入图片后，还可以设置图片的颜色、大小、版式和样式等。

单击“插入”选项卡的“插图”组中的“图片”按钮，在弹出的“插入图片”对话框中选择需要的图片，并单击“插入”按钮。将图片插入到文档中后，如果需要编辑修改图片，则可以先选中图片，利用浮动的“图片工具”选项卡调整图片的颜色、背景；也可以为图片添加样式、边框、效果及版式，还可以设置图片的排列方式及大小等，如图 3-7 所示。

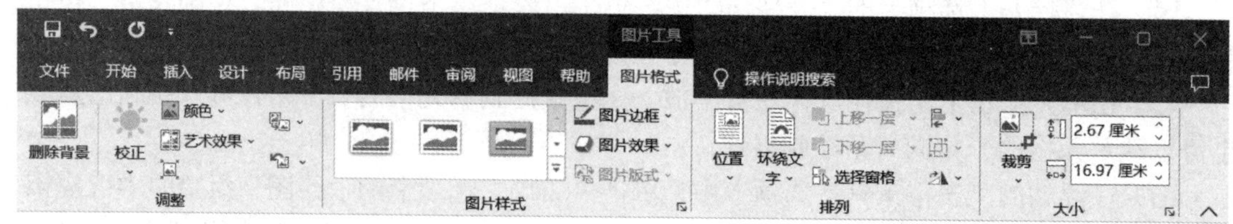

图 3-7 “图片工具”选项卡

2. 插入形状

Word 2016 提供了大量的形状，包括直线、基本形状、箭头、流程图、标注、星与旗帜等。合理使用形状不仅能提高效率，还能提升文档质量。

单击“插入”选项卡的“插图”组中的“形状”按钮，在弹出的下拉菜单中选择需要的图形，当鼠标指针变成“+”字形时，按住鼠标左键并拖曳鼠标即可绘制图形。与图片的编辑的方法类似，选中图形，利用浮动的“绘图工具”选项卡，可以设置形状的样式、形状填充、形状轮廓及形状效果，还可以设置形状的排列方式及大小等。

选中形状并右击，在弹出的快捷菜单中单击“添加文字”命令，在形状中出现文本插入点，即可在形状中输入文本。

如果需要使多个形状按照一定的方式对齐，则可以按“Ctrl”键的同时选中多个待对齐的形状，单击浮动的“绘图工具”选项卡的“排列”组中的“对齐”按钮，在弹出的下拉菜单中选择需要的对齐方式。

为了方便形状的整体移动，可以将多个形状合并。按“Ctrl”键的同时选中多个待合并的形状，单击浮动的“绘图工具”选项卡的“排列”组中的“组合”按钮，在弹出的下拉菜单中单击“组合”命令，即可将多个形状合并。

3. 插入 SmartArt

使用 SmartArt 可在 Word 中创建各种图形图表，从而快速、有效地传达信息。

单击“插入”选项卡的“插图”组中的“SmartArt”按钮，在弹出的“选择 SmartArt 图形”对话框中，选择需要插入的 SmartArt 图形。

3.5.2 插入文本框、艺术字

1. 插入文本框

利用文本框可以排版出特殊的文档版式，在文本框中可以输入文本，也可以插入图片。可以通过内置文本框插入带有样式的文本框，还可以手动绘制横排或竖排文本框。可以将文本框放置在页面的任意位置，并根据需要调整其大小。

单击“插入”选项卡的“文本”组中的“文本框”按钮，在弹出的下拉菜单中可以设置不同样式的文本框。单击“绘制竖排文本框”按钮，当鼠标指针呈十字形时，按住鼠标左键并拖曳鼠标，从文档的左上角开始绘制竖排文本框。

如果需要更改文字方向，则可以将鼠标指针移动到文本框中，右击并在弹出的快捷菜单中单击“文字方向”选项，在弹出的“文字方向-文本框”对话框中设置文字的方向。

2. 插入艺术字

单击“插入”选项卡的“文本”组中的“艺术字”按钮，在弹出艺术字列表框中选择需要的样式，在文档中出现带有默认样式的艺术字文本框，输入文本后完成艺术字的插入。如果需要对艺术字编辑修改，则可以选中艺术字，在浮动的“绘图工具”选项卡中设置艺术字的形状样式、艺术字样式等效果。

3.6 Word 2016 的页面设置

3.6.1 设置页边距、纸张方向、纸张大小

用户可以根据需要设置纸张大小、页边距和纸张方向等，具体操作步骤如下。

（1）单击“布局”选项卡的“页面设置”组中的“页边距”按钮，在弹出的下拉菜单中单击“自定义页边距”命令。在弹出的“页面设置”对话框中，可以设置上、下、左、右边距和装订线宽度；可以设置纸张方向为纵向或横向，默认方向为纵向。在“应用于”下拉菜单中可以单击“整篇文档”或“插入点之后”选项，通常单击“整篇文档”选项。

（2）在“页面设置”对话框中的“纸张”选项卡中，可以设置纸张大小和纸张来源。

（3）在“布局”选项卡中，可以设置节的起始位置；可以设置页眉和页脚与边界的距离、页眉和页脚在文档中的编排方式；可以设置奇偶页不同或首页不同；还可以设置页面的垂直对齐方式等。

（4）在“文档网格”选项卡中，可以设置页面文字排列方式，以及分栏数、每一页的行数和每行的字符数等。

3.6.2 设置页眉、页脚和页码

页眉和页脚分别位于每页的顶部和底部，用于显示文档的附加信息，包括文档标题、作者名、日期时间、图片等。页码用于显示文档的页数，首页可以根据实际情况不显示页码，具体操作步骤如下。

（1）单击“插入”选项卡的“页眉和页脚”组中的“页眉”按钮，在弹出的下拉菜单中单击所需的“页眉”版式。如果不使用内置“页眉”版式，则单击“编辑页眉”命令，直接进入页眉的编辑状态。

（2）进入页眉和页脚编辑状态后，会显示浮动的“页眉和页脚工具”选项卡，在页眉处可以输入内容。

（3）单击“导航”组中的“转至页脚”按钮，插入点将移动到页脚编辑区，可以输入内容，也可以单击“页眉和页脚”组中的“页脚”按钮，在“页脚”下拉菜单中选择内置的版式。

（4）单击“页眉和页脚”组的“页码”下拉菜单中的“页边距 / 圆（右侧）”按钮，即可在右侧显示页码。

（5）输入页眉、页脚和页码内容后，单击“关闭”组中的“关闭页眉和页脚”按钮。

3.6.3　设置水印、页面颜色、页面边框

1. 水印

在制作文档时，为了表明文档的所有权或出处，需要为文档加上水印，如“机密 1”等字样。水印分为图片水印和文字水印。添加水印的具体操作步骤如下。

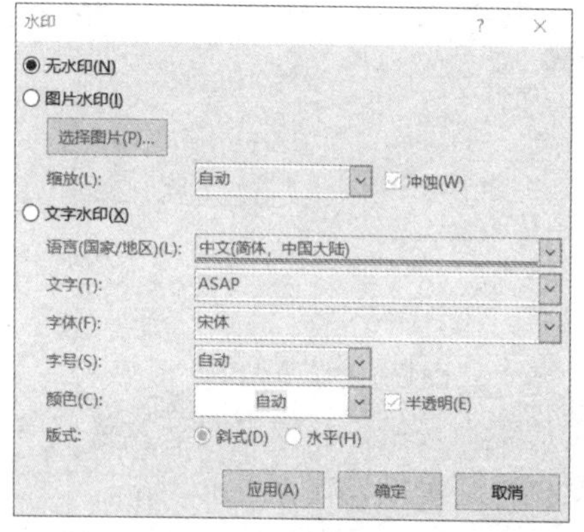

图 3-8　“水印”对话框

（1）单击“设计”选项卡的“页面背景”组中的“水印”按钮，在弹出的下拉菜单中，选择内置水印即可。

（2）如果单击下拉菜单中“自定义水印”命令，会弹出“水印”对话框，如图 3-8 所示。

（3）在“水印”对话框中，可以根据需要设置图片水印或文字水印。图片水印是将图片作为文档水印。文字水印则包括设置水印语言、文字、字体、字号、颜色、版式等格式。

（4）单击“确定”按钮，即可完成水印设置。

如果需要取消水印，则可以单击“设计”选项卡的“页面背景”组中的“水印”按钮，在弹出的“水印”下拉菜单中单击“删除水印”命令即可。

2. 页面颜色

单击“设计”选项卡的“页面背景”组中“页面颜色”按钮，在弹出的下拉菜单中选择一种页面背景颜色，即可设置页面颜色。

3. 页面边框

单击“设计”选项卡的“页面背景”组中“页面边框”按钮，打开“边框和底纹”对话框，可以在左侧“设置”栏中选择边框的类型，可以在“样式”下拉菜单中选择边框的样式，可以在“颜色”下拉菜单中设置边框的颜色，单击“确定”按钮即可应用设置。

3.6.4　设置分栏与分页符

1. 分栏

利用分栏实现在一页上以两栏或多栏的方式显示文档内容，可以设置栏数、栏宽度及栏间距。选中要分栏的文本，单击“布局”选项卡的“页面设置”组中的“栏”按钮，在弹出的开“栏”下拉菜单中，单击所需要的栏数。如果“分栏”下拉菜单中所提供的分栏格式不能满足要求，则可以单击“更多栏”命令，打开“分栏”对话框，设置栏数、栏宽度、分隔线、应用范围等，单击“确定”按钮，即可完成分栏操作。

2. 分页符

当键入文本或插入的图片满一页时，Word 2016 会自动分页。如果新的一章的内容需要另起一页显示，则可以使用分页符实现两章内容分隔。

可以单击“插入”选项卡的“页面”组中的“分页”按钮，或者单击“布局”选项卡的“页面设置”组中的“分隔符”按钮，在弹出的下拉菜单中单击“分页符”命令。

分页符为一行虚线，如果看不见分页符，单击“开始”选项卡的“段落”组中的“显示/隐藏编辑标记”按钮（），即可显示分页符标记。如果需要删除分页符，则单击选中分页符，按“Delete”键删除。

3.6.5　设置脚注、尾注和题注

脚注、尾注用于对文档中的文本进行补充说明，脚注一般位于文档当前页面的底部，而尾注一般位于文档的末尾。单击“引用”选项卡的“脚注”组右下角的“”按钮，打开“脚注和尾注”对话框，如图 3-9 所示。

在对话框中勾选“脚注”或“尾注”单选框，设置注释的编号格式、自定义标记、起始编号和编号方式等。单击“插入”按钮即可在页面底端或文档末尾输入注释内容。如果要删除脚注或尾注，则可以选中脚注或尾注的标记，按“ Delete ”键删除。

利用题注可以为图形、公式或表格等进行编号。单击“引用”选项卡的“题注”组中“插入题注”按钮，在弹出的“题注”对话框中，单击“新建标签”按钮，输入标签内容为“图 2-”，单击“确定”按钮。

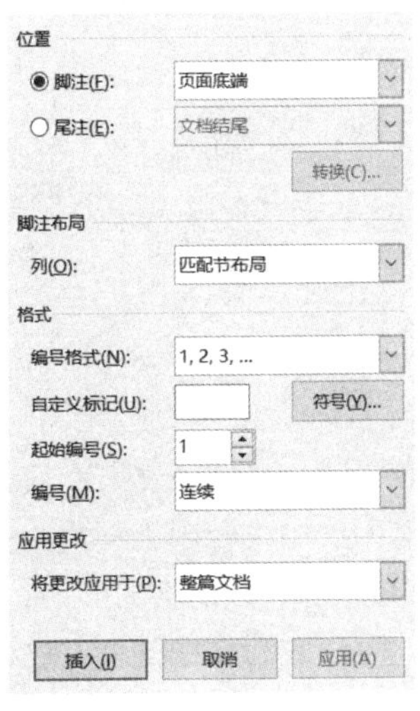

图 3-9　“脚注和尾注”对话框

3.7　Word 2016 项目实训

3.7.1　项目一：制作“世界环境日”小报

实训目的：掌握对文档内容进行查找和替换、设置字体格式、设置段落格式等基本操作。

要求：打开“素材\项目一素材 .docx”文件，按照要求编辑文档，以“项目一学号姓名 .docx”为文件名将其保存在 C:\KS 文件夹中。最终结果可以参考样张，如图 3-10 所示；也可以参考“项目一样张 .pdf”文件。

（1）将文中除标题外的所有段落中的“环境日”文本格式设置成“楷体、三号、蓝色、加着重号、黄色”的突出显示效果。

（2）设置标题“世界环境日”的文本效果为“渐变填充：蓝色，主题色 5；映像”（采用第 2 行第 2 列），字号为二号，“分散对齐”，并将标题“世界环境日”转换为繁体，将文本“世界”的位置上升 8 磅。

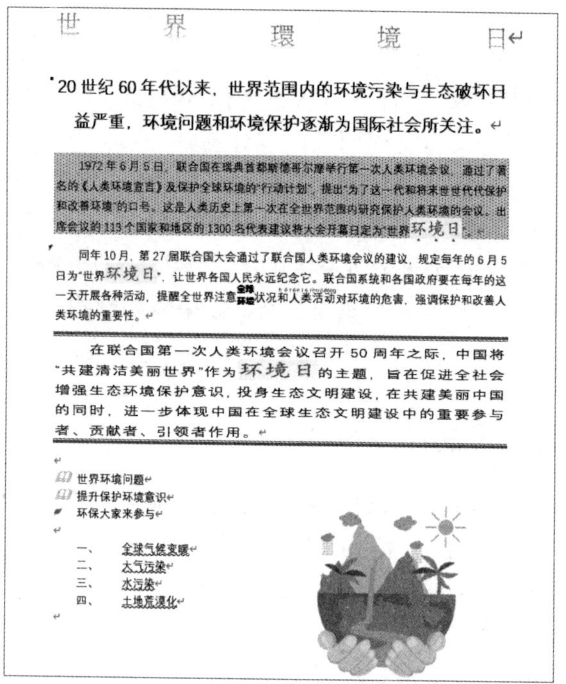

世　界　環　境　日

20 世纪 60 年代以来，世界范围内的环境污染与生态破坏日益严重，环境问题和环境保护逐渐为国际社会所关注。

1972 年 6 月 5 日，联合国在瑞典首都斯德哥尔摩举行第一次人类环境会议，通过了著名的《人类环境宣言》及保护全球环境的“行动计划”，提出“为了这一代和将来世世代代保护和改善环境”的口号。这是人类历史上第一次在全世界范围内研究保护人类环境的会议。出席会议的 113 个国家和地区的 1300 名代表建议将大会开幕日定为“世界环境日”。

同年 10 月，第 27 届联合国大会通过了联合国人类环境会议的建议，规定每年的 6 月 5 日为“世界环境日”，让世界各国人民永远纪念它。联合国系统和各国政府要在每年的这一天开展各种活动，提醒全世界注意全球环境状况和人类活动对环境的危害，强调保护和改善人类环境的重要性。

在联合国第一次人类环境会议召开 50 周年之际，中国将“共建清洁美丽世界”作为环境日的主题，旨在促进全社会增强生态环境保护意识，投身生态文明建设，在共建美丽中国的同时，进一步体现中国在全球生态文明建设中的重要参与者、贡献者、引领者作用。

- 世界环境问题
- 提升保护环境意识
- 环保大家来参与

一、　全球气候变暖
二、　大气污染
三、　水污染
四、　土地荒漠化

图 3-10　项目一样张

（3）设置正文所有段落（共四个段落，第一个段落为“20 世纪 60 年代……”，第四个段落为“在联合国第一次……”）的格式为“首行缩进 2 个字符，段前段后间距为 0.5 行、行距为固定值 18 磅”。

（4）为文中的两行文本“世界环境问题”“提升保护环境意识”，添加样张所示的项目符号“🕮”（Wingdings 符号），项目符号的格式设置为“加粗倾斜、12 号、橙色”。修改文中文本“环保大家来参与”前的黑色实心圆点项目符号为素材文件夹中的 new.jpg 图片。

（5）为文中的四个小标题添加编号。

（6）为第二个段落添加“绿色、个性色 6、淡色 60%”的填充，以及“样式 15%、自动颜色”的图案底纹。为第四个段落添加“标准色-蓝色”、样式为“上粗下细双线”、宽度为 3 磅的段落边框。

（7）将第三个段落中的文本“全球环境”设置为“合并字符”，字体为“华文琥珀”，字号为 8 磅。

（8）为第三个段落中的文本“人类活动”添加拼音指南。

（9）将第四个段落中的字符缩放 150%。

（10）为正文最后 4 行的文本，设置文本格式为“黑体、双下画线”；将此样式保存到样式库，并命名为“样式 2”；修改下画线为“波浪线”，更新样式库中的“样式 2”为最新格式。将第一个段落的样式设置为“标题 2，居中对齐”。

操作步骤如下。

1）查找和替换

选中所有段落（不选中标题“世界环境日”），单击“开始”选项卡的“编辑”组中的“替换”按钮，在弹出的“查找和替换”对话框中单击“替换”选项卡，在“查找内容”文本框内输入“环境日”，在“替换为”文本框内单击，将鼠标光标定位在“替换为”文本框内。单击左下角“更多”按钮，在弹出的对话框中单击左下角“格式”下拉按钮，在弹出的下拉菜单中单击“字体”选项，在弹出的“替换字体”对话框中进行设置，如图 3-11 所示，单击“确定”按钮，返回到“查找和替换”对话框。再次单击左下角“格式”下拉按钮，在弹出的下拉菜单中单击“突出显示”选项，设置如图 3-12 所示，单击“全部替换”按钮。在弹出的对话框中询问用户“是否搜索文档的其余部分”，单击“否”按钮。

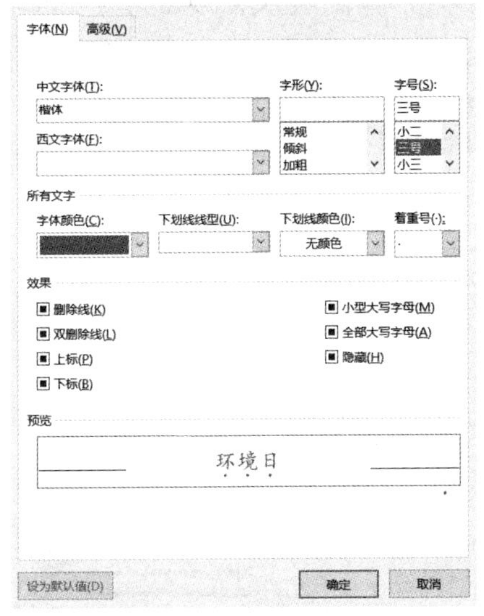

图 3-11　“替换字体”对话框

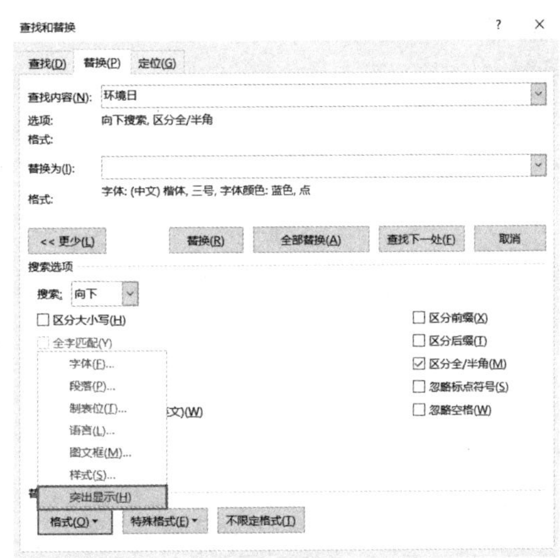

图 3-12　设置“突出显示”选项

2）设置字体格式

选中标题“世界环境日”，单击“开始”选项卡的“字体”组中的“文本效果”按钮，在弹出的下拉菜单中单击第 2 行第 2 列的样式。单击“字体”组中“字号”下拉按钮，在弹出的下拉菜单中设置字号为“二号”。单击“段落”组中的“分散对齐”按钮。单击“审阅”选项卡的“中文简繁转换”组中的“简转繁”按钮。选中标题文本“世界”后右击，在弹出的快捷菜单中单击“字体”选项。在打开的“字体”对话框中，单击“高级”选项卡，单击“位置”下拉按钮，在弹出的下拉菜单中选择“上升”磅值设置为 8 磅。

3）设置段落格式

将正文段落选中后，单击“开始”选项卡的“段落”组右侧的“ ”按钮，在弹出的“段落”对话框中，按照题目要求，在“缩进和间距”选项卡中进行设置，如图 3-13 所示。

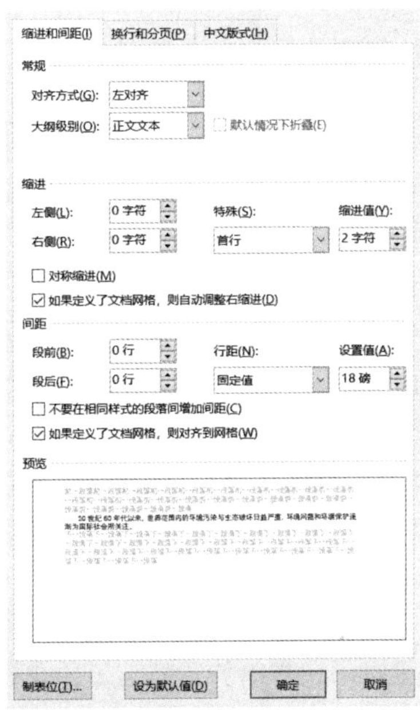

图 3-13　设置段落格式

4）设置项目符号

选中两行文本“世界环境问题”“提升保护环境意识”，单击“开始”选项卡的“段落”组中的“项目符号”按钮，在弹出的下拉菜单中单击“定义新项目符号”选项。在弹出的“定义新项目符号”对话框中，单击“符号”按钮。在弹出的“符号”对话框中的“字体”下拉菜单中单击“Wingdings”选项，并选择书本项目符号，如图 3-14 所示，并单击“确定”按钮。

在“定义新项目符号”对话框中单击“字体”按钮，在“字体”对话框中设置格式为“加粗倾斜、12 号、橙色”，并单击“确定”按钮。

选中带黑色实心圆点项目符号的一行文本“环保大家来参与”，单击“开始”选项卡的“段落”组中的“项目符号”按钮，在弹出的下拉菜单中单击“定义新项目符号”选项，在弹出的“定义新项目符号”对话框中，单击“图片”按钮。在随后弹出的“插入图片”对话框中单击“从文件”按钮。再在弹出的“插入图片”对话框中，找到并选中素材文件夹中 new.jpg 图片文件，单击“插入”按钮，返回“定义新项目符号”对话框，如图 3-15 所示，最后单击“确定”按钮。

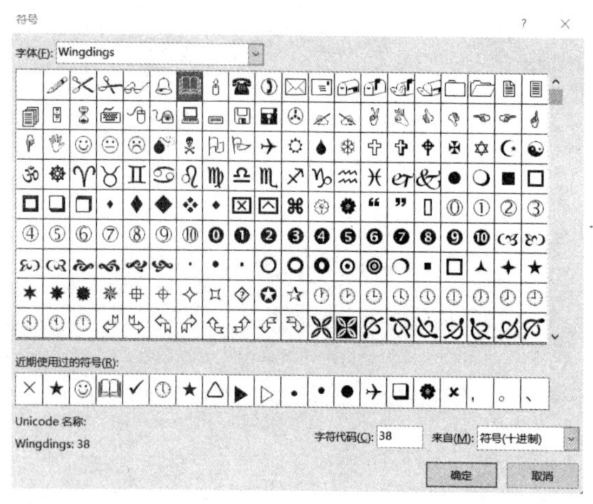

图 3-14　设置项目符号

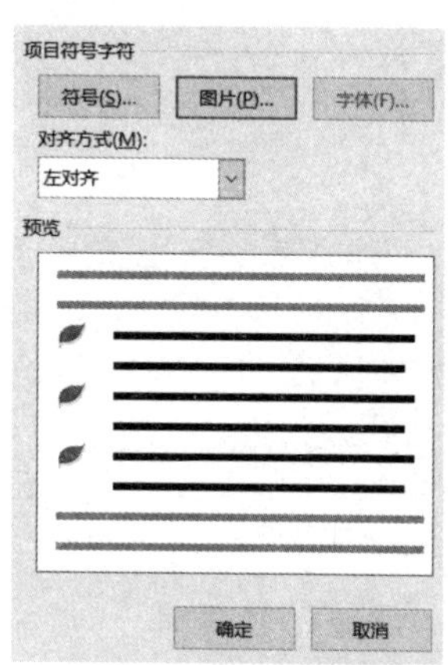

图 3-15　“定义新项目符号”对话框

5）设置编号

选中最后 4 行文本，单击“开始”选项卡的“段落”组中的“编号”按钮，为文本添加“编号库”中相应编号格式。

6）设置边框和底纹

选中第二个段落中的文字，单击“开始”选项卡的“段落”组中的“边框”按钮，在弹出的下拉菜单中单击“边框和底纹”按钮（⊞ ▾），弹出“边框和底纹”对话框。在“边框和底纹”对话框中单击“底纹”选项卡，并进行如图 3-16 所示的设置。

选中第四个段落中的文本，单击“开始”选项卡的“段落”组中的“边框”按钮，在弹出的下拉菜单中单击“边框和底纹”按钮。在弹出的“边框和底纹”对话框中，单击“边框”选项卡进行相应设置，如图 3-17 所示，最后单击“确定”按钮。

7）合并字符

选中第三个段落中的文本“全球环境”，单击“开始”选项卡的“段落”组中的“中文版式”按钮，在弹出的下拉菜单中单击“合并字符”选项。在弹出的“合并字符”对话框中，设置字体为“华文琥珀”，字号为 8 磅，最后单击“确定”按钮。

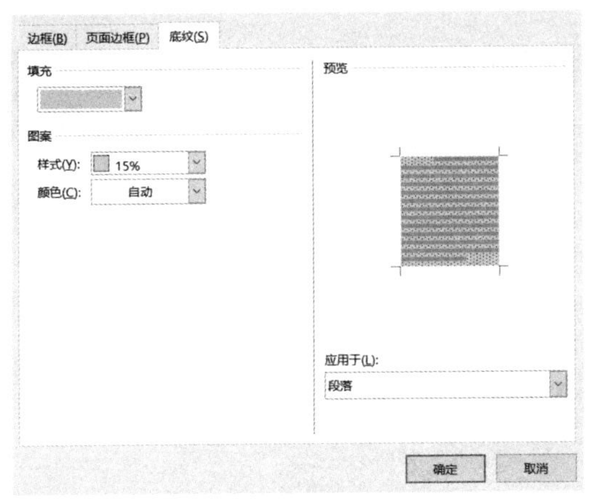

图 3-16　设置段落底纹

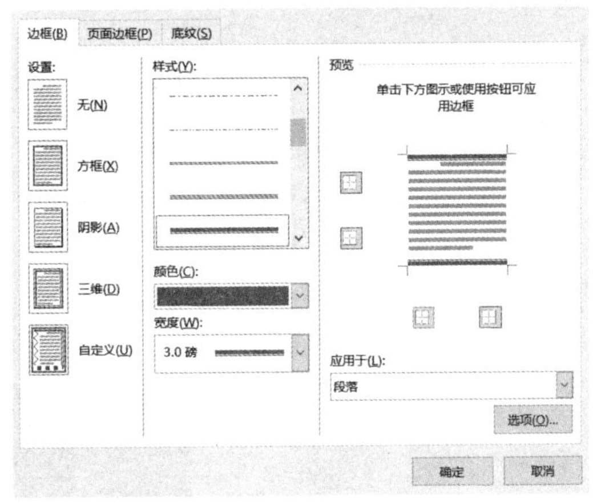

图 3-17　设置段落边框

8）设置拼音指南

选中文第三个段落中的文本“人类活动”，单击“开始”选项卡的“字体”组中的“拼音指南”按钮，默认弹出的对话框中的设置，最后单击“确定”按钮。

9）设置字符缩放

选中第四个段落中的文本，单击“开始”选项卡的“段落”组中的“中文版式”按钮（![]），在弹出的下拉菜单中单击“字符缩放”→“150%”命令。

10）设置和修改样式

选中最后 4 行文本，单击“开始”选项卡的“字体”组中“字体”下拉按钮，在弹出的下拉菜单中设置字体为“黑体”，单击“下画线”下拉按钮，在弹出的下拉菜单单击“双下画线”选项。在浮动的工具栏中单击“样式”按钮，在弹出的快捷菜单中单击“创建样式”命令，如图 3-18 所示。在弹出的“根据格式化创建新样式”对话框中，设置名称为“样式 2”，并单击“确定”按钮，样式保存到“样式库”中。单击“开始”选项卡的“字体”组中的“下画线”下拉按钮，在弹出的下拉菜单单击“波浪线”选项，在“样式库”中右击，在弹出的快捷菜单中单击“更新 样式 2 以匹配所选内容”命令，如图 3-19 所示，创建样式。选中第一个段落中的文本，单击“开始”选项卡的“样式”组中的“标题 2”按钮。单击“段落”组中的“居中”按钮。

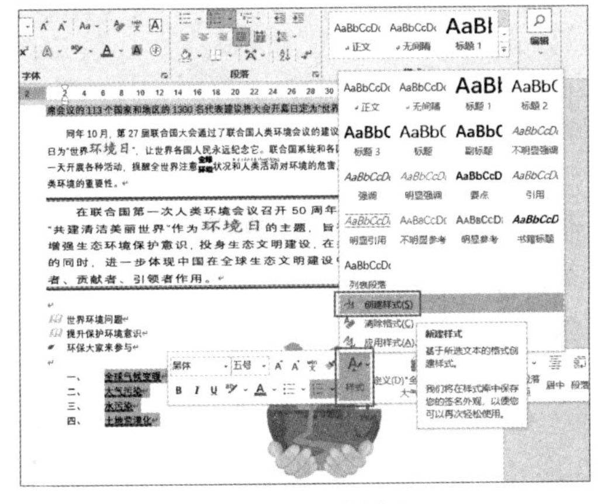

图 3-18　创建样式

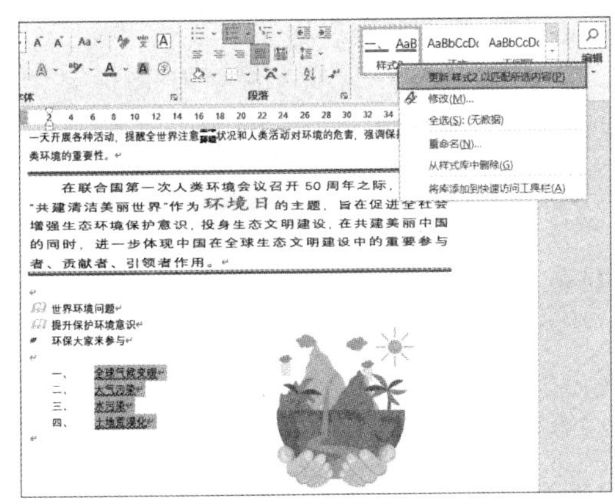

图 3-19　创建样式

3.7.2　项目二：制作“贵州之美”宣传报

实训目的：掌握使用 Word 2016 对表格编辑、图文混排等操作。

要求：打开“素材\项目二素材 .docx”文件，按照要求编辑文档，以“项目二学号姓名 .docx”为文件名将其保存在 C:\KS 文件夹中。最终结果可以参考样张，如图 3-20 所示；也可以参考“项目二样张 .pdf”文件。

贵州

贵州，简称“黔”或“贵”，是中华人民共和国省级行政区　省会贵阳，地处中国西南内陆地区腹地。是中国西南地区交通枢纽，长江　经济带重要组成部分。全国首个国家级大数据综合试验区，世界知　名山地旅游目的地和山地旅游大省，国家生态文明试验区，内陆开放型经济试验区。　界于北纬 24°37′～29°13′，东经 103°36′～109°35′，北接四川和重庆，东毗湖南、南邻广西、西连云南。

贵州境内地势西高东低，自中部向北、东、南三面倾斜，素有“八山一水一分田”之说。全省地貌可概括分为高原、山地、丘陵和盆地四种基本类型，其中 92.5%的面积为山地和丘陵。总面积 17.62 万平方千米，属亚热带季风气候，地跨长江和珠江两大水系。

印度洋板块与亚欧板块地碰撞，使云贵高原逐渐隆起,岩层慢慢浮出海面,形成了今天平均海拔 1100 多米的贵州高原。较高的海拔、充沛的雨水,在时间地打磨下塑造出贵州千山万壑的喀斯特地貌。嶙峋怪石、溶岩洞群、天桥石林、悬崖绝壁、峰丛幽谷、地下暗河、磅礴瀑布，造物者的鬼斧神工在贵州这片 17.6 万平方彩米的乐生上，孕育了一处处丰富多彩的生态秘境。

序号	名称	概括
1	黄果树瀑布	世界著名大瀑布之一
2	织金洞	中国溶洞之王
3	龙宫风景区	全世界电磁辐射最小地方
4	西江千户苗寨	全国规模最大的苗寨

美之水的世界	
安顺	黄果树瀑布
兴义	马岭河峡谷
荔波	中国南方喀斯特-荔波世界

图 3-20　项目二样张

（1）在正文末尾插入 4 行 2 列的表格，并为表格输入文本（也可以将“表格文字 .txt”文件中的文本复制到表格中），将第一行单元格合并，并使文字在单元格内居中对齐。

（2）将表格内外边框设置为“三线、蓝色、0.75 磅”，底纹设置为“绿色，个性化 6，淡色 80%”。并将整个表格居中。

（3）将表格上方的 5 行文本（“序号……最大的苗寨”）转换为表格；按照序号从低到高进行排序；调整表格第 1 列宽度为 2cm。使用“网格表 4-着色 5”的表格样式，并将整个表格居中。

（4）在文末插入 guizhou.jpg 图片文件，将其水平翻转；设置图片的高度为 6cm，宽度为 14cm，采用“穿越型环绕”图文混排，并添加“柔化边缘矩形”图片样式。插入 tu.jpg 图片文件，参考项目二样张来裁剪图片，设置图片的颜色为“冲蚀”，并衬于文本下方，适当调整大小和位置。

（5）插入波形的形状，使用 fengjing.jpg 图片文件进行填充；并为图片添加紫色边框，粗细为 1.5 磅。将图片顺时针旋转 20°；图片的自动换行设置为“紧密型环绕”。在文末插入“矩形标注”的形状，为其添加文本“多彩贵州风”，设置文本格式为“彩色轮廓-黑色、深色 1”。

（6）在文中插入 SmartArt 中的“图片 / 标题图片块”图形，输入文本并插入图片，更改颜色为“彩色填充-个性 1”，更改 SmartArt 样式为“强烈效果”，文字环绕方式为“穿越型环绕”，适当调整大小和位置，与文本混排。

（7）插入“空白”型页眉，插入“页眉.jpg”图片文件，设置大小为原来的 15%。插入“空白（三栏）”型页脚，设置左侧内容为“山地公园省”，格式为“华文行楷、四号、标准色-紫色”。设置中间文本内容为“CHINA”，文本颜色为“白色”，文本背景颜色为“红色”。右侧内容为自动更新的日期，格式为“XXXX 年 XX 月 XX 日”。在页面右侧插入“圆（右侧）”样式的页码，设置页码编号格式为“甲，乙，丙…”，起始页码为“丙”。

操作步骤如下。

1）创建表格

单击“插入”选项卡的“表格”组中的“表格”按钮，在弹出的下拉菜单中单击“插入表格”命令。在弹出的“插入表格”对话框中，设置输入列数为 2，行数为 4。在表格相应的单元格输入文本。选中表格第一行右击，在弹出的快捷菜单中单击“合并单元格”命令。单击表格左上角的“⊞”按钮选中整个表格，在浮动的“表格工具”选项卡中，单击“布局”选项卡的“对齐方式”组中的“水平居中”按钮。

2）编辑表格

选中表格，在浮动的“表格工具”选项卡中，单击“表设计”选项卡的“边框”组中的“边框”按钮，在弹出的下拉菜单中单击“边框和底纹”命令，在弹出的“边框和底纹”对话框中单击“边框”选项卡进行设置，如图 3-21 所示。单击“底纹”选项卡进行相应设置，如图 3-22 所示。

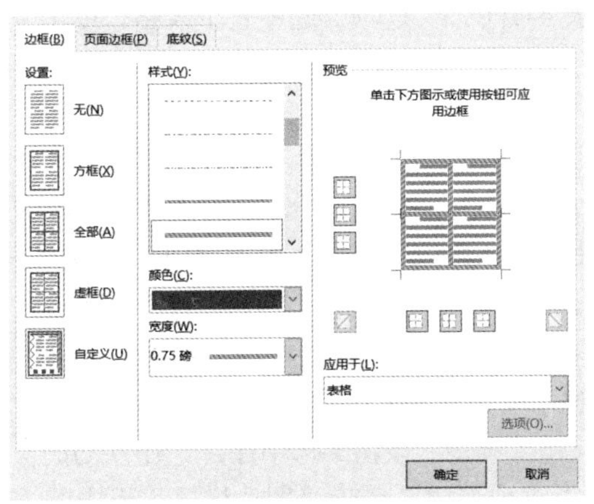

图 3-21　设置表格边框

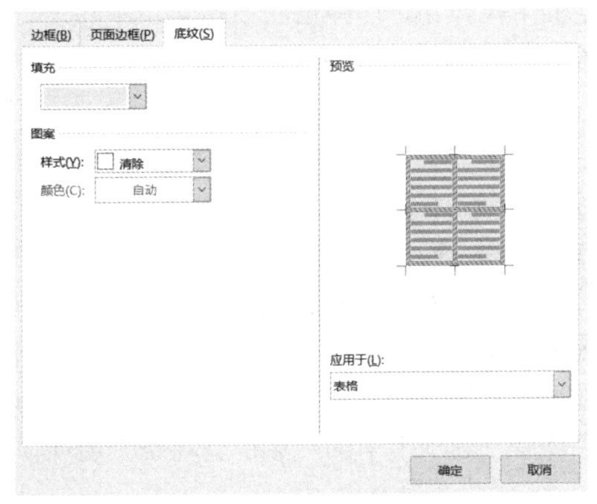

图 3-22　设置表格底纹

单击表格左上角的“⊞”按钮选中整个表格，并单击“开始”选项卡的“段落”组中的“居中”按钮。

3）文本转换为表格

选中表格上方的 5 行文本，单击“插入”选项卡的“表格”组中的“表格”按钮，在弹出的下拉菜单中单击“文本转换成表格”按钮，在弹出的“将文本转换成表格”对话框中进行设置，如图 3-23 所示，最后单击“确定”按钮。

在“表格工具”浮动选项卡中，单击“布局”选项卡的“数据”组中的“排序”按钮，在弹出的“排序”对话框中，设置主要关键字为“序号”，类型为“数字”，排列为“升序”，列表为“有标题行”，最后单击“确定”按钮。

选中表格的第 1 列，在浮动的“表格工具”选项卡中，单击“布局”选项卡的“表”组中的“属性”按钮，在弹出的“表格属性”对话框中，单击“列”选项卡，设置“指定宽度”为 2 厘米，如图 3-24 所示。

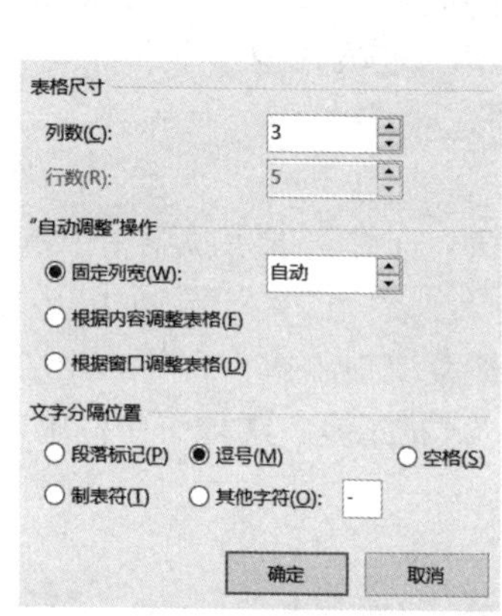

图 3-23　“将文本转换成表格”对话框

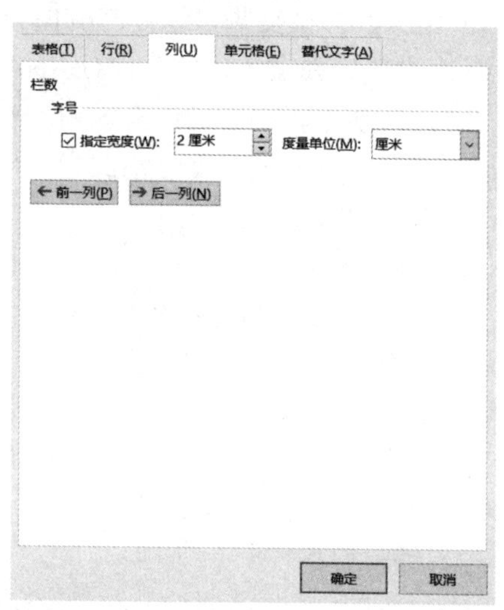

图 3-24　设置指定列的宽度

选中表格，在浮动的“表格工具”选项卡中，单击“表设计”选项卡的“表格样式”组中的下拉按钮，在弹出的下拉菜单中单击“网格表 4-着色 5”选项。选中整个表格，单击“开始”选项卡的“段落”组中的“居中”按钮。

4）设置图片

单击“插入”选项卡的“插图”组中的“图片”按钮，在弹出的下拉菜单中单击“此设备”命令。在弹出的“插入图片”对话框中单击 guizhou.jpg 图片文件，单击“插入”按钮。选中图片，在浮动的“图片工具”选项卡中，单击“图片格式”选项卡的“排列”组中的“旋转对象”按钮，在弹出的下拉菜单中单击“水平翻转”命令。同样，在浮动的“图片格式”选项卡中，单击“大小”组右侧的“ ”按钮。在弹出“布局”对话框中，单击“大小”选项卡，取消勾选“锁定纵横比”复选框，分别设置高度为 6 厘米，宽度为 14 厘米。单击“文字环绕”选项卡中的“穿越型环绕”选项，最后单击“确定”按钮。选中图片，在浮动的“图片格式”选项卡中，单击“图片样式”组中的“柔化边缘矩形”选项，设置图片样式。

图 3-25　裁剪图片

插入 tu.jpg 图片文件，在浮动的“图片工具”选项卡中，单击“图片格式”选项卡的“大小”组中的“裁剪”按钮，拖曳图片上的左侧控制点，大约至图片大小的 1/3 处，如图 3-25 所示，在图片外任意处单击，完成裁剪。

在浮动的“图片格式”选项卡中，单击“调整”组中的“颜色”按钮，在弹出的下拉菜单中单击“重新着色”→“冲蚀”命令，如图 3-26 所示。

单击“排列”组中的“环绕文字”按钮，在弹出的下拉菜单中单击“衬于文字下方”选项，适当调整大小和位置。

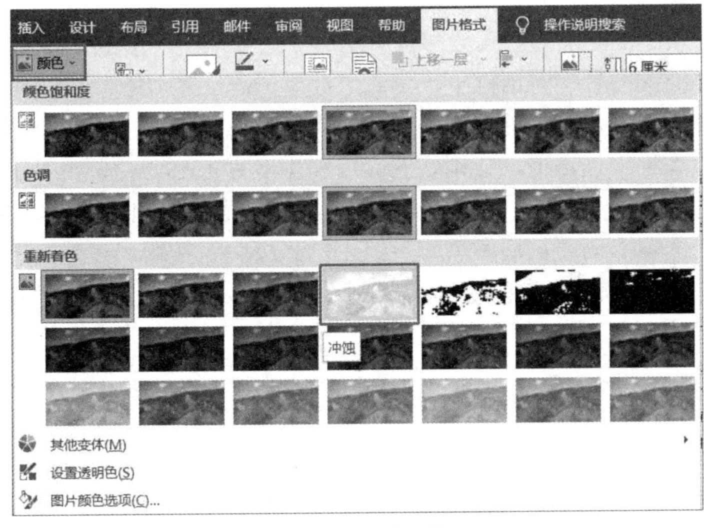

图 3-26　设置重新着色

5）设置形状

单击“插入”选项卡的“插图”组中的“形状”下拉按钮，在弹出的下拉菜单中单击“星与旗帜”类别中的“波形”按钮。当鼠标指针变成十字形后，在文档中拖曳鼠标指针绘制波形。

在浮动的“绘图工具”选项卡中，单击“形状格式”选项卡的“形状样式”组中的“形状填充”下拉按钮，在弹出的下拉菜单中单击“图片”选项。在弹出的“插入图片”对话框中，单击“从文件”按钮，在弹出的“插入图片”对话框中，单击 fengjing.jpg 图片文件，最后单击“插入”按钮。

单击“形状样式”组中的“形状轮廓”按钮，在弹出的下拉菜单中设置颜色为“标准色紫色”，粗细为 1.5 磅。单击“排列”组中的“旋转”按钮，在弹出的下拉菜单中单击“其他旋转选项”选项，在弹出的“设置自选图形格式” 对话框中，单击“大小”选项卡，设置旋转为 20° 。单击“文字环绕”选项卡，设置环绕方式为“紧密型”。将形状移动到文档右上角位置。

单击“插入”选项卡的“插图”组中的“形状”按钮，单击“标注”类别中的“矩形标注”按钮，当鼠标指针变成十字形后，在文档中拖曳鼠标指针绘制形状。在插入的形状上右击，在弹出的快捷菜单中单击“编辑文字”命令，输入文本“多彩贵州风”。在浮动的“绘图工具”选项卡中，单击“形状格式”选项卡的“形状样式”组中的按钮，进行设置。

6）插入 SmartArt

单击“插入”选项卡的“插图”组中的“SmartArt”按钮，在弹出的“选择 SmartArt 图形”对话框中，单击“图片 / 标题图片块”选项，最后单击“确定”按钮。在 SmartArt 的文本占位符中输入相应的文本。单击“ ”按钮，在弹出的“插入图片”对话框中选择图片文件，单击“插入”按钮，如图 3-27 所示。在浮动的“SmartArt 工具”选项卡中，单击“设计”选项卡的“SmartArt 样式”组中的“强烈效果”选项。在浮动的“SmartArt 工具”选项卡，单击“格式”选项卡 “排列”组中的“自动换行”下拉按钮，在弹出的下拉菜单中单击“穿越型环绕”选项。

7）设置页眉、页脚、页码

单击“插入”选项卡的“页眉和页脚”组中的“页眉”按钮，在弹出的下拉菜单中单击第一个“空白”选项。在浮动的“页眉和页脚工具”选项卡中，单击“插入”组中的“图片”按钮，在弹出的“插入图片”对话框中，单击“页眉 .jpg”图片文件，并单击“插入”按钮。选中页眉中的图片后右击，在弹出的快捷菜单中单击“大小和位置”选项。在弹出的“布局”对话框中，单击“大小”选项卡，分别设置高度和宽度为 15%，并单击“确定”按钮。在浮动的“页眉和页脚工具”选项卡中，单击“关闭页眉和页脚”按钮，退出“页眉”编辑状态。

单击“插入”选项卡的“页眉和页脚”组中的“页脚”按钮，在弹出的下拉菜单中单击第一个“空白（三栏）”型。单击左侧“[在此处键入]”文本框，并输入内容“山地公园省”。选中文本“山地公园省”，单击“开始”选项卡的“字体”组中的“字体”下拉按钮，在弹出的下拉菜单中单击“华文行楷”选项，并设置字号为“四号”，字体颜色为“标准色-紫色”。单击中间“[在此处键入]”文本框，输入英文“CHINA”，单击“开始”选项卡的“字体”组中的“字体颜色”下拉按钮，在弹出的下拉菜单中单击“白色，背景 1”选项，然后单击“字体”组中的“文本突出显示颜色”按钮，在弹出的下拉菜单中单击“红色”。单击右侧“[在此处键入]”文本框，在浮动的“页眉和页脚工具”选项卡中，单击“插入”组中的“日期和时间”按钮。在弹出的“日期和时间”对话框中，设置语言（国家 / 地区）为“中文（中国）”，设置可用格式为“XXXX 年 XX 月 XX 日”，勾选右下角“自动更新”复选框，最后单击“确定”按钮。

单击“页眉和页脚”组中的“页码”按钮，在弹出的下拉菜单中单击“页边距”→“圆（右侧）”选项。在右侧可见绿色圆中显示数字 1。再次单击“页码”按钮，在弹出的下拉菜单中单击“设置页码格式”选项。在弹出的“页码格式”对话框中，设置页码格式如图 3-28 所示。单击“关闭页眉和页脚”按钮，退出页码编辑状态。

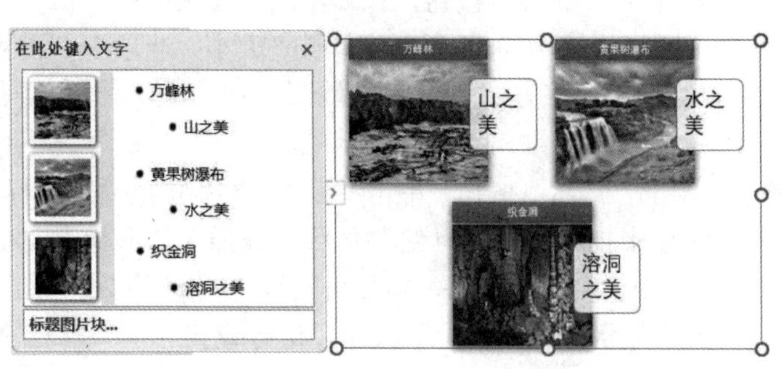

图 3-27　SmartArt 图形

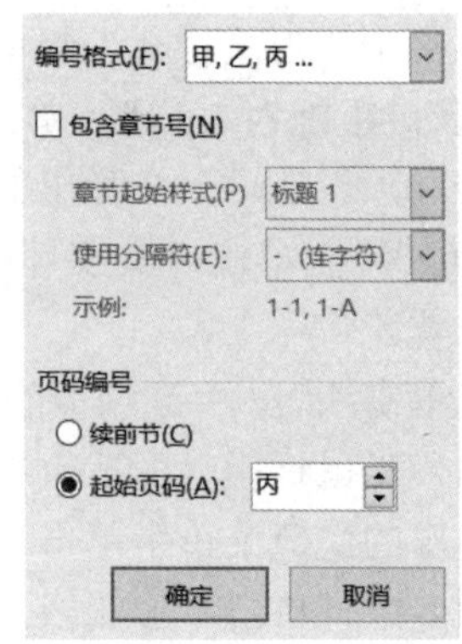

图 3-28　设置页码格式

3.7.3　项目三：完成“人工智能”的排版设计

实训目的：掌握使用 Word 2016 对文本框编辑、艺术字混排、分栏等操作。

要求：打开“素材\项目三素材 .docx”文件，按照要求编辑文档，以“项目三学号姓名 .docx”为文件名将其保存在 C:\KS 文件夹中，最终结果可以参考样张，如图 3-29 所示；

也可以参考“项目三样张 .pdf”文件。

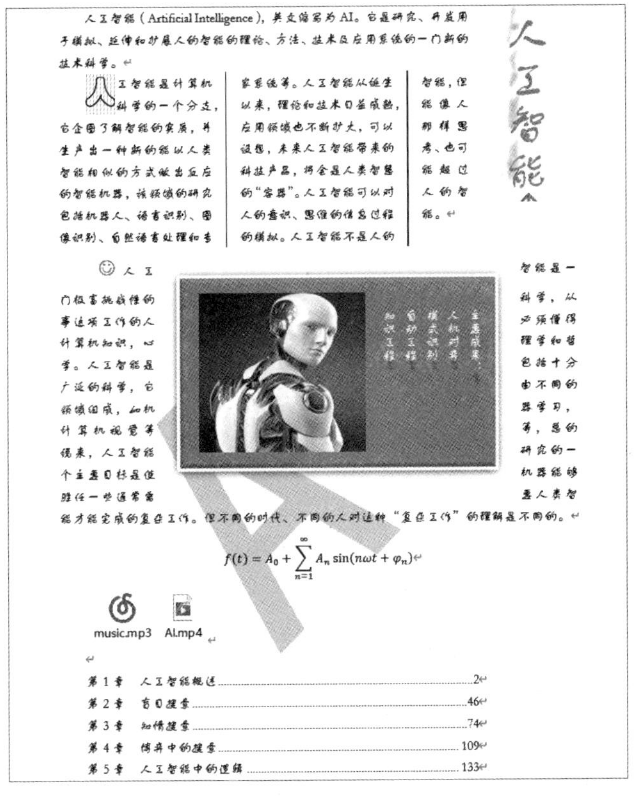

人工智能（Artificial Intelligence），英文缩写为 AI。它是研究、开发用于模拟、延伸和扩展人的智能的理论、方法、技术及应用系统的一门新的技术科学。

人工智能

人工智能是计算机科学的一个分支，它企图了解智能的实质，并生产出一种新的能以人类智能相似的方式做出反应的智能机器，该领域的研究包括机器人、语言识别、图像识别、自然语言处理和专家系统等。人工智能从诞生以来，理论和技术日益成熟，应用领域也不断扩大，可以设想，未来人工智能带来的科技产品，将会是人类智慧的“容器”。人工智能可以对人的意识、思维的信息过程的模拟。人工智能不是人的智能，但能像人那样思考、也可能超过人的智能。

☺人工智能是一门极富挑战性的科学，从事这项工作的人必须懂得计算机知识，心理学和哲学。人工智能是包括十分广泛的科学，它由不同的领域组成，如机器学习，计算机视觉等等，总的说来，人工智能研究的一个主要目标是使机器能够胜任一些通常需要人类智能才能完成的复杂工作。但不同的时代、不同的人对这种“复杂工作”的理解是不同的。

$$f(t) = A_0 + \sum_{n=1}^{\infty} A_n \sin(n\omega t + \varphi_n)$$

music.mp3　AI.mp4

图 3-29　项目三样张

（1）将最后 5 行文本插入到竖排文本框，设置文本框形状填充色为“橙色、个性色 5”，形状效果为“预设 1”。在文本框左侧插入 rgzn.jpg 图片文件。

（2）将标题“人工智能”转换为艺术字，设置艺术字样式为“渐变填充-蓝色、强调文字颜色 1”（第 3 行第 4 列），文本阴影效果为“左上对角透视”，艺术字方向为垂直，位置为“顶端居右、四周型文字环绕”。

（3）将正文中的第二个段落设置为分栏，将其分成等宽、带分隔线的 3 栏。

（4）将第二个段落中的第一个文字设置为“首字下沉”，字体为“华文彩云”，下沉 2 行，并对首字设置“浅色竖线图案、标准色-橙色文字底纹”。

（5）在最后一个段落的段首插入特殊符号“☺”（Wingdings 符号），设置字号为三号，颜色为红色。

（6）在文档末尾插入公式如下。

$$f(t) = A_0 + \sum_{n=1}^{\infty} A_n \sin(n\omega t + \varphi_n)$$

（7）插入 music.mp3 音频文件、插入 AI.mp4 视频文件。

（8）在 2 字符的位置设置“左对齐制表位”，6 字符的位置设置“左对齐制表位”，32 字符的位置设置“带前导符右对齐制表位”。

（9）将“环保”主题套用到文档中。

（10）为文档设置文字水印“AI”，设置字体为“黑体”，颜色为“蓝色、半透明、斜式”。

操作步骤如下。

1）设置文本框

选中最后 5 行文本，单击“插入”选项卡的“文本”组中的“文本框”按钮，在弹出的下拉菜单中单击“绘制竖排文本框”选项。在浮动的“绘图工具”选项卡中，单击“形状样式”组中的“形状填充”按钮，在弹出的下拉菜单中设置填充颜色为“橙色、个性色 5”。单击“形状样式”组中的“形状效果”按钮，在弹出的下拉菜单中设置“预设 1”。并适当调整文本框大小和位置。

在“插入”选项卡中，单击“插图”组中的“图片”按钮，在弹出的下拉菜单中单击“此设备”选项。在弹出的“插入图片”对话框中单击 rgzn.jpg 图片文件，单击“插入”按钮。在浮动的“图片工具”选项卡中，单击“排列”组中的“环绕文字”下拉按钮，在弹出的下拉菜单中设置“四周型环绕”。将图片放置到文本框左侧位置，适当调整图片的大小。

2）设置艺术字

选中标题“人工智能”，单击“插入”选项卡的“文本”组中的“艺术字”按钮，在弹出的下拉菜单中设置第 3 行第 4 列的样式。在浮动的“绘图工具”选项卡，单击“格式”选项卡的“艺术字样式”组中的“文字效果”按钮，在弹出的下拉菜单中设置阴影效果为“左上对角透视”。

单击“文本”组中的“文字方向”按钮，在弹出的下拉菜单中设置文字方向为“垂直”。单击“排列”组中的“位置”按钮，在弹出的下拉菜单中设置位置为“顶端居右，四周型文字环绕”。

3）设置分栏

选中第二个段落，在“页面布局”选项卡中，单击“页面设置”组中的“栏”下拉按钮，在弹出的下拉菜单中单击“更多栏”选项，在弹出的“栏”对话框中进行设置，单击“三栏”选项，并勾选“分隔线”复选框，最后单击“确定”按钮。

4）设置首字下沉

将鼠标光标定位在第二个段落，在“插入”选项卡中，单击“文本”组中的“首字下沉”下拉按钮，在弹出的下拉菜单中单击“首字下沉选项”选项。在弹出的“首字下沉”对话框中，单击“下沉”按钮，将字体设置为“华文彩云”，下沉行数为 2。

选中第二个段落的第一个字“人”，单击“开始”选项卡的“段落”组中的“边框”按钮，在弹出的下拉菜单中单击“边框和底纹”按钮（⊞ ▾），弹出的“边框和底纹”对话框。在“边框和底纹”对话框的“底纹”选项卡中设置首字底纹，如图 3-30 所示。

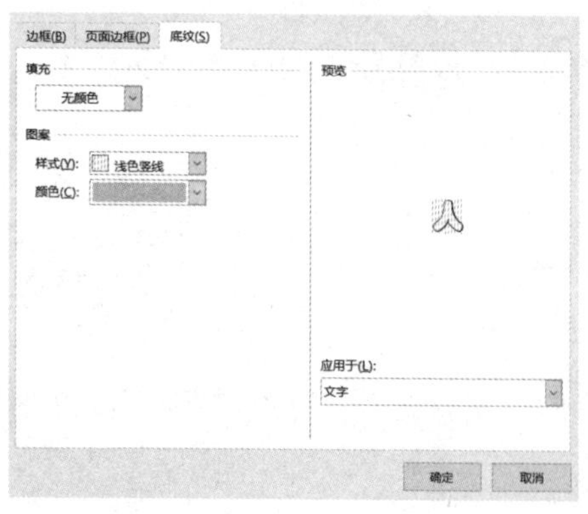

图 3-30　设置首字底纹

5）设置符号

在“插入”选项卡中，单击“符号”组中的“符号”按钮，在弹出的下拉菜单中单击“其他符号”选项，打开“符号”对话框。在“符号”选项卡中，单击“字体”右侧的下拉按钮，在弹出的下拉菜单中选择合适的子集（如 Wingdings 符号），然后在符号表中选中符号“☺”，单击“插入”按钮。首先选中符号“☺”，并单击“开始”选项，然后单击“字体”组中的“字号”下拉按钮，设置字号为三号。单击“字体颜色”下拉按钮，并设置字体颜色为红色。

6）设置公式

在“插入”选项卡中，单击“符号”组中的“公式”按钮，在弹出的下拉菜单中单击“插入新公式”选项。利用“公式工具”输入如下公式内容。

$$f\left(t\right)=A_0+\sum_{n=1}^{\infty}A_n\sin\left(n\omega t+\varphi_n\right)$$

7）设置音频、视频

在“插入”选项卡中，单击“文本”组中的“对象”按钮，在弹出的下拉菜单中单击“对象”选项。在弹出的“对象”对话框中单击“由文件创建”选项卡的“浏览”按钮，选中 music.mp3 音频文件后，单击“插入”。使用同样的方法插入视频文件。

8）设置制表位

单击“开始”选项卡“段落”组右侧的“ ”按钮，打开“段落”对话框。在默认的“缩进和间距”选项卡中，单击左下角“制表位”按钮，在弹出的“制表位”对话框中设置制表位，如图 3-31 所示。

9）设置主题

单击“设计”选项卡的“文档格式”组中的“主题”按钮，在弹出的下拉菜单中单击“环保”主题。

10）设置水印

单击“设计”选项卡的“页面背景”组中的“水印”按钮，在弹出的下拉菜单中单击“自定义水印”选项，在弹出的“水印”对话框设置文字水印，如图 3-32 所示。

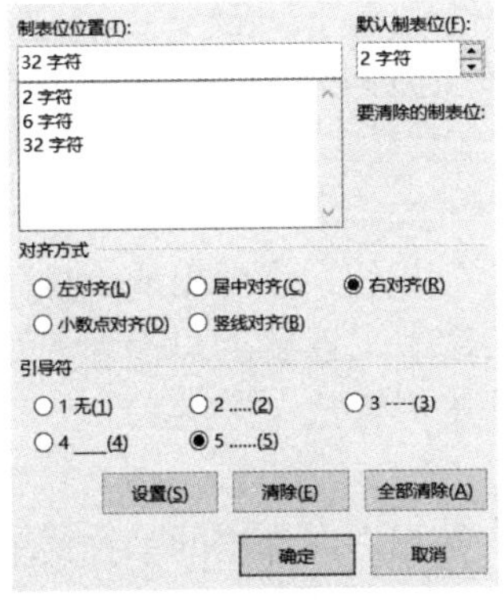

图 3-31 设置制表位

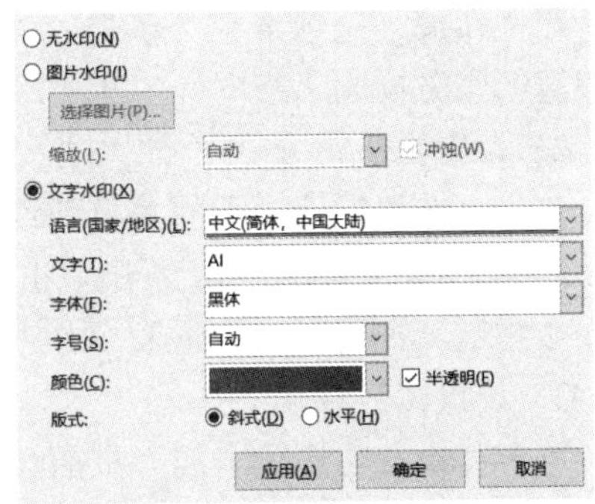

图 3-32 设置文字水印

3.7.4 项目四：完成“古诗词”文档编辑

实训目的：掌握使用 Word 2016 对纸张方向、页边距、页面边框等的操作。

要求：打开“素材\项目四素材 .docx”文件，按照要求编辑文档，以“项目四学号姓名 .docx”为文件名将其保存在 C:\KS 文件夹中，最终结果可以参考样张，如图 3-33 所示，也可以参考“项目四样张 .pdf”文件。

（1）将文档页面的纸张方向改为“横向”。

（2）设置文档的上、下页边距均为 2 厘米，左、右页边距均为 5 厘米。

（3）为文档设置图片水印，图片采用 tu.jpg 文件。

（4）设置页面颜色为“绿色、强调文字颜色 1、淡色 80%”。

（5）为整个文档设置艺术型页面边框，图案为“ ”。

（6）在文档的起始位置创建“自动目录 2”样式的目录。

（7）为标题“第一单元 写尽春花 歌尽四季”添加脚注，内容为“摘自《一天一首古诗词》”，脚注位置为页面底端。

（8）为文档“第二单元 万水千山”中的标题“鸟鸣涧”添加尾注，内容为“王维的诗被誉为‘诗中有画，画中有诗’，体现诗与画相融合的特色。”。

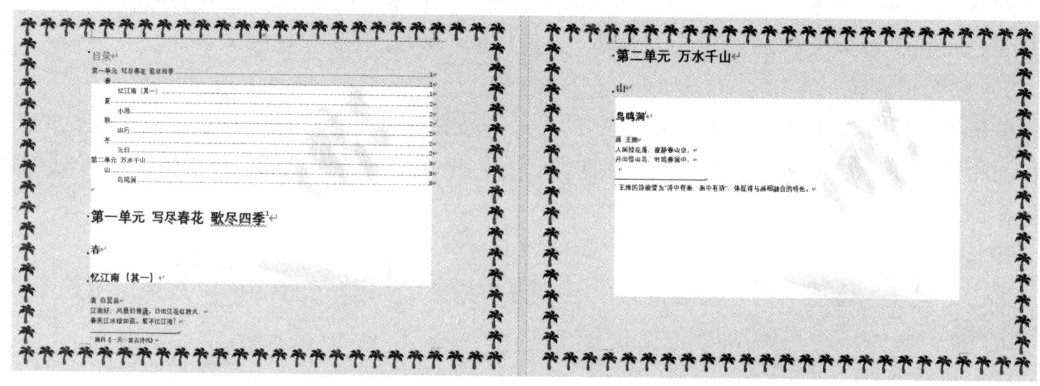

图 3-33　项目四样张

操作步骤如下。

1）设置纸张方向

在“布局”选项卡中，单击“页面设置”组中的“纸张方向”按钮，在弹出的下拉菜单中设置纸张方向为“横向”。

2）设置页边距

单击“布局”选项卡的“页面设置”组中的“页边距”按钮，在弹出的下拉菜单中设置页边距为“自定义页边距”。在弹出的“页面设置”对话框中，设置上边距为 2 厘米，下边距为 2 厘米，左边距为 5 厘米，右边距为 5 厘米，最后单击“确定”按钮。

3）设置图片水印

单击“设计”选项卡的“页面背景”组中的“水印”按钮，在弹出的下拉菜单中设置水印为“自定义水印”。在弹出的“水印”对话框中，单击“图片水印”选项，并单击“选择图片”按钮，在弹出的“插入图片”对话框中，单击 tu.jpg 图片文件。

4）设置页面颜色

单击“设计”选项卡的“页面背景”组中的“页面颜色”下拉按钮，在弹出的下拉菜单中选择相应颜色。

5）设置页面边框

单击“设计”选项卡的“页面背景”组中的“页面边框”按钮，在弹出的“边框和底纹”对话框中设置页面边框，如图 3-34 所示。

6）设置目录

将一级标题“第一单元 写尽春花 歌尽四季”设置为“标题 1”样式；将文本“春”设置为“标

题 2”样式；将文本“忆江南（其一）”设置为“标题 3”样式；将文本“夏”设置为“标题 2”样式；将文本“小池”设置为“标题 3”样式；将文本“秋”设置为“标题 2”样式；将文本“山行”设置为“标题 3”样式；将文本“冬”设置为“标题 2”样式；将文本“元日”设置为“标题 3”样式。第二单元的样式参照第一单元的样式依次设置。单击“引用”选项卡的“目录”组中的“目录”按钮，在弹出的下拉菜单中单击“内置-自动目录 1”选项，在正文上方创建目录，如图 3-35 所示。

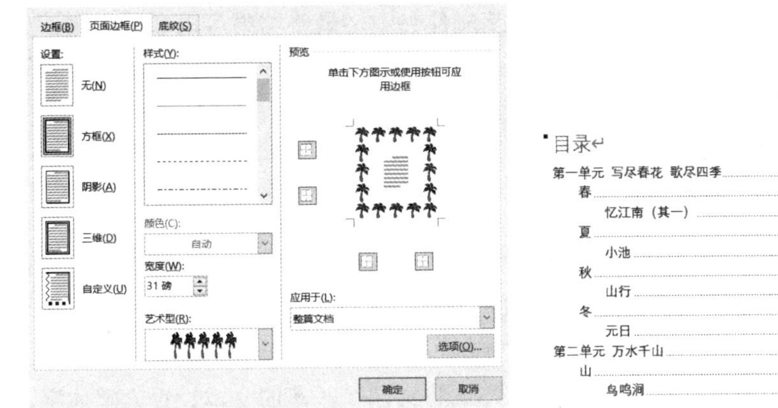

图 3-34 设置页面边框

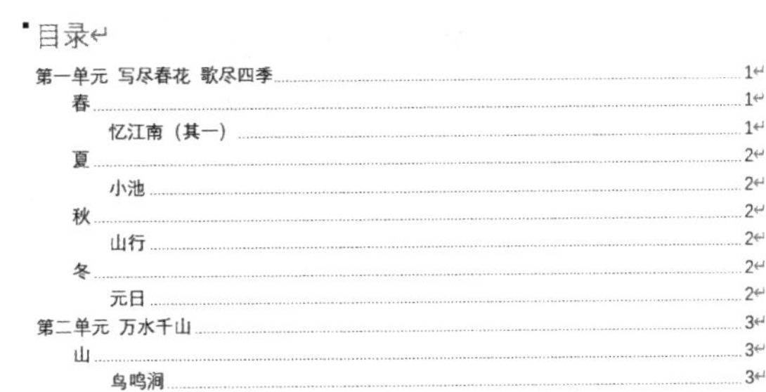

图 3-35 设置目录

7）设置脚注

单击“引用”选项卡的“脚注”组中的“插入脚注”选项，在页面底部输入文本“摘自《一天一首古诗词》”，如图 3-36 所示。

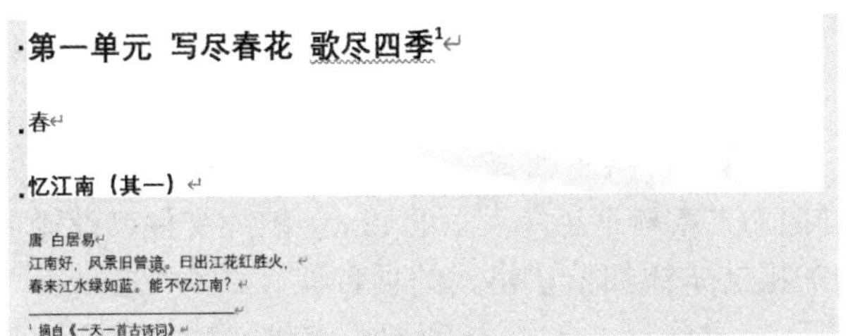

图 3-36 设置脚注

8）设置尾注

单击“引用”选项卡的“脚注”组中的“插入尾注”选项，输入文本“王维的诗被誉为‘诗中有画，画中有诗’，体现诗与画相融合的特色。”，如图 3-37 所示。

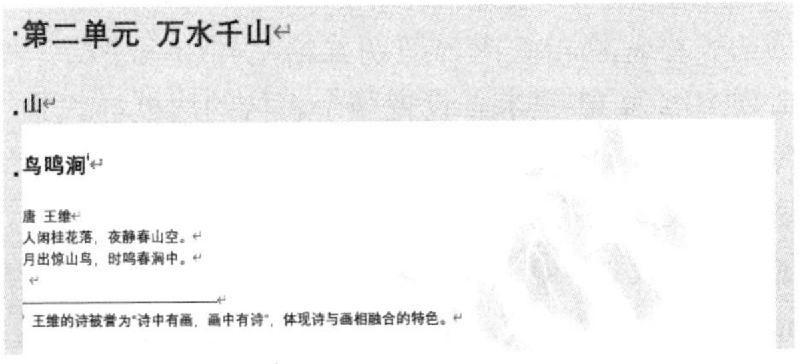

图 3-37 设置尾注

3.8 课后上机练习

世界海洋日

一、设立起源

2008 年 12 月 5 日第 63 届联合国大会通过第 111 号决议，决定自 2009 年起，每年的 6 月 8 日为"世界海洋日"。早在 1992 年，加拿大就已经在当年的里约热内卢联合国环境与发展会议上发出这一提议，每一年都有一些国家在这一天举办与保护海洋环境有关的非官方纪念活动。但直至 2009 年联合国才正式确立其为官方纪念日。

2009 年联合国首次正式确定"世界 Ocean 日"，联合国希望世界各国都能借此机会关注人类赖以生存的 Ocean，体味 Ocean 自身所蕴含（yùnhán）的丰富价值，同时也审视全球性污染和鱼类资源过度消耗等问题给 Ocean 环境和 Ocean 生物带来的不利影响。2009 年"世界 Ocean 日"的主题为"我们的 Ocean，我们的责任"。

世界上很多 Ocean 国家和地区都有自己的 Ocean 日，如欧盟的 Ocean 日为 5 月 20 日，日本则将 7 月份的第三个星期一确定为"海之日"。

二、设立背景

聯合國環境開發署和海洋保護協共同發佈了一份有關海洋環境現狀的報告。報告說，儘管國際社會和一些國家在制止海洋污染方面付出了不少努力，但這一問題依然非常嚴重。人類向海洋排放的污染物正在繼續威脅著人們自身的安全與健康，威脅到野生動物的繁衍生息，對海洋設施造成破壞，並且也令全球各地的沿海地區自然風貌受到侵蝕。

三、设立意义

"世界海洋日"的确立，为国际社会应对海洋挑战搭建了平台，也为在中国进一步宣传海洋的重要性、提高公众海洋意识提供了新的机会。

四、近五年主题

- 2018 年世界海洋日的主题是"奋进新时代 扬帆新海洋"。
- 2019 年世界海洋日的主题是"珍惜海洋资源，保护海洋生物多样性"。
- 2020 年世界海洋日的主题是"为可持续海洋创新"。
- 2021 年世界海洋日的主题是"保护海洋生物多样性 人与自然和谐共生"。
- 2022 年世界海洋日的主题是"保护海洋生态系统，人与自然和谐共生"。

图 3-38　练习一样张

1．打开"素材\练习一.docx"文件，按照要求编辑文档，以原文件名将其保存在 C:\KS 文件夹中，最终结果可以参考样张，如图 3-38 所示，也可以参考"练习一样张.pdf"文件。

（1）为正文添加标题文本"世界海洋日"，设置文本格式，字体为"华文彩云"，字号为"二号"，文字间距加宽为 5 磅，居中对齐。

（2）将正文第二、三个段落中的所有"海洋"替换为"加粗倾斜、颜色为蓝色、短线 - 点蓝色下画线"样式的文字"Ocean"。

（3）将第四个段落的文本设置为繁体字，并添加"蓝色、1.5 磅双线"边框。"深色上斜线"、颜色"橙色，个性色 2，淡色 60%"样式的图案底纹。

（4）将正文第一个段落的样式设置为"明显强调"。对第五个段落取消字符缩放。

（5）将第二个段落中的文本"赖以生存"设置为"合并字符"中文版式，字体为"华文琥珀"，字号为 8 磅。为第二个段落中的文字"蕴含"添加拼音指南，字号为 8 磅。

（6）将项目符号替换为"素材"文件夹下的 tu.jpg 图片文件，设置项目的对齐方式为"左对齐"，并为文档中的加粗文本添加默认格式的项目编号。

2．打开"素材\练习二.docx"文件，按照要求编辑文档，以原文件名将其保存在 C:\KS 文件夹中，最终结果可以参考样张，如图 3-39 所示，也可以参考"练习二样张.pdf"文件。

（1）为正文的第一个和第二个段落设置悬挂缩进为 0.74 厘米，第一个和第二个段落的段前、段后间距均为 3 磅。插入"空白"型页眉，内容为 6 个五角星符号"★"（Wingdings 符号），设置格式为"标准色 - 红色、四号、分散对齐"。在页面底端插入"普通数字 2"型页码，设置页码编号格式为"A，B，C，…"，起始页码为"C"。

（2）插入 3 行 2 列的表格，将相关内容剪切并粘贴到相应表格；按样张调整表格的第 1 列宽度为 3 厘米，第 2 列宽度为 12 厘米。设置整个表格的边框样式为"双线、蓝色、3 磅"。设置表格第一列底纹为"橙色，个性色 2，淡色 80%"填充。

（3）将文末的最后 6 行文本（中文名……世界各地）转换为表格，将表格中的数据自动调整为适合数据内容的宽度，设置表格样式为"网格表 4-着色 2"。设置表格在整个页面居中。

（4）插入 denglong.jpg 图片文件，将图片背景删除，使用裁剪工具裁剪掉左侧白色区域。设置图片的高度和宽度都缩小到原图片的 40%，设置图片的自动换行为"四周型环绕"。设置为图片发光效果“橙色、8pt 发光、个性色 2”。复制灯笼图片，修改图片颜色为“冲蚀”；顺时针旋转 30°；设置图片为“衬于文字下方”。

元旦，即公历的 1 月 1 日，是世界多数国家通称的"新年"。元，谓"始"，凡数之始称为"元"；旦，谓"日"；"元旦"即"初始之日"。元旦又称"三元"，即岁之元、月之元、时之元。世界上大多数国家都采用了国际通行的公历，把每年 1 月 1 日作为"元旦"。以公历为历法的国家，都以每年公历 1 月 1 日为元旦日，举国放假。

中国历史上的"元旦"一词最早出现于《晋书》。从汉武帝起，规定阴历一月为"正月"，把一月的第一天称为元旦，一直沿用到清朝末年。辛亥革命后，为了"行夏正，所以顺农时，从西历，所以便统计"，在 1912 年决定使用公历，并规定阳历 1 月 1 日为"新年"，但并不叫"元旦"。1949 年中华人民共和国以公历 1 月 1 日为元旦，因此"元旦"在中国也被称为"阳历年"、"新历年"或"公历年"。

英国	元旦前一天，家家户户都必须做到瓶中有酒，橱中有肉。英国人认为，如果没有余下的酒肉，来年便会贫穷。除此之外，英国还流行新年"打井水"的风俗，人们都争取第一个去打水，认为第一个打水的人为幸福之人，打来的水是吉祥之水
比利时	在比利时，元旦的早上，农村中的第一件事便是向畜牧拜年。人们走到牛、马、羊、狗、猫等动物身边，煞有介事地向这些生灵通明："新年快乐！"
德国	德国人在元旦期间，家家户户都要摆上一棵枞树和横树，树叶间系满绢花，表示繁花似锦，春满人间。他们在除夕午夜新年光临前一刻，爬到椅子上，钟声一响，他们就跳下椅子，并将一重物抛向椅背后，以示甩去祸患，跳入新年。在德国的农村还流传着一种"爬树比赛"的过新年风俗，以示步步高升

中文名	元旦
外文名	NEW YEAR
别名	公历年、新历年、阳历年
节日时间	公历 1 月 1 日
节日类型	世界新年
流行地区	世界各地

图 3-39　练习二样张

（5）对 SmartArt 图形中的文本“节日趣闻”进行“升级”设置。取消 SmartArt 图形的“从右向左”的设置。设置字体为“华文行楷”，大小为“14”。将 SmartArt 更改颜色为“彩色范围 - 个性色 3 至 4”，样式为“优雅”。

（6）插入形状“上凸”（星与旗帜）、采用“细微效果-橙色-强调颜色 6”形状样式；添加文本“元旦快乐”，设置格式为“黑体、四号、字符间距加宽 3 磅”。适当调整形状大小。

3．打开“素材\练习三 .docx”文件，按照要求编辑文档，以原文件名将其保存在 C:\KS 文件夹中，最终结果可以参考样张，如图 3-40 所示，也可以参考“练习三样张 .pdf”文件。

（1）设置标题文本“端午节”为艺术字，样式采用“填充；蓝色，主题色；阴影”（第 1 行第 2 列），将文字效果转换为“正 V 形”，设置自动换行方式为“上下型环绕”。将正文的第一个、第二个、第三个段落首行缩

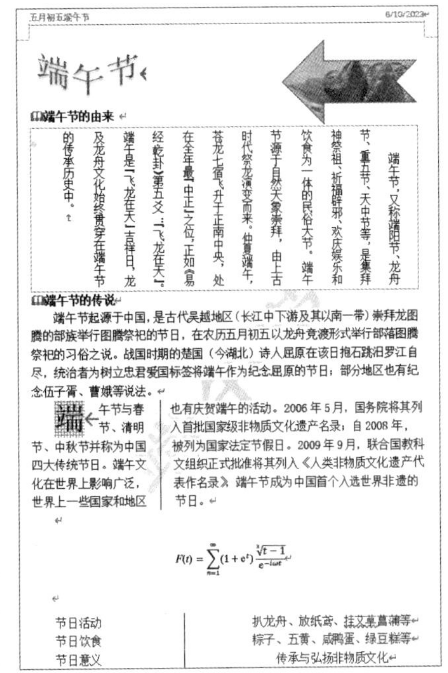

五月初五端午节　6/10/2023

端午节

端午节的由来

端午节，又称端阳节、龙舟节、重五节、天中节等，是集拜神祭祖、祈福辟邪、欢庆娱乐和饮食为一体的民俗大节。端午节源于自然天象崇拜，由上古时代祭龙演变而来。仲夏端午，苍龙七宿飞升于正南中央，处在全年最"中正"之位，正如《易经·乾卦》第五爻："飞龙在天"。端午是"飞龙在天"吉祥日，龙及龙舟文化始终贯穿在端午节的传承历史中。

端午节的传说

端午节起源于中国，是古代吴越地区（长江中下游及其以南一带）崇拜龙图腾的部族举行图腾祭祀的节日，在农历五月初五以龙舟竞渡形式举行部落图腾祭祀的习俗之说。战国时期的楚国（今湖北）诗人屈原在该日抱石跳汨罗江自尽，统治者为树立忠君爱国标签将端午作为纪念屈原的节日；部分地区也有纪念伍子胥、曹娥等说法。

端午节与春节、清明节、中秋节并称为中国四大传统节日。端午文化在世界上影响广泛，世界上一些国家和地区也有庆贺端午的活动。2006 年 5 月，国务院将其列入首批国家级非物质文化遗产名录；自 2008 年，被列为国家法定节假日。2009 年 9 月，联合国教科文组织正式批准将其列入《人类非物质文化遗产代表作名录》，端午节成为中国首个入选世界非遗的节日。

$$F(t)=\sum_{n=1}^{\infty}(1+e^{t})\frac{\sqrt[3]{t-1}}{e^{-i\omega t}}$$

节日活动	扒龙舟、放纸鸢、挂艾草菖蒲等
节日饮食	粽子、五黄、咸鸭蛋、绿豆糕等
节日意义	传承与弘扬非物质文化

图 3-40　练习三样张

进 2 个字符；设置所有段落行距为 1.2 倍。

（2）将正文的第一段文本置于竖排文本框中，设置形状样式主题为“彩色轮廓-绿色，强调颜色 6”，调整大小及位置。插入形状“燕尾形箭头”（箭头总汇），使用“素材 \tu.jpg”图片文件填充，为图片添加红色边框。设置为“水平翻转”，调整大小为高 3 厘米，宽 5 厘米。设置为“四周型”环绕。

（3）将文档第三个段落设置为首字下沉 2 行，距正文 0.5 厘米；并设置首字为“浅色网格图案、标准色-绿色文字底纹”。将第三个段落分成偏左、带分隔线的两栏。

（4）添加文字水印“端午节”，设置字体为“隶书”，字号为 96，颜色为“浅绿”，“半透明、斜式”。给两个小标题插入特殊符号“🕮”（Wingdings 符号），格式为“加粗、红色”。

（5）插入页眉：左侧输入文本“五月初五端午节 ”，右侧为自动更新的日期（月 / 日 / 年）。

（6）在文档末尾，插入如图 3-40 所示的公式。在 6 字符的位置设置左对齐制表位，在 15 字符的位置设置竖线对齐制表位，在 30 字符的位置设置居中对齐制表位。

4．打开“素材\练习四 .docx”文件，按照要求编辑文档，以原文件名将其保存在 C:\KS 文件夹中，最终结果可以参考样张，如图 3-41 所示，也可以参考“练习四样张 .pdf”文件。

图 3-41　练习四样张

（1）将文档标题“经典古诗”修改为艺术字“渐变填充 - 蓝色，强调文字颜色 1”效果，设置文字方向为“垂直”。设置纸张方向为“横向”，并将页面颜色设置为填充“羊皮纸”的纹理。

（2）设置上、下页边距均为 4 厘米，左、右页边距均为 4 厘米。

（3）为文档设置图片水印，图片采用 pic.png 文件，不使用“冲蚀”效果。

（4）为整个文档添加页面边框，设置样式为“阴影、双线、紫色、3 磅”。

（5）在文章起始位置创建“自动目录 1”样式的目录。

（6）为第一页中的文本“汉乐府诗”添加脚注，内容为“https:// www.gushiwen.cn”。

3.9　课后练习与指导

一、选择题

1．在 Word 2016 中按“（　　）”键的同时，拖曳选定的内容到新位置可以快速完成复制操作。

A．Ctrl　　B．Alt　　C．Shift　　D．空格

2．将插入点定位于句子“一年之计在于春”中的“之”与“计”之间，按“Delete”键，则该句子为（　　）。

A．“一年之在于春”　　B．“一年在于春”

C．整句被删除　　D．“一年计在于春”

3．在 Word 2016 中，不属于“开始”选项卡的组的是（　　）。

A．文本　　B．字体　　C．段落　　D．样式

4．在 Word 2016 中的格式刷可用于复制文本或段落的格式，如果要将选中的文本或段落格式重复应用多次，应（　　）按钮。

A．单击“格式刷”　　B．双击“格式刷”

C．右击“格式刷”　　D．拖动“格式刷”

5．在“段落”对话框中，不能完成（　　）设置。

A．改变行与行之间的间距　　B．改变段落与段落之间的间距

C．改变段落文字的颜色　　D．改变段落的对齐方式

6. 下列不属于 Word 2016 的文本效果的是（　　）。

A．轮廓　　B．阴影　　C．发光　　D．三维

7．Word 2016 中的页边距可以通过（　　）设置。

A．“插入”选项卡的“插图”组　　B．“开始”选项卡的“段落”组

C．“布局”选项卡的“页面设置”组　　D．“文件”选项卡的“选项”菜单命令

8．在选定了整个表格之后，若要删除整个表格中的内容，可（　　）。

A．右击，在弹出的快捷菜单中单击“删除表格”命令

B．按“Delete”键

C．按“Backspace”键

D．按“Esc”键

9．Word 2016 具有分栏的功能，下列关于分栏的说法中正确的是（　　）。

A．最多可以设置 3 栏　　B．各栏的栏宽度可以设置

C．各栏的宽度是固定的　　D．各栏之间的间距是固定的

10．有关样式的说法正确的是（　　）。

A．用户可以使用样式，但必须先创建样式

B．用户可以使用 Word 预设的样式，也可以自己自定义样式

C．Word 没有预设的样式，用户只能先建立再去使用

D．用户可以使用 Word 预设的样式，但不能自定义样式

11．当用户输入错误的或系统不能识别的文字时，Word 会在文字下面以（　　）标注。

A．红色直线　　B．红色波浪线　　C．绿色直线　　D．绿色波浪线

12．在 Word 2016 中的“（　　）”选项卡可以实现简体中文与繁体中文的转换。

A．开始　　B．视图　　C．审阅　　D．引用

13．在 Word 2016 中，为段落添加边框，可以使用（　　）设置。

A．“开始”选项卡的“段落”组中的“边框”选项

B．“插入”选项卡的“边框”选项

C．“开始”选项卡的“字体”选项

D．“插入”选项卡的“文本”选项

14．在 Word 2016 中，要插入目录，可以单击“（　　）”选项卡的“目录”组中的选项。

A．插入　　B．审阅　　C．视图　　D．引用

二、填空题

1．Word 2016 中模板文件的扩展名为“________________”。

2．Word 2016 表格功能强大，当把插入点定位在表格的最后一行的最后一个单元格时，按“______________”键，将增加新行。

3．在 Word 2016 中，为文字设置上标和下标效果应在“开始”选项卡的“____________”组中进行设置。

4．在 Word 2016 中，输入的文字默认的对齐方式是______________。

5．在 Word 2016 中按住“_____________”键的同时拖曳选定的内容到新位置可以快速完成复制操作。

第 4 章

电子表格软件 Excel 2016

本章导读

技能目标

- 了解常用电子表格软件
- 掌握工作簿、工作表和单元格的基本操作
- 掌握数据输入的操作
- 掌握公式和函数的操作
- 掌握表格格式的操作
- 掌握数据筛选、排序及分类汇总的操作
- 掌握图表的操作
- 掌握数据透视表的操作

素质目标

- 培养搜集数据时实事求是、客观真实的精神
- 养成分析数据操作过程中认真严谨、一丝不苟的态度
- 养成善于从表面数据看到包含的信息、透过现象看本质的习惯
- 培养善于动脑、善于分析，利用所学技能提高工作效率的意识

4.1 了解常用电子表格软件

4.1.1 电子表格类软件

电子表格类软件可以实现日常生活、学习、工作中的各种数据处理。电子表格类软件可以分为两大类：一类是为特定需求开发的软件，如金蝶等财务软件；另一类就是人们常说的

“电子表格”，它是一种通用的制表工具，能够满足大多数的表格数据处理需求。需要强调的是，制表仅是电子表格的功能之一，电子表格还可以理解为用来计算的“纸”，在这张”纸”上，可以实现数据分析等比较复杂的运算。

1979 年，美国可视（Visicorp）公司开发了运行于苹果 II 上的 V1SICALE，这是第一个电子表格软件。进入 Windows 时代后，微软公司的 Excel 逐步成为目前最普及的电子表格软件。

4.1.2 常用电子表格软件简介

1. WPS

目前，市场上比较流行的电子表格软件除了我们非常熟悉的 Excel，还有金山公司开发的 WPS 表格软件，覆盖 Windows、Linux、Android、iOS 等多个平台，可以无障碍地兼容“*. xls”文件格式。WPS 表格软件从中国人习惯的思维模式出发进行设计，操作方法简单，功能易用。WPS 表格具有智能收缩、表格操作的即时效果预览、高亮显示和智能提示、全新的度量单位控件、批注框等具有特色的功能。 WPS 表格移动版可运行于 Android、iOS 平台，WPS 表格个人版永久免费，体积小、速度快，支持 XLS / XLSX 格式文档的查看和编辑功能，以及多种 Excel 加密、解密算法。此外，WPS 表格软件支持 305 种函数和 34 种图表模式。为解决手机输入法的输入函数困难的问题，WPS 表格软件还提供专用公式输入编辑器，方便用户快速输入公式，充分体现了人性化的、易用的设计理念。

2. Minitab

Minitab 是目前网络上的比较优秀的现代质量管理统计软件，该软件采用了一套全面、强大的统计方法来分析数据，包括基础统计、回归和质量工具、因子设计、控制图、可靠性和生存等功能，新增功能包括柏拉图、气泡图、泊松回归、离群值测试、公差区间、稳定性研究、等价性测试等。软件操作界面非常直观，易于使用，支持深入挖掘数据，支持从 Excel 和数据库中导入数据，支持令人震撼的、丰富的图形，可以让用户更轻松地查看和理解分析结果及其含义。

使用 Minitab 可以非常便捷地生成质量数据处理七大工具之一的柏拉图。柏拉图又称排列图，是根据搜集到的数据，按不良原因、不良状况、不良发生位置等不同的标准，寻求占最大比率的原因、状况或位置，将质量改进项目按最重要到最次要的顺序排列的一种图表。

3. FineReport

FineReport 是帆软软件有限公司研发的一款企业级 Web 报表软件，采用“Excel+ 绑定数据列”形式的操作界面，会使用 Excel 的用户，基本上就会使用 FineReport。FineReport 可以完美地兼容 Excel 公式，支持公式、数字和字符串的拖曳复制，降低了数据从 Excel 报表到 Web 报表迁移的难度。应用 FineReport 报表，可以将多业务系统的数据集中于一张报表中，从而实现财务、销售、客户、库存等各种业务主题的分析、数据填报等。

FineReport 设计器可以进行表格、图形、参数、控件、填报、打印、导出等报表中各种功能的设计。

FineReport 采用零编码的设计理念，仅需要简单地拖曳就可以设计出复杂的报表，如参数查询、填报、驾驶舱等。FineReport 采用空白画布式界面，用户可在界面上自由组合不同的可视化元素，实现综合分析看板。

4. Microsoft Office Excel

Excel 是由微软公司开发的一款使用方便、功能强大的数据处理软件，它具有强大的表格处理、函数应用、图表生成、数据分析、数据库管理等功能，是 Office 办公套件中一个重要的核心组件。

一个 Excel 文件被称为一个工作簿，每个工作簿内最多可以包含 255 个工作表，工作表是电子表格处理数据的主要场所，每个工作表由单元格、行号、列标、工作表标签等组成。在 Excel 中，工作簿、工作表、单元格三者是包含的关系，即工作簿包含工作表，工作表包含单元格。Excel 2016 软件窗口由功能区和工作表窗口两部分组成，如图 4-1 所示。

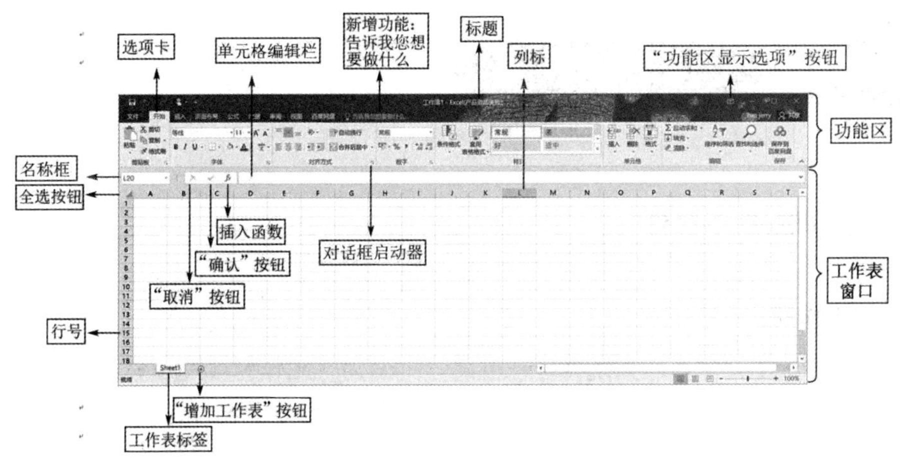

图 4-1　Excel 2016 软件窗口

功能区的左上角是“保存”按钮和自定义快速访问工具栏，包括一些常用的操作命令，还可以根据需要通过单击“文件”菜单中的“选项”→“快速访问工具栏”命令进行添加。右上角“功能区显示选项”按钮可以控制功能区与选项卡的显示。

功能区包含一组选项卡，主要有“文件”“开始”“插入”“页面布局”“公式”“数据”“审阅”“视图”等，默认的选项卡为“开始”选项卡，在使用时，可以通过单击来切换需要的选项卡。每个选项卡中包括多个选项组，每个选项组中又包含若干个相关的命令按钮来实现 Excel 的操作。某些选项组的右下角的“⬊”按钮，它被称为对话框启动器，单击此按钮，可以打开相应的对话框。

为了方便查找命令，Exce 2016 新增了“告诉我您想要做什么”的功能，只要在此输入想要进行的操作，例如，输入“插入表格”，就会在下拉菜单中显示相应的命令，避免由于用户不熟悉而到处查找的麻烦，特别适合初学者学习、使用。

某些选项卡只在需要使用时才显示出来。例如，在表格中插入图片，或者选择图片后，就会切换到浮动的“图片工具”选项卡中的“格式”选项卡，如图 4-2 所示。浮动的“图片工具”选项卡中的“格式”选项卡包括了“调整”“图片样式”“排列”“大小”4 个组，这些选项组为插入图片后的操作提供了更多相应的命令。

Excel 具备强大的数据分析与处理功能，其中公式和函数提供了强大的计算功能，用户可以运用公式和函数实现对数据的分析和处理。

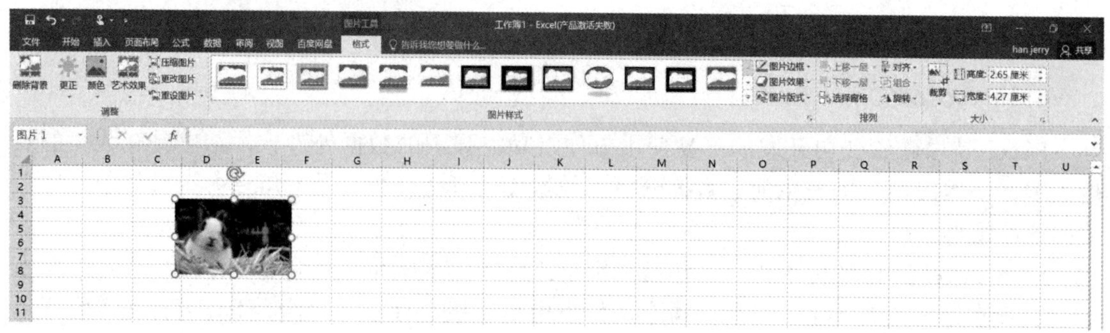

图 4-2　浮动的“图片工具”选项卡中的“格式”选项卡

4.2　Excel 2016 功能介绍

4.2.1　工作簿的基本操作

1. 创建工作簿

启动 Excel 2016 软件后，系统会自动创建一个名为“工作簿 1”的空白工作簿，如果已经启动了 Excel 2016，还可以通过“文件”选项卡创建空白工作簿。具体做法如下：单击“文件”选项卡，在弹出的菜单左侧单击“新建”→“空白工作簿”选项，即可完成空白工作簿的创建。另外，使用“Ctrl ＋ N”组合键也可以新建一个空白工作簿。

2. 保存工作簿

在使用工作簿的过程中，要及时对工作簿进行保存操作，以避免因电源故障或系统崩溃等突发事件造成的数据丢失。保存工作簿的具体操作如下。

（1）单击“文件”选项卡中的“保存”选项，或者单击快速访问工具栏中的“”按钮，又或者直接按“Ctrl+S”组合键。

（2）在弹出的“另存为”对话框的左侧的下拉菜单中选择文件的保存位置，在“文件名”文本框中输入文件的名称，单击“保存”按钮，即可保存该工作簿。

保存后返回 Excel 2016 应用程序窗口，在标题栏中将会显示保存后的工作簿名称。

还可以单击“文件”选项卡中的“另存为”选项，将保存后的工作簿以其他的文件名保存，即“另存为工作簿”。保存好的工作簿文件的扩展名为“.xlsx”

4.2.2　工作表的基本操作

1. 创建工作表

在使用 Excel 2016 创建新的工作簿时，默认包含一个名为“Sheet1”的工作表，如果在编辑 Excel 表格时需要使用更多的工作表，则可以插入新的工作表。在每个 Excel 2016 工作簿中最多可以插入 255 个工作表，但在实际操作中，插入的工作表的数目会受到用户使用的计算机内存的限制。

插入工作表的具体操作步骤如下。右击 Sheet1 工作表标签，在弹出的快捷菜单中单击“插入”命令，在弹出的“插入”对话框中单击“工作表”图标，最后单击“确定”按钮，即可在当前工作表的前面插入工作表 Sheet2。

还可以单击 Sheet1 工作表标签右侧的“⊕”按钮来插入新的工作表。

2. 移动和复制工作表

1）移动工作表

移动工作表最简单的方法是使用鼠标直接拖曳：选中要移动的工作表的标签，按住鼠标左键不放，将其拖曳到工作表的新位置，黑色倒三角形的标志会随鼠标指针移动，到新的位置后松开鼠标左键，工作表就被移动到新的位置上。

2）复制工作表

当用户需要重复使用工作表数据而又不想修改保存的原始数据时，可以复制多个原始工作表进行不同的操作。用户可以在一个或多个 Excel 工作簿中复制工作表，其做法如下。使用鼠标选中要复制的工作表，按“Ctrl”键的同时按住鼠标左键不放，将其拖曳到工作表的新位置，黑色倒三角形的标志会随鼠标指针移动，松开鼠标左键，工作表就被复制到新的位置上。

3. 删除工作表

为了便于对 Excel 工作簿进行管理，可以将无用的工作表删除，以节省存储空间。右击需要删除的工作表标签，在弹出的快捷菜单中单击“删除”命令即可删除该工作表。工作表将被永久删除，该操作不能被撤销，要谨慎使用。

4. 改变工作表的名称

每个工作表都有自己的名称，为了便于理解和管理，可以在需要更名的工作表标签上双击，进入可编辑状态（此时该标签背景被填充为黑色），输入新的标签名后，单击任意单元格确认即可。

也可以右击工作表标签，在弹出的快捷菜单中单击“重命名”命令，也可以实现工作表的更名。

5. 更改工作表标签的颜色

工作表标签默认是白色的，有时为了方便用户使用，可以将工作表标签的颜色更改为其他颜色。做法如下：右击要更改颜色的工作表标签，在弹出的快捷菜单中单击“工作表标签颜色”命令，在出现的颜色面板中选择即可。

4.2.3 单元格的基本操作

1. 区域名的定义

单元格是 Excel 工作表的基本元素，由其所在的列和行组合表示，单元格的列用字母表示，行用数字表示，那么第 B 列第 5 行的单元格可表示为 B5 单元格。

而有时在具体运用中，参与运算的可能是一块数据区域，那么就可以用这块数据区域左上角的单元格名称及最右下角的单元格名称来表示它。例如，如图 4-3 所示的数据区域可以用 E2:G11 来表示。

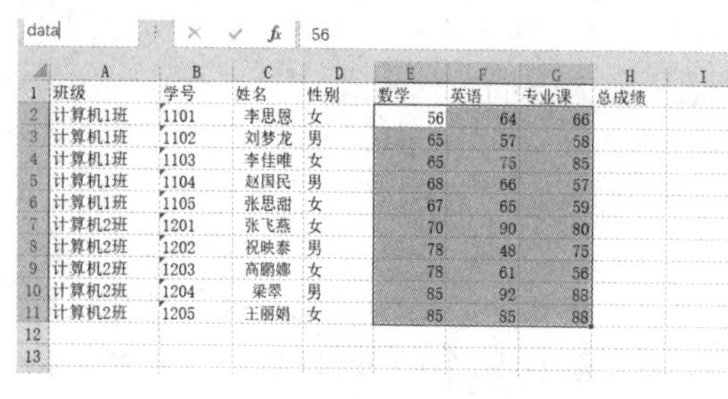

图 4-3　区域名的定义

为这块数据区域定义一个更好记的名称，方便以后的调用。具体方法如下：先选择所需的单元格区域，再在左上方的名称框中输入该区域的定义名称，如“data”，按“Enter”键后，该区域名称即被定义为“data”。如果需要选择该区域对其进行操作，则单击名称框右侧的三角形下拉按钮，在弹出的下拉菜单中单击“data”选项，该单元格区域即可被选中。

2. 调整列宽和行高

在 Excel 工作表中，如果单元格的宽度不足以完整显示数据，数据在单元格里则以“######”的形式或以科学计算法来表示。当单元格被加宽后，数据就可以完整地显示出来。Excel 能根据输入字体的大小自动地调整行的高度，使其能容纳行中最大的字体，用户也可以根据自己的需要来设置。

可以拖曳列号之间的边框线来调整列宽：将鼠标指针移动到相邻两列的列号之间（如 C 列和 D 列之间），当鼠标指针变成“✛”形状时，按住鼠标左键并向右拖曳则可使列变宽。用户也可使用同样的方法拖曳行号之间的边框线来调整行高。

要精确地调整列宽和行高最好使用对话框进行设置。具体方法如下：右击需要调整高度的行左侧的行号，在弹出的快捷菜单中单击“行高”命令，在弹出的“行高”对话框中的“行高”文本框输入希望调整到的行高（如输入 25），并单击“确定”按钮即可。

Excel 还可根据所选列中数据的长度，自动调整到最合适的列宽，其操作方法如下：单击列标选择要调整宽度的列，在“开始”选项卡的“单元格”组中单击“格式”按钮，在弹出的下拉菜单中单击“自动调整列宽”命令，即可将所选列的列宽调整为最合适的宽度。

3. 插入行和列

在编辑工作表的过程中，插入行和列的操作是不可避免的。当插入行时，默认在选择行的上面插入一行；当插入列时，默认在选择列的左侧插入一列。插入列的方法与插入行相同，下面以插入行为例，介绍其操作步骤。

打开 Excel 素材文件夹中的“某公司职工工资表 .xlsx”文件。如果公司新来了一个技术员，需要把他的信息也输入到公司职工工资表，则需要插入新的行。如果想把新的行插入到第 5 行，则先选中第 5 行，再在“开始”选项卡的“单元格”组中单击“插入”按钮，在弹出的下拉菜单中单击“插入工作表行”命令，如图 4-4 所示，即可在原来工作表的第 5 行上方插入一个空行，只要在里面输入需要的数据即可增加新技术员的工资信息。

4. 删除行和列

在 Excel 工作表中如果不需要某数据行或列，则可以将其删除。以删除行为例，首先选中需要删除的行，然后在“开始”选项卡的“单元格”组中单击“删除”按钮，在弹出的下拉菜单中单击“删除工作表行”命令，即可将其删除。

删除列的方法与删除行类似，这里不再赘述。

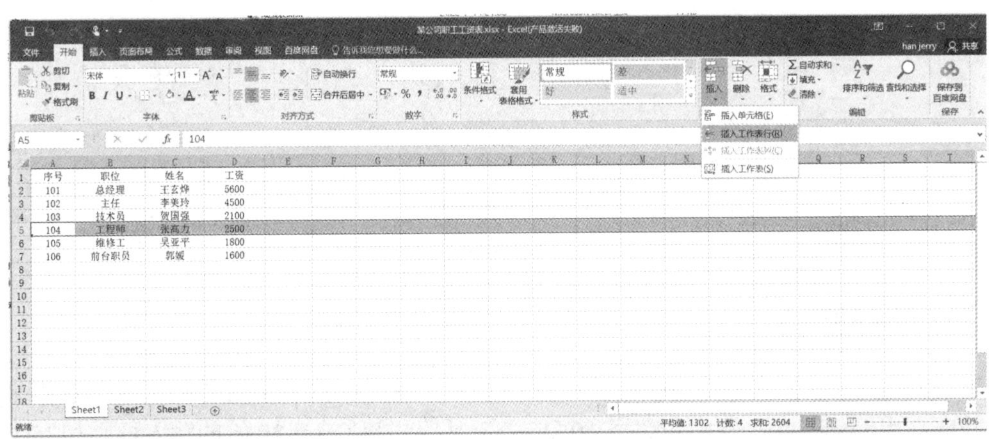

图 4-4　插入工作表行

5. 隐藏或显示行和列

在 Excel 工作表中，有时需要将一些不需要公开的数据隐藏起来，或者将一些隐藏的行或列重新显示出来。下面以隐藏行为例，具体方法如下。

右击需要隐藏的行的行号，在弹出的快捷菜单中单击“隐藏”命令，被选中的行就被隐藏起来了。

要取消隐藏行，首先要找到该行，并选中它的上下两行。右击选中的上下两行的行号，在弹出的快捷菜单中单击“取消隐藏”命令即可。

取消隐藏列的方法与取消隐藏行类似，只不过要先选中隐藏列的左右两列，这里不再详述。

6. 插入单元格

在 Excel 工作表中，可以在活动单元格的上方或左侧插入空白单元格，同时将同一列中的其他单元格下移，或者将同一行中的其他单元格右移。

在“开始”选项卡的“单元格”组中单击“插入”按钮，在弹出的下拉菜单中单击“插入单元格”命令，弹出“插入”对话框，如图 4-5 所示。单击“活动单元格下移”单选按钮，并单击“确定”按钮，即可在当前位置插入空白单元格区域，则原位置的数据下移一行。

如果单击“活动单元格右移”单选按钮，即可在当前位置插入空白单元格区域，则原位置的数据右移一列。

如果单击“整行”单选按钮，则在当前单元格上方插入一行。

如果单击“整列”单选按钮，则在当前单元格左侧插入一列。

7. 删除单元格

首先选中需要删除的单元格，然后在“开始”选项卡的“单元格”组中单击“删除”按钮，在弹出的下拉菜单中单击“删除单元格”命令即可。也可以在选中的单元格区域内右击，在弹出的快捷菜单中单击“删除”命令，这时会弹出“删除”对话框，如图 4-6 所示，勾选相应的单选按钮，并单击“确定”按钮确定即可。

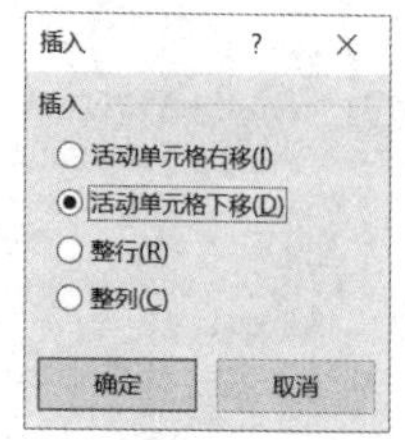

图 4-5 “插入”对话框

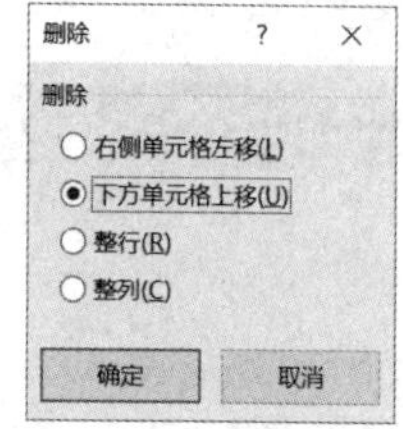

图 4-6 “删除”对话框

4.2.4 数据的输入

在单元格中输入数据时，Excel 2016 会自动地根据数据的特征进行处理并显示出来。为了更好地利用 Excel 2016 强大的数据处理能力，需要了解 Excel 2016 的输入规则和方法。

1. 输入文本和数值

1）输入文本

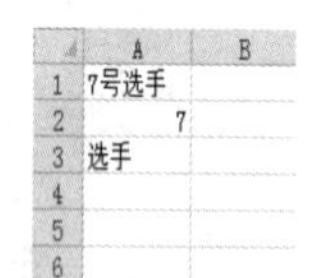

图 4-7 输入文本

文本是单元格中经常使用的一种数据类型，包括汉字、英文字母、数字和符号等。每个单元格最多可包含 32 767 个字符。

在单元格中输入文本“7 号选手”，Excel 会将它显示为文本形式；如果将文本“7”和“选手”分别输入到不同的单元格，Excel 则会将“选手”作为文本处理，而将“7”作为数值处理，如图 4-7 所示。

要在单元格中输入文本，应先选中该单元格，输入文本后按“Enter”键，Excel 2016 会自动识别文本类型，并默认设置文本对齐方式为“左对齐”。

如果在单元格中输入的是多行数据，在换行处按下“Alt+Enter”组合键，可以实现换行。换行后在一个单元格中将显示多行文本，行的高度也会自动增加。

2）输入数值

数值型数据是在 Excel 2016 中使用最多的数据类型。在选择的单元格中输入数值时，数值将显示在活动单元格和单元格编辑栏中，按“Enter”键确认后，Excel 2016 会自动设置数值的对齐方式为“右对齐”。如果数值输入错误或需要修改数值，可以双击单元格来重新输入，也可以选中单元格，在单元格编辑栏中重新输入。

在单元格中输入数值型数据的规则如下。

在输入分数时，为了与日期型数据区分，需要在分数之前加一个“0”和一个空格。例如，在单元格中输入“2/5”，则显示“2 月 5 日”；在单元格中输入“0 2/5”，则显示“2/5”，值为 0.4。

如果输入以数字“0”为开头的数字串，Excel 将自动省略“0”，也就是不会显示开头的“0”，例如在单元格中输入“0123”，按“Enter”键后显示为右对齐的“123”；如果要保持输入的内容不变，则可以先输入“’”，再输入数字或字符，这时数字将作为文本格式输入。例如，在单元格中输入“’ 0123”，按“Enter”键后显示为左对齐的“0123”。

如果单元格容纳不下较长的数字，则会用科学记数法显示该数据，如“1.23457E+19”。

2. 输入时间和日期

在工作表中输入日期或时间时，为了与普通的数值数据区分，需要用特定的格式定义时间和日期。Excel 2016 内置了一些日期与时间的格式，当输入的数据与这些格式相匹配时，Excel 2016 会自动将它们识别为日期或时间数据。

在输入日期时，为了确定含义和方便查看，可以使用左斜杠或短线分隔日期的年、月、日的格式，如“2022/7/16”或“2022-7-16”；如果要输入当前的日期，按“Ctrl+;”组合键即可。

在输入时间时，小时、分、秒之间使用冒号“:”作为分隔符。如果按 12 小时制输入时间，则需要在时间的后面空一格中再输入字母“am”（上午）或“pm”（下午）。例如，输入“8:20 am”，按“Enter”键后单元格中显示的结果是“8:20AM”。如果要输入当前的时间，则按“Ctrl+Shift +;”组合键即可。

日期和时间型数据在单元格中默认为靠右对齐。如果 Excel 2016 不能识别输入的日期或时间格式，则输入的数据被视为文本，并在单元格中靠左对齐。

特别需要注意的是：如果单元格中首次输入的是日期，则单元格将自动格式化为日期格式，以后如果再输入一个普通数值，系统仍然会将其换算成日期来显示。

3. 撤销与恢复输入内容

利用 Excel 2016 提供的撤销与恢复功能可以快速地取消误操作，提高工作效率。

1）撤销

在进行输入、删除和更改单元格操作时，Excel 2016 会自动记录下最新的操作和刚执行过的命令。当不小心、错误地编辑了表格中的数据时，可以单击“快速访问工具栏”选项卡中的“撤销”按钮（![]），撤销上一步的操作，也可以单击“![]”按钮右边的下拉按钮，在弹出的下拉菜单中选中之前的某一步操作进行撤销。

在 Excel 中的多级撤销功能可用于撤销最近的 16 步的编辑操作。但有些操作，如存盘设置或删除文件是不可撤销的，因此在执行文件的删除操作时要小心，以免破坏辛苦工作的成果。

2）恢复

“撤销”和“恢复”可以看成是一对逆操作。在经过撤销操作后，“撤销”按钮右侧的“恢复”按钮（![]）将被置亮，这时可以单击“恢复”按钮恢复刚刚撤销的操作。

4. 快速填充表格数据

Excel 2016 提供了快速输入数据的功能，利用它可以提高用户向 Excel 中输入数据的效率，并且可以降低输入的错误率。

1）使用填充柄填充

填充柄是位于当前活动单元格右下角的小方块，当鼠标指针移动到它上面时，鼠标指针变成实心十字形状，如图 4-8 所示。这时按住鼠标左键并拖曳可以进行填充操作，该功能适用于填充相同数据或序列数据信息。填充完成后会出现一个图标，单击该图标，在弹出的下拉菜单中将显示填充方式，如图 4-9 所示，可以在其中选择合适的填充方式。

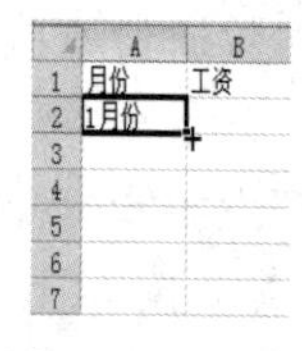

图 4-8　填充柄

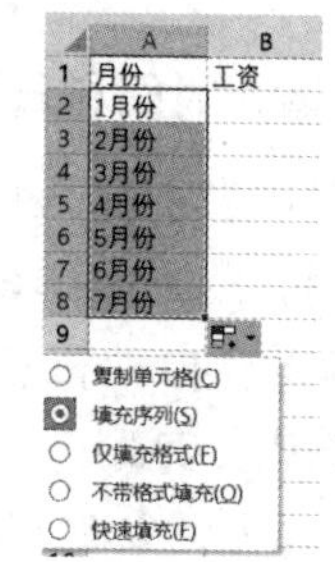

图 4-9　选择填充方式

还可以利用填充柄填充奇数列、偶数列或其他等差数列。

2）自定义序列填充

在 Excel 2016 中还可以自定义序列填充，这为用户带来很大的方便。自定义填充序列可以是一组数据，按重复的方式填充行和列。用户可以自定义一些序列，也可以直接使用 Excel 2016 中已定义的序列。

自定义序列填充的具体操作步骤如下：首先单击“文件”选项卡，在弹出的菜单中单击“选项”命令，弹出“Excel 选项”对话框，如图 4-10 所示。单击左侧的“高级”类别，拖曳右侧的滚动条找到“常规”区域，单击“编辑自定义列表”按钮，将弹出“自定义序列”对话框，如图 4-11 所示。然后在“输入序列”文本框中输入内容，注意输完每一项后按“Enter”键换行输入下一项，如图 4-11 所示，最后单击“添加”按钮，将定义的序列添加到“自定义序列”列表框中。

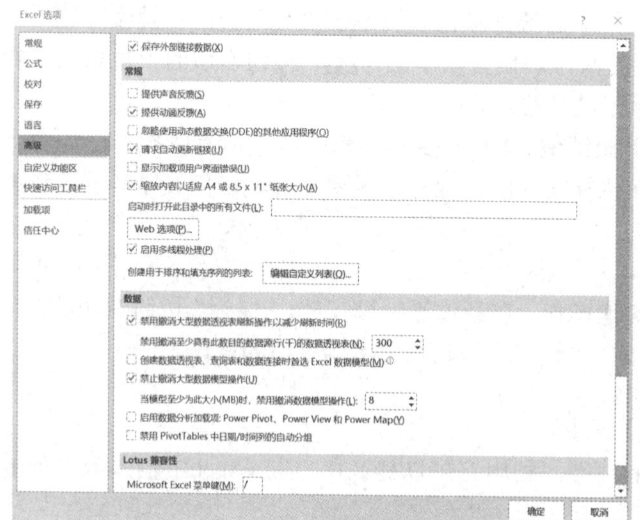

图 4-10　“Excel 选项”对话框

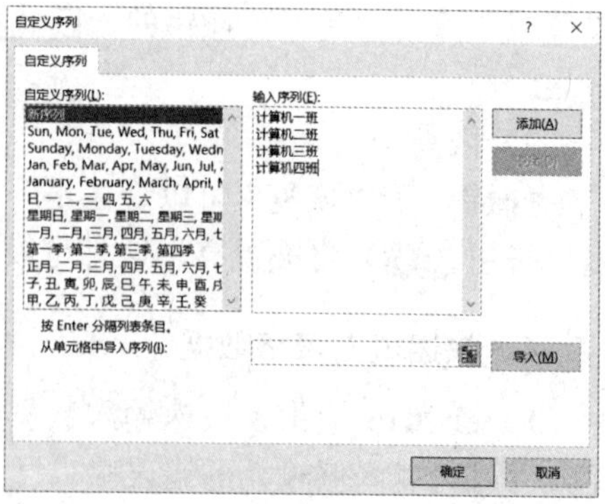

图 4-11　“自定义序列”对话框

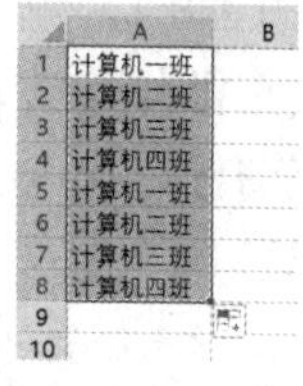

图 4-12　自定义序列填充效果

在单元格中输入“计算机一班”，将鼠标指针定位在该单元格的右下角，当鼠标指针变成“**+**”形状时向下拖曳，即可完成自定义序列填充，效果如图 4-12 所示。

5. 批注

在 Excel 2016 中，可以通过插入批注为单元格添加注释。可以编辑批注中的文字，也可以删除不再需要的批注。对批注的操作主要是在快捷菜单中（即右击要进行批注操作的单元格，在弹出的快捷菜单中）来操作的，下面分别介绍对批注的操作方法。

1）批注的添加

选中要添加批注的单元格右击，在弹出的快捷菜单中单击“插入批注”命令，在单元格右上方出现的批注文本框内，按要求修改作者和输入批注内容。

2）批注的显示与隐藏

批注一般不显示出来，但添加过批注的单元格的右上角会出现一个红色的小三角，只有当鼠标指针移动到该单元格，批注才会显示出来。如果想要一直显示批注，则右击该单元格，在弹出的快捷菜单中单击“显示”→“隐藏批注”命令。

3）批注的复制

如果想将添加的批注复制给其他单元格，则先选中已添加批注的单元格右击，在弹出的快捷菜单中单击“复制”命令，再选中要将批注复制到的单元格右击，在弹出的快捷菜单中单击“选择性粘贴”→“选择性粘贴”命令，如图 4-13 所示。在打开的“选择性粘贴”对话框中勾选“批注”单选框，如图 4-14 所示，单击“确定”按钮后即可完成批注的复制。

4）批注的修改

如果要修改批注的内容，则只要选中该批注所在的单元格并右击，在弹出的快捷菜单中单击“编辑批注”命令，此时批注文本框会弹出并处于编辑状态，在其中修改批注内容，修改好后，单击任一单元格即可。

5）批注格式的设置

如果要修改批注的格式，则只要选中该批注框右击，在弹出的快捷菜单中单击“设置批注格式”命令，在弹出的“设置批注格式”对话框的“字体”选项卡中设置批注文字的字体格式；在“对齐”选项卡中设置批注文本的对齐方式；在“颜色与线条”选项卡中设置批注框的线条颜色、样式及填充色，如图 4-15 所示。

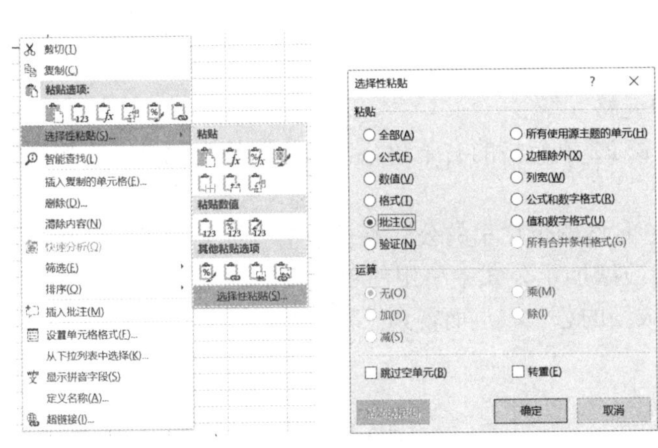

图 4-13　“选择性粘贴”命令　图 4-14　“选择性粘贴”对话框

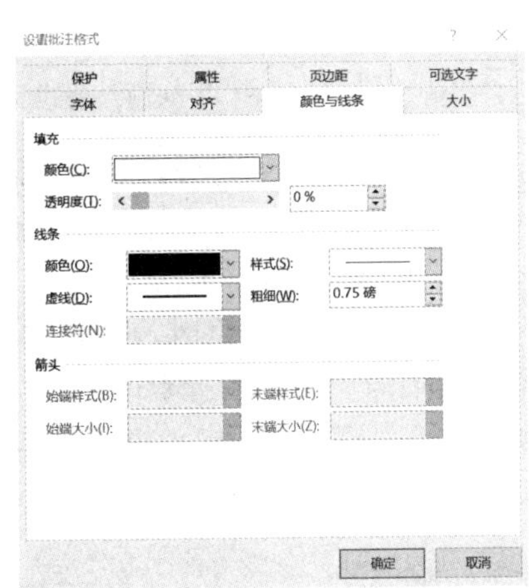

图 4-15　“设置批注格式”对话框

6）批注的删除

如果删除批注，只要选中该批注所在的单元格右击，在弹出的快捷菜单中单击“删除批注”命令即可。

4.2.5 公式和函数的应用

公式和函数具有非常强大的计算功能，能够为用户分析和处理工作表中的数据提供很多方便。

1. 输入公式

在输入公式时，先选中存放结果的单元格，再在单元格编辑栏中输入“=”，用于标识输入的是公式而不是文本，公式输入完成后按“Enter”键确认。在公式中经常包含算术运算符、常量、变量、单元格地址等，输入公式的方法如下。

1）手动输入

手动输入公式是指所有的公式内容均使用键盘输入。如图 4-16 所示，如果需要计算“张静”的总分，只要选中 E2 单元格，在单元格编辑栏中输入“=B2+C2+D2”，公式输入完毕后按“Enter”键确认，Excel 2016 会自动进行数据的计算，并在单元格中显示结果。

2）单击输入

如果觉得上面的方法比较麻烦，也可以直接单击单元格进行引用，而不是完全靠键盘输入。单击输入更简单、快速，不容易出问题。例如，在单元格 E3 中输入公式“=B3+C3+D3”时，可以先选中 E3 单元格在单元格编辑栏输入等号“=”，直接单击 B3 单元格，此时 B3 单元格的周围会显示一个活动虚框，B3 单元格的地址被添加到公式中，如图 4-17 所示；再输入加号“+”，并单击 C3 单元格，将 C3 单元格的地址添加到公式中，使用同样的方法输入公式，按“Enter”键后即得到“李宏”的总分。

SUM　=B2+C2+D2

	A	B	C	D	E	F
1	姓名	语文	数学	外语	总分	
2	张静	89	78	90	2+C2+D2	
3	李宏	87	79	83		
4	刘月	90	75	88		
5						
6						

图 4-16　手动输入公式

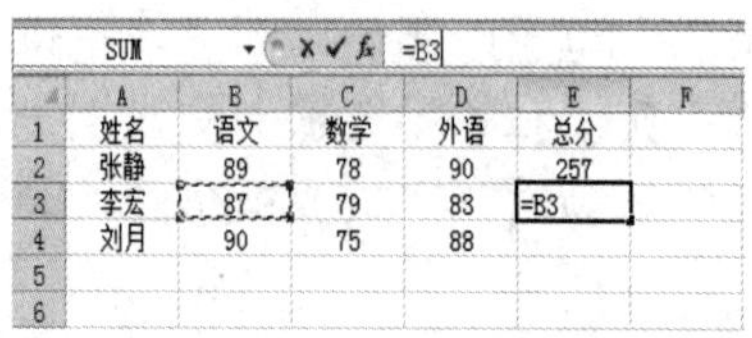
SUM　=B3

	A	B	C	D	E	F
1	姓名	语文	数学	外语	总分	
2	张静	89	78	90	257	
3	李宏	87	79	83	=B3	
4	刘月	90	75	88		
5						
6						

图 4-17　单击输入公式

3）利用填充柄将公式赋给其他单元格

具体做法如下：将鼠标指针定位在 E2 单元格的右下角，当鼠标指针变成“**+**”形状时向下拖曳，结果如图 4-18 所示。

在单击 E4 单元格时，可以发现单元格编辑栏里的公式不是被简单地复制了，而是根据存放结果的单元格的行数的增加，相应增加了公式中引用的单元格的地址行数，如图 4-19 所示，第 4 行的总分成为第 4 行单科成绩的总和，从而得到正确的结果。

E2　=B2+C2+D2

	A	B	C	D	E	F
1	姓名	语文	数学	外语	总分	
2	张静	89	78	90	257	
3	李宏	87	79	83	249	
4	刘月	90	75	88	253	
5						
6						
7						

图 4-18　利用填充柄将公式赋给其他单元格

E4　=B4+C4+D4

	A	B	C	D	E	F
1	姓名	语文	数学	外语	总分	
2	张静	89	78	90	257	
3	李宏	87	79	83	249	
4	刘月	90	75	88	253	
5						
6						

图 4-19　E4 单元格中的公式

2. 单元格的引用

1）相对引用

单元格的引用会随公式所在单元格位置的改变而更改，这种引用被称为相对引用，在默认的情况下，公式使用的都是相对引用。

2）绝对引用

如果不想让单元格的地址随着公式位置的改变而变化，则可以在该单元格地址的行号和列号前分别加上符号“$”，这种引用被称为绝对引用，如 B3 单元格的绝对引用形式为“$B$3”。例如，要给每个学生的总分上加上统一的附加分，在引用 J2 单元格时，就要使用绝对引用，如图 4-20 所示。

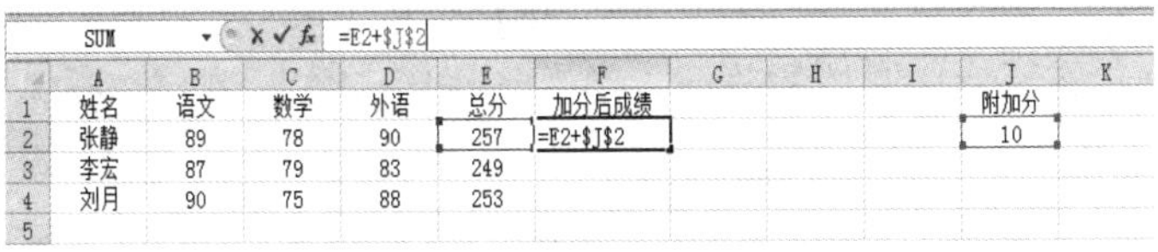

SUM　=E2+$J$2

	A	B	C	D	E	F	G	H	I	J	K
1	姓名	语文	数学	外语	总分	加分后成绩				附加分	
2	张静	89	78	90	257	=E2+$J$2				10	
3	李宏	87	79	83	249						
4	刘月	90	75	88	253						
5											

图 4-20　J2 单元格的绝对引用

3）混合引用

如果行号和列号只需要固定其中一个，可以只在需要固定的行号或列号前加上符号“$”，这种引用被称为混合引用，如 C$5、$F8。

4）跨工作表引用

如果公式要用到同一工作簿中的其他工作表中的数据，这种引用被称为跨工作表引用。方式为“该数据所在的工作表！该数据所在的单元格”。例如，要引用 Sheet2 工作表中的 A2 单元格，可以将其表示为“Sheet2！ A2”。如果上例中，外语成绩被放在了 Sheet2 工作表中的第 A 列中，在计算总分时输入公式“＝B2+C2+”，可以使用手动输入法直接输入“Sheet2！ A2”并按“Enter”键，也可以使用单击输入法单击 Sheet2 工作表，再在该工作表中单击 A2 单元格后按“Enter”键。注意：单击完 Sheet2 工作表的 A2 单元格后，需要马上按“Enter”键，而不要再单击 Sheet1 工作表返回，那样“Sheet2！ A2”就会变成“Sheet1！ A2”了。如果引用完其他工作表的单元格后，公式还没有结束，就需要马上输入下一个运算符，再返回原工作表，不然也会出现类似问题。

5）跨工作簿引用

引用其他工作簿中的单元格的方法，与上面介绍的方法类似，这两种引用的区别仅是引用的工作表单元格是否在同一个工作簿中。对多个工作簿中的单元格数据进行引用时，打开需要用到的每一个工作簿中的工作表，在需要引用的工作表中直接选择单元格即可。

3. 函数的使用

1）函数的组成

在 Excel 2016 中，一个完整的函数式通常由 3 部分构成，其格式为：“标识符 函数名称（函数参数）”，如图 4-21 所示。

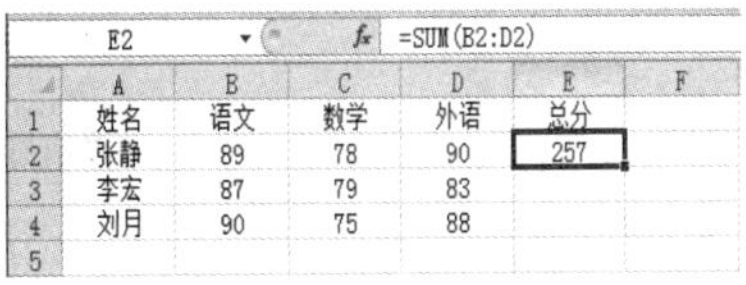

E2　=SUM(B2:D2)

	A	B	C	D	E	F
1	姓名	语文	数学	外语	总分	
2	张静	89	78	90	257	
3	李宏	87	79	83		
4	刘月	90	75	88		
5						

图 4-21　函数的组成

在单元格中输入计算函数时，必须先输入一个等于号“=”，这个“=”被称为函数的标识符。如果不输入“=”，则 Excel 2016 将输入的函数式作为文本处理，不返回运算结果。

函数标识符后面的英文是函数名称。大多数函数名称是对应的英文单词的缩写。有些函数名称则是由多个英文单词（或缩写）组合而成的。例如，条件计数函数 COUNTIF 是由 COUNT（计数）和 IF（条件）组成的。

函数参数主要包括常量、逻辑值、单元格引用、名称、其他函数式、数组参数几种类型。这几种参数大多是可以混合使用的，因此许多函数都会有不止一个参数，这时可以使用英文逗号将各参数隔开。

2）函数的输入

在 Excel 2016 中，输入函数的方法有手动输入和使用函数向导输入。手动输入函数与输入普通的公式的方法一样，不再赘述。使用函数向导输入函数的具体操作步骤如图 4-22 所示，先选中用于放置计算结果的单元格，在“公式”选项卡中，单击“函数库”组中的“插入函数”按钮，或者单击单元格编辑栏左边的“插入函数”按钮（fx），弹出“插入函数”对话框，如图 4-23 所示。

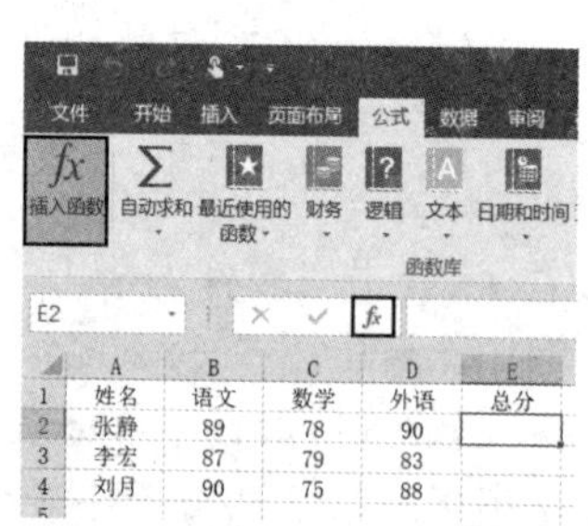

图 4-22　使用函数向导输入函数

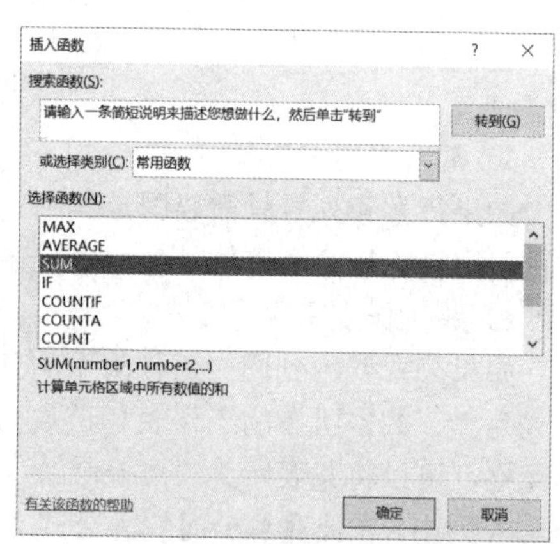

图 4-23　“插入函数”对话框

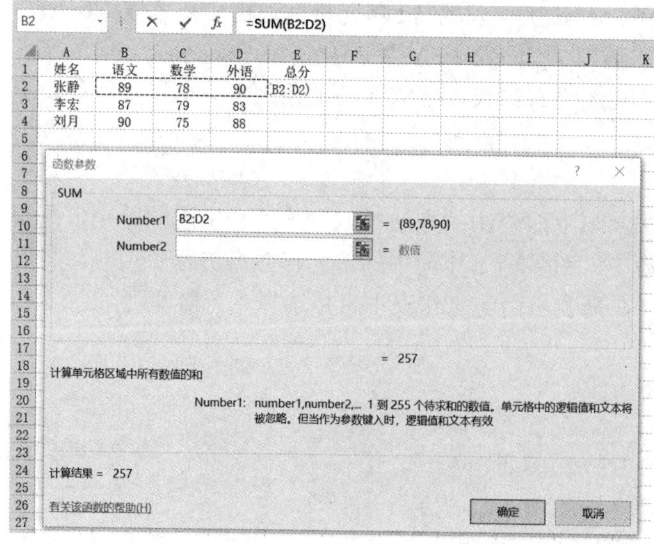

图 4-24　“函数参数”对话框

单击“或选择类别”右侧的下拉按钮，在弹出的下拉菜单中选择“常用函数”，在“选择函数”列表框中选择 SUM 函数（求和函数），此时列表框的下方会出现关于该函数功能的简单提示，单击“确定”按钮，弹出“函数参数”对话框，如图 4-24 所示。这时在“Number1”文本框中根据求和的位置显示可能的求和范围“B2:D2”，如果该范围正确，可以直接单击“确定”按钮；如果“Number1”文本框中显示的求和范围不正确，可以拖曳鼠标，在工作表中选择正确的求和范围，最后单击“确定”按钮，即可在 E2

单元格得到正确的求和结果。

3）常用函数

Excel 2016 函数一共有 14 类，分别是财务函数、日期与时间函数、数学与三角函数、统计函数、查询与引用函数、数据库函数、文本函数、逻辑函数、信息函数、工程函数、多维数据集函数、兼容性函数、Web 函数及用户自定义函数。其中，较常用的函数有 SUM、AVERAGE、COUNT、MAX、MIN、IF，以及分别表示逻辑与、或、非的 AND、OR、NOT 函数。下面介绍常用的几个函数的用法及作用。

（1）SUM 函数。SUM 是汇总求和函数，用于计算各参数的累加和，其语法格式为 SUM (Numberl ,Number2,…)。“Numberl ,Number2”中的参数可以是数字、单元格或区域、单元格名称，各参数间使用英文逗号“,”分隔。

（2）AVERAGE 函数。AVERAGE 是平均值函数，用于计算各参数的平均值，其语法格式为 AVERAGE (Numberl ,Number2,…)。

（3）MAX 函数。MAX 是最大值函数，用于统计各参数中的最大值，其语法格式为 MAX (Numberl ,Number2,…)。

（4）MIN 函数。MIN 是最小值函数，用于统计各参数中的最小值，其语法格式为 MIN (Numberl ,Number2,…)。

（5）COUNT 函数。COUNT 是计数函数，用于统计各参数中数值型数据的个数，其语法格式为 COUNT (Valuel ,Value2,…)。其中，Value 为数值型格式的数据。

（6）RANK 函数。RANK 是排名函数，用于返回的是一个数字在一组数据中的位次，其语法格式为 RANK (Number , Ref , Order)。其中，Number 为需要排位的数字所在单元格；Ref 为参加排位的范围。范围固定不变，因此采用绝对引用。Order 如果为 0 或省略，则为降序排列；如果不为 0，则为升序排列。

（7）COUNTIF 函数。COUNTIF 是单条件统计函数，用于统计符合条件的数据的个数，其语法格式为 COUNTIF (Range , Criteria)。其中，Range 为数据区域；Criteria 为计数条件，其形式可以是数字、表达式或文本。

（8）SUMIF 函数。SUMIF 是条件求和函数，用于统计满足条件的单元数据中的累加和，其语法格式为 SUMIF (Range , Criteria , Sum_range)。其中，Range 为条件数据区域；Criteria 为求和的条件，可以是数字、表达式或者文本；Sum_range 为用于求和计算的数据区域。在 Range 中查找满足条件的单元格，对满足条件的单元格对应于 Sum_range 中的数据求和。如果省略 Sum_range，则直接对 Range 中的单元格求和。

（9）AND 函数。AND 是逻辑“与”函数，当所有参数的逻辑值均为真时返回 True，只要有一个参数的逻辑值为假则返回 False，其语法格式为 AND (Logicall ,Logical2,…)。其中，“Logicall ,Logical2”中的参数表示的是检测的条件，可以是比较式、数值或逻辑常数 (True 或 False)，其结果为 True 或 False。

（10）OR 函数。OR 是逻辑“或”函数，只要有一个参数的逻辑值为真时就返回 True，只有当所有参数的逻辑值均为假时才返回 False，其语法格式为 OR (Logical ,Logical2,…)。

（11）NOT 函数。NOT 是逻辑“反”函数，如果参数的逻辑值为 True，其返回值为 False；如果参数的逻辑值为 False，则其返回值为 True，其语法格式为 NOT (Logical)。它只有一个参数 Logical，该参数也是一个逻辑值，可以是比较式、数值。

另外，逻辑函数经常与IF函数嵌套使用。

（12）IF函数。IF是条件函数，它根据逻辑条件的值，返回不同的结果，其语法格式为IF (Logical_test , Value _ if _ true , Value _ if _ false)。其中，Logical_test为逻辑条件，如果其值为真，返回Value _ if_ true表达式的值；否则返回Value_ if _ false表达式的值。

（13）YEAR、MONTH、DAY函数。YEAR、MONTH、DAY函数是计算给定日期中的年、月、日的函数，其语法格式为YEAR (Serial_number); MONTH (Serial_number); DAY (Serial_number)。其中，参数Serial_number是一个日期值。YEAR返回某日期的年份，返回值为1900～9999的整数；MONTH返回某日期的月份，返回值为1～12的整数；DAY返回某日期的日，返回值为1～31的整数。

例如，“= YEAR (“2022/7/26”)”返回值为2022, “= MONTH (“2022/7/26”)”返回值为7, “= DAY (“2022/7/26”)”返回值为26。

（14）NOW函数。NOW（）函数用于返回当前的时间。例如，“= NOW（）”返回值为2022/7/26 19:44。

（15）TODAY函数。TODAY（）函数用于返回当前的日期。例如，“= TODAY（）”返回值为2022/7/26。

（16）EDATE函数。EDATE函数用于计算某个日期间隔指定月份之后的日期。其语法格式为EDATE (Start _ date , Months)。其中，Start_date为指定的日期，Months是间隔的月份。该值为正数时返回未来的日期，负数返回过去的日期。例如，某男职工的出生日期为1967年10月8日，60岁退休，即出生60×12个月后退休，此函数为“= EDATE (“1967-10-8”,60*12)”。

（17）DATEDIF函数。DATEDIF函数用于返回某个日期与指定日期之间的天数、月数或年数，其语法格式为DATEDIF (Start _ date , End _ date , Unit)。其中，DATEDIF函数中的Start _ date和End _ date表示起始日期和结束日期，第三个参数Unit为“y”，表示返回值为年；如果为“m”，返回值为月份；如果为“d”，返回值为日。

4.2.6 表格格式的设置

很多情况下都需要设置表格的格式，如数据的显示格式、对齐方式、表格边框线等。

1. 数据格式的设置

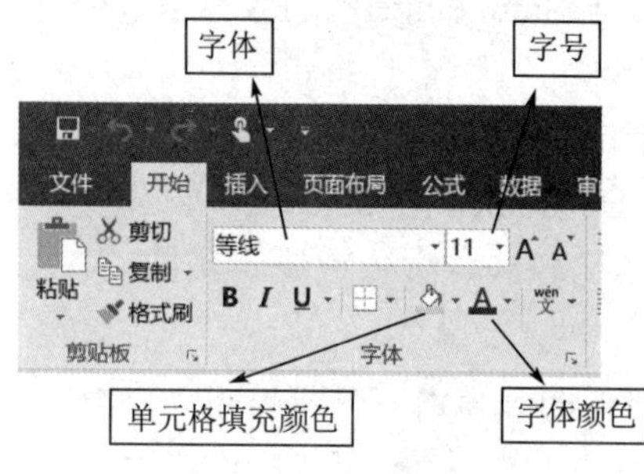

图4-25　字体格式的设置

可以在选择要设置的单元格后，在“开始”选项卡“字体”组内设置单元格中数据的字体格式，如图4-25所示。

单元格中的数据可以采用不同的格式来显示，设置单元格格式的方法如下：选中需要设置格式的单元格区域并右击，在弹出的快捷菜单中单击“设置单元格格式”命令，弹出“设置单元格格式”对话框，如图4-26所示。在“数字”选项卡的“分类”列表框中选择格式类型，在右侧区域根据实际需要进行详细设置。

除了使用快捷菜单打开“设置单元格格式”对话框，还可以单击“开始”选项卡的“字体”组或“对齐方式”组、“数字”组右下角的“对话框启动器”按钮（），如图4-27所示。

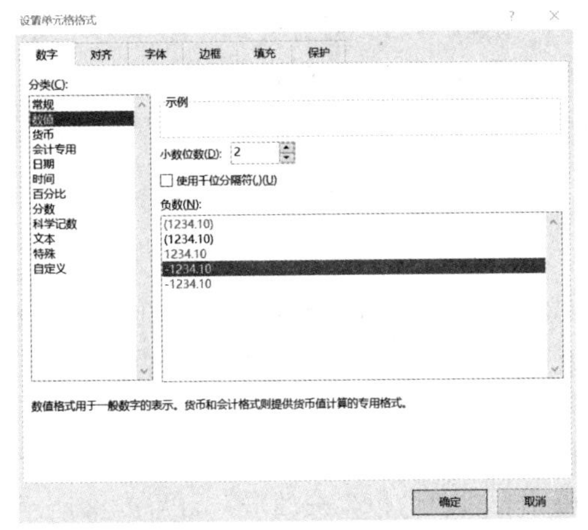

图 4-26　“设置单元格格式”对话框

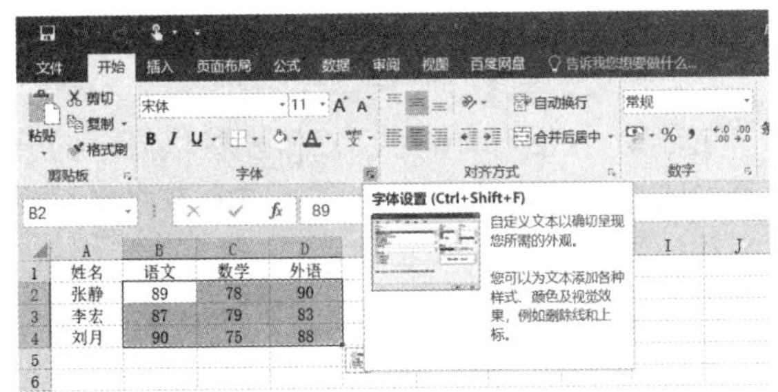

图 4-27　“字体”组的“对话框启动器”按钮

2. 数据的居中

如果想让数据在单元格里居中，只需要选中其所在的单元格，并单击“开始”选项卡的“对齐方式”组中的“居中”按钮（≡）即可。但如果数据想跨多个单元格居中，则可以采用下面的两种方法。

1）合并后居中

合并后居中就是在 Excel 工作表中，先将两个或多个相邻的单元格合并成一个单元格，再将原来单元格中的内容在合并后的单元格内居中。操作前必须要先选中需要合并的所有相邻单元格，再在“开始”选项卡中，单击“对齐方式”组中的“合并后居中”按钮。单元格合并后，将使用原始区域左上角的单元格的地址来表示合并后的单元格地址。

2）跨列居中

合并后居中是先将几个单元格合并成一个，再使数据在合并后的单元格内居中；跨列居中并不合并单元格，而是使数据跨越多个单元格的范围居中，即跨越多列居中，每一列还是独立的单元格，跨列居中的操作方法如下。

选择需要跨列居中的所有单元格，用前面介绍的打开“设置单元格格式”对话框的四种方法中一种打开“设置单元格格式”对话框，这里再回顾一下这四种方法。

方法一：右击要操作的单元格。

方法二：单击“开始”选项卡的“字体”组右下角的“ ”按钮。

方法三：单击“开始”选项卡的“对齐方式”组右下角的“ ”按钮。

方法四：单击“开始”选项卡的“数字”组右下角的“ ”按钮。

在弹出的“设置单元格格式”对话框的“对齐”选项卡中单击“文本对齐方式”区域的“水平对齐”下拉按钮，在弹出的下拉菜单中单击“跨列居中”选项，最后单击“确定”按钮，即可实现跨列居中。

3. 数据的自动换行

当一个单元格内需要输入较多的数据而列宽值又不能太大时，可以使用自动换行功能。设置文本自动换行的具体操作步骤如下。

选中要设置自动换行的单元格区域，单击“开始”选项卡的“对齐方式”组中的“自动换行”按钮（），或者单击“对齐方式”组右下角的“”按钮，在弹出的“设置单元格格式”对话框的“对齐”选项卡中勾选“自动换行”复选框，最后单击“确定”按钮即可实现文本的自动换行。

4. 表格边框线的设置

在启动 Excel 2016 时，工作表默认显示的表格线是灰色的，并且不可打印，为了使表格线更加清晰、美观，或者需要打印出表格线，用户可以根据需要对表格边框线进行设置。操作方法如下。

选中需要设置表格边框线的单元格区域，在“开始”选项卡中，单击“对齐方式”组右下角的“”按钮，在弹出的“设置单元格格式”对话框中单击“边框”选项卡，如图 4-28 所示。

先在“样式”列表中选择边框线样式，在“颜色”下拉菜单中选择边框线颜色；再单击右侧的“外边框”按钮，将表格外边框设置为刚才选择的线条。

按照上述方法选择表格内部框线的样式及颜色，单击右侧的“内部”按钮，即将表格内部框线设置为已选择的线条。

5. 快速设置表格样式

使用 Excel 2016 内置的表格样式可以快速地美化表格。Excel 2016 内置多种常用的样式，用户可以套用这些预先定义好的样式，提高工作效率，具体做法如下。

选中要套用样式的单元格区域，单击“开始”选项卡的“样式”组中的“套用表格格式”按钮右侧的下拉按钮，在弹出的下拉菜单中选择所需样式。单击所需样式，在弹出的“套用表格式”对话框中单击“确定”按钮即可套用所选样式。

6. 快速设置单元格样式

如果只是想对表格中某些单元格快速地进行样式的设置，可以先选中这些单元格，再在“开始”选项卡中，单击“样式”组中的下拉按钮，如图 4-29 所示，在弹出来的下拉菜单中还可以看到更多的单元格样式，单击所需样式即可套用该样式。

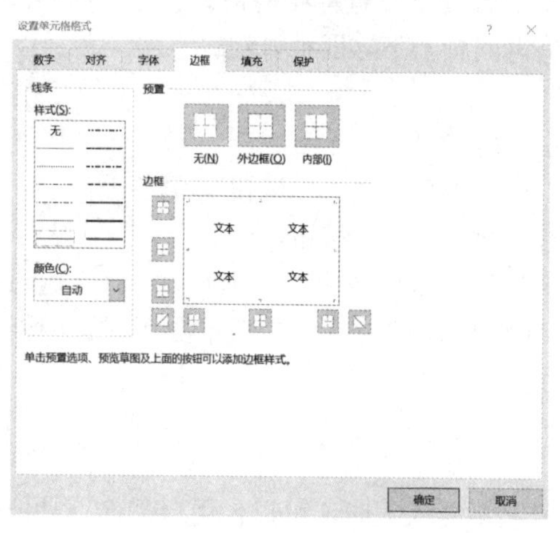

图 4-28　设置表格边框线

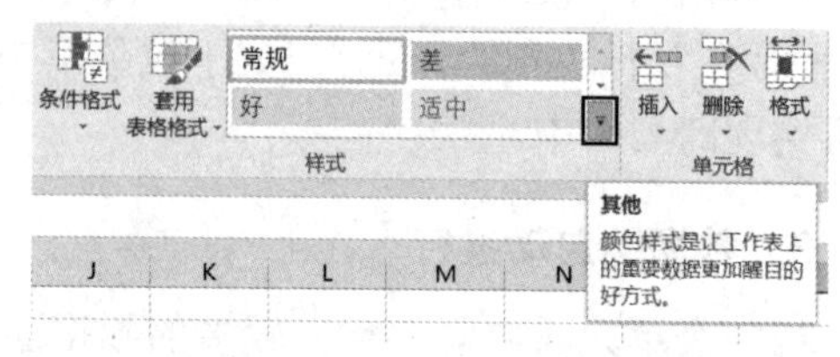

图 4-29　快速设置单元格样式

7. 条件格式的设置

条件格式是指当指定条件为“真”时，Excel 2016 自动应用于单元格的格式，如单元格底纹或字体颜色。如果想对某些符合条件的单元格应用某种特殊格式，则可以使用条件格式功能。如果再结合使用公式，条件格式功能就会变得更加有用。

如果想将一份成绩单中不及格（即分数小于 60）的分数突出显示为红色，则可以先选中所有要突出显示为特定格式的成绩单元格，再单击“开始”选项卡的“样式”组中的“条件格式”下拉按钮，在弹出的下拉菜单中单击“突出显示单元格规则”命令，在展开的子列表中选择规则（本例中单击“小于”选项），在弹出的“小于”对话框的“为小于以下值的单元格设置格式”文本框中输入“60”，在“设置为”下拉菜单中将格式设置为“红色文本”（此处的格式还可以通过单击“自定义格式”命令来进行其他格式的设置），最后单击“确定”按钮即可。

8. 艺术字的使用

艺术字是一个文字样式库，用户可以将艺术字插入到Excel工作表中，制作出装饰性效果。

1）插入艺术字

在工作表中添加艺术字的具体操作步骤如下：单击“插入”选项卡的“文本”组中的“艺术字”按钮，在弹出的“艺术字”下拉菜单中单击所需的艺术字样式，即可在工作表中插入艺术字文本框。将鼠标光标定位在艺术字文本框中，删除“请在此放置您的文字”，输入新的文本，将鼠标光标放在艺术字文本框上，当出现四向箭头“✥”时按住鼠标左键并拖曳艺术字到所需的位置上，单击工作表中任一单元格即可完成艺术字的插入。

2）设置艺术字格式

在工作表中插入艺术字后，还可以继续设置艺术字的格式。

修改艺术字的字体和大小：在输入艺术字过程中，或者在输入艺术字后，可能发现文字字体或大小不符合要求，可以单击艺术字并通过鼠标拖曳选中所有艺术字，在“开始”选项卡的“字体”组中进行字体格式的基本设置。

设置艺术字样式：在插入艺术字或选择艺术字后，会出现浮动的“绘图工具”选项卡中的“格式”选项卡，如图 4-30 所示，在“艺术字样式”组中可以重新选择艺术字样式，或者设置艺术字的填充效果和轮廓。

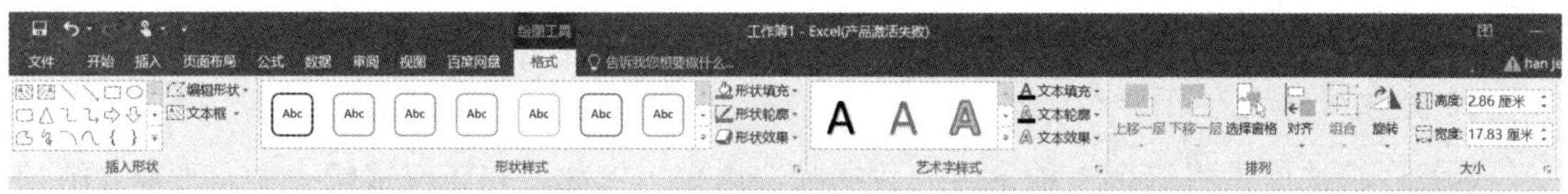

图 4-30　浮动的“绘图工具”选项卡中的“格式”选项卡

3）设置艺术字形状样式

在浮动的“绘图工具”选项卡中的“格式”选项卡的“形状样式”组，可以设置艺术字形状样式（即包含艺术字的矩形框的样式），可以在左侧的形状样式列表中选择已有的形状样式，也可以自己定义。单击“形状填充”按钮可以自定义设置艺术字形状的填充样式；单击“形状轮廓”按钮可以自定义设置艺术字形状的轮廓样式；单击“形状效果”按钮可以自定义设置艺术字形状的形状效果。

9. 页眉、页脚的插入

Excel 也可以为工作表插入页眉和页脚，具体步骤如下：单击“页面布局”选项卡的“页面设置”组中右下角的“ ”按钮，弹出“页面设置”对话框，单击其中的“页眉 / 页脚”选项卡，如图 4-31 所示。单击“自定义页眉”按钮，弹出“页眉”对话框，如图 4-32 所示。根据要设置的页眉的位置，在“左”“中”“右”文本框中输入页眉文字，如果要设置页眉文字的格式，可选中输入的文字，单击“格式文本”按钮（即上方第一个按钮“ ”），在弹出的“字体”对话框中设置字体格式，最后依次单击“确定”按钮完成设置。

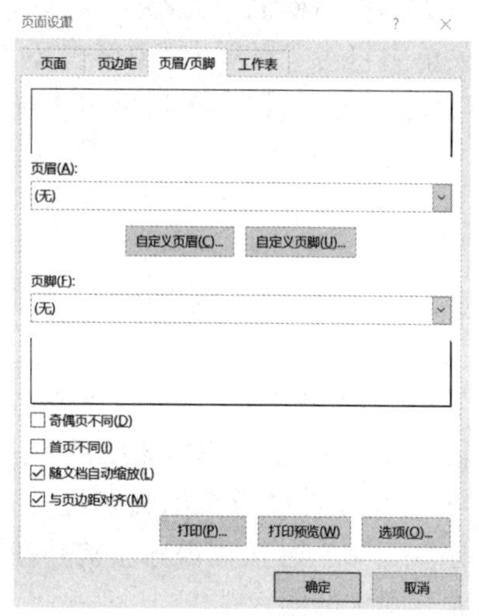

图 4-31　“页眉 / 页脚”选项卡

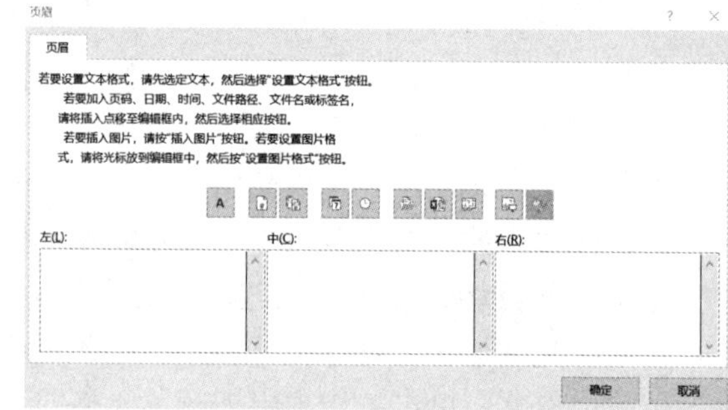

图 4-32　“页眉”对话框

页脚的插入方法与页眉相似，单击“自定义页脚”按钮即可，这里不再详述。

4.2.7　数据的筛选

Excel 2016 中提供了数据筛选功能，可以在工作表中只显示符合特定的筛选条件的某些数据行，不满足筛选条件的数据行将自动隐藏。

自动筛选器提供了快速访问数据列表的管理功能。可以选择使用单条件筛选和多条件筛选的方式进行自动筛选。

1. 单条件筛选

单条件筛选就是将符合一种条件的数据筛选出来。例如，在班级成绩表中，要将 110 班的学生数据筛选出来，具体的操作步骤如下。

选中数据区域内的任一单元格。单击“开始”选项卡的“编辑”组中的“排序和筛选”按钮，在弹出的下拉菜单中单击“筛选”命令，进入“自动筛选”状态，此时在字段名行每个字段名的右侧会出现一个下拉按钮，如图 4-33 所示。

单击字段名“班级”右侧的下拉按钮，在弹出的下拉菜单中取消勾选“全选”复选框，并勾选“110”复选框，最后单击“确定”按钮即可。经过筛选的数据清单仅显示 110 班学生的成绩记录，其他记录则被隐藏起来。

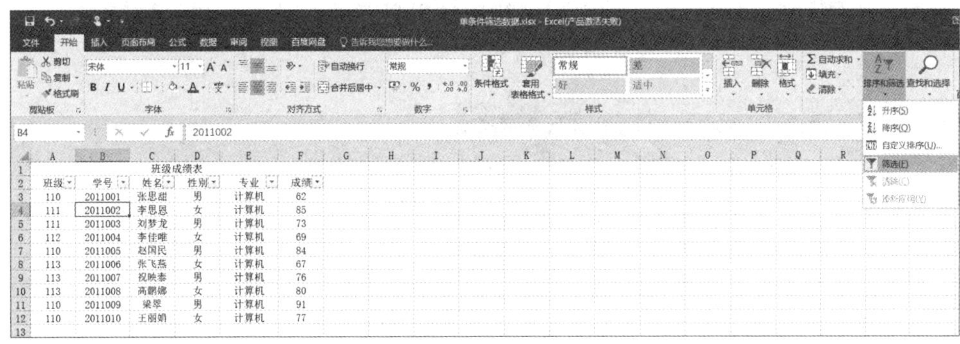

图 4-33 “自动筛选”状态

2. 多条件筛选

多条件筛选就是将符合多个条件的数据筛选出来。例如，要将班级成绩表中数学成绩大于或等于 60 分，且小于 90 分的学生筛选出来，具体的操作步骤如下。

选中数据区域内的任一单元格。单击“开始”选项卡的“编辑”组中的“排序和筛选”按钮，在弹出的下拉菜单中单击“筛选”命令，进入“自动筛选”状态，此时在字段名行中的每个字段名的右侧会出现一个下拉按钮。

单击字段名“数学”右侧的下拉按钮，在弹出的下拉菜单中单击“数字筛选”选项，弹出一个选择列表，在其中单击“大于或等于”选项。

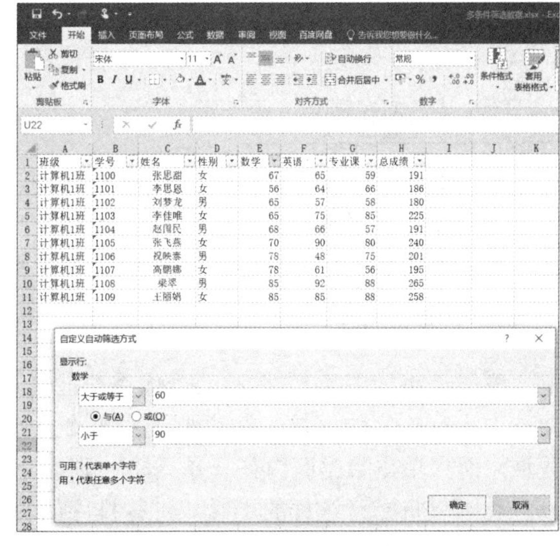

图 4-34 “自定义自动筛选方式”对话框

在弹出的“自定义自动筛选方式”对话框，如图 4-34 所示，在“大于或等于”后的文本框中输入“60”，根据需要单击下方的“与”选项（因为这里“大于或等于 60”和“小于 90”两个条件是要同时满足的，是“与”的关系），再单击下面的下拉按钮，在下拉菜单中单击“小于”选项，并在其后面的文本框中输入“90”，最后单击“确定”按钮，即可完成数据的筛选。

3. 高级筛选

对于筛选条件更复杂的筛选，则需要用到高级筛选。在使用高级筛选时，应先选中一个区域作为条件区域，再在条件区域分行输入要筛选的多个条件。处于同一行的筛选条件是“与”的关系，不在同一行的相互之间是“或”的关系。例如，要筛选出所有“采购部”员工和“女性”的应发工资大于 8500 元的员工信息，可以先按照如图 4-35 所示中的 I2:K4 区域这样输入条件，再单击“数据”选项卡的“排序和筛选”组中的“高级”按钮，在弹出的“高级筛选”对话框中。选中列表区域，即需要进行高级筛选的数据区域，并选中筛选设定的“条件区域”。如果想将筛选结果显示在其他位置，则可以勾选“将筛选结果复制到其他位置”单选按钮，并在下方的“复制到”文本框中，指定高级筛选结果显示的起始单元格。高级筛选后的结果如图 4-36 所示。

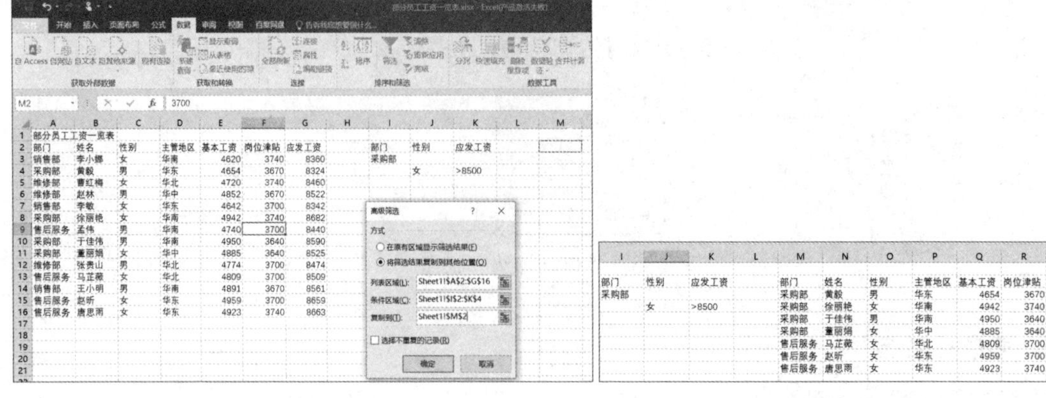

图 4-35　高级筛选过程　　　　图 4-36　高级筛选后的结果

4.2.8　数据的排序

根据用户的需要，有时需要对数据进行排序。可以使用 Excel 2016 提供的排序功能对数据进行升序或降序排列。可以按照一个条件（即一个关键字）进行排序，也可以按照多个条件（即多个关键字）进行排序。下面分别介绍它们的基本步骤。

1. 单条件排序

例如，将如图 4-37 所示的“优秀毕业生成绩表”按照班级升序排序，排序之前首先需要选中进行排序的区域，注意要选中整个 A2:D8 区域而不仅选中 A2:A8 区域。如果不选中区域，而只单击数据区内任一单元格，则会把下面不相关的“总计”行也进行排序。但如果没有类似“总计”行这样的不希望进行排序的数据，是可以单击数据区内任一单元格来排序的。

单击“开始”选项卡的“编辑”组中的“排序和筛选”按钮，在弹出的下拉菜单中单击“自定义排序”命令，如图 4-37 所示。

在打开的“排序”对话框中，单击“主要关键字”后的下拉按钮，在弹出的下拉菜单内单击“班级”选项；单击“排序依据”下的下拉按钮，在弹出的下拉菜单中单击“数值”选项；单击“次序”下的下拉按钮，在弹出的下拉菜单中单击“升序”选项，如图 4-38 所示，最后单击“确定”按钮即可实现按照班级升序排序。

图 4-37　“自定义排序”命令

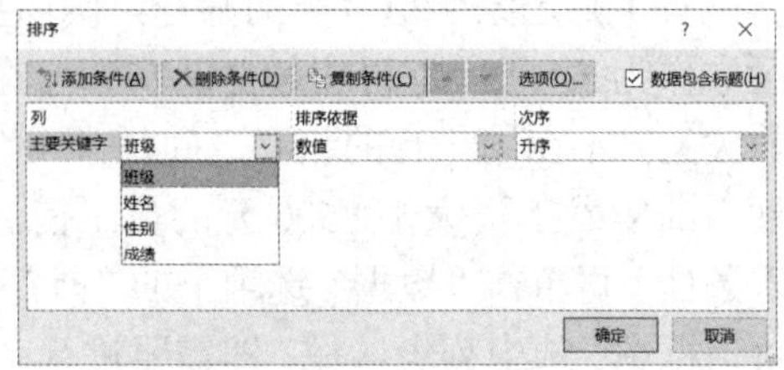

图 4-38　“排序”对话框

2. 多条件排序

如果有班级相同的学生信息，想按该班成绩由高到低排序（即先按照班级升序排序，班级相同的再按成绩降序排序），那么在上述步骤中，设置完主要关键字信息后，不要单击“确定”按钮，而是单击对话框左上方的“添加条件”按钮，添加次要关键字，并单击“次要关键字”后的下拉按钮，在弹出的下拉菜单中单击“成绩”选项，设置“排序依据”为“数值”，“次序”为“降序”，如图 4-39 所示，最后单击“确定”按钮后即可实现按照班级升序及成绩降序排序。

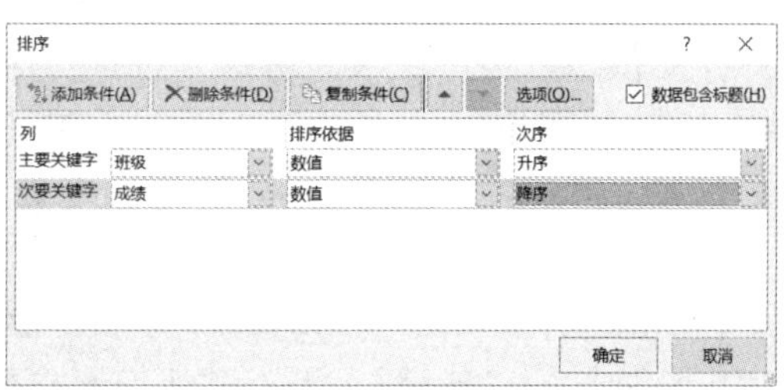

图 4-39　添加次要关键字

3. 自定义排序

除了可以使用 Excel 2016 提供的排序方式，还可以自定义排序。例如，将如图 4-40 所示的数据按照“销售部”、“市场部”和“研发部”的次序进行排序。如果按照汉语拼音首字母顺序或笔画顺序（单击图 4-39 中右上的“选项”按钮可以进行选择），都无法实现按“销售部”、“市场部”和“研发部”的顺序进行排序，所以必须要自定义排序，自定义排序前面的步骤和上面讲述的排序相同，在打开“排序”对话框后，设置“主要关键字”为“部门”，“次序”为“自定义”，弹出如图 4-40 所示的“自定义序列”对话框，在右侧的“输入序列”框分别输入“销售部”、“市场部”和“研发部”三项，注意：每输入一项按一次“Enter”键。单击“添加”按钮，将该序列添加到左侧的“自定义序列”中，依次单击“确定”按钮即可。

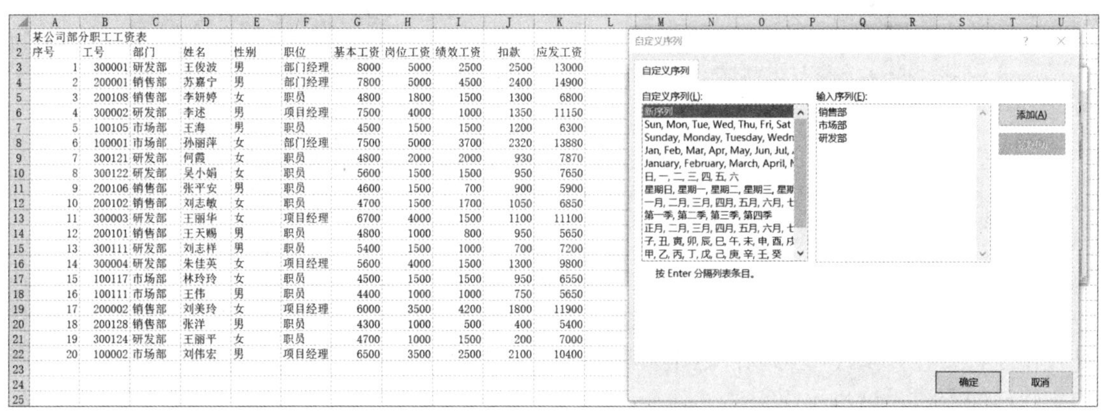

某公司部分职工工资表

序号	工号	部门	姓名	性别	职位	基本工资	岗位工资	绩效工资	扣款	应发工资
1	300001	研发部	王俊波	男	部门经理	8000	5000	2500	2500	13000
2	200001	销售部	苏嘉宁	男	部门经理	7800	5000	4500	2400	14900
3	200108	销售部	李妍婷	女	职员	4800	1800	1500	1300	6800
4	300002	研发部	李述	男	项目经理	7500	4000	1000	1350	11150
5	100105	市场部	王海	男	职员	4500	1500	1500	1200	6300
6	100001	市场部	孙丽萍	女	部门经理	7500	5000	3700	2320	13880
7	300121	研发部	何霞	女	职员	4800	2000	2000	930	7870
8	300122	研发部	吴小娟	女	职员	5600	1500	1500	950	7650
9	200106	销售部	张平安	男	职员	4600	1500	700	900	5900
10	200102	销售部	刘志敏	女	职员	4700	1500	1700	1050	6850
11	300003	研发部	王丽华	女	项目经理	6700	4000	1500	1100	11100
12	200101	销售部	王天赐	男	职员	4800	1000	800	950	5650
13	300111	研发部	刘志祥	男	职员	5400	1500	1000	700	7200
14	300004	研发部	朱佳英	女	项目经理	5600	4000	1500	1300	9800
15	100117	市场部	林玲玲	女	职员	4500	1500	1500	950	6550
16	100111	市场部	王伟	男	职员	4400	1000	1000	750	5650
17	200002	销售部	刘美玲	女	项目经理	6000	3500	4200	1800	11900
18	200128	销售部	张洋	男	职员	4300	1000	500	400	5400
19	300124	研发部	王丽平	女	职员	4700	1000	1500	200	7000
20	100002	市场部	刘伟宏	男	项目经理	6500	3500	2500	2100	10400

图 4-40　“自定义排序”对话框

4.2.9　数据的分类汇总

当需要在 Excel 2016 中对数据进行分类统计时，可以使用分类汇总命令，如果对工作表中的某列数据选择两种或两种以上的分类汇总方式或汇总项进行汇总，即多重分类汇总。在进行分类汇总之前首先要按照分类字段进行排序，下面介绍分类汇总的操作步骤。

1. 分类汇总

以前面的“优秀毕业生成绩表”为例，如果想按照班级汇总成绩的平均值，步骤如下。

先按照分类字段（即班级）进行排序，升序、降序都可以，这里排序的目的主要是把同一类的（即同一个班级的）学生信息放在一起，排序的方法在前面已经介绍了，这里不再赘述。

再选择整个 A2:D8 区域，单击“数据”选项卡的“分级显示”组中的“分类汇总”按钮。在弹出的“分类汇总”对话框中，设置“分类字段”为“班级”，“汇总方式”为“平均值”，“选定汇总项”为“成绩”，下方默认勾选“替换当前分类汇总”复选框和“汇总结果显示在数据下方”复选框，如图 4-41 所示。单击“确定”按钮，按照班级分类汇总成绩后的结果如图 4-42 所示，单击左侧的“减号”按钮，学生信息被隐藏，同时“减号”按钮变为“加号”按钮，单击该“加号”按钮，学生信息又被展开。

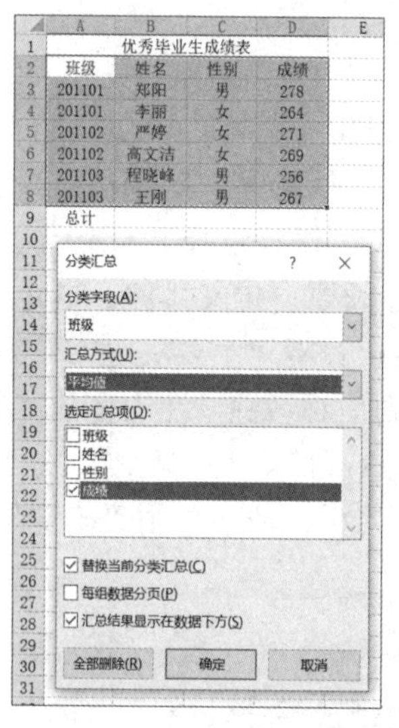

图 4-41 “分类汇总”对话框

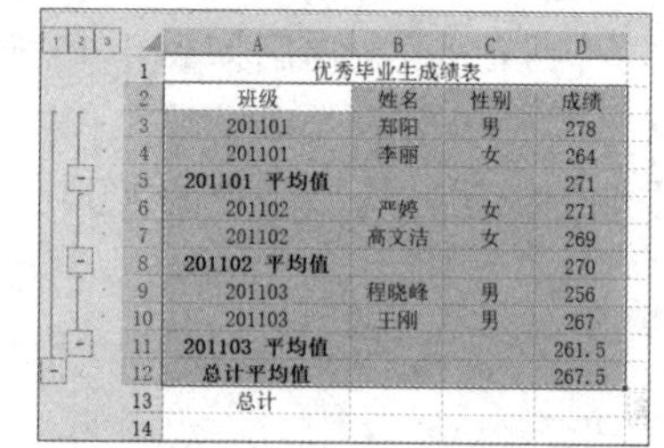

图 4-42 按照班级分类汇总成绩后的结果

2. 多重分类汇总

如果想按照班级及性别汇总成绩的平均值，则步骤如下。

先按照分类字段进行排序，将“班级”作为“主要关键字”，“性别”作为“次要关键字”进行排序，升序、降序都可以，这里排序的目的主要是把同一类的学生信息放在一起，排序的方法前面已讲，这里不再赘述。

先进行大分类汇总，即按照班级分类汇总，方法参考上例。

再进行小分类汇总，选择整个 A2:D8 区域，单击“数据”选项卡的“分级显示”组中的“分类汇总”按钮，在弹出的“分类汇总”对话框中，设置“分类字段”为“性别”，“汇总方式”为“平均值”，“选定汇总项”为“成绩”，取消勾选下方的“替换当前分类汇总”复选框，如图 4-43 所示，单击“确定”按钮，按照班级及性别分类汇总成绩后的结果如图 4-44 所示。

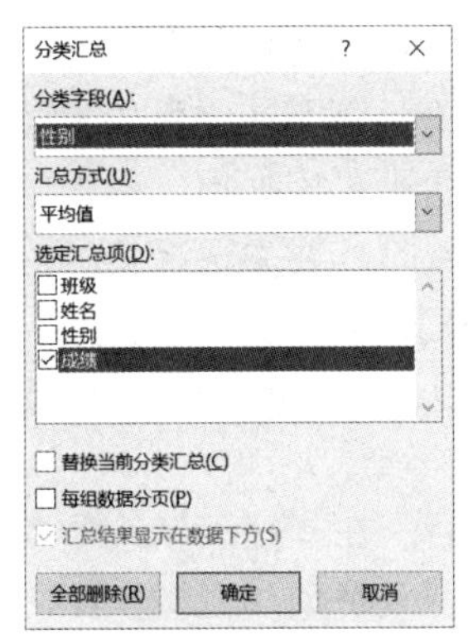

图 4-43　双重分类汇总的设置

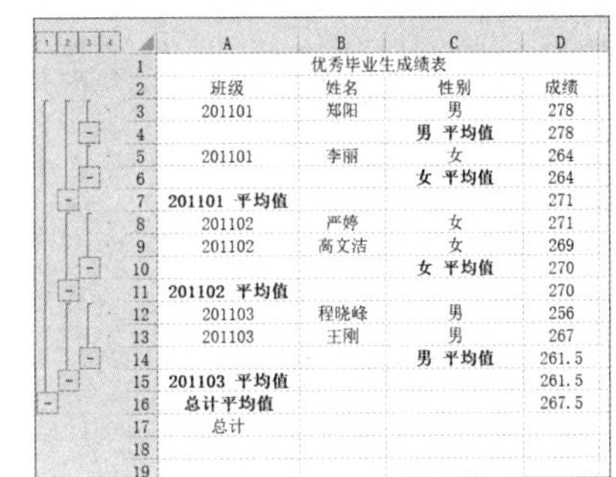

	A	B	C	D
1	优秀毕业生成绩表			
2	班级	姓名	性别	成绩
3	201101	郑阳	男	278
4			**男 平均值**	278
5	201101	李丽	女	264
6			**女 平均值**	264
7	**201101 平均值**			271
8	201102	严婷	女	271
9	201102	高文洁	女	269
10			**女 平均值**	270
11	**201102 平均值**			270
12	201103	程晓峰	男	256
13	201103	王刚	男	267
14			**男 平均值**	261.5
15	**201103 平均值**			261.5
16	**总计平均值**			267.5
17	总计			
18				
19				

图 4-44　按照班级及性别分类汇总成绩后的结果

4.2.10　图表的应用

图表是将表格中的数据以图表的形式表示，使数据表现得更加可视化、形象化，方便用户了解数据之间的关系、数据的宏观走势和规律。除了常用的柱形图、折线图、饼图等图表，Excel 2016 还提供了旭日图、瀑布图、直方图、树状图、箱型图等图表，大大丰富了图表的表现形式。

1. 图表的基本结构

图表主要由图表区、绘图区、图表标题、数值轴、分类轴、网格线及图例等组成，如图 4-45 所示。

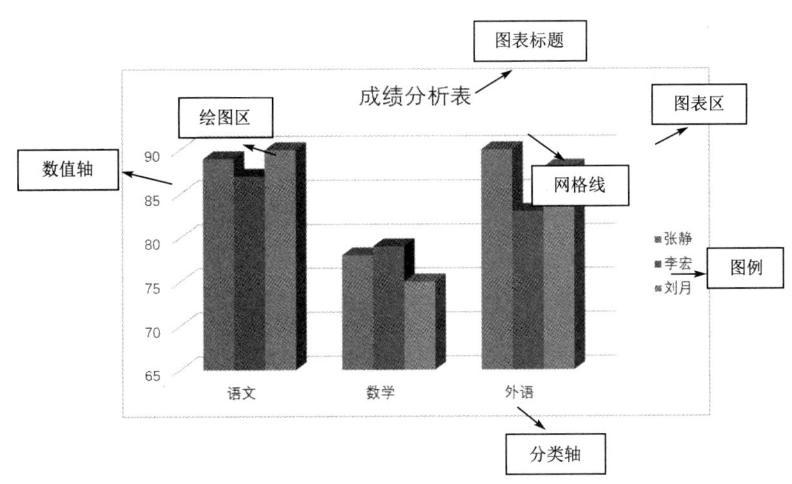

图 4-45　图表的基本结构

2. 创建图表

1）选择数据源

制作图表首先要选择生成该图表所使用的数据，即选择创建图表所需的数据源。例如，要将图 4-46 中魏军帅、陈莹、陈鹏飞三位同学的语文、数学和英语成绩制作成柱形图来进行分析比较。先选中三位同学的姓名及语文、数学和英语成绩的单元格。在选择时注意：①也要选中这些单元格所在字段的字段名；②连在一起的单元格要通过鼠标拖曳一起选中；③在选择多个不连续的区域时，要先选择第一块区域，再按住“Ctrl”键选择其他区域，而不要一开始就按住“Ctrl”键。选中数据源后的结果，如图 4-46 所示。

	A	B	C	D	E	F	G
1	考试成绩表						
2	学号	姓名	性别	语文	数学	英语	综合
3	2011001201	张晓晶	女	73	86	86	89
4	2011001202	姚顺	男	72	59	93	96
5	2011001203	魏军帅	男	75	78	65	97
6	2011001204	王洋洋	男	82	76	90	92
7	2011001205	魏海婉	女	73	68	85	81
8	2011001206	高少静	女	78	89	48	89
9	2011001207	楚海波	男	68	95	75	87
10	2011001208	宋令令	女	98	67	86	82
11	2011001209	赵强	男	95	78	55	76
12	2011001210	张宪伟	男	86	92	76	85
13	2011001211	陈莹	女	75	94	79	84
14	2011001212	李艳秋	女	85	84	90	78
15	2011001213	陈鹏飞	男	89	79	67	76
16							

图 4-46　选中数据源

2）选择图表类型

选中数据源后，在“插入”选项卡的“图表”组里选择需要的图表类型。在本例中，单击“插入柱形图或条形图”按钮，在弹出的下拉菜单中单击“三维簇状柱形图”选项，如图 4-47 所示，即可看到创建好的图表，将鼠标指针移至图表区，当鼠标指针变为四向箭头“✥”时，可按住鼠标将图表拖曳到理想位置；将鼠标指针移至图表区任一顶点或任一边中点的控制点，当鼠标指针变为双向箭头“⇕”时，可按住鼠标拖曳改变图表的大小。

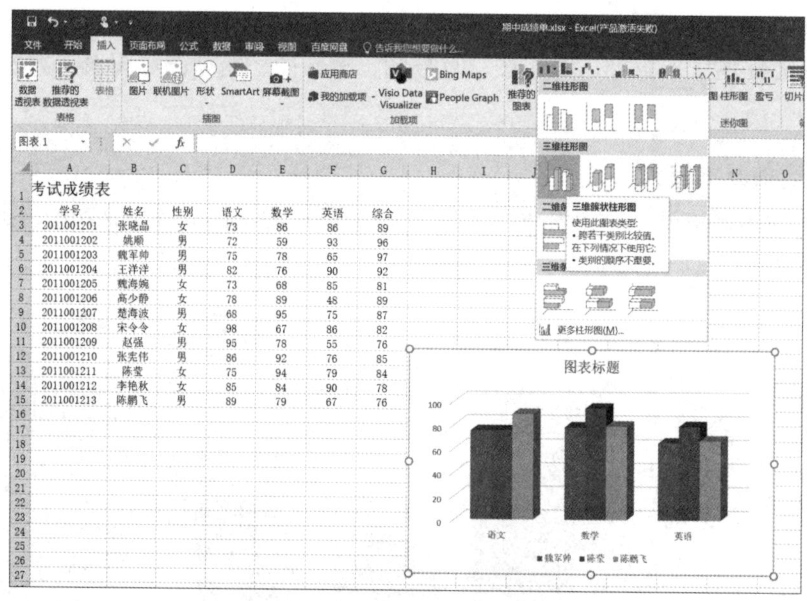

图 4-47　选择图表类型

3. 编辑图表

当插入或选择图表后，在功能区中会出现浮动的“图表工具”选项卡，如图 4-48 所示，它由“设计”和“格式”两个选项卡组成，同时在图表的右上方会出现“+”、“✎”和“▼”三个按钮，单击这三个按钮可以进行图表的编辑。此外，还有两种编辑图表的方式，下面介绍编辑图表的四种方式。

1）在“图表工具”选项卡编辑图表

单击浮动的“图表工具”选项卡中“设计”选项卡中的“添加图表元素”按钮，如图 4-49 所示，可以为图表添加图表标题、坐标轴标题、数据标签、网格线等元素，还可以指定图例的位置。

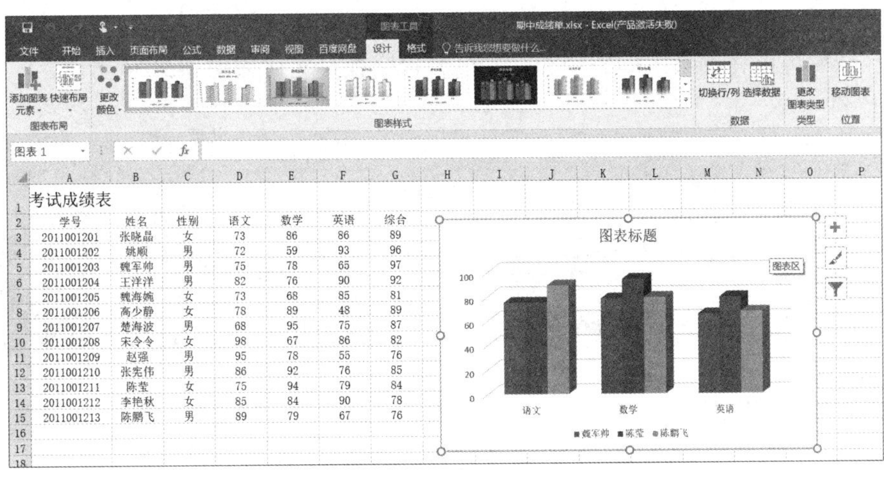

图 4-48　编辑图表

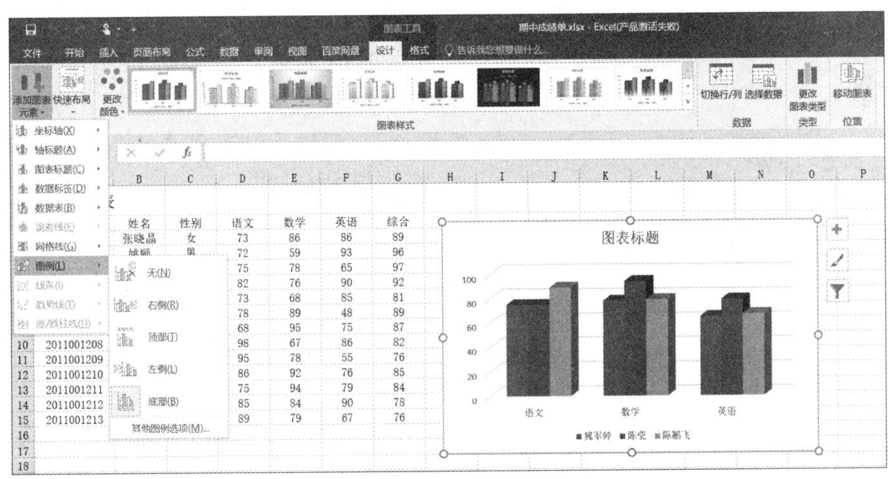

图 4-49　“添加图表元素”按钮

单击“快速布局”按钮，可以为图表选择不同的布局方式，如图 4-50 所示。

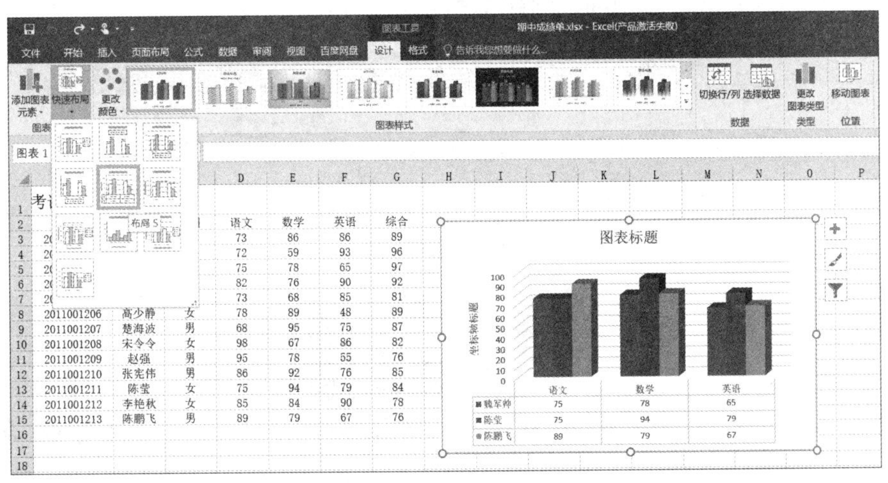

图 4-50　“快速布局”按钮

还可以单击“更改颜色”按钮及“图表样式”按钮为图表选择不同的颜色及样式，单击“切换行 / 列”按钮可以将图表中的图例和横坐标轴项交换，对比如图 4-51 所示。

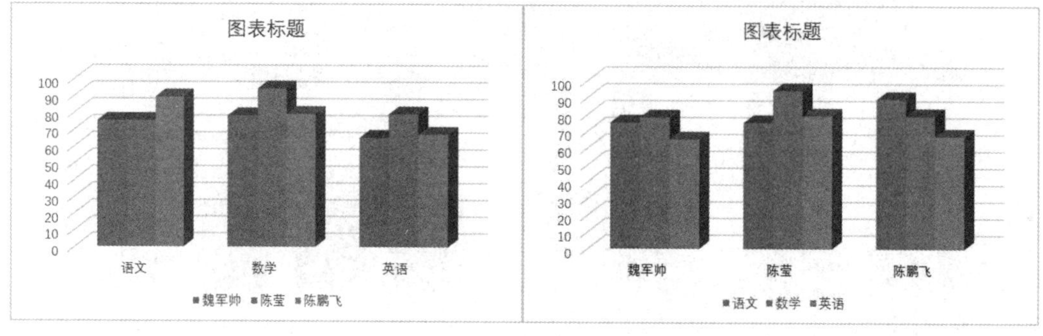

图 4-51　单击“切换行 / 列”按钮前后效果对比

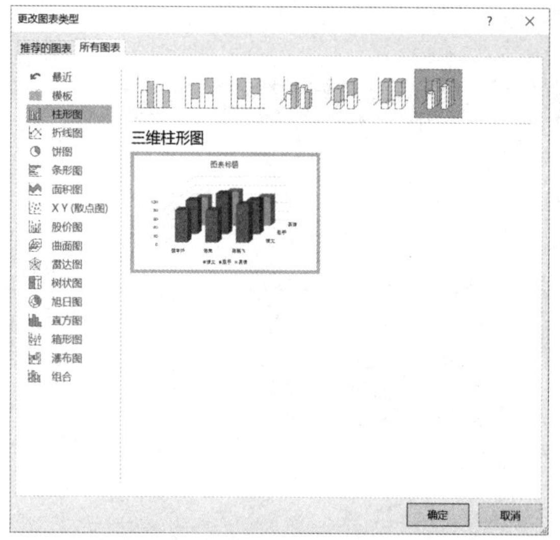

图 4-52　“更改图表类型”对话框

如果在前面创建图表的过程中数据源选错了，则肯定会出现错误的图表结果，这时可以撤销重做，也可以单击“设计”选项卡中的“选择数据”按钮，按正确的方法重新选择数据源，单击“确定”按钮后即可出现正确的图表结果。

同样，如果在创建图表时图表类型选错了，则可以单击“设计”选项卡中的“更改图表类型”按钮，在弹出的“更改图表类型”对话框中重新选择，如图 4-52 所示。

单击选中“图表标题”占位符，可以输入图表标题的名称，也可以在“格式”选项卡的“形状样式”组中设置图表标题框样式，在“艺术字样式”处为标题套用设置的艺术字样式，如图 4-53 所示。当单击选中的是图表边框时，选中的对象是整个图表，这时再套用形状样式和艺术字样式，作用的范围就是整个图表。

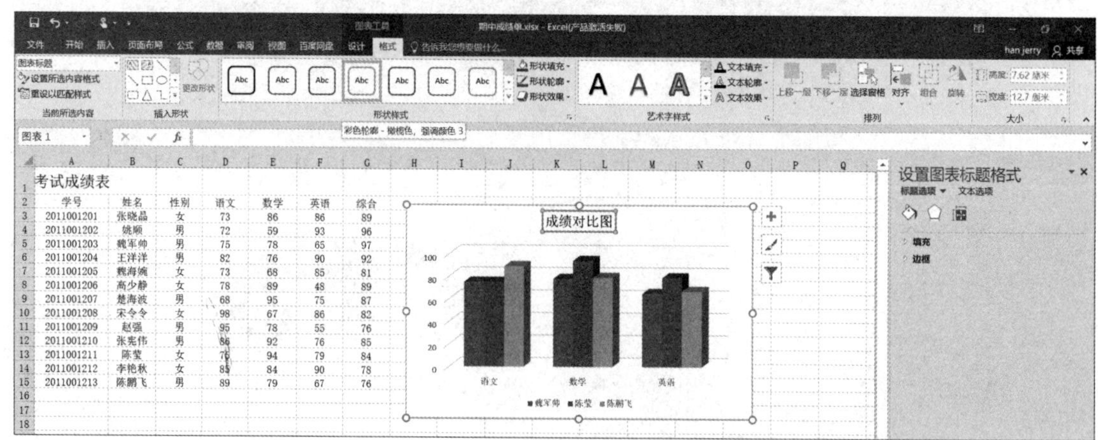

图 4-53　图表标题的编辑

2）单击图表右上方的“+”、“ ”和“ ”三个按钮编辑图表

单击添加图表元素的“+”按钮，如图 4-54 所示，可以为图表添加图表标题、坐标轴标题、数据标签、网格线等元素，所以这里实现的功能与“设计”选项卡中的“添加图表元素”按钮是一致的。需要在图表上添加哪个元素，只要在该元素前的复选框中单击，如果要在图表上去掉某个元素，只要取消勾选该元素前的复选框即可，而如果要进行更详细的设置，可以将鼠标指针移至该元素选项。例如，可以将鼠标指针移至“数据标签”选项上，在该选项右侧会出现一个三角箭头，单击该箭头，会看到“数据标注”和“更多选项”选项，如图 4-54 所示，单击“更多选项”选项，会出现如图 4-55 所示的“设置数据标签格式”窗口，可以在这里进行进一步的设置。

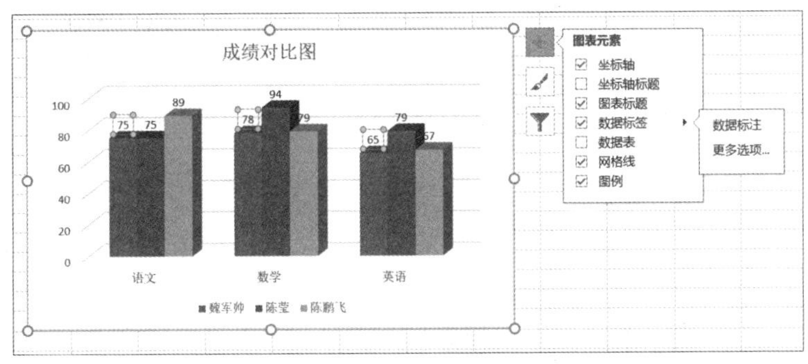

图 4-54　添加“图表元素”按钮

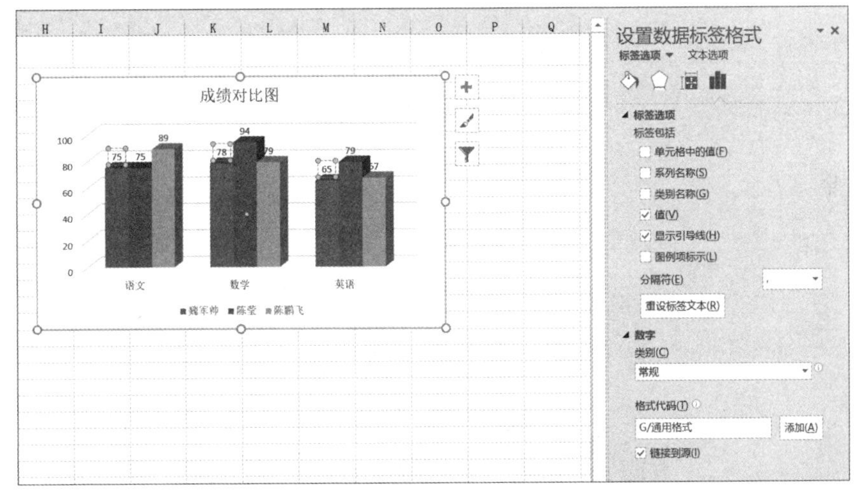

图 4-55　“设置数据标签格式”窗口

单击“图表样式”按钮（ ）会出现如图 4-56 所示的各种图表样式。单击“颜色”选项，可以设置各种配色方案，所以这里实现的功能与“设计”选项卡的“图表样式”“更改颜色”按钮是一致的，可以按自己的习惯选择操作位置。

还可以单击“图表筛选器”按钮（ ）筛选想要显示的数据点和名称，如图 4-57 所示。

3）右击图表上的元素对其进行编辑

右击图表上的任何元素，如图例、网格线、坐标轴、柱形等都会弹出一个快捷菜单，如图 4-58 所示，可以在此进行进一步的编辑操作。

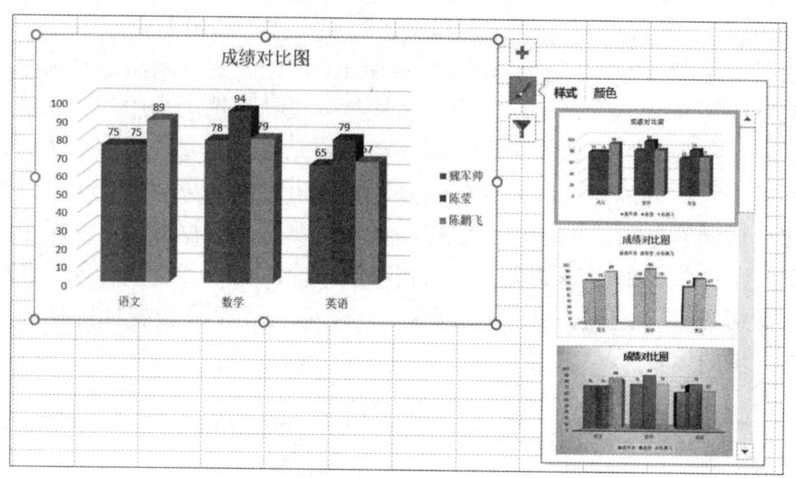

图 4-56　“图表样式”按钮

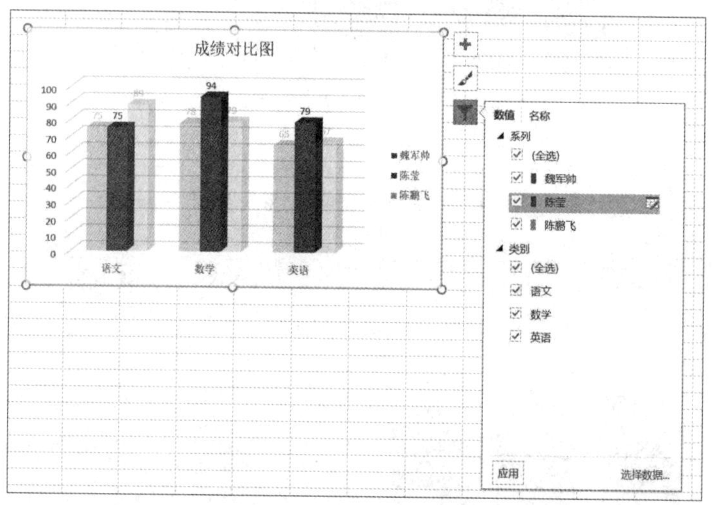

图 4-57　“图表筛选器”按钮

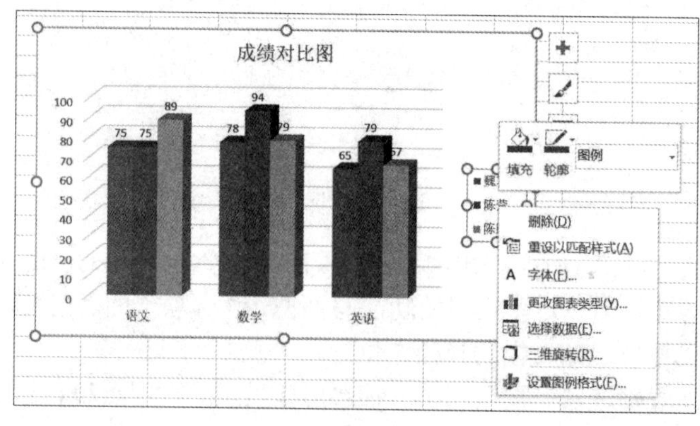

图 4-58　右击图表上的元素

4）双击图表区空白处美化图表

还可以通过双击图表区空白处的方法，打开“设置图表区格式”窗口，设置图表区的填充及边框样式，如图 4-59 所示。如果内容没有展开，可以单击“填充”和“边框”左侧的三角形按钮将其展开。在“设置图表区格式”窗口上方有三个按钮“ ”“ ”“ ”，默认选中的是第一个“填充与线条”按钮，如图 4-59 所示。如果选中第二个“效果”按钮，则可以为图表添加阴影、发光等效果，如图 4-60 所示。如果选中第三个“大小与属性”按钮，可以设置图表的大小与属性，如图 4-61 所示。

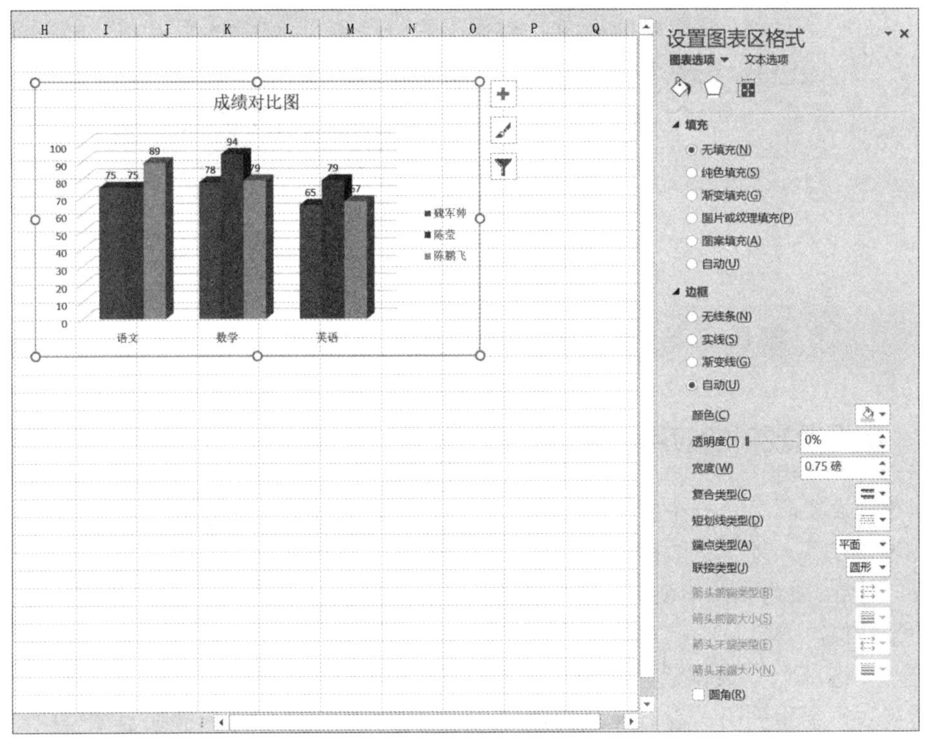

图 4-59　在“设置图表区格式”窗口进行“填充与线条”设置

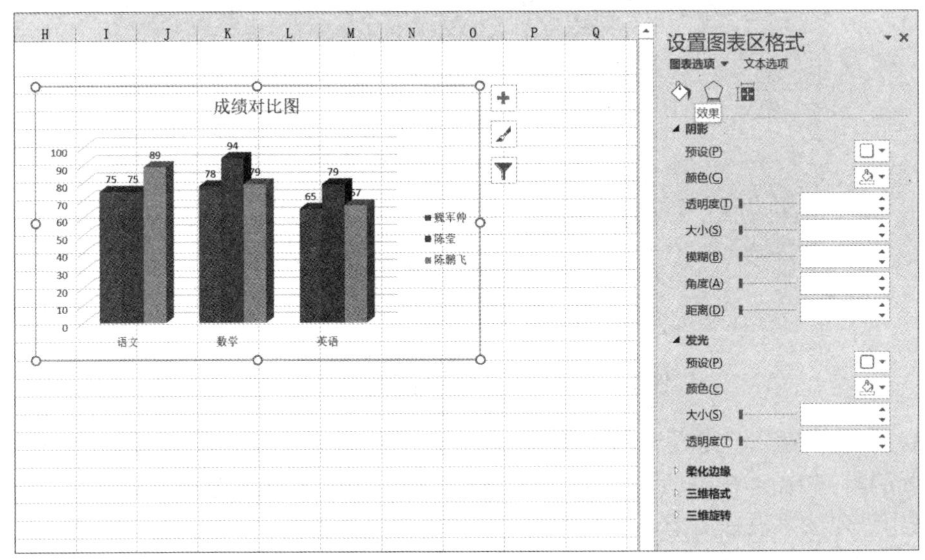

图 4-60　在“设置图表区格式”窗口进行“效果”设置

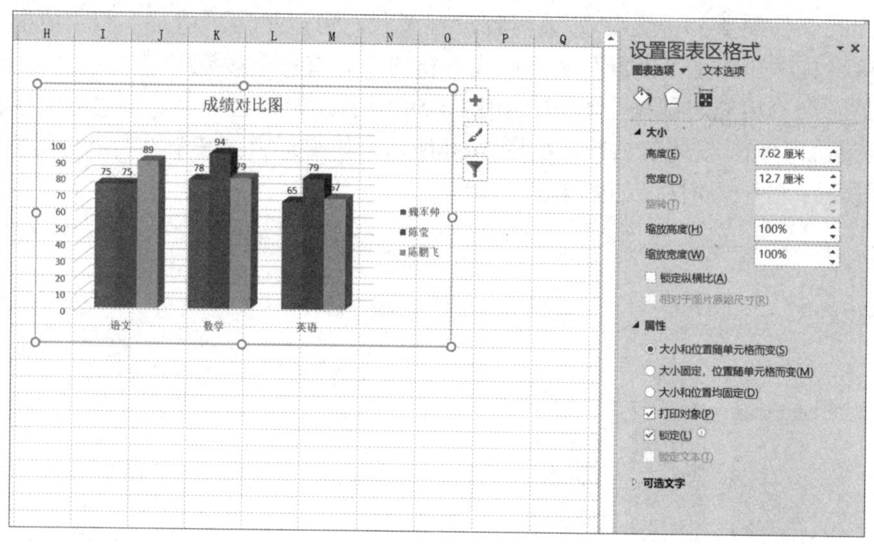

图 4-61　在“设置图表区格式”窗口进行“大小与属性”设置

4.2.11　数据透视表的应用

数据透视表实际上是一个将大量数据进行快速汇总和建立交互表的动态汇总报表。使用数据透视表可以深入地分析数据，进而使创建数据汇总变得非常容易。下面介绍如何创建数据透视表。例如，要为如图 4-62 所示的数据生成数据透视表，按“班级”及“性别”来统计“总成绩”的平均值。

首先，要选择创建数据透视表所用的数据源，如图 4-62 所示。因为这里所有的数据都是数据透视表需要用到的，没有多余的数据，所以也可以将鼠标光标放在数据表中的任一单元格内，但如果数据中有多余的数据，则必须要先进行框选，将多余数据排除在外。

班级	学号	姓名	性别	数学	英语	专业课	总成绩
计算机1班	1101	李思恩	女	56	64	66	186
计算机1班	1102	刘梦龙	男	65	57	58	180
计算机1班	1103	李佳唯	女	65	75	85	225
计算机1班	1104	赵国民	男	68	66	57	191
计算机1班	1105	张思甜	女	67	65	59	191
计算机2班	1201	张飞燕	女	70	90	80	240
计算机2班	1202	祝映泰	男	78	48	75	201
计算机2班	1203	高鹏娜	女	78	61	56	195
计算机2班	1204	梁翠	男	85	92	88	265
计算机2班	1205	王丽娟	女	85	85	88	258

图 4-62　选择创建数据透视表的数据源

然后，单击“插入”选项卡的“表格”组中的“数据透视表”按钮，弹出“创建数据透视表”对话框，如图 4-63 所示。已经选择好数据源了，只要在“选择放置数据透视表的位置”区域中，勾选“现有工作表”单选按钮，并单击数据透视表放置的起始位置单元格，如 J1 单元格，确定数据透视表的位置，最后“确定”按钮。在 J1 单元格起始的位置处会出现数据透视表占位符，在右侧出现数据透视表字段列表。

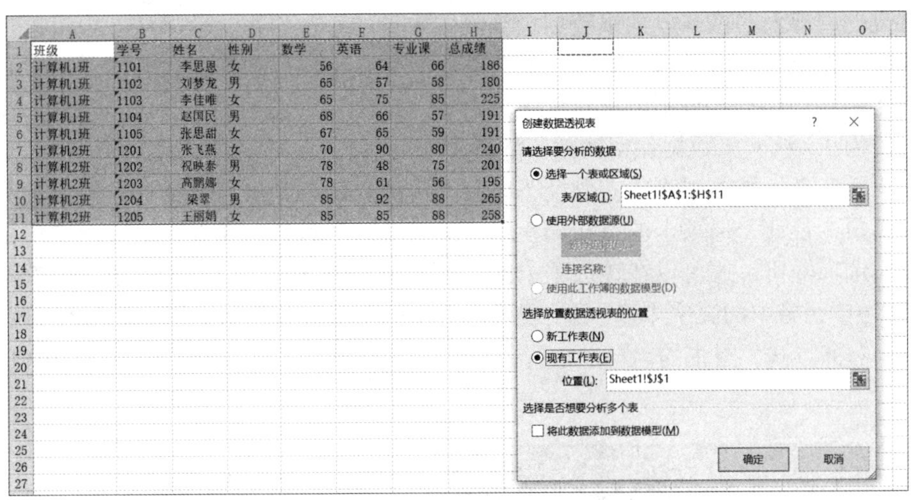

图 4-63　“创建数据透视表”对话框

用鼠标拖曳数据透视表字段列表中的“班级”字段到下方的“行”框内，拖曳“性别”字段到下方的“列”框内，拖曳“总成绩”字段到下方的“值”框内，如图 4-64 所示。如果字段拖曳错了，还可以拖曳回去，重新再进行拖曳。

图 4-64　拖动字段到相应位置

由于要统计的是总成绩的平均值，而“值”框中默认的是求和，所以要单击“值”框中“求和项：总成绩”右侧的下拉按钮，在弹出的下拉菜单中单击“值字段设置”选项，打开“值字段设置”对话框，如图 4-65 所示，在“计算类型”列表中单击“平均值”选项，并可将“自定义名称”文本框中的“平均值项：总成绩”改为“平均总成绩”，最后单击“确定”按钮，数据透视表如图 4-66 所示。

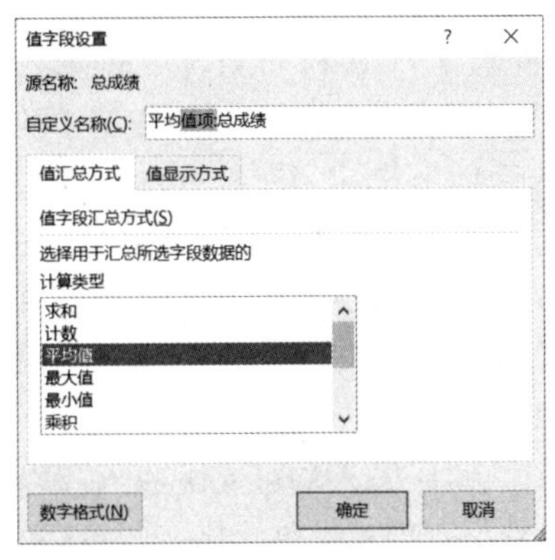

图 4-65　“值字段设置”对话框

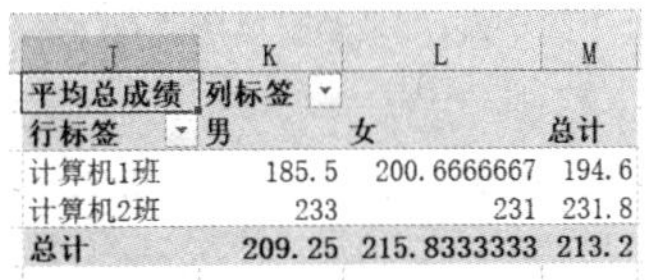

平均总成绩	列标签		
行标签	男	女	总计
计算机1班	185.5	200.6666667	194.6
计算机2班	233	231	231.8
总计	209.25	215.8333333	213.2

图 4-66　数据透视表

调整数据透视表的格式。如果数据透视表中数据的小数位数保留不统一，可以选中已生成的数据透视表中的数据右击，在弹出的快捷菜单中单击“设置单元格格式”命令，打开“设置单元格格式”对话框，单击“数字”选项卡的“分类”列表中的“数值”选项，在右侧设置小数位数为 2，统一将数据保留两位小数。

如果不希望在数据透视表的右侧及下方有行、列总计，则可以将鼠标光标停留在数据透视表内，单击“设计”选项卡的“布局”组中的“总计”按钮，在弹出的菜单中单击“对行和列禁用”选项即可。还可以在该选项卡的“数据透视表样式”组中选择所需的数据透视表样式。当因为单元格中的文字太多，而出现显示不全的现象时，可以选中该单元格，单击“开始”选项卡的“对齐方式”组中的“自动换行”按钮（自动换行），使文字在该单元格内自动换行。

4.3　Excel 2016 项目实训

在中国共产党第二十次全国代表大会报告中，习近平主席提出要全面推进乡村振兴。全面建设社会主义现代化国家，最艰巨最繁重的项目仍然在农村。坚持农业农村优先发展，坚持城乡融合发展，畅通城乡要素流动。加快建设农业强国，扎实推动乡村产业、人才、文化、生态、组织振兴。

目前，国家非常重视农村的发展建设及农村居民生活水平的提高，一方面加强农民工技能培训，提高农民工外出务工收入水平；另一方面，促进就地就近就业增收，鼓励返乡留乡农民工自主创业。

下面将以 2021 年上半年农村和城镇居民人均可支配收入为例进行分析、对比。

4.3.1　项目一：对比城乡收入同比增长率及收入倍差

实训目的：掌握公式和函数的使用、填充柄的使用、单元格的引用。

要求：在 D11 和 F11 单元格分别计算出 2021 年上半年农村居民和城镇居民人均可支配收入同比增长率的平均值；分别计算每个省市城乡收入倍差（城镇居民人均可支配收入 / 农村居民人均可支配收入）。

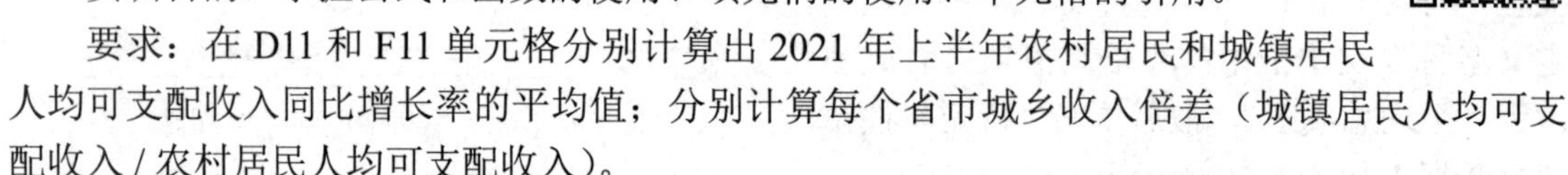

操作步骤如下。

（1）打开素材“2021 上半年全国居民人均可支配收入（素材）.xlsx”文件，先计算 2021 年上半年农村居民人均可支配收入同比增长率的平均值。将鼠标光标放在用于放置结果的单元格（即 D11 单元格），再单击表格上方的“插入函数”按钮，在打开的“插入函数”对话框中选择 AVERAGE 函数，单击“确定”按钮后在打开的“函数参数”对话框中的“Number1”文本框内，输入计算平均值的范围为“D3:D10”（可以手动输入，也可以通过拖曳鼠标选中 D3:D10 区域），如图 4-67 所示，单击“确定”按钮后即可看结果。以同样的方法在 F11 单元格计算出 2021 年上半年城镇居民人均可支配收入同比增长率的平均值。

（2）再计算每个省市城乡收入倍差，计算方法是用城镇居民人均可支配收入除以农村居民人均可支配收入。选中第一个地区“广东省”的“城乡收入倍差”单元格，即 G3 单元格，在表格上方的单元格编辑栏中输入公式“=E3/C3”，并按“Enter”键。输入公式的过程中，公式中的单元格名称既可以手动输入，也可以在输入过程中通过直接单击该单元格自动输入，如图 4-68 所示。

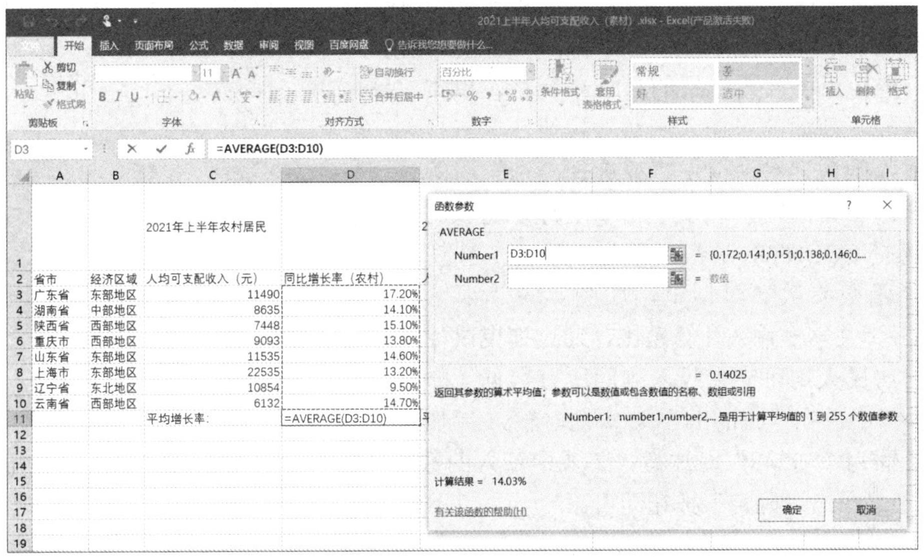

图 4-67　AVERAGE 函数的“函数参数”对话框

图 4-68　输入公式

（3）选中 G3 单元格，拖曳单元格右下角的自动填充柄，将公式复制给其他地区的“城乡收入倍差”单元格（即 G4:G10 区域）。

4.3.2　项目二：分析农村居民人均可支配收入

实训目的：掌握 MAX 函数、COUNTIF 函数的使用。

要求：在 A12 单元格输入“最大值：”，并在 B12 单元格计算出 2021 年上半年农村居民人均可支配收入的最大值；在 C12 单元格计算出有几个省市的农村居民人均可支配收入超过了全国平均水平（即 9248 元）。

操作步骤如下。

（1）双击 A12 单元格，输入文本“最大值：”，先选中用于放置结果的单元格（即 B12

单元格），再单击单元格编辑栏前面的“插入函数”按钮，在打开的“插入函数”对话框中单击计算最大值的 MAX 函数，单击“确定”按钮后在打开的“函数参数”对话框中的 Number1 文本框内，输入计算最大值的范围为“C3:C10”（可以手动输入范围，也可以通过鼠标拖曳选中 C3:C10 区域），最后单击“确定”按钮后即可看到结果。

（2）选中用于放置结果的 C12 单元格，单击单元格编辑栏前面的“插入函数”按钮，单击打开的“插入函数”对话框中“或选择类别”后的下拉按钮，在弹出的列表中单击“全部”选项，在下方选择 COUNTIF 函数，单击“确定”按钮后弹出“函数参数”对话框，如图 4-69 所示，在“Range”文本框输入计算范围，通过拖曳鼠标选中农村居民人均可支配收入列的所有数据（即 C3:C10 区域），在“Criteria”文本框，输入参加计数的条件为“>9248”，（注意：公式中输入的数字和符号一定要在英文输入法半角状态下输入），最后单击“确定”按钮即可。

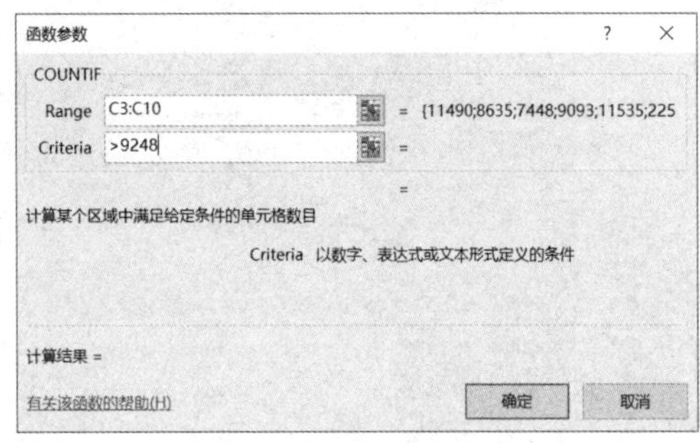

图 4-69 COUNTIF 函数的“函数参数”对话框

4.3.3 项目三：分析各省市农村的生活水平

实训目的：掌握 IF 函数的应用；掌握条件格式。

要求：在“领先否”一列，根据该省市农村居民人均可支配收入是否超过全国平均水平进行判断，农村居民人均可支配收入大于 9248 元的为“是”，小于或等于 9248 元的为“否”；并将农村居民人均可支配收入小于 8000 元的用红色、加粗显示。

操作步骤如下。

（1）选中第一个省市的“领先否”单元格（即 H3 单元格），单击单元格编辑栏前面的“插入函数”按钮，在打开的“插入函数”对话框中选择 IF 函数，单击“确定”按钮后弹出“函数参数”对话框，如图 4-70 所示，在该对话框第一个文本框中输入判断条件（即 C3>9248）；在第二个文本框中输入条件成立时的显示内容为“是”；在第三个输入框中输入条件不成立时的显示内容为“否”，单击“确定”按钮。

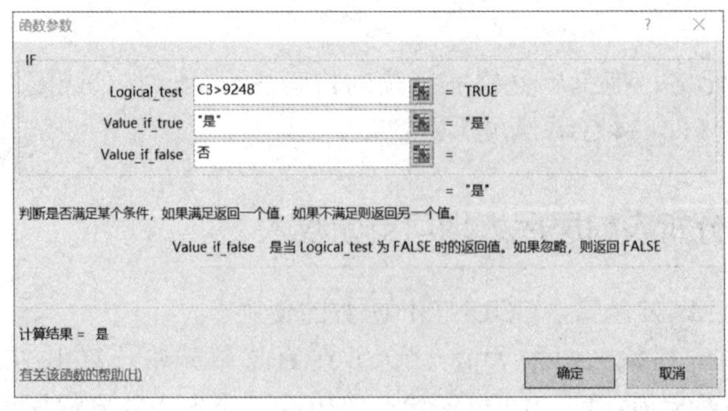

图 4-70 IF 函数的“函数参数”对话框

（2）拖曳填充柄，将函数赋给其他省市的“领先否”单元格。

（3）选择 2021 年上半年农村居民人均可支配收入的所有数据单元格（即 C3:C10 区域），单击“开始”选项卡的“样式”组中的“条件格式”下拉按钮，在弹出的下拉菜单中单击“突出显示单元格规则”选项中的“小于”选项，弹出“小于”对话框，如图 4-71 所示。在第一个文本框输入 8000，在“设置为”后面的下拉菜单中设置数据满足条件时所采用的格式，如果现有格式中没有想要的格式，可以单击“自定义格式”选项，在打开的“设置单元格格式”对话框中设置字体格式为“加粗、红色”，如图 4-72 所示，最后依次单击“确定”按钮。

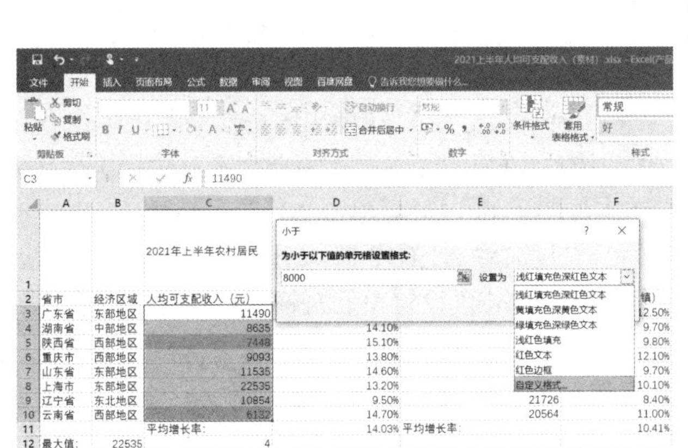

图 4-71　“小于”对话框

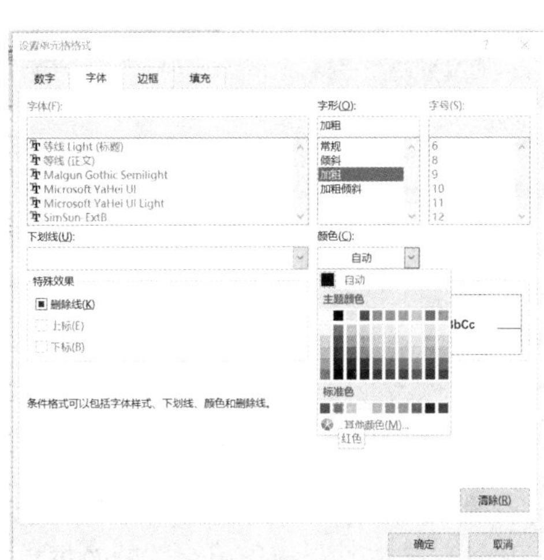

图 4-72　“设置单元格格式”窗口

4.3.4　项目四：美化表格

实训目的：掌握数据格式的设置、标题的居中、行高的设置、边框线及填充颜色的添加、数字显示格式的设置。

要求：设置 C1 单元格内的文本格式为“绿色、华文新魏、14 磅”，使其在 C1 及 D1 单元格内合并后居中，并设置为黄色底纹；设置 E1 单元格内的文本格式为“蓝色、华文新魏、14 磅”，使其在 E1 及 F1 单元格内跨列居中，并设置橙色底纹；设置第一行行高为 60；为 A1:H10 区域添加外粗内双线的边框线；将所有与货币有关的数据设为带有符号“￥”，不保留小数位；“城乡收入倍差”单元格内的数据保留 2 位小数；所有数据在单元格内居中。

操作步骤如下。

（1）选择 C1 单元格，在“开始”选项卡的“字体”组中，设置单元格内的文本格式为“绿色、华文新魏、14 磅”，这里的操作与 Word 类似不再赘述。

（2）选择 C1:D1 区域，单击“开始”选项卡的“对齐方式”组右下角的“合并后居中”按钮（合并后居中），将 C1 和 D1 两个单元格合并，同时将 C1 单元格中的文本在合并后的单元格内居中。

（3）单击“开始”选项卡的“字体”组中的“填充颜色”按钮（），在弹出的下拉菜单中单击“标准色”区域中的“黄色”，为 C1:D1 区域设置黄色底纹。

（4）按照步骤（1）设置 E1 单元格内的文本格式为“蓝色、华文新魏、14 磅”。

（5）选中 E1:F1 区域并右击，在弹出的快捷菜单中单击“设置单元格格式”命令，打开“设置单元格格式”对话框，如图 4-73 所示。单击“对齐”选项卡，单击“水平对齐”下拉按钮，在弹出的列表中单击“跨列居中”选项，单击“确定”按钮即可，跨列居中和合并后居中都可以实现标题的居中，但在考试时一定要按题目要求进行，而且跨列居中后 E1 和 F1 仍然是两个没有合并的单元格，所以在设置 E1:F1 区域底纹颜色时，一定要同时选中这两个单元格，然后按照步骤（3）设置为橙色底纹。

图 4-73 “跨列单元格格式”对话框

（6）右击行号 1，在弹出的快捷菜单中单击“行高”选项，打开“行高”对话框，在其中的“行高”文本框输入 60，最后单击“确定”按钮。

（7）选中 A1:H10 区域并右击，在弹出的快捷菜单中单击“设置单元格格式”命令，打开“设置单元格格式”对话框，在“边框”选项卡中，先设置线条样式为粗线，单击“外边框”按钮，再设置“线条样式”为双线，单击“内部”按钮，最后单击“确定”按钮即可。

（8）选中所有与货币有关的数据单元格（没有连在一起的数据区域可以按“Ctrl”键进行多选）右击，在弹出的快捷菜单中单击“设置单元格格式”命令，打开“设置单元格格式”对话框。在“数字”选项卡的左侧“分类”区域中设置分类为“货币”，在右侧的“货币符号”下拉框中单击“￥”符号，设置“小数位数”为“0”，单击“确定”按钮确定，拖曳列号边缘，调整列宽，使数据能够正常显示。或者选择有“#”的列（因为列宽不够，所以以“#####”的形式显示），单击“开始”选项卡的“单元格”组中的“格式”下拉按钮，在弹出的下拉菜单中单击“自动调整列宽”命令，使其正常显示。

（9）选中“城乡收入倍差”列所有数据单元格并右击，在弹出的快捷菜单中单击“设置单元格格式”命令，打开“设置单元格格式”对话框，在“数字”选项卡的左侧“分类”区域中设置分类为“数值”，在右侧设置小数位数为 2。

（10）选中 A2:H12 区域，单击“开始”选项卡的“对齐方式”组中的“居中”按钮，使所有数据在单元格内居中。表格美化后的效果如图 4-74 所示。

	A	B	C	D	E	F	G	H
1			2021年上半年农村居民		2021年上半年城镇居民			
2	省市	经济区域	人均可支配收入（元）	同比增长率（农村）	人均可支配收入（元）	同比增长率（城镇）	城乡收入倍差	领先否
3	广东省	东部地区	¥11,490	17.20%	¥28,897	12.50%	2.51	是
4	湖南省	中部地区	¥8,635	14.10%	¥21,492	9.70%	2.49	否
5	陕西省	西部地区	¥7,448	15.10%	¥20,346	9.80%	2.73	否
6	重庆市	西部地区	¥9,093	13.80%	¥23,267	12.10%	2.56	否
7	山东省	东部地区	¥11,535	14.60%	¥23,604	9.70%	2.05	是
8	上海市	东部地区	¥22,535	13.20%	¥42,348	10.10%	1.88	是
9	辽宁省	东北地区	¥10,854	9.50%	¥21,726	8.40%	2.00	是
10	云南省	西部地区	¥6,132	14.70%	¥20,564	11.00%	3.35	否
11			平均增长率:	14.03%	平均增长率:	10.41%		
12	最大值:	¥22,535	4					

图 4-74 表格美化后的效果

4.3.5　项目五：添加工作表

学习目标：工作表更名、新建及复制。

要求：将 Sheet1 工作表重命名为“人均可支配收入”，并新建 5 个工作表，将表格内容复制到新建的工作表。

操作步骤如下。

（1）右击表标签“Sheet1”，在弹出的快捷菜单中单击“重命名”命令，将新的工作表名“人均可支配收入”输入到表标签的位置，单击任意单元格确定。

（2）右击表标签，在弹出的快捷菜单中单击“插入”命令，在打开的“插入”对话框中选择“工作表”的方式来新建工作表，也可以直接单击表标签最后面的“⊕”按钮来新建工作表。而且可以通过拖曳表标签的方法，来调整各工作表的位置顺序。添加并调整好顺序的工作表，如图 4-75 所示。

	A	B	C	D	E	F	G	H	I	J
1			2021年上半年农村居民		2021年上半年城镇居民					2021年上半年我国农村居民人均可支配收入
2	省市	经济区域	人均可支配收入（元）	同比增长率（农村）	人均可支配收入（元）	同比增长率（城镇）	城乡收入倍差	领先否		¥9,248
3	广东省	东部地区	¥11,490	17.20%	¥28,897	12.50%	2.51	是		
4	湖南省	中部地区	¥8,635	14.10%	¥21,492	9.70%	2.49	否		
5	陕西省	西部地区	¥7,448	15.10%	¥20,346	9.80%	2.73	否		
6	重庆市	西部地区	¥9,093	13.80%	¥23,267	12.10%	2.56	否		
7	山东省	东部地区	¥11,535	14.60%	¥23,604	9.70%	2.05	是		
8	上海市	东部地区	¥22,535	13.20%	¥42,348	10.10%	1.88	是		
9	辽宁省	东北地区	¥10,854	9.50%	¥21,726	8.40%	2.00	是		
10	云南省	西部地区	¥6,132	14.70%	¥20,564	11.00%	3.35	否		
11			平均增长率:	14.03%	平均增长率:	10.41%				
12	最大值	¥22,535	4							

人均可支配收入　Sheet1　Sheet2　Sheet3　Sheet4　Sheet5

图 4-75　添加并调整好顺序的工作表

（3）为了下面操作的方便，将“人均可支配收入”工作表的内容复制到其他工作表。选中“人均可支配收入”工作表 A1:H10 区域并右击，在弹出的快捷菜单中单击“复制”命令，先选中 Sheet1 工作表，再按“Shift”键并单击表标签“Sheet5”，选取 Sheet1 ～ Sheet5 工作表，将插入点定位在 Sheet1 工作表的 A1 单元格，单击“开始”选项卡的“剪贴板”组中的“粘贴”按钮，完成向工作组所有工作表的数据复制。最后记得选中“人均可支配收入”工作表，解除对 Sheet1 ～ Sheet5 工作组的选中状态（因为如果 Sheet1 ～ Sheet5 这 5 个工作表同时被选中时是无法进行下面的操作的）。

4.3.6　项目六：对农村居民收入排序

实训目的：掌握排序；批注的添加、复制及修改。

要求：在 Sheet1 工作表，按照农村居民人均可支配收入递减的顺序对各省市进行排序，为农村居民人均可支配收入最高的省市添加批注“收入最高”，为农村居民人均可支配收入最低的省市添加批注“收入最低”，批注作者都为登录的用户名。

操作步骤如下。

（1）选中 Sheet1 工作表中所有字段名及字段内容（即 A2:H10 区域），单击“开始”选项卡的“编辑”组中的“排序和筛选”下拉按钮，在弹出的下拉菜单中单击“自定义排序”

命令，在“排序”对话框设置“主要关键字”为“人均可支配收入（元）”（第三个选项），排序依据为“数值”，次序为“降序”，最后单击“确定”按钮即可。

（2）选中排序后的第一个省市名称单元格（即 A3 单元格）并右击，在弹出的快捷菜单中单击“插入批注”命令，在批注文本框内按要求修改作者和输入批注内容，如图 4-76 所示，批注文本框内冒号前为登录用户的姓名，冒号后为批注内容。

（3）先选中已添加批注的单元格并右击，在弹出的快捷菜单中单击“复制”命令，再选中排序后的最后一个省市名称单元格（即 A10 单元格）并右击，在弹出的快捷菜单中单击“选择性粘贴”下拉按钮，在弹出的下拉菜单中单击列表最下方的“选择性粘贴”命令，在打开的“选择性粘贴”窗口中单击“批注”按钮，最后单击“确定”按钮。

（4）右击刚才的目标单元格（即 A10 单元格），在弹出的快捷菜单中单击“编辑批注”命令，修改批注内容为“收入最低”。

（5）添加过批注的单元格，批注隐藏在该单元格右上角的红色小三角里，只有将鼠标指针移动到该单元格，批注才会显示出来，可以右击该单元格，在弹出的快捷菜单中单击“显示 / 隐藏批注”命令让批注一直显示出来。排序及添加批注后的效果如图 4-76 所示。

	A	B	C	D	E	F	G	H
1			21年上半年农村居		21年上半年城镇居民			
2	省市	经济区域	支配收入	增长率（农	支配收入	增长率（城	乡收入倍	领先否
3	上海市	张三：收入最高		13.20%	¥42,348	10.10%	1.88	是
4	山东省			14.60%	¥23,604	9.70%	2.05	是
5	广东省			17.20%	¥28,897	12.50%	2.51	是
6	辽宁省			9.50%	¥21,726	8.40%	2.00	是
7	重庆市	西部地区	¥9,093	13.80%	¥23,267	12.10%	2.56	否
8	湖南省	中部地区	¥8,635	14.10%	¥21,492	9.70%	2.49	否
9	陕西省	西部地区	¥7,448	15.10%	¥20,346	9.80%	2.73	否
10	云南省	张三：收入最低		14.70%	¥20,564	11.00%	3.35	否

图 4-76　排序及添加批注后的效果

4.3.7　项目七：找出城乡收入都较高的省市

实训目的：掌握筛选。

要求：在 Sheet2 工作表中，筛选农村居民可支配收入大于 10000 元，且城镇居民可支配收入大于 25000 元的省市。

操作步骤如下。

（1）选中 Sheet2 工作表，将鼠标光标放在任意一个字段名上，单击“开始”选项卡的“编辑”组中的“排序和筛选”下拉按钮，在弹出的下拉菜单中单击“筛选”命令，单击农村居民的“人均可支配收入（元）” 字段名（即第三个字段名）右侧的下拉按钮，在弹出的下拉菜单中设置“数字筛选”为“大于”，在弹出的对话框中设置“大于”为 10000。

	A	B	C	D	E	F	G	H
1			21年上半年农村居		21年上半年城镇居民			
2	省市	经济区	支配收	增长率	支配收	增长率	乡收入	领先否
3	广东省	东部地区	¥11,490	17.20%	¥28,897	12.50%	2.51	是
8	上海市	东部地区	¥22,535	13.20%	¥42,348	10.10%	1.88	是

图 4-77　筛选后的结果

（2）单击城镇居民的“人均可支配收入（元）” 字段名（即第 5 个字段名）右侧的下拉按钮，在弹出的下拉菜单中设置“数字筛选”为“大于”，在弹出的对话框中设置“大于”为 25000。筛选后的结果如图 4-77 所示。

4.3.8　项目八：比较各省市城乡收入的同比增长率

实训目的：掌握图表的创建和编辑。

要求：在 Sheet3 工作表中，利用各省市 2021 年上半年农村居民和城镇居民人均可支配收入的同比增长率数据，制作柱形图。

操作步骤如下。

（1）选中“Sheet3”工作表，制作图表首先要选择生成该图表所利用的数据，该项目中为各省市 2021 年上半年农村居民和城镇居民人均可支配收入的同比增长率数据，所以要选择“省市”、“同比增长率（农村）”和“同比增长率（城镇）”这三列数据（注意所选数据对应的字段名也要选），如图 4-78 所示。当要选择多个不连续的区域时，先选中第一块数据区域，再按“Ctrl”键进行多选（注意：不要一开始就按“Ctrl”键）。

	A	B	C	D	E	F	G	H
1			2021年上半年农村居民		2021年上半年城镇居民			
2	省市	经济区域	人均可支配收入（元）	同比增长率（农村）	人均可支配收入（元）	同比增长率（城镇）	城乡收入倍差	领先否
3	广东省	东部地区	¥11,490	17.20%	¥28,897	12.50%	2.51	是
4	湖南省	中部地区	¥8,635	14.10%	¥21,492	9.70%	2.49	否
5	陕西省	西部地区	¥7,448	15.10%	¥20,346	9.80%	2.73	否
6	重庆市	西部地区	¥9,093	13.80%	¥23,267	12.10%	2.56	否
7	山东省	东部地区	¥11,535	14.60%	¥23,604	9.70%	2.05	是
8	上海市	东部地区	¥22,535	13.20%	¥42,348	10.10%	1.88	是
9	辽宁省	东北地区	¥10,854	9.50%	¥21,726	8.40%	2.00	是
10	云南省	西部地区	¥6,132	14.70%	¥20,564	11.00%	3.35	否

图 4-78　制作图表时的数据选择

（2）选中 A2:A10、D2:D10、F2:F10 区域后，单击“插入”选项卡的“图表”组中的“柱形图”按钮，在弹出的下拉菜单中单击“三维簇状柱形图”按钮插入图表，如图 4-79 所示。

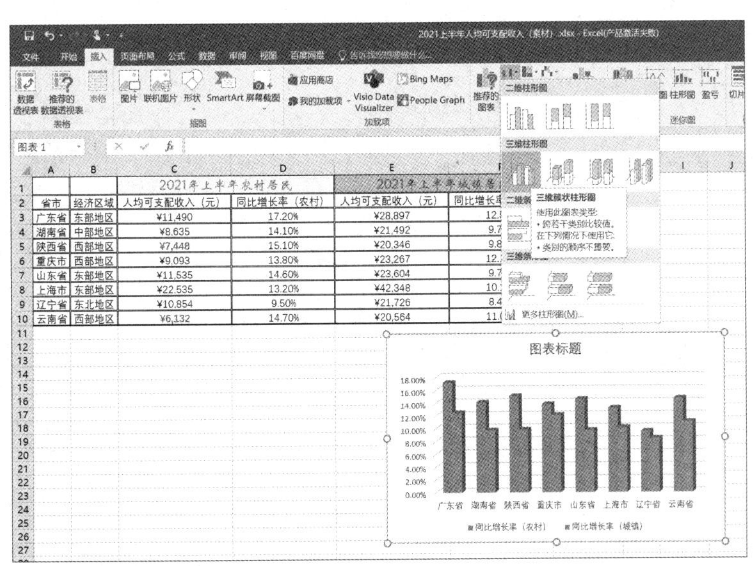

图 4-79　插入三维簇状柱形图

（3）选中刚创建好的图表，将其拖曳到合适位置，如 A12:H28 区域（即图表的左上角在

A12 单元格，右下角在 H28 单元格)，可以拖曳图表四个角上及中点的控制点，调节图表至适当大小。

（4）单击图表上的“图表标题”位置，输入新的图表标题：“农村及城镇同比增长率对比图”。单击浮动的“图表工具”选项卡的“设计”选项卡的“图表布局”组中的“添加图表元素”下拉按钮，在弹出的下拉菜单中单击“轴标题”命令，如图 4-80 所示。还可以为图表分别添加横坐标轴标题（如“省市”）及纵坐标轴标题（如“同比增长率”）。

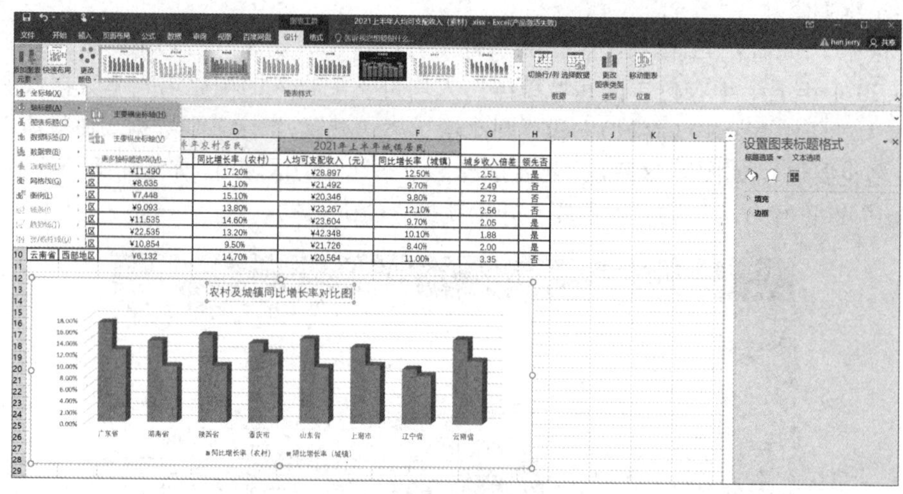

图 4-80　添加坐标轴标题

（5）还可以在刚才的“添加图表元素”下拉菜单中单击“数据标签”→“其他数据标签选项”命令，在右侧弹出“设置数据标签格式”窗口，如图 4-81 所示，可以在这里点选标签包括的内容，同时相应的数据标签会出现在图表上。

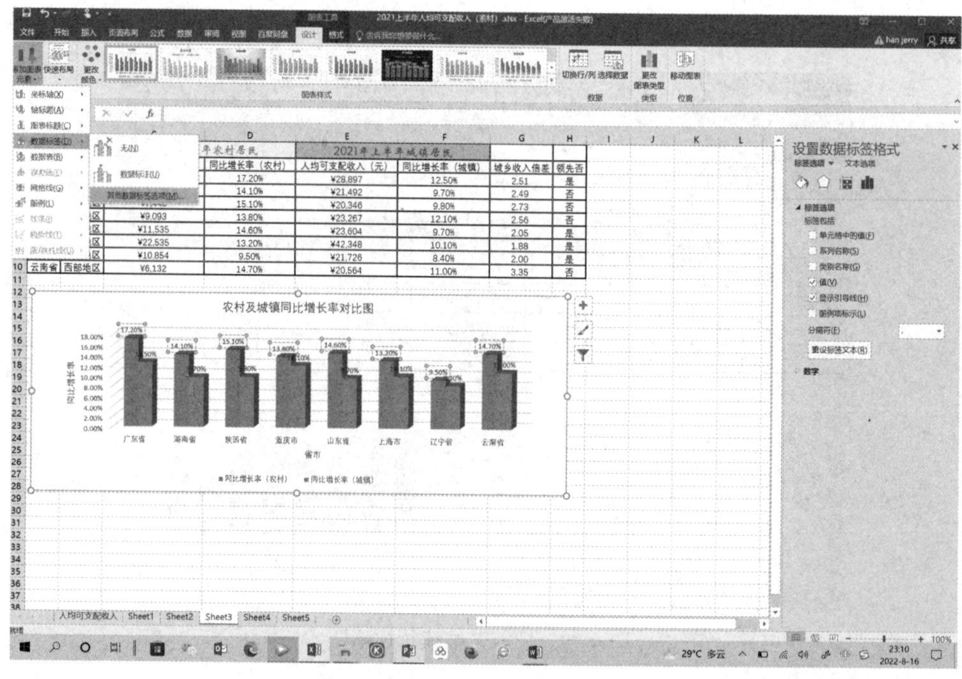

图 4-81　添加数据标签

（6）同样，在“添加图表元素”下拉菜单中还可以单击“图例”→“右侧”命令，来改变图例的位置，这时图例便显示在了图表区域的右侧，如图 4-82 所示。

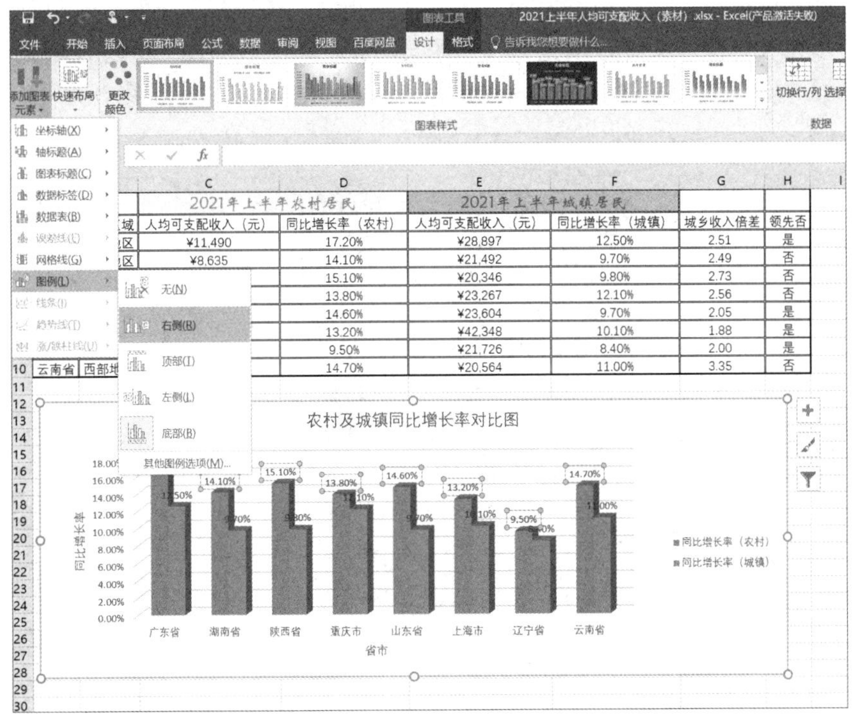

图 4-82　更改图例的位置

除了可以在浮动的“图表工具”选项卡中的“设计”选项卡的“图表布局”组中的“添加图表元素”下拉菜单中设置，还可以通过选中图表后出现在图表右上角的“添加图表元素”按钮处操作，效果是一样的。

还可以在浮动的“图表工具”选项卡中的“设计”选项卡的“图表布局”组中的“快速布局”下拉菜单中直接选择已有的图表布局，如图 4-83 所示。

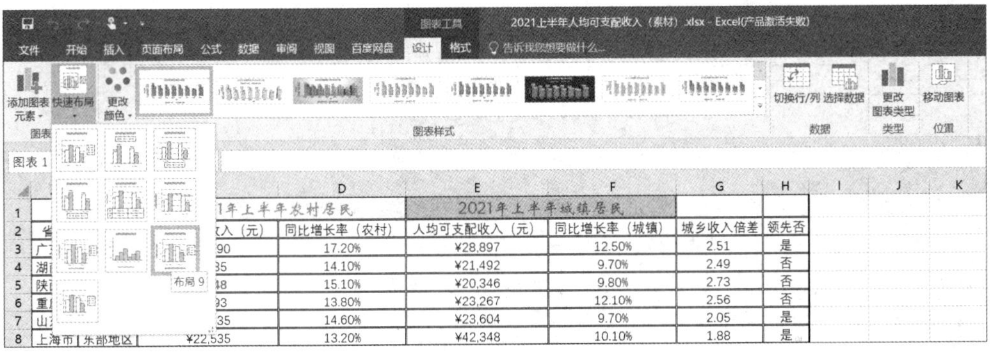

图 4-83　快速布局

此外，可以在浮动的“图表工具”选项卡中的“设计”选项卡的“图表样式”及“更改颜色”下拉菜单中选择图表样式和颜色，也可以通过选中图表后出现在图表右上角的“图表样式”按钮来实现。

（7）下面来美化图表区。双击图表区空白处，在右侧弹出“设置图表区格式”窗口，单击上方的“填充与线条”按钮（ ）设置图表区的填充及边框样式，如图 4-84 所示。如果内容没有展开，则可以单击“填充”和“边框”左侧的三角形将其展开。可以使用“纯色填充”、“渐变填充”、“图片或纹理填充”及“图案填充”等方式对图表区进行填充，如图 4-84 所示选用的是“渐变填充”区域中“预设渐变”下拉菜单中的“顶部聚光灯-个性色 5”，效果如图所示。

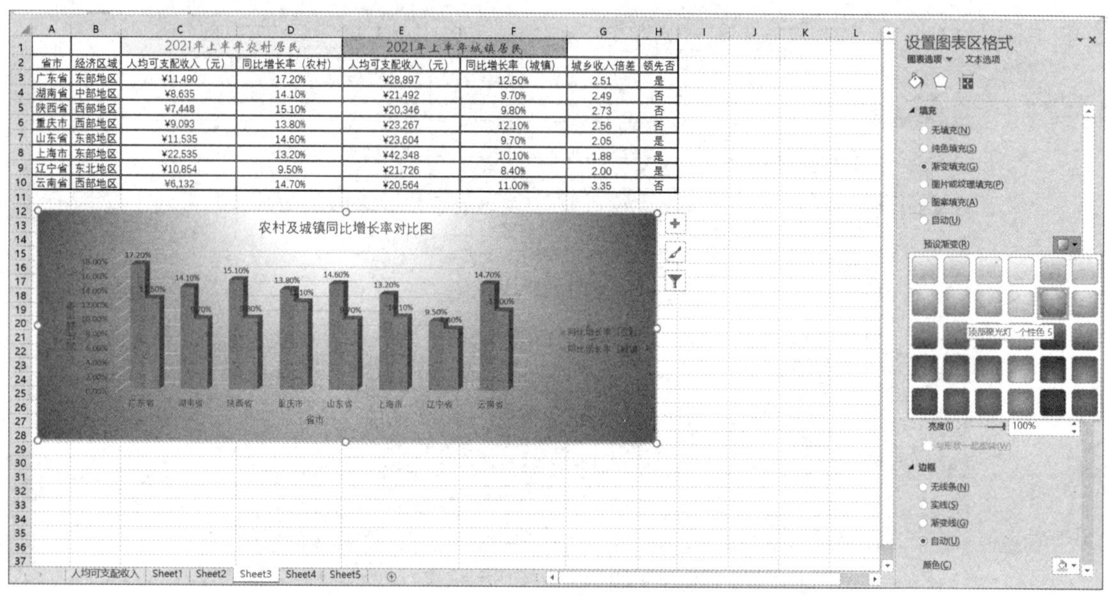

图 4-84　设置图表区渐变填充

（8）还可以向下拖曳“设置图表区格式”窗口右侧的滚动条，勾选“边框”区域的“圆角”复选框，图表区的边框就变为圆角矩形了，如图 4-85 所示。

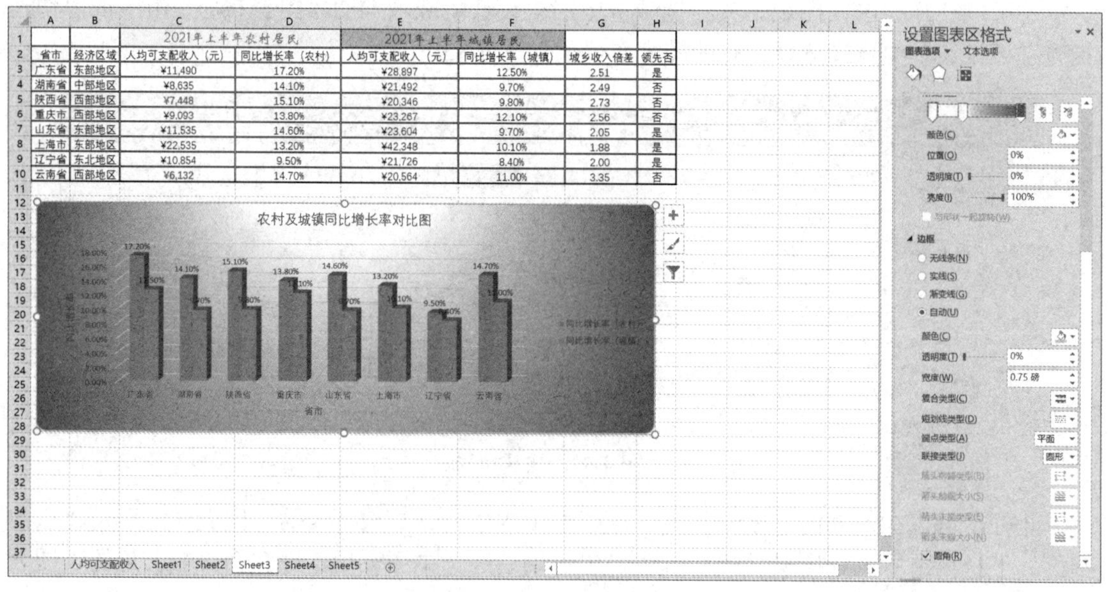

图 4-85　设置图表区边框为圆角

（9）如果选中“设置图表区格式”窗口上方第二个按钮“效果”按钮（），则可以为图表添加阴影、发光等效果，如图 4-86 所示设置的是“阴影”区域的“预设”下拉菜单中的“外部右下斜偏移”阴影。在选好阴影样式之后，还可以在下面的“颜色”、“透明度”、“大小”、“模糊”、“角度”及“距离”处进一步设置阴影的属性。“发光”“柔化边缘”等效果的设置也是类似的，这里不再举例。

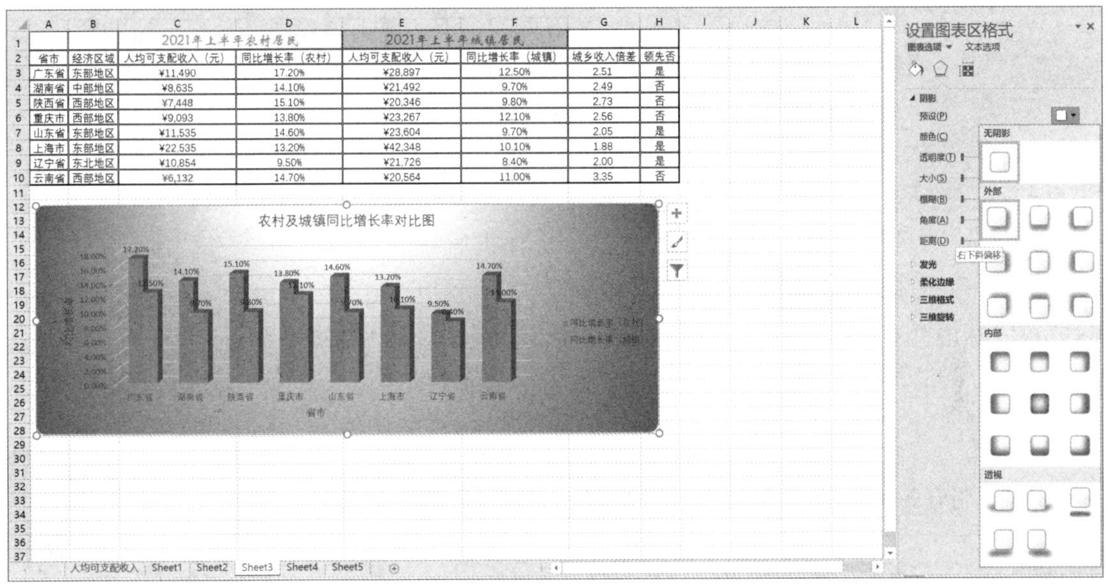

图 4-86　设置图表区阴影

4.3.9　项目九：比较各经济区域收入情况

实训目的：掌握分类汇总。

要求：在 Sheet4 工作表，按照经济区域汇总农村居民及城镇居民人均可支配收入的平均值。

操作步骤如下。

（1）在进行分类汇总前，必须先按分类字段进行排序，将同一类的数据排在一起。这里，选中 Sheet4 工作表，将鼠标光标放在数据区域的任一单元格中。在“开始”选项卡的“编辑”组中单击“排序和筛选”按钮，在弹出的下拉菜单中单击“自定义排序”命令，在“排序”对话框设置“主要关键字”为“经济区域”，排序依据为“数值”，次序为“升序”，最后单击“确定”按钮将相同经济区域的省市排在一起。

（2）单击“数据”选项卡的“分级显示”组中的“分类汇总”按钮，在弹出的“分类汇总”对话框中，设置分类字段为“经济区域”，汇总方式为“平均值”，选定汇总项为两个“人均可支配收入（元）”（第一个对应的是农村居民的人均可支配收入，第二个对应的是城镇居民的人均可支配收入），如图 4-87 所示，单击“确定”按钮即得到如图 4-88 所示的结果。

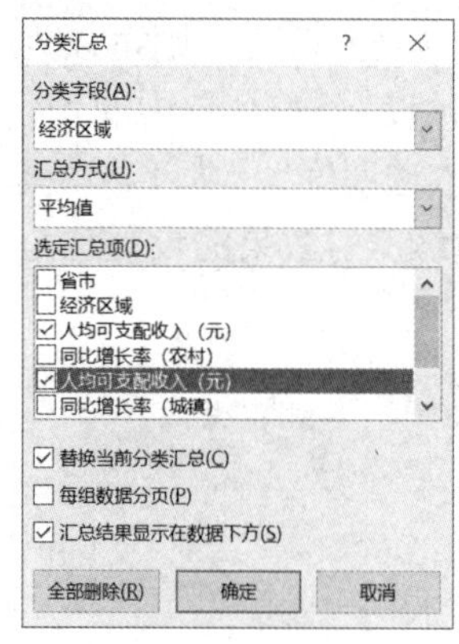

图 4-87 “分类汇总”对话框中的设置

	A	B	C	D	E	F	G	H
1			2021年上半年农村居民		2021年上半年城镇居民			
2	省市	经济区域	人均可支配收入（元）	同比增长率（农村）	人均可支配收入（元）	同比增长率（城镇）	城乡收入倍差	领先否
3	辽宁省	东北地区	¥10,854	9.50%	¥21,726	8.40%	2.00	是
4		**东北地区 平均值**	¥10,854		¥21,726			
5	广东省	东部地区	¥11,490	17.20%	¥28,897	12.50%	2.51	是
6	山东省	东部地区	¥11,535	14.60%	¥23,604	9.70%	2.05	是
7	上海市	东部地区	¥22,535	13.20%	¥42,348	10.10%	1.88	是
8		**东部地区 平均值**	¥15,187		¥31,616			
9	陕西省	西部地区	¥7,448	15.10%	¥20,346	9.80%	2.73	否
10	重庆市	西部地区	¥9,093	13.80%	¥23,267	12.10%	2.56	否
11	云南省	西部地区	¥6,132	14.70%	¥20,564	11.00%	3.35	否
12		**西部地区 平均值**	¥7,558		¥21,392			
13	湖南省	中部地区	¥8,635	14.10%	¥21,492	9.70%	2.49	否
14		**中部地区 平均值**	¥8,635		¥21,492			
15		**总计平均值**	¥10,965		¥25,281			

图 4-88 分类汇总结果

需要注意的是，很多同学在进行分类汇总时，会忘记先排序，完成后才发现结果错误，这时可以单击左上角的“撤销”按钮撤销重做。也可以单击“数据”选项卡的“分级显示”组中的“分类汇总”按钮，在弹出的“分类汇总”对话框中单击左下角的“全部删除”按钮，即可撤销重做。

4.3.10 项目十：分析农村收入同比增长率

实训目的：掌握数据透视表。

要求：在 Sheet5 工作表，生成数据透视表，按“经济区域”及“领先否”统计“同比增长率（农村）”的平均值。

操作步骤如下。

（1）如果生成数据透视表的数据源是数据表中所有数据，则可以将鼠标光标停留在任意数据单元格上（但如果数据表中有多余的数据，就必须要进行框选，将多余数据排除在外）。单击“插入”选项卡的“表格”组中的“数据透视表”按钮，弹出“创建数据透视表”对话框，在“选择放置数据透视表的位置”区域中，单击“现有工作表”选项，并单击数据透视表放置的起始位置单元格，如 A12 单元格。确定数据透视表的位置，单击“确定”按钮后在 A12 单元格起始的位置处出现数据透视表占位符，在右侧弹出“数据透视表字段”窗口。在该窗口，将“经济区域”字段拖曳到“行”文本框，将“领先否”字段拖曳到“列”文本框，将“同比增长率（农村）”字段拖曳到“值”文本框，如图 4-89 所示。

（2）单击“值”文本框中“求和项：同比增长率（农村）”下拉菜单中的“值字段设置”选项，如图 4-89 所示，在打开的“值字段设置”对话框中设置“计算类型”为“平均值”，并在“自定义名称”文本框中将显示的内容改为“平均同比增长率（农村）”。

（3）选中已生成的数据透视表中的数据并右击，在弹出的快捷菜单中单击“设置单元格格式”命令，将小数位数设置为 3。

（4）将鼠标光标停留在数据透视表内，在浮动的“数据透视表工具”选项卡中，单击“设计”选项卡的“布局”组中的“总计”下拉按钮，在弹出的下拉菜单中单击“对行和列禁用”命令去掉行列总计。

（5）在浮动的“数据透视表工具”选项卡中，单击“设计”选项卡的“数据透视表样式”

组中的按钮，设置所需的数据透视表样式，如“数据透视表样式-深色 6”，最后效果如图 4-90 所示。

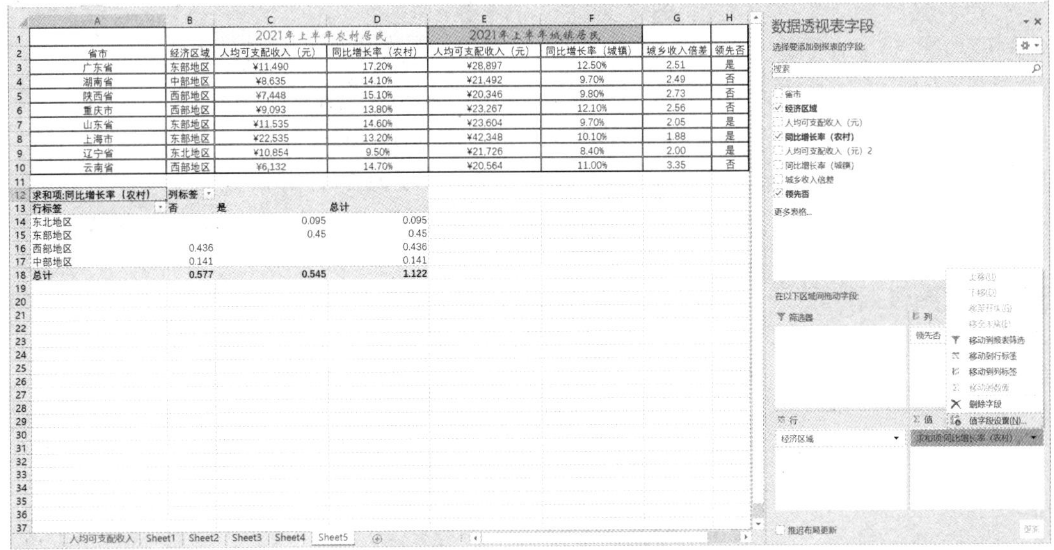

图 4-89　数据透视表制作过程

图 4-90　数据透视表制作结果

4.4　课后上机练习

1. 打开 Excel 素材文件夹中的课后练习“素材 1.xlsx”文件，以样张为准（如图 4-91 所示），对 Sheet1 中的表格按以下要求操作。

（1）计算总分及平均分，并将数据区域 D2:G14 定义为 data，并在 B15 单元格计算该数据区域的最大值（注意：必须用公式对表格中的数据进行运算和统计），在“名次”列统计总分排名（提示：使用 RANK 函数，并注意参数中需要绝对引用的地方，具体操作可参照图 4-92）。

（2）统计“录取否”信息，统计规则如下：考生只要有一门课成绩不及格就不录取，否则就录取（注意：必须用公式对表格中的数据进行运算和统计。提示：这里主要看考生考得最差的一门，如果这一门都及格了，那其他几门肯定也及格了，就会被录取；而如果这一门不及格，那其他几门考得再高也没有用了，因为只要有一门成绩不及格了就不录取，具体操作如图 4-93 所示）。

（3）按练习一样张，在 L1:V15 区域中生成三维簇状条形图，设置图表标题为“成绩对比”，仿照样张添加横坐标轴标题及纵坐标轴标题，图例显示在图表右侧，图表背景为渐变填充预设渐变中的“顶部聚光灯-个性色 3”，图表边框设置为圆角。

（4）将结果以“作业 1”为文件名保存到 D:\sx 文件夹中。

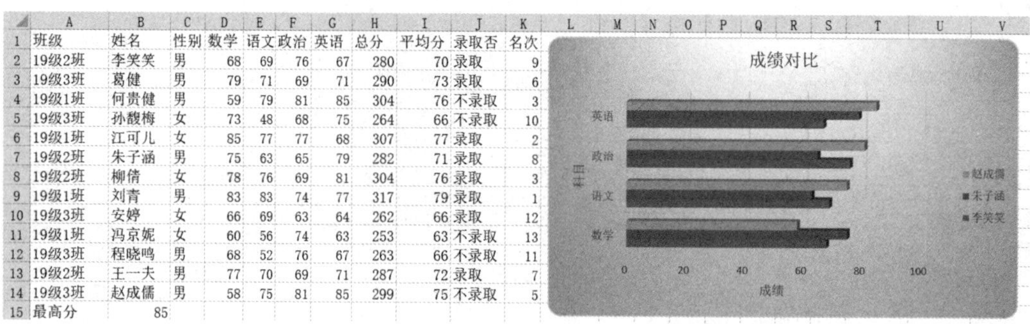

	A	B	C	D	E	F	G	H	I	J	K
1	班级	姓名	性别	数学	语文	政治	英语	总分	平均分	录取否	名次
2	19级2班	李笑笑	男	68	69	76	67	280	70	录取	9
3	19级3班	葛健	男	79	71	69	71	290	73	录取	6
4	19级1班	何贵健	男	59	79	81	85	304	76	不录取	3
5	19级3班	孙馥梅	女	73	48	68	75	264	66	不录取	10
6	19级1班	江可儿	女	85	77	77	68	307	77	录取	2
7	19级2班	朱子涵	男	75	63	65	79	282	71	录取	8
8	19级2班	柳倩	女	78	76	69	81	304	76	录取	3
9	19级1班	刘青	男	83	83	74	77	317	79	录取	1
10	19级3班	安婷	女	66	69	63	64	262	66	录取	12
11	19级1班	冯京妮	女	60	56	74	63	253	63	不录取	13
12	19级3班	程晓鸣	男	68	52	76	67	263	66	不录取	11
13	19级2班	王一夫	男	77	70	69	71	287	72	录取	7
14	19级3班	赵成儒	男	58	75	81	85	299	75	不录取	5
15	最高分	85									

图 4-91　练习一样张

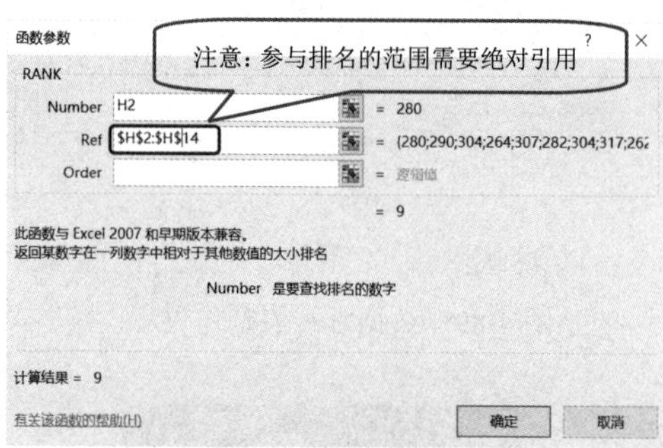

图 4-92　RANK 函数的参数

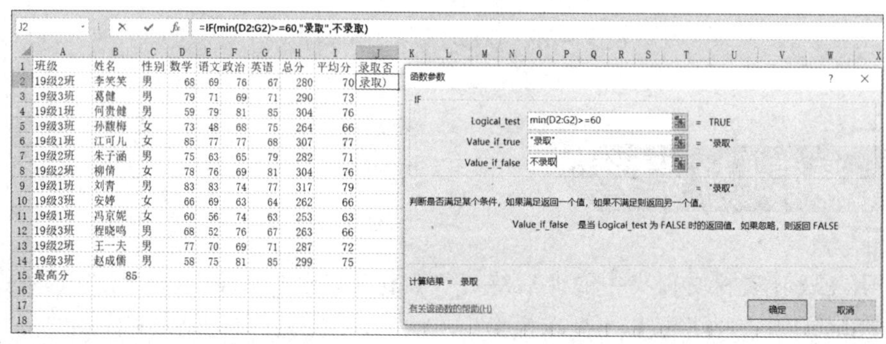

	A	B	C	D	E	F	G	H	I	J
1	班级	姓名	性别	数学	语文	政治	英语	总分	平均分	录取否
2	19级2班	李笑笑	男	68	69	76	67	280	70	录取)
3	19级3班	葛健	男	79	71	69	71	290	73	
4	19级1班	何贵健	男	59	79	81	85	304	76	
5	19级3班	孙馥梅	女	73	48	68	75	264	66	
6	19级1班	江可儿	女	85	77	77	68	307	77	
7	19级2班	朱子涵	男	75	63	65	79	282	71	
8	19级2班	柳倩	女	78	76	69	81	304	76	
9	19级1班	刘青	男	83	83	74	77	317	79	
10	19级3班	安婷	女	66	69	63	64	262	66	
11	19级1班	冯京妮	女	60	56	74	63	253	63	
12	19级3班	程晓鸣	男	68	52	76	67	263	66	
13	19级2班	王一夫	男	77	70	69	71	287	72	
14	19级3班	赵成儒	男	58	75	81	85	299	75	
15	最高分	85								

图 4-93　统计“录取否”信息

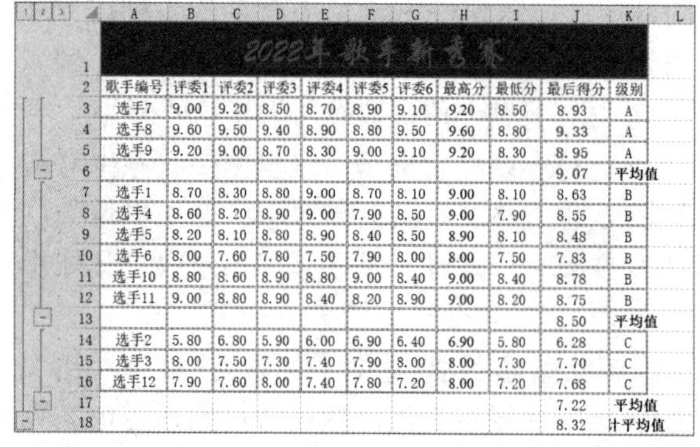

	A	B	C	D	E	F	G	H	I	J	K
1	2022年歌手新秀赛										
2	歌手编号	评委1	评委2	评委3	评委4	评委5	评委6	最高分	最低分	最后得分	级别
3	选手7	9.00	9.20	8.50	8.70	8.90	9.10	9.20	8.50	8.93	A
4	选手8	9.60	9.50	9.40	8.90	8.80	9.50	9.60	8.80	9.33	A
5	选手9	9.20	9.00	8.70	8.30	9.00	9.10	9.20	8.30	8.95	A
6										9.07	平均值
7	选手1	8.70	8.30	8.80	9.00	8.70	8.10	9.00	8.10	8.63	B
8	选手4	8.60	8.20	8.90	9.00	7.90	8.50	9.00	7.90	8.55	B
9	选手5	8.20	8.10	8.80	8.90	8.40	8.50	8.90	8.10	8.48	B
10	选手6	8.00	7.60	7.80	7.50	7.90	8.00	8.00	7.50	7.83	B
11	选手10	8.80	8.60	8.90	8.80	9.00	8.40	9.00	8.40	8.78	B
12	选手11	9.00	8.80	8.90	8.40	8.20	8.90	9.00	8.20	8.75	B
13										8.50	平均值
14	选手2	5.80	6.80	5.90	6.00	6.90	6.40	6.90	5.80	6.28	C
15	选手3	8.00	7.50	7.30	7.40	7.90	8.00	8.00	7.30	7.70	C
16	选手12	7.90	7.60	8.00	7.40	7.80	7.20	8.00	7.20	7.68	C
17										7.22	平均值
18										8.32	计平均值

图 4-94　练习二样张

2．打开 Excel 素材文件夹中的课后练习“素材 2.xlsx”文件，以样张为准（如图 4-94 所示），对 Sheet1 中的表格按以下要求操作。

（1）根据样张，设置表格标题文本格式为“华文行楷、26 磅、红色、双下画线”，在 A1:K1 区域中跨列居中，设置行高为“40 磅”，紫色底纹，并将所有得分保留两位小数，所有数据在单元格里居中，为表格添加外粗内双线的浅蓝色边框，设置各列为最合适的列宽（提示：单击“开始”选项卡的“单元格”组“格式”下拉菜单中的“自动调整列宽”按钮）。

（2）计算每位选手的最高分、最低分及最后得分。最后得分的计算方法为每位选手的(总分－最高分－最低分)/4（注意：必须用公式对表格中的数据进行运算和统计）。

（3）根据每位选手的最后得分判断级别，规则为：如果“最后得分”>8.8 分，则级别为 A；如果 7.8 分 <“最后得分”≤ 8.8 分，则级别为 B；否则级别为 C。（注意：必须用公式对表格进行运算。提示：这里需要嵌套使用 IF 函数，如图 4-95（a）所示，在设置好前面两个文本框后，将鼠标光标放在“Value_if_false”文本框，再单击左上角“名称”文本框里的 IF 即可打开嵌套的 IF 函数的函数参数窗口，如图 4-95（b）所示，进行参数设置即可）。

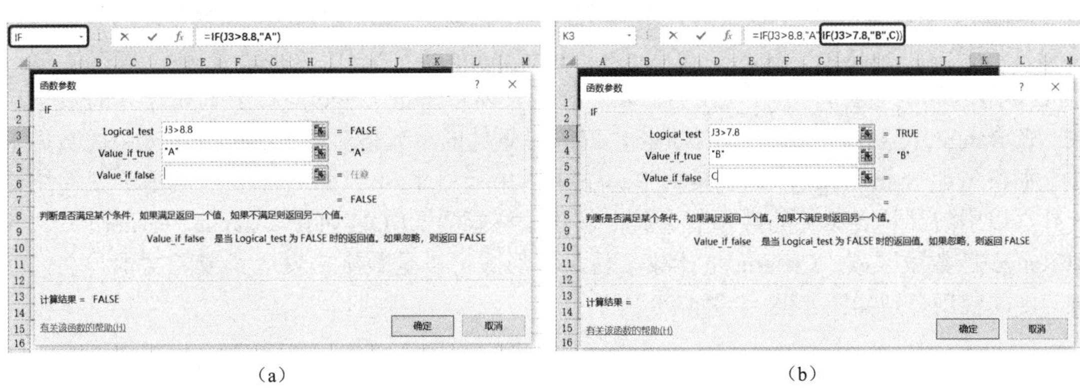

（a）　　　　　　　　　　（b）

图 4-95　IF 函数的嵌套使用

（4）利用条件格式设置最后得分排名前三的数据为“红色、加粗显示”（提示：如图 4-96 所示）。按照级别分类汇总最后得分的平均值（提示：分类汇总之前要先按照分类字段进行排序）。

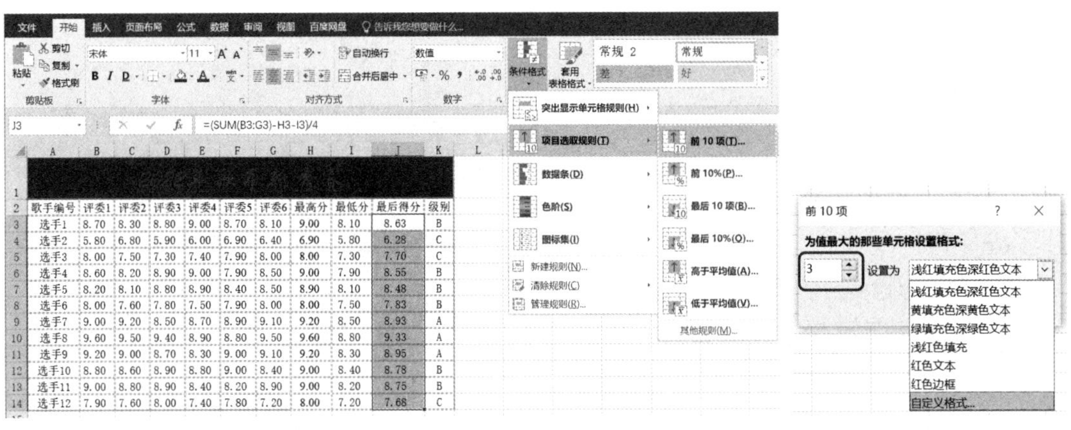

图 4-96　用条件格式设置得分前三的数据格式

（5）将结果以“作业 2”为文件名，将其保存到 D:\sx 文件夹中。

3．打开 Excel 素材文件夹中的课后练习“素材 3.xlsx”文件，参考样张如图 4-97 所示，对 Sheet1 中的表格按以下要求操作。

	A	B	C	D	E	F	G	H	I	J	K	L
1	会员编号	姓名	性别	年龄	年龄段	会员入会日	入会时间	购买金额	购买次数	会员到期日		
2	DF601021	严亚炯	女	38	30～39岁	2015-12-17	8	680	6	2025-12-17		
3	DF601022	童磊	女	25	20～29岁	2020-1-21	3	188	1	2030-1-21		
4	DF601023	边屹阳	女	34	30～39岁	2016-2-18	7	1083	9	2026-2-18	女会员购买总金额	3276
5	DF601024	冷志冬	男	45	40～49岁	2018-2-20	5	773	7	2028-2-20	购买次数超过5次的会员人数	7
6	DF601025	周卫民	男	28	20～29岁	2016-3-15	7	566	4	2026-3-15		
7	DF601026	孔易曦	女	32	30～39岁	2017-4-19	6	657	6	2027-4-19		
9	DF601028	刘心语	女	32	30～39岁	2018-4-18	5	397	4	2028-4-18		
10	DF601029	赵子瑜	男	38	30～39岁	2020-9-17	3	517	5	2030-9-17		
11	DF601030	黎海钰	男	29	20～29岁	2016-2-20	7	717	8	2026-2-20		
12	DF601031	孙延婷	女	43	40～49岁	2021-10-1	2	271	3	2031-10-1		
13									5			

图 4-97　练习三样张

（1）分别在 L4、L5 单元格计算出女性会员购买总金额及购买次数超过 5 次的会员人数。注意：必须使用公式对表格中的数据进行运算和统计。提示：分别使用 SUMIF 函数和 COUNTIF 函数。SUMIF 函数是条件求和函数，用于统计满足条件的单元数据中的累计和，其语法格式为“SUMIF（Range，Criteria，Sum_range）”，其中，Range 是条件数据区域；Criteria 是求和的条件，可以是数字、表达式或文本；Sum_range 是用于求和计算的数据区域。在 Range 中查找满足条件的单元格，对满足条件的单元格对应于 Sum_range 中的数据求和。如果省略 Sum_range，则直接对 Range 中的单元格求和。COUNTIF 函数是单条件统计函数，用于统计符合条件的数据的个数，其语法格式为“COUNTIF（Range，Criteria）”，其中 Range 是数据区域；Criteria 是计数条件，其形式可以是数字、表达式或者文本。它们在练习中的应用分别如图 4-98 和图 4-99 所示）。

图 4-98　SUMIF 函数参数的插入及参数设置

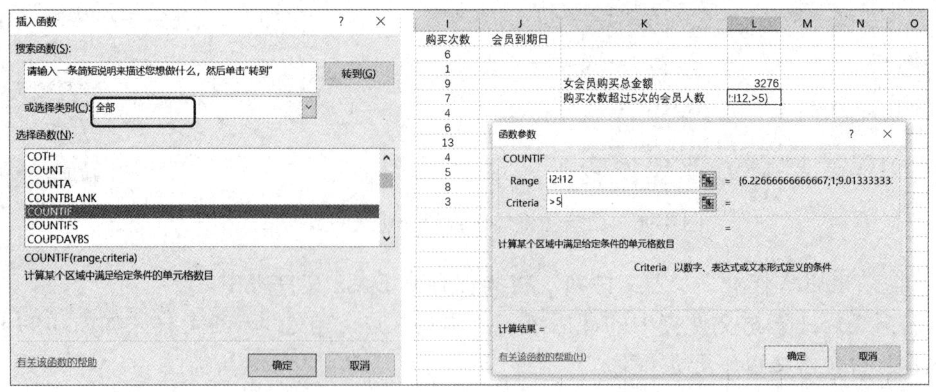

图 4-99　COUNTIF 函数的插入及参数设置

（2）计算“入会时间”及“会员到期日”（会员入会后 10 年到期）（提示：“入会时间”即每个会员从入会日到当前时间间隔的年数，可以选中 G2 单元格，在该单元格输入“=YEAR(NOW())−YEAR(F2)”，按“Enter”键确认后，再用填充柄将该公式赋给其他会员“入会时间”单元格即可。这里 NOW 函数返回当前时间，YEAR 函数返回日期中的年份，公式中计算的就是此时的年份和入会日的年份之差，即已经入会的年数。“会员到期日”即每个会员的入会日向后延长 10 年，使用 EDATE 函数，该函数用于计算某个日期间隔指定月份之后的日期，在计算之前，要先将 J2:J12 区域的数据类型设置为日期型，才能正确显示计算结果，再选中 J2 单元格，在该单元格输入 =EDATE(F2,10*12)。因为 EDATE 函数默认第二个参数的单位是月，所以 10 年必须换算成 10×12 个月，按“Enter”键确认后，最后用填充柄将该公式赋给其他会员“会员到期日”单元格即可。

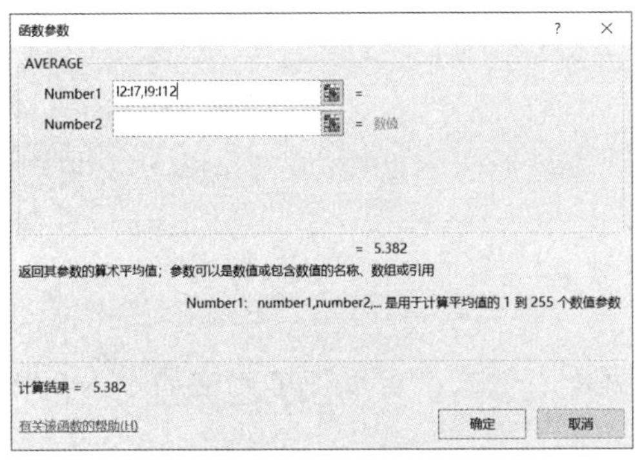

图 4-100　隐藏行不参加运算时参数的设置

（3）隐藏第 8 行数据，在 I13 单元格计算除第 8 行数据外的购买总次数的平均值（提示：右击行号 8，在弹出的快捷菜单中单击“隐藏”命令，将鼠标光标放在 I13 单元格，单击“插入函数”按钮，选择 AVERAGE 函数，如图 4-100 所示，设置参数，即先拖曳选中第 8 行上面的数据区域 I2:I7，使用英文输入法输入的逗号连接，再拖曳鼠标选中的第 8 行下面的数据区域 I9:I12）。

（4）将结果以“作业 3”为文件名，将其保存到 D:\sx 文件夹中。

4．打开 Excel 素材文件夹中的课后练习“素材 4.xlsx”文件，以样张为准如图 4-101 所示，对 Sheet1 中的表格按以下要求操作。

	A	B	C	D	E	F	G
1	会员编号	姓名	性别	年龄	年龄段	购买金额	购买次数
4	DF601053	卜文龙		34	30～39岁	244	2
5	DF601054	李达明		45	40～49岁	768	5
7	DF601056	陈祥宾		32	30～39岁	190	1
12	DF601061	郑耀瑜		43	40～49岁	1542	7
13							
14		列标签					
15		男		女			
16	行标签	平均值项:购买金额	平均值项:购买次数	平均值项:购买金额	平均值项:购买次数		
17	20～29岁	117.0	0.6	842.0	6.3		
18	30～39岁	217.0	1.3	576.3	5.7		
19	40～49岁	1155.0	6.0				

店长：
老会员

图 4-101　练习四样张

（1）在 A14 单元格中生成数据透视表，统计各年龄段男女会员购买金额和购买次数的平均值。所有数据保留 1 位小数，去掉行列总计，套用“数据透视表样式中等深浅 14”样式。

（2）筛选出“购买金额”位于前 10 的男性会员（提示：如图 4-102 所示），并对表格套用“表样式-中等深浅 21”的表格格式。

（3）将 B12 单元格中的批注移动到 B5 单元格中（提示：用选择性粘贴的方法复制批注到 B5 单元格，再把原来 B12 单元格的批注删除），显示批注，并设置批注格式为“文字绿色、加粗，垂直居中”（提示：批注格式的设置通过右击批注边框线，在弹出的快捷菜单中单击“设置批注格式”命令）。

（4）将结果以“作业 4”为文件名，将其保存到 D:\sx 文件夹中。

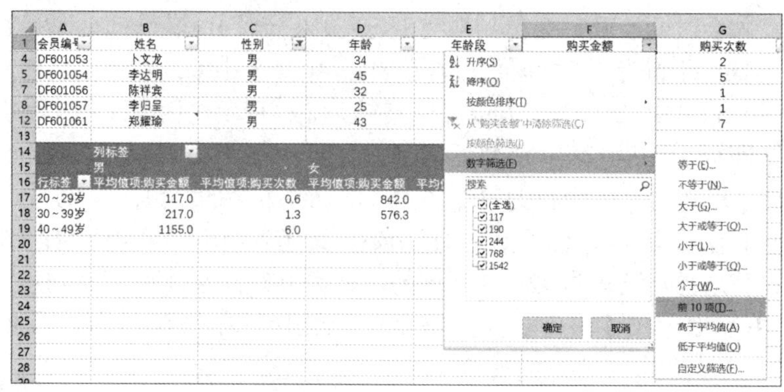

图 4-102　数字筛选

4.5　课后练习与指导

一、选择题

1．在 Excel 2016 的常规显示格式下，用下列哪一表达式，可以使单元格显示为 0.25（　　）。

A．1/4　　B．=1/4　　C．“1/4”　　D．=“1/4”

2．在 Excel 2016 中，某一工作簿中有 Sheet1、Sheet2 两个工作表，现在需要在 Sheet1 工作表中某一单元格中输入 Sheet2 表的 A2 至 C2 单元格中的数值之和，正确公式的写法是（　　）。

A．=SUM(Sheet2!A2+B2+C2)　　B．=SUM(Sheet2.A2:C2)

C．=SUM(Sheet2/A2:C2)　　D．=SUM(Sheet2!A2:C2)

3．在 Excel 2016 中，当需要在同一个单元格中另起一行输入数据时，只需按组合键（　　）。

A．“Alt+Enter”　　B．“Shift+Enter”

C．“Ctrl+Enter”　　D．“Tab+Enter”

4．若要把一个数字作为文本，只需在输入时前面加一个（　　），Excel 2016 就会把该数字作为文本处理，将它在单元格内左对齐。

A．单撇号　　B．双撇号　　C．逗号　　D．分号

5．在 Excel 2016 中，可以对需要引用的单元格区域定义名称，其在公式中的引用方式相当于对单元格的（　　）。

A．交叉引用　　B．相对引用　　C．混合引用　　D．绝对引用

6．在进行分类汇总操作时，首先应按照要分类的关键字段进行（　　）。

A．筛选　　B．查找　　C．排序　　D．计算

7．对 Excel 图表编辑以下哪个说法是错误的（　　）。

A．在浮动的“图表工具”选项卡的“设计”选项卡中，或者单击图表区右上角的小加号按钮，都可以添加图表元素

B．双击图表区空白处可以对图表区进行美化

C．只能在“设计”选项卡中设置图表样式

D．右击图表上的某一元素可以对其进行编辑

8．在选择性粘贴时，可以使复制的数据与原数据修改时保持一致的选项是（　　）。

A．值　　B．格式　　C．转置　　D．粘贴

9．使用高级筛选时，处于条件区域内同一行的条件是（　　）关系。

A．与　　B．或　　C．非　　D．与或

10．在 A1、A2 单元格中分别输入“一班”“二班”，选中 A1:A2 区域，使用填充柄功能填充，在 A4 单元格内生成的信息是（　　）。

A．一班　　B．二班　　C．三班　　D．四班

11．在 Excel 2016 中，下列可以实现表格行列互换的操作是（　　）。

A．选择后使用“格式刷”　　B．复制后使用“选择性粘贴”

C．复制后使用“条件格式”　　D．选择后使用“套用表格格式”

12．在 Excel 2016 中，对选定的单元格和区域命名时，可以单击“（　　）”选项卡的“定义的名称”组中的“定义名称”命令。

A．开始　　B．插入　　C．公式　　D．数据

13．在 E2 单元格中输入公式 =IF(AND(C2>0,C2<100),”正常 "," 异常 ")，如果 C2 的值为 56，则 E2 单元格显示（　　）。

A．正常　　B．异常　　C．56　　D．错误标记

14．在 Excel 2016 中，采用下列哪一公式或函数不能对 A1 至 A4 单元格内的四个数字求平均值（　　）。

A．AVERAGE(A1:A4)　　B．SUM(A1:A4)/4

C．(A1+A2+A3+A4)/4　　D．(A1+A2:A4)/4

15．在 Excel 2016 中，复制工作表公式单元格时，其公式中的（　　）。

A．绝对地址和相对地址都不变　　B．绝对地址和相对地址都会自动调整

C．绝对地址不变，相对地址自动调整　　D．绝对地址自动调整，相对地址不变

二、填空题

1．在 Excel 2016 中，单元格中内容显示为“####”，需要调整单元格的 ______，才能正确显示单元格中的内容。

2．在 Excel 2016 中，地址 F$4 被称为 ______ 引用。

3．单元格 C2 中公式为 =A2+B2，将公式复制到 D3 单元格时，单元格 D3 的公式为 ________。

4．在 Excel 2016 中，最小的操作单位是 __________。

5．简单排序时根据数据表中的某一 ________ 进行单一排序。

第5章 演示文稿软件 PowerPoint 2016

本章导读

技能目标

- 熟悉 PowerPoint 2016 的工作界面
- 熟练掌握在幻灯片中设置字体段落和外观版式的相关设置
- 熟练掌握在幻灯片中插入对象的方法
- 掌握幻灯片切换和动画效果的设置技巧
- 了解幻灯片母版和节的相关设置及各种幻灯片放映设置的技巧

素质目标

- 培养从正规途径获取素材的意识
- 规范使用正版 PPT 模板
- 自觉提高新时代信息办公技能和人文素养
- 学会使用文件加密技术规范文件

5.1 认识 PowerPoint 2016 的工作界面

PowerPoint 2016 的工作界面由快速启动栏、标题栏、“文件”选项卡、功能选项卡及功能区、幻灯片窗口、幻灯片编辑区、状态栏、视图栏等部分组成，如图 5-1 所示。

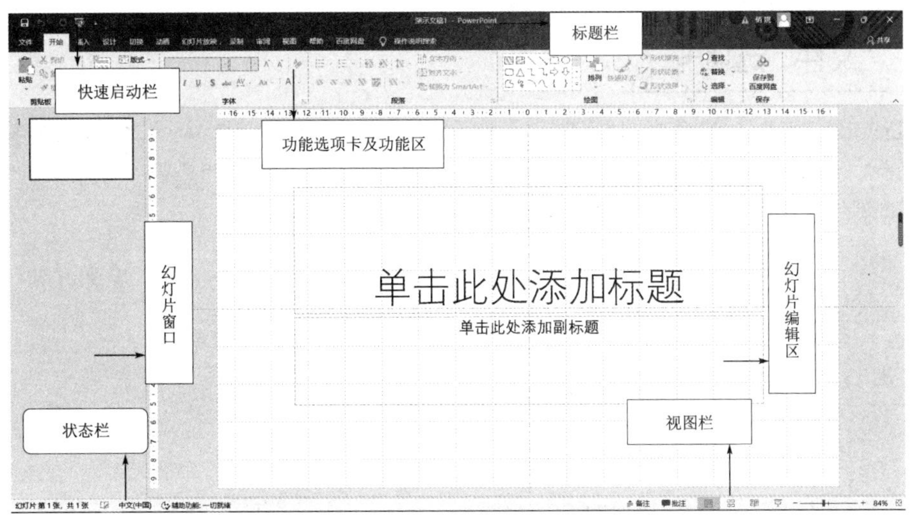

图 5-1　PowerPoint 2016 工作界面

5.1.1　快速启动栏

快速启动栏位于标题栏左侧，它包含了一些 PowerPoint 2016 最常用的工具按钮，如“保存”按钮、“撤销”按钮 和“恢复”按钮 等。

单击快速启动栏右侧的下拉按钮，在弹出的下拉菜单中可以自定义快速访问工具栏中的命令，如图 5-2 所示。

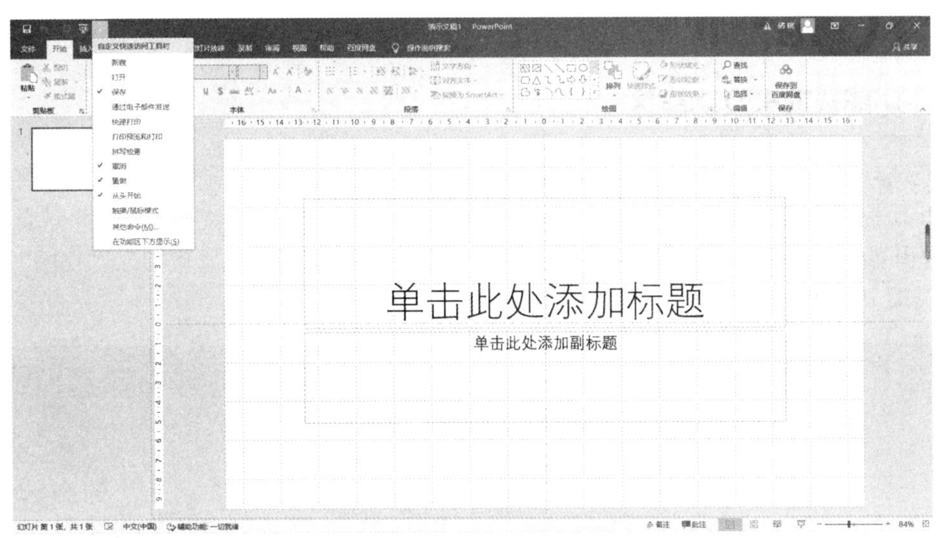

图 5-2　快速启动栏

5.1.2　标题栏

标题栏位于快速启动栏的右侧，主要用于显示正在使用的文档名称、程序名称及窗口控制按钮等，如图 5-3 所示。

图 5-3　标题栏

5.1.3 “文件”选项卡

PowerPoint 2016 中的“文件”选项卡取代了 PowerPoint 2007 中的“Office”按钮，如图 5-4 所示。单击“文件”选项卡后，会显示一些基本命令，包括“保存”“另存为”“打开”“信息”“新建”“打印”“导出”“选项”及其他命令。

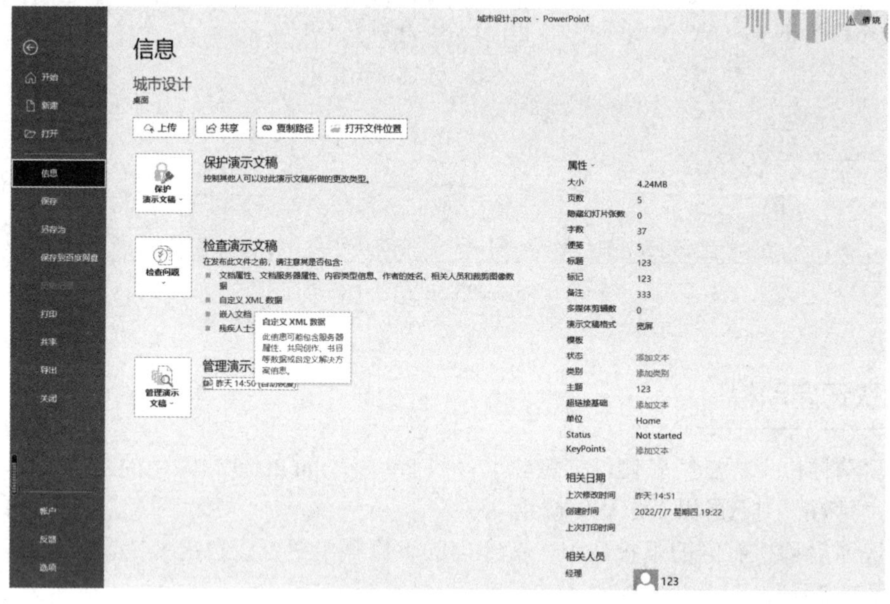

图 5-4 “文件”选项卡

5.1.4 功能选项卡及功能区

功能选项卡及功能区位于快速启动栏的下方，单击其中的一个选项卡，可以打开相应的功能区。功能区由组组成，用来存放常用的命令按钮或列表框等。除了“文件”选项卡，还包括了“开始”、“插入”、“设计”、“转换”、“动画”、“幻灯片放映”、“审阅”、“视图”和“帮助”等选项卡，如图 5-5 所示。

图 5-5 功能选项卡及功能区

5.1.5 幻灯片窗口

幻灯片窗口位于幻灯片编辑区的左侧，用于显示当前演示文稿的幻灯片数量及位置。

如果需要隐藏某张幻灯片但不删除该幻灯片，则可以选中幻灯片窗口中的幻灯片右击，在弹出的快捷菜单中单击“隐藏幻灯片”命令即可。如果需要恢复隐藏的幻灯片，可以右击，在弹出的快捷菜单中重新单击“隐藏幻灯片”命令即可恢复。通常需要将幻灯片窗口中文本提高或降低显示级别，可以单击“视图”选项卡的“演示文稿视图”组中的“大纲视图”按钮，选中左侧的一张或多张幻灯片的文本并右击，在弹出的快捷菜单中单击“降级”或“升级”命令，如图 5-6 所示。也可以选中多张幻灯片文本，批量设置文本及段落格式，提高文稿设计效率。

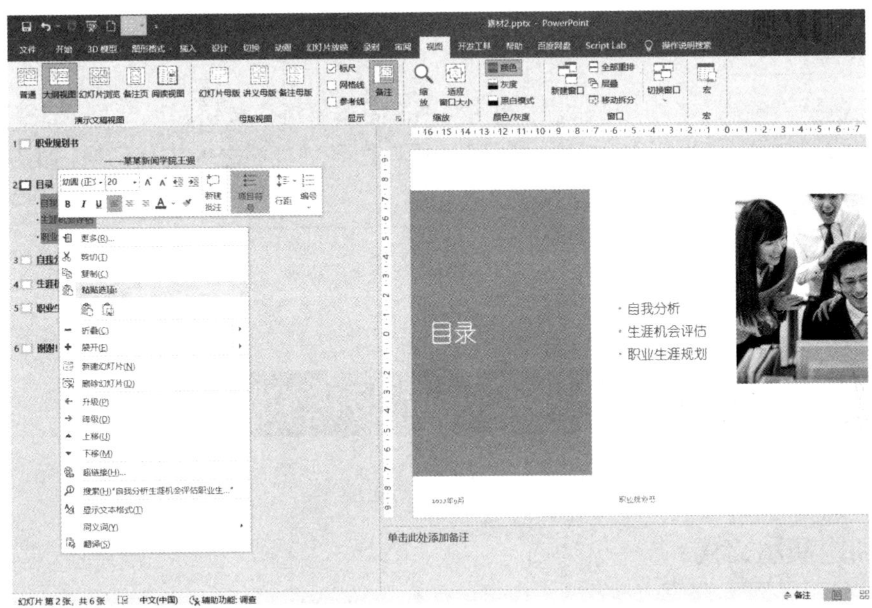

图 5-6　幻灯片窗口中设置文本的升、降级

5.1.6　幻灯片编辑区

幻灯片编辑区位于工作界面的中间，用于显示和编辑当前的幻灯片内容，幻灯片编辑区下方是备注窗口，可以为幻灯片添加备注内容。如图 5-7 所示。

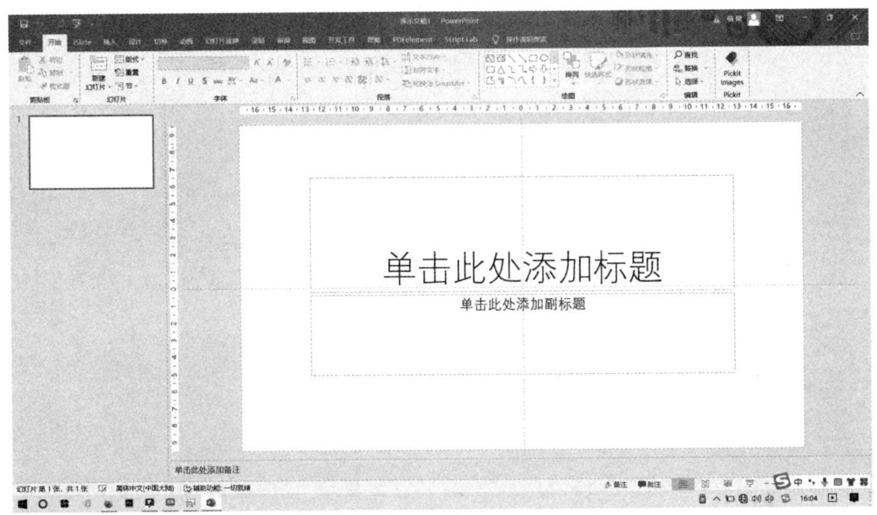

图 5-7　幻灯片编辑窗口

5.1.7 状态栏

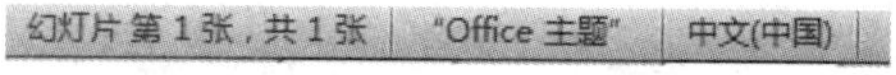

幻灯片 第 1 张，共 1 张
"Office 主题"
中文(中国)

图 5-8 状态栏

状态栏位于当前界面的最下方，用于显示当前文档页、总页数、字数和输入法状态等，如图 5-8 所示。

5.1.8 视图栏

视图栏包括“备注”按钮、“批注”按钮、“视图按钮组”按钮，以及显示比例和调节页面显示比例的控制杆。单击“视图按钮组”按钮，可以在各种视图之间进行切换，如图 5-9 所示。

备注
批注
84%

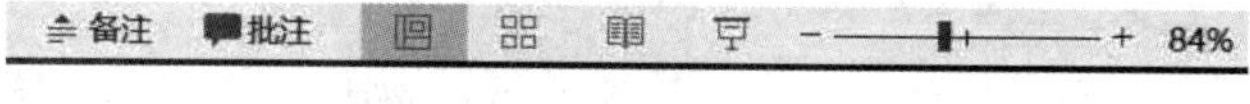

图 5-9 视图栏

5.2 演示文稿软件 PowerPoint 2016 功能介绍

5.2.1 新建演示文稿

当用户启动 PowerPoint 2016 时，系统会自动提示新建空白演示文稿。另外，用户还可以在打开的演示文稿中单击“文件”选项卡中的“新建”按钮，创建新的演示文稿。

PowerPoint 2016 强大的功能使用户创建演示文稿非常方便，其具体操作如下。

在打开的 PowerPoint 2016 演示文稿中，在快速启动栏中单击下拉按钮，在弹出的下拉菜单中单击“新建”命令，如图 5-10 所示。

单击此处添加标题
单击此处添加副标题

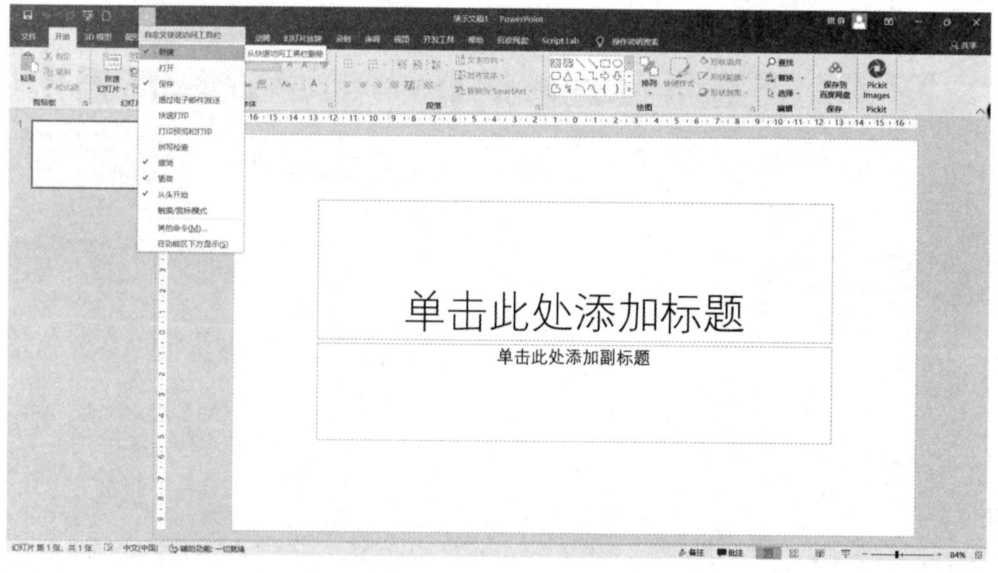

图 5-10 新建空白演示文稿

另外，利用 PowerPoint 2016 还可以使用模板创建演示文稿。单击“文件”选项卡，并单击“新建”选项，在弹出的“可用模板和主题”列表中选择任意一种模板后，单击“创建”按钮即可创建模板文稿，图 5-11 所示为“城市设计”模板文稿。

图 5-11　“城市设计”模板文稿

5.2.2　添加新幻灯片

在创建好的演示文稿中，添加新幻灯片的具体操作步骤如下。

（1）启动 PowerPoint 2016，打开 PowerPoint 2016 的工作界面后，单击“开始”选项卡的“幻灯片”组中的“新建幻灯片”按钮，在弹出的 Office 主题版式中选择对应版式的幻灯片，如图 5-12 所示，新建“标题”版式的幻灯片。

（2）选中幻灯片窗口中新建的幻灯片并右击，在弹出的快捷菜单中单击“新建幻灯片”命令，如图 5-13 所示。

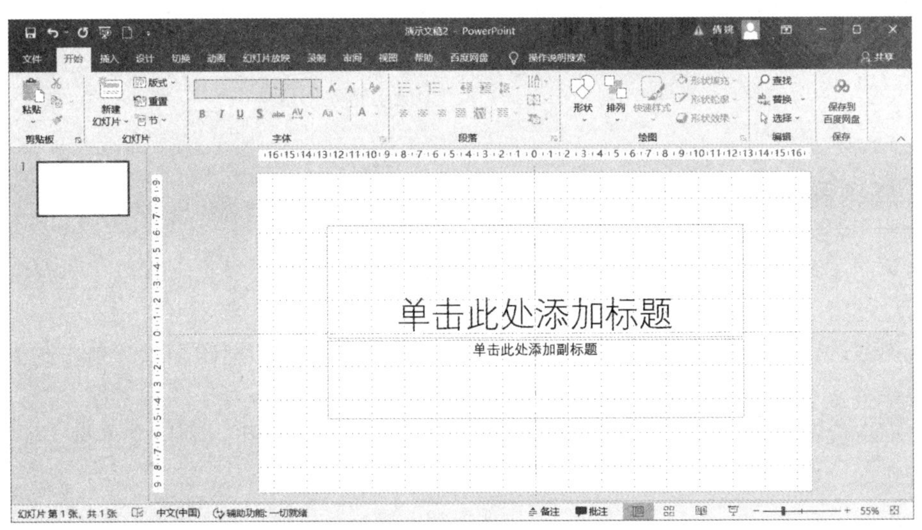

图 5-12　“标题”版式的幻灯片

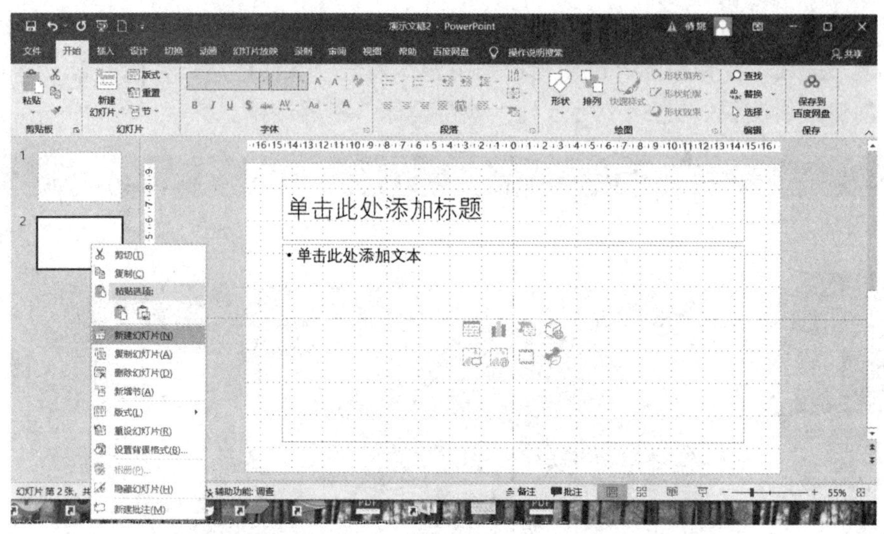

图 5-13 “新建幻灯片”命令

（3）新建的幻灯片即显示在左侧的幻灯片窗口中，如图 5-14 所示。

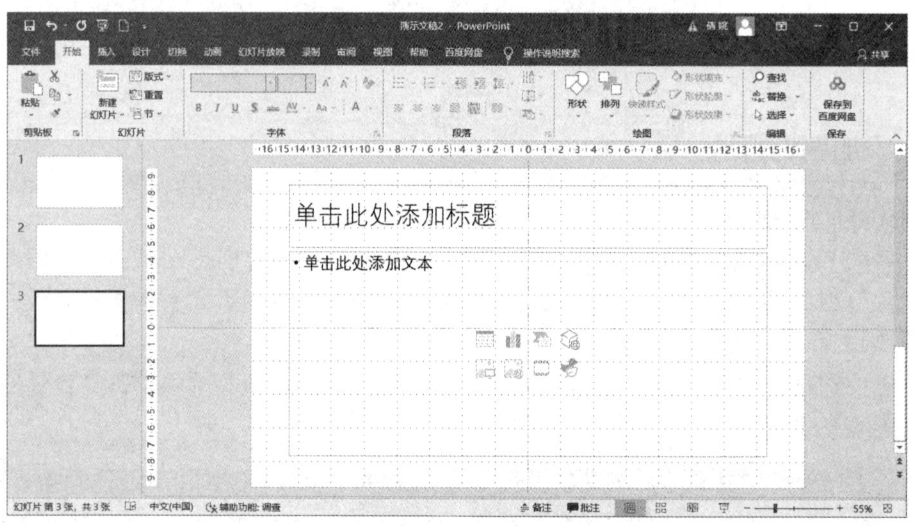

图 5-14 在幻灯片窗口中显示新建幻灯片

5.2.3 输入和编辑内容

在编辑演示文稿时，一般要求内容简洁、重点突出。所以可以将文本以多种灵活的方式添加至幻灯片中。

输入内容：在普通视图中，幻灯片中会出现“单击此处添加标题”或“单击此处添加副标题”等提示文本框，这种文本框被统称为“文本占位符”。

在文本占位符中可以直接输入标题、文本等内容，此外，还可以利用文本框，输入文本、符号及公式等，如图 5-15 所示。

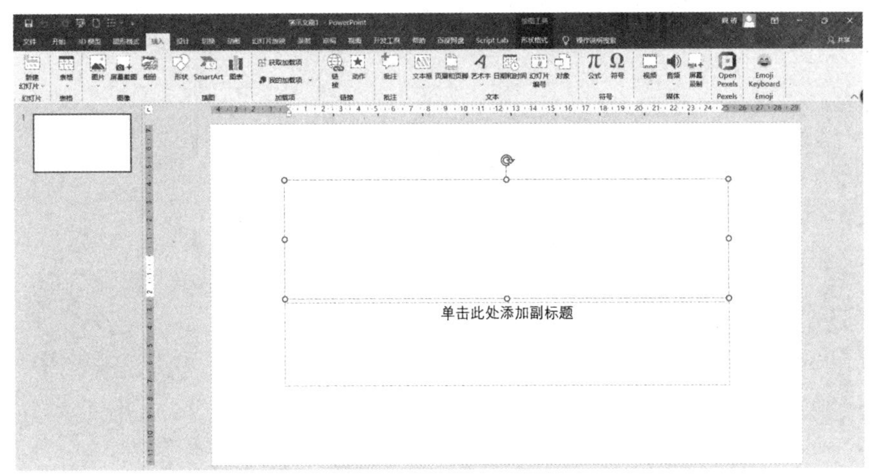

图 5-15 文本占位符

在 PowerPoint 2016 中，输入文本的方法如下。

方法一：在文本占位符中输入文本。

在文本占位符中输入文本非常简单，单击文本占位符即可输入文本。同时，输入的文本会自动替换文本占位符中的提示性文字。这是 PowerPoint 2016 最基本、最方便的一种输入方式。例如，在"单击此处添加标题"的文本占位符中输入文本"海纳百川"，结果如图 5-16 所示。

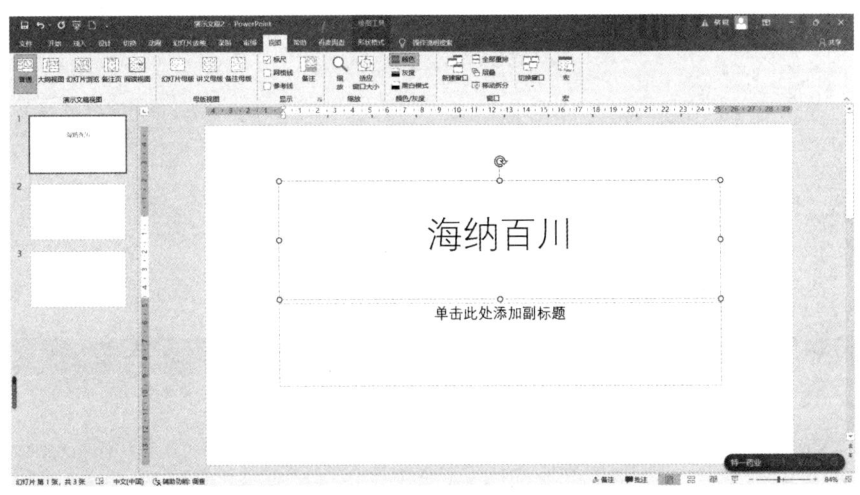

图 5-16 在文本占位符中输入文本

方法二：在大纲窗口中输入文本

在大纲窗口中也可以直接输入文本，并且可以浏览所有幻灯片的内容。单击"视图"选项卡的"演示文稿视图"组中的"大纲视图"选项。在大纲窗口中单击，将鼠标光标定位在幻灯片右侧，直接输入文本"计算机应用基础"，原文本占位符处的文本将被替换，如图 5-17 所示。

方法三：在文本框中输入文本。

幻灯片中文本占位符的位置是固定的，如果在幻灯片的其他位置输入文本，可以先新建一个文本框，再在新建文本框中输入文本，如图 5-18 和图 5-19 所示。

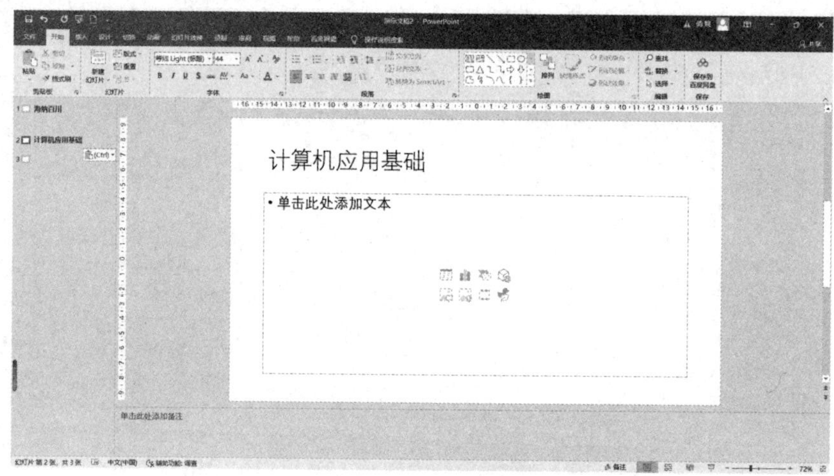

图 5-17　在大纲窗口中输入文本

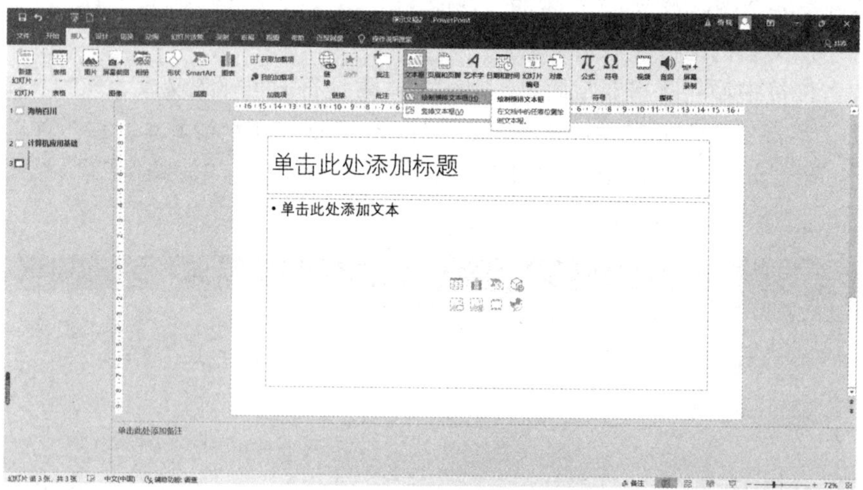

图 5-18　绘制文本框

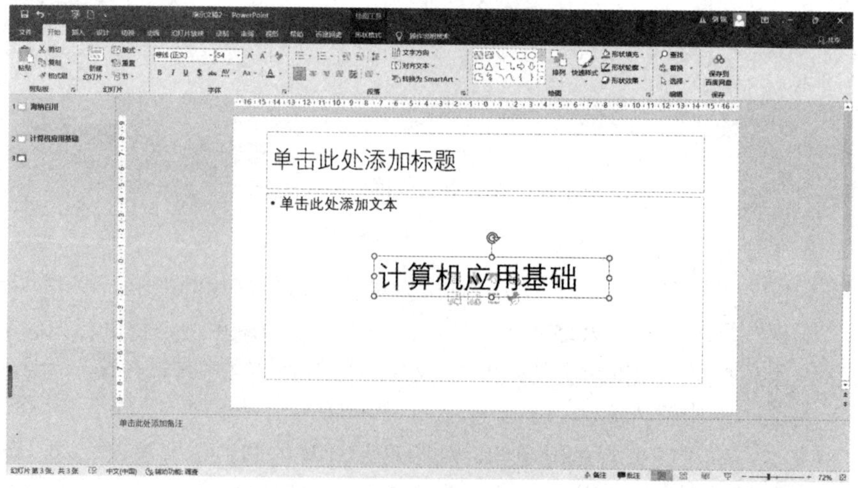

图 5-19　在新建的文本框中输入文本

5.2.4　设置字体、段落格式

在演示文稿中输入文本后，可以通过以下两种方法设置字体格式。

方法一：选中要设置的文本后，在悬浮的设置选项卡中设置文本的字体、大小、样式、颜色，并设置对齐方式、行距等，如图 5-20 所示。

图 5-20　“悬浮”功能区设置字体段落

方法二：单击“字体”组右下角的“ ”按钮，打开“字体”对话框，对文本进行设置，如图 5-21 所示；单击“段落”组右下角的“ ”按钮，打开“段落”对话框，对段落相关参数进行设置，如图 5-22 所示。

图 5-21　设置文本

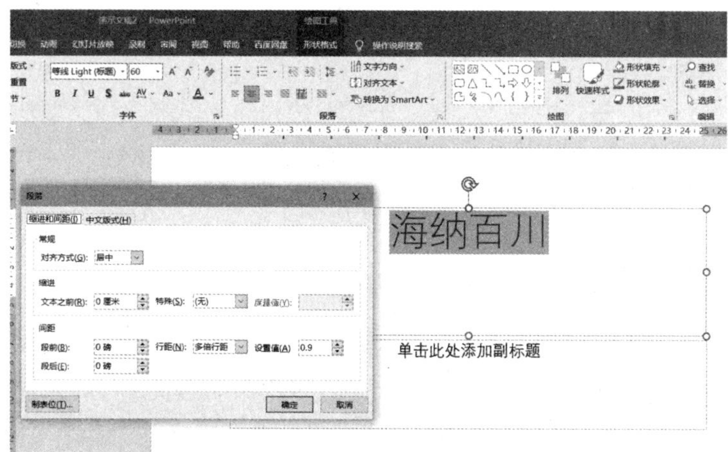

图 5-22　设置段落

5.2.5 插入艺术字

在演示文稿中，适当地更改文本的外观，为文本添加艺术字效果，可以使文本看起来更加美观。利用 PowerPoint 2016 中的艺术字功能插入装饰文本，可以创建带阴影的、扭曲的、旋转的和拉伸的艺术字，也可以按预定义的形状创建文本，如图 5-23 所示。

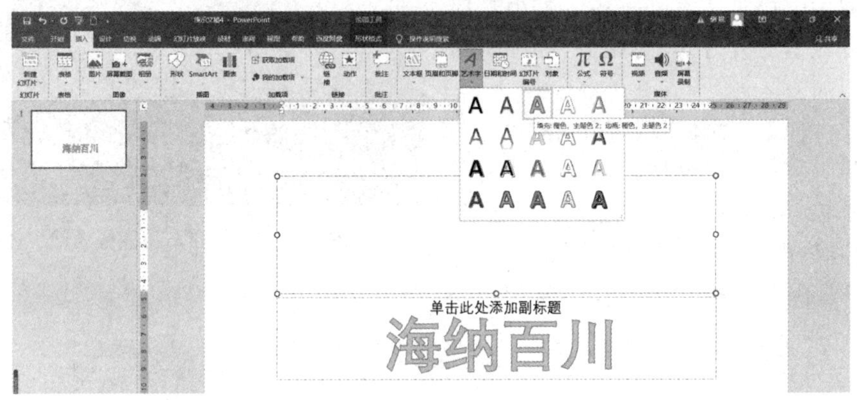

图 5-23　插入艺术字

5.2.6 设置艺术字

插入的艺术字仅具有一些美化的效果，如果要设置更艺术的字体，则需要设置艺术字。

单击“形状格式”选项卡的“艺术字样式”组中的“文本效果”按钮后，弹出的列表中各项含义如下。

（1）阴影：阴影中有无阴影、外部、内部和透视等几种类型。勾选“阴影选项”复选框，则可对阴影进行更多的设置。

（2）映像：映像中有无映像和映像变体两种类型。

（3）发光：发光中有无发光和发光变体两种类型，单击“其他亮色”选项，可以对发光的艺术字进行更多颜色的设置。

（4）棱台：棱台中有无棱台效果和棱台两种类型，单击“三维选项”选项，可以对艺术字的棱台进行更多的设置。

（5）三维旋转：三维旋转中有无旋转、平行、透视和倾斜等几种类型，单击“三维旋转选项”选项，可以对艺术字的三维旋转进行更多的设置。

（6）转换：转换中有无转换、跟随路径和弯曲等几种类型。

5.2.7 个性化的形状组合外观设计

为了方便设计幻灯片外观效果，PowerPoint 2016 中允许通过单击“插入”选项卡的“插图”功能区的“形状”按钮来设置形状，或者通过多次添加形状进行布尔运算来设计幻灯片的外观。当插入多个形状及对象时，可以选中多个形状及对象进行“结合”“组合”“拆分”“相交”“剪除”等布尔运算，如图 5-24 所示。

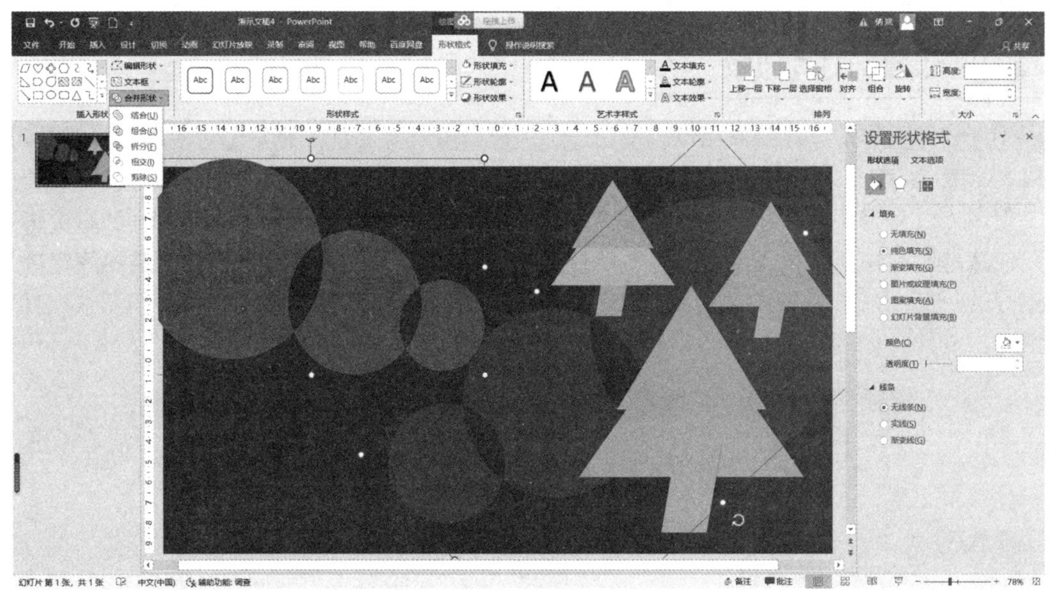

图 5-24　进行布尔运算

5.2.8　设置幻灯片的版式

幻灯片版式包含幻灯片上显示的全部内容的格式设置、位置和占位符。PowerPoint 2016 中包含标题幻灯片、标题和内容、节标题等多种基于母版的内置幻灯片版式，如图 5-25 所示。

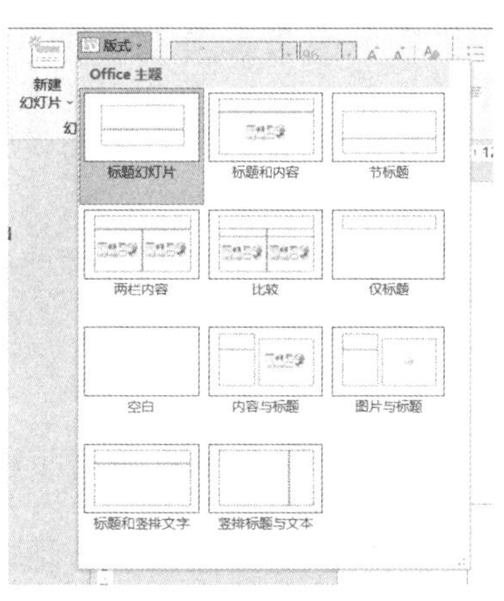

图 5-25　幻灯片版式

5.2.9　设置幻灯片的主题

为了使当前的演示文稿整体搭配合理，用户需要对演示文稿的整体框架进行搭配，还需要对演示文稿进行颜色、字体和效果设置。PowerPoint 2016 自带的主题样式比较多，用户可以根据当前的需要选择其中的任意一种。使用 PowerPoint 2016 自带的模板设置主题的具体操作步骤如下。

如图 5-26 所示，首先选择需要设置主题颜色的幻灯片，单击“设计”选项卡的“主题”组右侧的下拉按钮，在弹出的“主题”下拉菜单中可以选择更多的主题效果样式。被选中的主题模板将直接应用于当前幻灯片；单击“变体”组右侧的下拉按钮，在弹出的“颜色”“字体”“效果”“背景样式”下拉菜单中可以进行快速个性化选择，设置幻灯片外观。

图 5-26　幻灯片“主题”设置

5.2.10 设置幻灯片母版

幻灯片母版与幻灯片模板相似，使用幻灯片母版最重要的优点是在幻灯片母版、备注母版或讲义母版上，均可以对与演示文稿关联的每个幻灯片、备注页面或讲义的样式进行全局修改。

使用幻灯片母版，为幻灯片添加标题、文本、背景图片、颜色主题、动画，修改页眉页脚等，可以快速地制作出所需的幻灯片。可以将幻灯片母版的背景设置为纯色、渐变或图片等效果，在幻灯片母版中对占位符的位置、大小和字体等格式更改后，可以将其自动应用于对应母版的所有幻灯片，如图 5-27 所示。

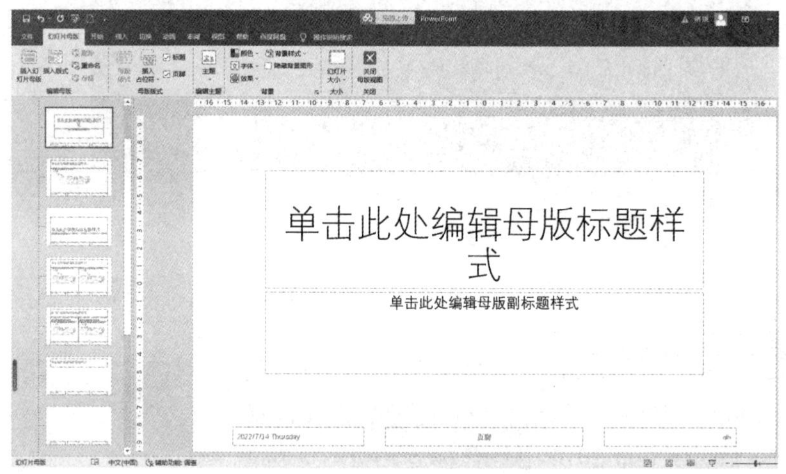

图 5-27 设置幻灯片母版

5.2.11 插入图片

在制作幻灯片时，适当地插入一些图片，可以使幻灯片看起来更美观，如图 5-28 所示。

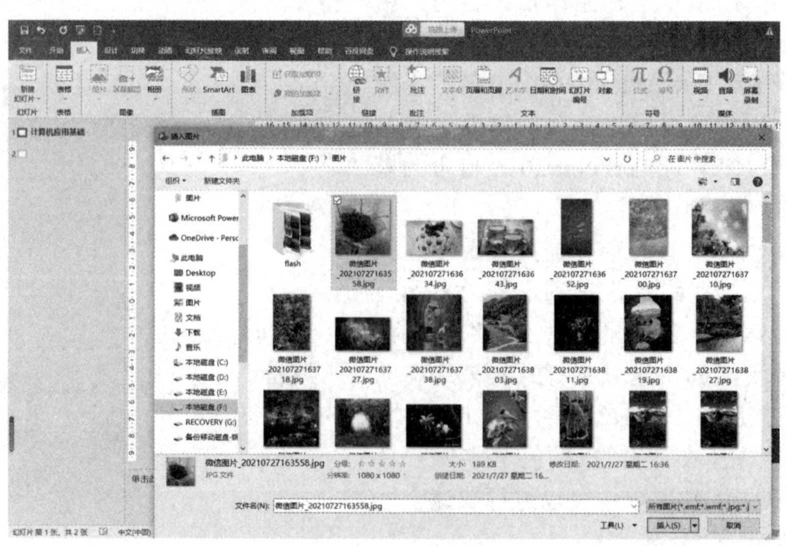

图 5-28 插入图片

5.2.12　插入图表

在幻灯片中插入图表，可以使幻灯片的内容更丰富。形象直观的图表与文字数据相比更容易让人理解，插入图表的幻灯片可以让结构和逻辑更加清晰。

在 PowerPoint 2016 中，可以插入幻灯片中的图表包括柱形图、折线图、饼图、条形图、面积图、XY（散点图）、股价图、曲面图、雷达图、树状图、旭日图、直方图、箱形图、瀑布图、组合图。从“更改图表类型”对话框中可以体现出图表的分类，如图 5-29 所示。

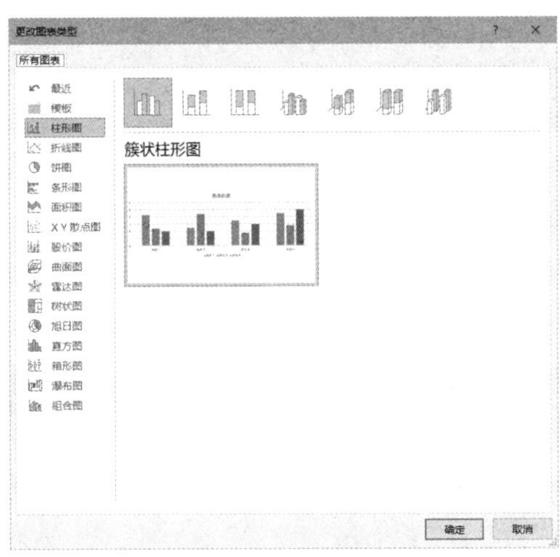

图 5-29　插入图表

5.2.13　插入视频、音频，以及录制屏幕

在制作幻灯片时，可以插入视频、音频，以及录制屏幕。视频或音频的来源有多种，可以是 PowerPoint 2016 自带的影片或声音，也可以是用户在计算机中下载，或者用户制作的影片或声音，如图 5-30 和图 5-31 所示。此外，PowerPoint 2016 还允许用户在系统区域录制视频。

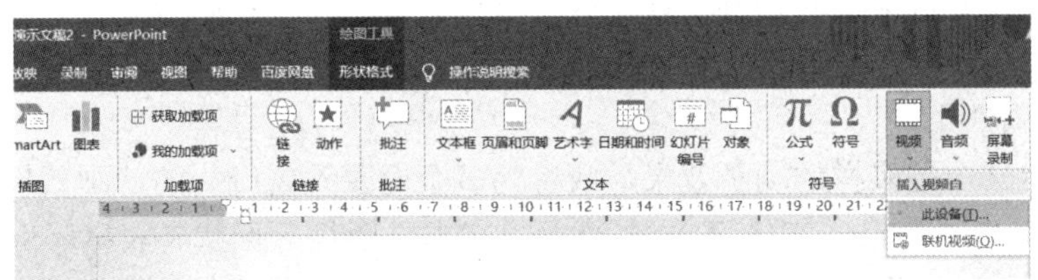

图 5-30　插入视频

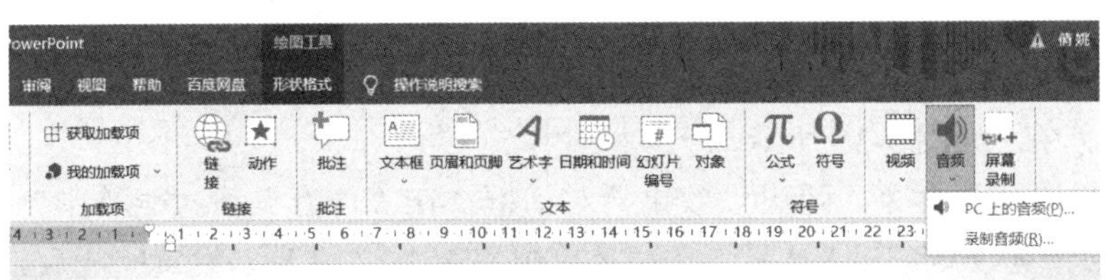

图 5-31　插入音频

5.2.14 添加设置幻灯片切换效果

切换效果是指由一张幻灯片切换到另一张幻灯片时屏幕显示的过渡效果，用户可以根据情况设置不同的切换方案及切换的速度。为幻灯片添加切换效果，可以使幻灯片在放映时更生动形象，图 5-32 所示为设置幻灯片切换效果。

图 5-32　设置幻灯片切换效果

5.2.15 设置切换声音效果及切换速度

在切换幻灯片时，用户可以为其设置持续的时间，从而控制切换的速度，以便查看幻灯片的内容。也可以设置换片的方式及切换声音效果，如图 5-33 所示。

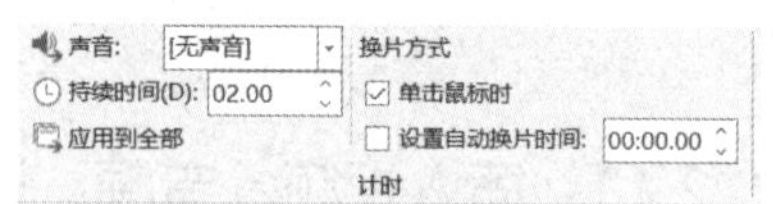

图 5-33　设置切换声音效果及切换速度

5.2.16 应用动画方案

动画可以为文本或对象添加特殊视觉或声音效果。常见的动画效果在一张幻灯片切换到另一张幻灯片时出现，这种动画也可以使用在文字或图形上，使文字或图形具有可视的效果。

1）设置动画效果

如果想要定义一些多样的动画效果，或者为多个对象设置统一的动画效果，则可以自定义动画。可以将 PowerPoint 2016 演示文稿中的文本、图片、形状、表格、SmartArt 图形和其他对象制作成动画，赋予它们进入、退出、大小、颜色变化或移动等视觉效果。但需要注意的是，在使用动画时，要遵循动画的醒目、自然、适当、简化及创意原则。动画列表如图 5-34 所示。

在“动画窗格”窗口中右击，在弹出的快捷菜单中单击设置添加的动画效果，这里单击“从上一项开始”命令，如图 5-35 所示。

单击“效果选项”命令，弹出“效果”对话框，在“声音”下拉菜单中单击“爆炸”选项。单击“计时”选项卡，在“重复”下拉菜单中单击“2”选项，设置完成后，单击“确定”按钮，如图 5-36 所示。

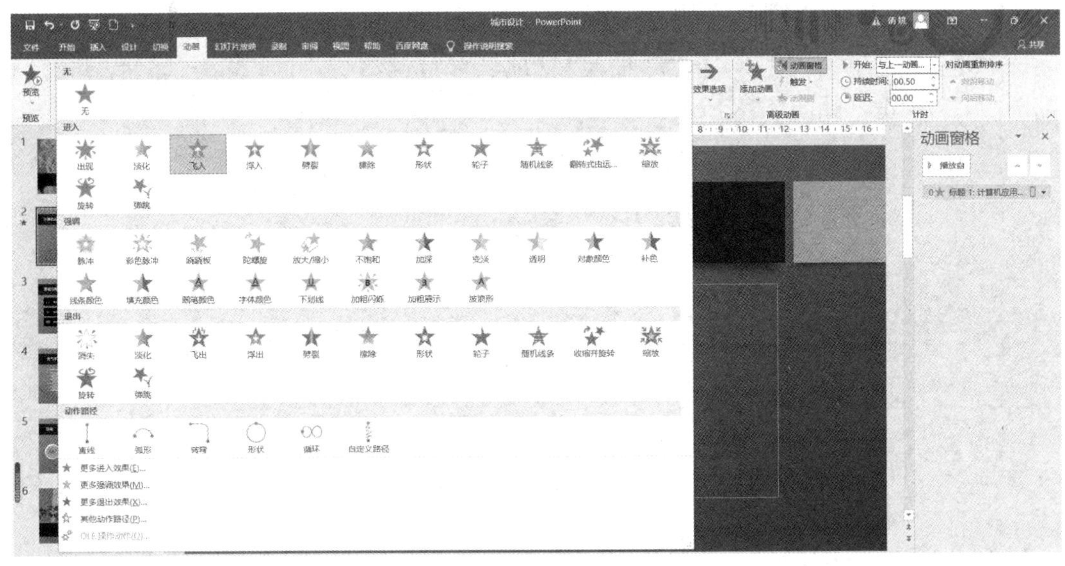

图 5-34　动画列表

2）设置动画播放顺序

添加完动画效果之后，还可以调整动画的播放顺序。打开文件，单击“动画”选项卡的“高级动画”组中的“动画窗格”按钮，弹出“动画窗格”窗口。选择“动画窗格”窗口中需要调整顺序的动画，并单击下方的“重新排序”左侧或右侧的按钮调整即可。

3）动作路径

PowerPoint 2016 提供了一些动作路径效果，可以使对象沿着路径展示其动画效果。选择要设置的对象，单击“动画”选项卡的“高级动画”组中的“添加动画”按钮，在弹出的下拉菜单中选择需要使用的动作路径，如图 5-37 所示。

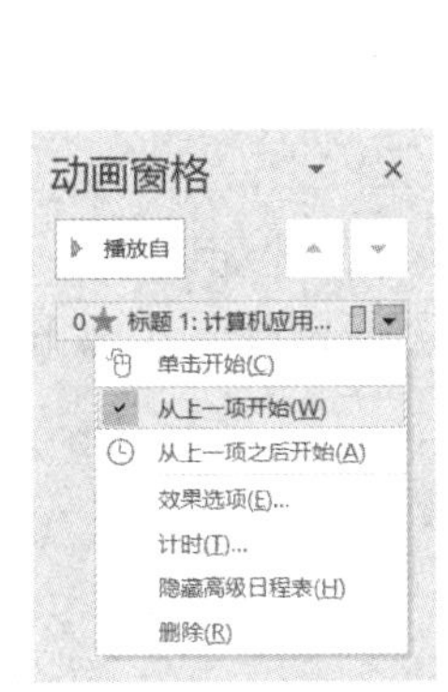

图 5-35　“从上一项开始”菜单命令

图 5-36　“计时”选项卡

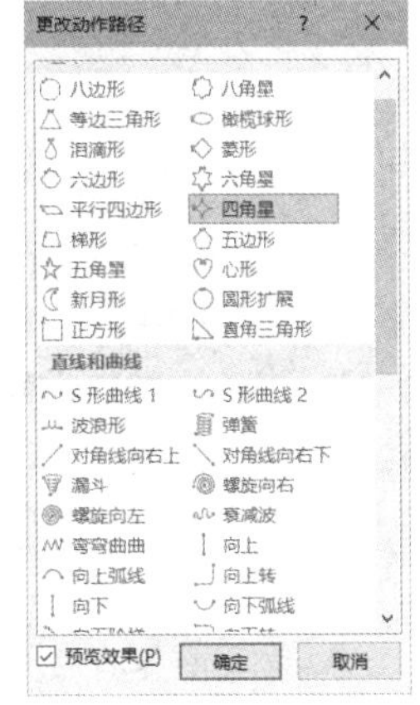

图 5-37　添加动作路径的效果

5.2.17　设置演示文稿的链接

在 PowerPoint 2016 中，超链接可以是从一张幻灯片到同一演示文稿中另一张幻灯片的链接，也可以是从一张幻灯片到不同演示文稿中另一张幻灯片的电子邮件地址、网页或文件的链接等。

1）为文本创建链接

选中要创建超链接的文本，单击“插入”选项卡的“链接”组中的“链接”按钮，弹出“插入超链接”对话框，如图 5-38 所示。

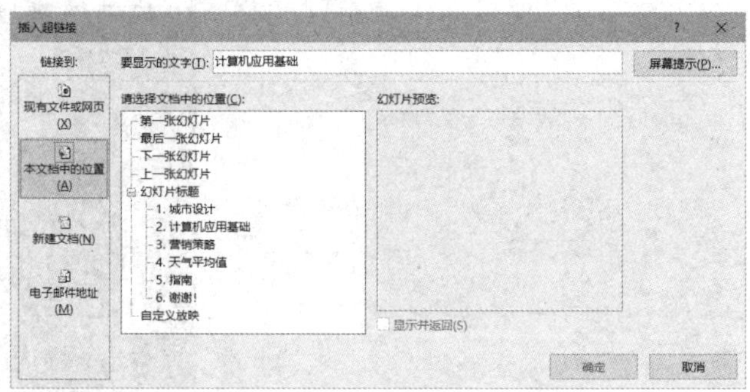

图 5-38　“插入超链接”对话框

2）链接到其他幻灯片

为幻灯片创建链接时，除了可以将对象链接到当前幻灯片中，也可以链接到其他文稿中，如图 5-39 所示。

图 5-39　选择链接位置

3）链接到电子邮件

可以将 PowerPoint 中的幻灯片链接到电子邮件中。

在“插入超链接”对话框中，单击“链接到”列表框中的“电子邮件地址”选项，在文本框中分别输入“电子邮件地址”与邮件的“主题”，最后单击“确定”按钮即可，如图 5-40 所示。

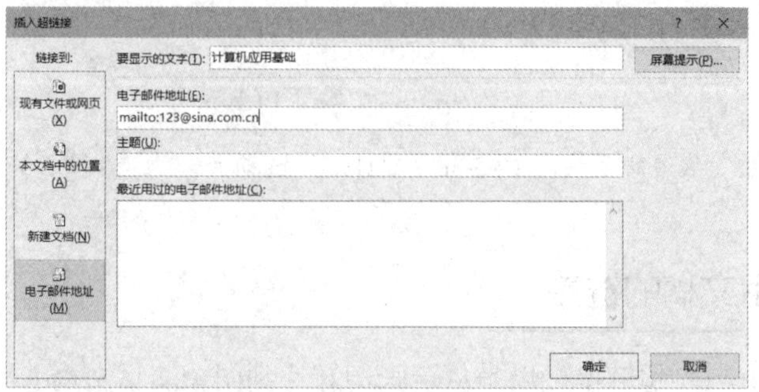

图 5-40　输入电子邮件地址

4）链接到网页

幻灯片的链接对象还可以是网页。在幻灯片的放映过程中单击幻灯片中的文本链接，就可以打开指定的网页。选择文本对象后，单击“插入”选项卡的“链接”组中的“动作”按钮，弹出“操作设置”对话框，如图 5-41 所示。

在“单击鼠标”选项卡中勾选“超链接到”单选按钮，然后在“超链接到”下拉菜单中单击“URL”选项，弹出“超链接到 URL”对话框。在“URL”文本框中输入网页的地址，单击“确定”按钮，返回“操作设置”对话框，最后单击“确定”按钮即可完成链接设置，如图 5-41 所示。

图 5-41　“操作设置”对话框

5）编辑超链接

创建超链接后，用户还可以根据需要更改超链接或取消超链接。右击要更改的超链接对象，在弹出的快捷菜单中单击“编辑超链接”命令。如果当前幻灯片不需要再使用超链接，可以右击要取消的超链接对象，在弹出的快捷菜单中单击“取消超链接”命令。取消超链接后，文本颜色将恢复为创建超链接之前的颜色。

5.2.18　放映幻灯片

在公共场合演示幻灯片时需要掌握好放映时间，因此需要设置幻灯片放映时的停留时间。用户可以根据实际需要，设置幻灯片的放映方法，如普通手动放映、自动放映、自定义放映和排列计时放映等。

1. 普通手动放映

在默认情况下，幻灯片的放映方式为普通手动放映。所以，一般来说普通手动放映是不需要设置的，可以直接手动放映幻灯片。单击“幻灯片放映”选项卡的“开始放映幻灯片”组中的“从头开始”按钮，如图 5-42 所示，系统开始放映幻灯片，滑动鼠标或按“Enter”键可以切换动画及幻灯片。

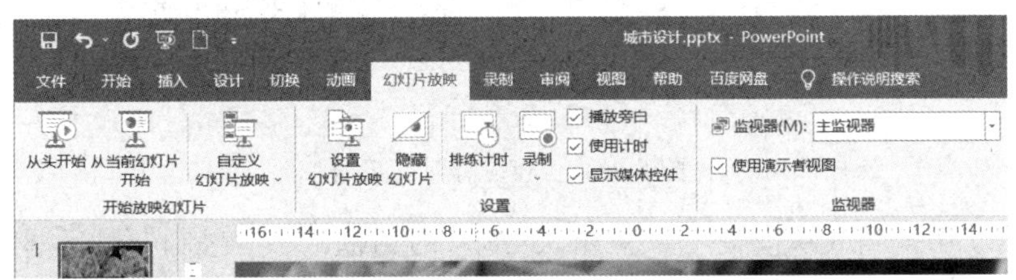

图 5-42　“从头开始”按钮

2. 自定义放映

利用 PowerPoint 2016 的“自定义幻灯片放映”功能，可以自定义设置幻灯片、放映部分幻灯片等。单击“幻灯片放映”选项卡的“开始放映幻灯片”组中的“自定义幻灯片放映”按钮，在弹出的下拉菜单中单击“自定义放映”命令，弹出“自定义放映”对话框，如图 5-43 所示，单击“新建”按钮，弹出“定义自定义放映”对话框，选中需要放映的幻灯片，单击“添加”按钮，最后单击“确定”按钮即可创建自定义放映列表，如图 5-44 所示。

图 5-43 “自定义放映”对话框

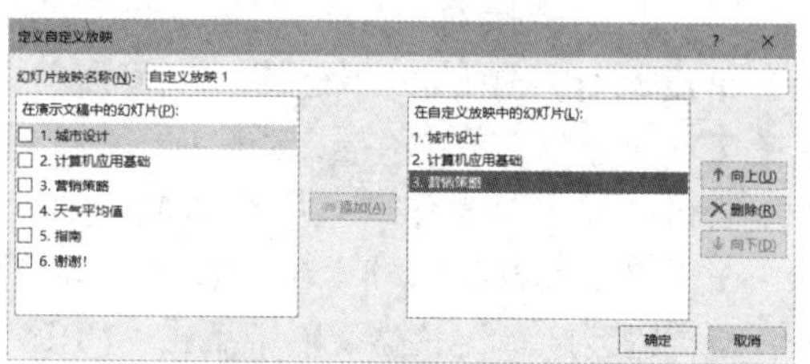

图 5-44 “定义自定义放映”对话框

3. 设置放映方式

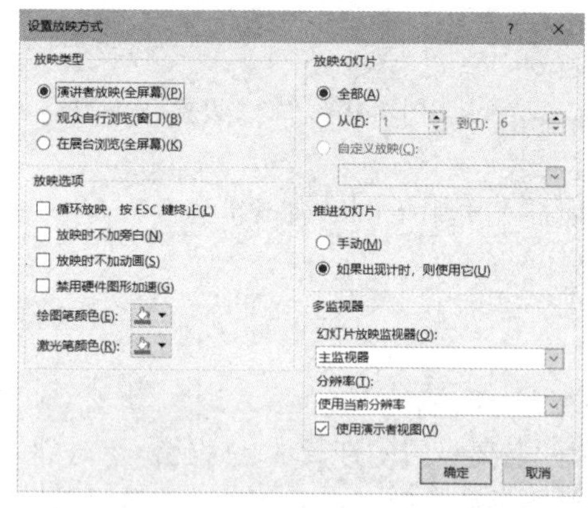

图 5-45 “设置放映方式”对话框

通过使用“设置幻灯片放映”功能，用户可以自定义放映类型，设置自定义放映幻灯片、放映类型和放映选项等。

图 5-45 所示为“设置放映方式”对话框，对话框中各选项区域的含义如下。

“放映类型”区域：用于设置放映的操作对象，包括演讲者放映、观众自行浏览和在展台浏览。

“放映选项”区域：用于设置是否循环放映、添加旁白和动画，以及设置绘图笔颜色。

“放映幻灯片”区域：用于设置具体播放的幻灯片。在默认情况下，选择全部播放。

“推进幻灯片”区域：用于设置换片方式，包括“手动”和“如果出现计时，则使用它”两种方式。

4. 使用排练计时

单击“幻灯片放映”选项卡的“设置”组中的“排练计时”按钮，如图 5-46 所示。

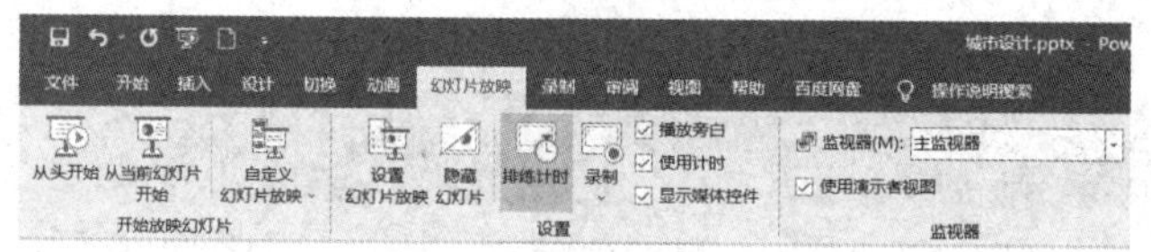

图 5-46 “排练计时”按钮

系统会自动切换到放映模式，并弹出“录制”对话框，在“录制”对话框中会自动计算出当前幻灯片的排练时间，时间的单位为 s，如图 5-47 所示。

排练完成，系统会弹出“Microsoft PowerPoint”对话框，显示当前幻灯片放映的总时间。单击“是”按钮，即可完成幻灯片的排练计时，如图 5-48 所示。

图 5-47 “录制”对话框

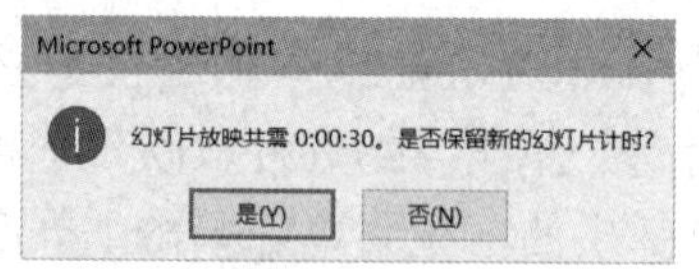

图 5-48 “Microsoft PowerPoint”对话框

5.2.19　演示文稿设计

1. 罗兰贝格的演示文稿的框架

罗兰贝格公司是一家知名的咨询公司，该公司设计的文稿更多地被用于阅读和浏览，帮助用户梳理信息和逻辑。演示文稿软件主要扮演排版工具的角色，而演示文稿本身的逻辑与数据能清晰、无误、严谨地表达是关键。罗兰贝格公司将演示文稿的框架分为以下几种基本页面。

（1）目录页。目录页是用于呈现整体演示文稿框架与纲要的基本页面，对整个演示文稿的内容起到归纳的作用；目录页可以使整个演示文稿的内容框架清晰，内容逻辑条理与相互关系明确。可以采取不同的版式页面以超链接的方式与内容页建立关联。

（2）内容页。内容页可以分页显示不同逻辑的部分内容。

（3）图表。图表可依据数据特点选择，反映数据之间的比较、趋势及比例构成等。

（4）表格。表格对于数据的表达与图表有相似之处，表格更倾向于多维度数据分析和呈现。可以用色块和颜色区分数据逻辑，大大提高用户对数据的逻辑辨识效率和视觉感受。

（5）结论页。结论页对内容的归纳总结，在整篇演示文稿中起到“画龙点睛”的作用。这类页面更依赖扁平化的图标和图形进行排版和设计。

（6）其他页面。封面页、封底页、过渡页、转场页等也是构成完整演示文稿的不可或缺的部分。

2. 基于母版与设计主题的演示文稿的排版

一篇贴合内容和主旨的幻灯片，可以根据罗兰贝格的几种类型的幻灯片进行整体架构。根据内容所要表达的主题，从版式、颜色、元素、图标等方面整体进行排版和设计。

一篇演示文稿的风格应该统一、规范，版式种类不宜过多。相同逻辑的幻灯片可以统一为一种版式。选择颜色时要注意主色调和辅色调，在一篇演示文稿中不宜超过 3 种以上的颜色，颜色搭配可以选择相近色之间的搭配，对比色的搭配，黑白灰三种基本颜色的相互搭配。可以在“设计”选项卡的“主题”组中实现主题风格的统一；也可以在设计“主题”组中及“变体”组中尝试搭配不同的颜色、字体、效果和背景样式，使其呈现个性化特点。如果批量修改同一版式的幻灯片，则可以通过单击“视图”选项卡的“母版视图”组中的“幻灯片母版”按钮来实现。

在设计演示文稿时，人们往往会忽视对基本元素的规整与设计，如字体、段落格式的设置。而设计简洁、优雅、整齐的版面视觉效果首先要注意的就是字体和段落格式的排版。因此，在大纲视图中，选中需要的文字和段落，在“开始”选项卡统一设置字体及段落格式。

此外，扁平化的小图标和卡通风格的图片也是丰富页面、充实页面设计效果非常重要的元素，尤其是目录页的项目符号或小标题的风格化的装饰，可以在统一的风格中表现不同演示文稿的风格偏向与个性。平时，用户可以在图库、搜索引擎等各大图片网站积累自己的图片库。

3. 创建“节”管理长文档演示文稿

在制作演示文稿时，制作与管理长文档比较困难。在 PowerPoint 2016 中，可以用创建“节”的功能轻松实现对长文档的管理。如图 5-49、图 5-50 所示，可以单击“开始”选项卡的“幻灯片”组中的“节”按钮，轻松创建节，并实现对长文档幻灯片的“节”管理及重命名等，在幻灯片窗口中实现折叠和伸展功能。

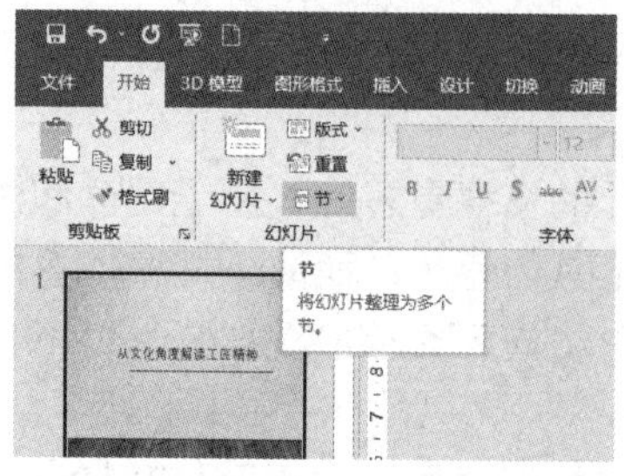

图 5-49　创建新“节”

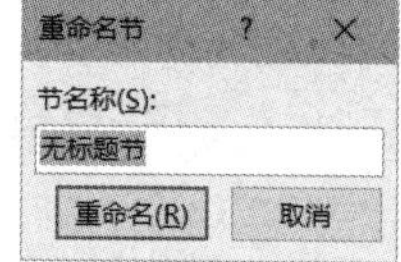

图 5-50　重命名“节”名称

5.3　PowerPoint 2016 项目实训

5.3.1　项目一：设计《当代大学生应具备的素质和能力》主题幻灯片

实训目的：

（1）熟练掌握演示文稿的新建、打开、保存和退出操作。

（2）熟练掌握幻灯片的插入、复制、移动和删除操作。

（3）熟练掌握幻灯片中新建幻灯片版式和版式修改。

（4）熟练掌握超链接的添加和主题、背景格式的设置。

（5）熟练掌握幻灯片中应用形状、图片、SmartArt 的方法。

（6）熟练掌握幻灯片的切换方式和切换效果。

（7）熟练掌握动作按钮的添加与超链接的设置。

要求：

（1）打开“素材\项目一 .pptx”文件，在第 1 张幻灯片前面添加标题幻灯片，输入主标题为“当代大学生必备的素质与能力”，设置字体为“微软雅黑”，字号为 48；副标题中输入“信息技术学院计算机应用系”，设置字体为“微软雅黑”，字号为 18；所有幻灯片应用“带状”主题，在“设计”选项卡中设置幻灯片背景为“变体”，office 组为“蓝色”。

（2）为第 1 张幻灯片插入素材文件夹中的“项目一 1.jpg”图片文件，删除图片背景；插入图文框，并旋转图文框的角度，修改其颜色为“白色”，透明度为 70%；插入两个云形形状，组合并修改云形的透明度为 10%。

（3）修改第 3 张幻灯片版式为“两栏内容”，左栏内容插入基本 SmartArt 图形排版，图形颜色设置为“彩色范围-个性色 2 至 3”，右栏插入图片文件“项目一 3.png”，设置图片效果为“预设 12”。

（4）在第 1 张幻灯片后面新建 1 张“标题与内容”版式的幻灯片。按样张输入文本，并添加样张所示的项目符号。为项目文本分别添加超链接，超链接到内容页幻灯片。

（5）修改超链接的主题颜色为“粉红，超链接”，已访问的超链接颜色为“浅蓝，文字 2”。

（6）第 1 张幻灯片设置为“华丽型”组“帘式”幻灯片切换效果，切换方式为“鼠标单击时”；其他幻灯片设置为“动态内容”组“窗口”幻灯片切换效果，切换方式为“自动换片”，时间为“4 秒钟”。

操作步骤如下。

（1）打开“素材\项目一 .pptx”文件。如图 5-51 所示，新建标题幻灯片，将鼠标光标定位在第 1 张幻灯片前面，单击“开始”选项卡的“幻灯片”组中的“新建幻灯片”按钮，在弹出的下拉菜单中单击“标题幻灯片”版式，在主标题文本框中输入“当代大学生必备的素质与能力”。选中主标题，单击“开始”选项卡的“字体”组中的“字体”下拉按钮，设置字体为“微软雅黑”；单击“字号”下拉按钮，设置字号为 48。在副标题文本框中输入“信息技术学院计算机应用系”，设置字体为“微软雅黑”，字号为 18，加粗。在 PowerPoint 2016 工作界面中单击“设计”选项卡的“主题”组中的“其他”按钮，在弹出的下拉菜单中单击“内置”区域中的“带状”选项。在幻灯片窗口空白处右击，在弹出的下拉菜单中单击“用于所有的幻灯片”命令。在“变体”组中单击“颜色”按钮，在打开的“颜色”面板中设置 office 组为“蓝色”，如图 5-52 所示。

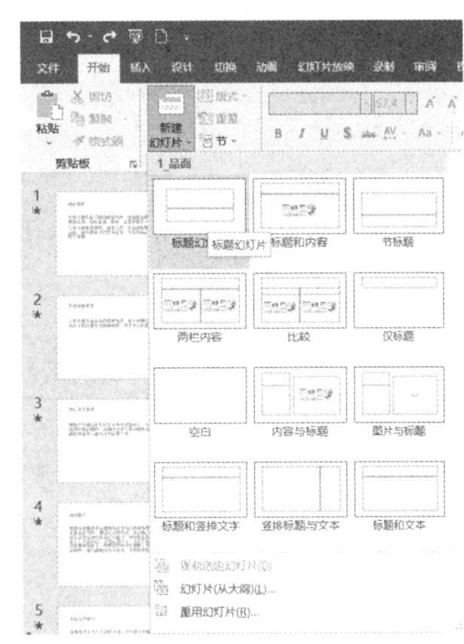

图 5-51　新建“标题幻灯片”

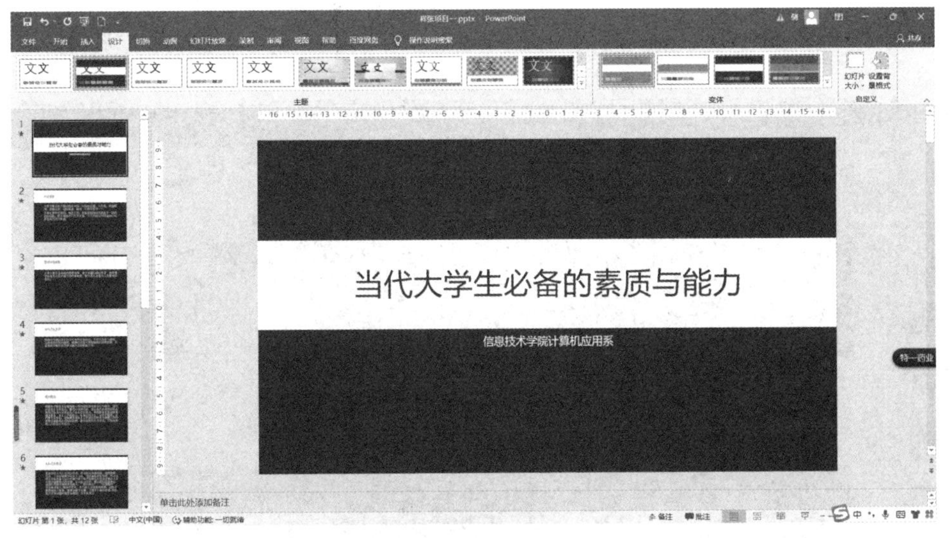

图 5-52　“带状”主题样式

（2）选中第 1 张幻灯片，单击“插入”选项卡的“图片”按钮，在弹出的对话框中的“插入图片来自”列表中单击“此设备”选项，并选中“项目一 1.jpg”图片文件。如图 5-53 所示，在图片“格式”选项卡中单击“删除背景”命令。

单击“插入”选项卡的“插图”组中的“形状”按钮。在“形状”下拉菜单中，单击基本形状中的“图文框”选项。单击“形状格式”选项卡“填充”按钮，在右侧“填充”区域中设置颜色为“白色”，透明度为 70%，并旋转其角度。如图 5-54 所示，单击“插入”选项卡的“插图”组中的“形状”按钮，在“形状”下拉菜单中单击基本形状组的“云形”选项。单击“形状格式”选项卡“填充”按钮，在“填充”区域中设置颜色为“白色”，透明度为 10%，并旋转其角度。复制一个“云形”，按住“Shift”键，将鼠标光标定位在“云形”的右上方，当出现双向箭头时，缩放云形大小。同时选中两个“云形”形状，单击“形状格式”选项卡的“合并形状”下拉菜单中“结合”命令。设置组合后的 “云形” 形状透明度为 10%，如图 5-55 所示。

图 5-53　删除图片背景　　　　图 5-54　插入“图文框”形状

图 5-55　组合形状并设置“云形”的透明度

（3）选中第 3 张幻灯片，如图 5-56 所示，单击“开始”选项卡的“幻灯片”组中的“版式”按钮，在弹出的下拉菜单中单击“两栏内容”选项。选中第一栏文本并右击，在弹出菜单中单击“转换为 SmartArt”列表中的“基本维恩”选项。单击“SmartArt 设计”选项卡中的“更改颜色”按钮，设置“彩色”为“彩色范围，个性色 2 至 3”，如图 5-57 所示。将鼠标光标定位于右侧栏中的占位符，单击“插入”选项卡的“图片”按钮，插入素材文件夹中的“项目一 3.png”图片文件；单击“图片格式”选项卡，设置“图片效果”为“预设 12”，如图 5-58 所示。

图 5-56　文字转换为 SmartArt 图形

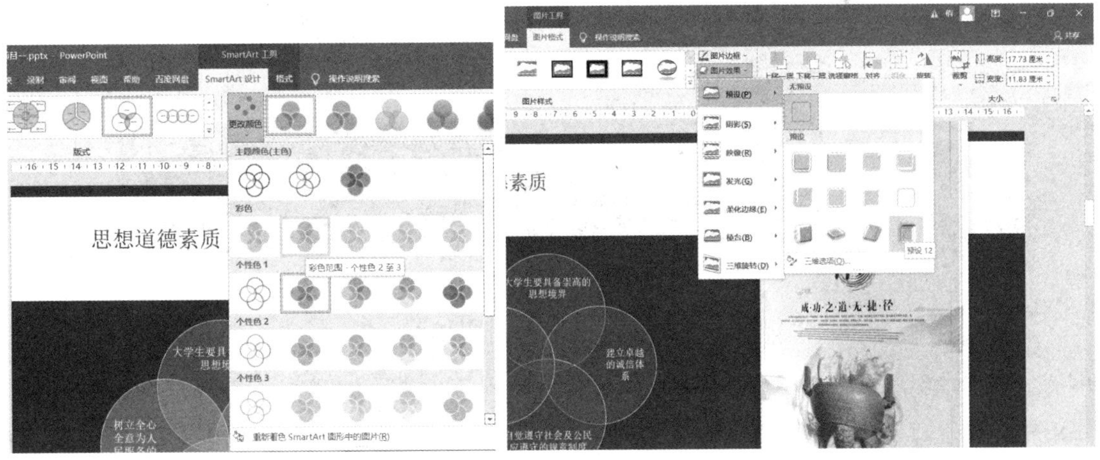

图 5-57　设置“SmartArt”的颜色外观　　　　图 5-58　设置图片预设效果

（4）将鼠标光标定位在第 1 张幻灯片下方，单击“开始”选项卡的“幻灯片”组中的“新建幻灯片”按钮，在弹出的列表中单击“标题与内容”幻灯片选项。单击内容及标题占位符，输入文本。选中文本，单击“开始”选项卡的“段落”组中的“项目符号”按钮，在弹出的下拉菜单中单击“项目符号与编号”选项。在弹出的对话框中单击“自定义”按钮，在“符号”对话框中单击“铃铛”符号，如图 5-59 和图 5-60 所示。选取项目文本，单击“插入”

选项卡的“链接”按钮，如图 5-61 所示，在弹出的“插入超链接”对话框的左侧菜单的“本文档中的位置”中选择内容页幻灯片。

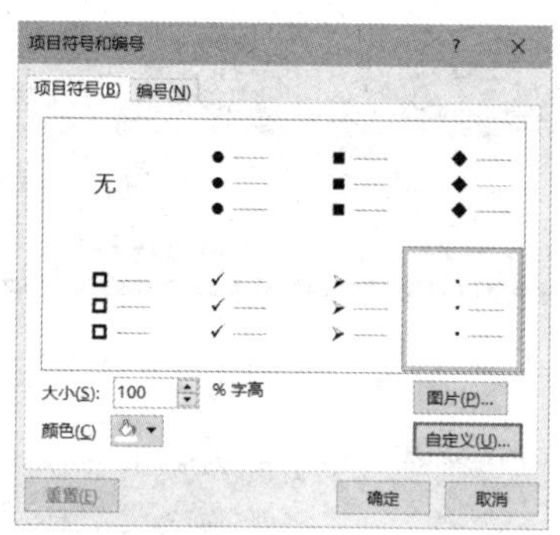

图 5-59　自定义项目符号和编号

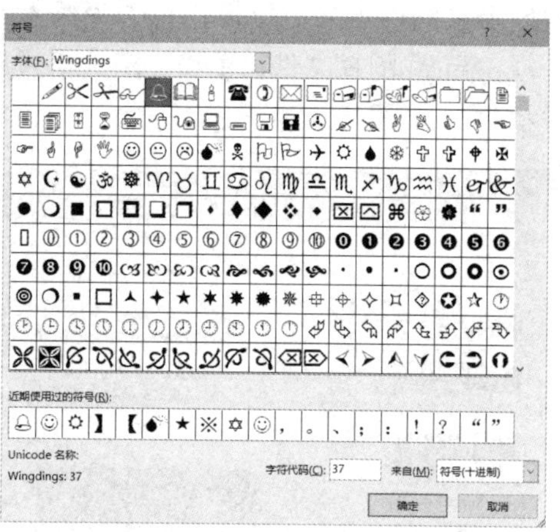

图 5-60　选择“铃铛”符号

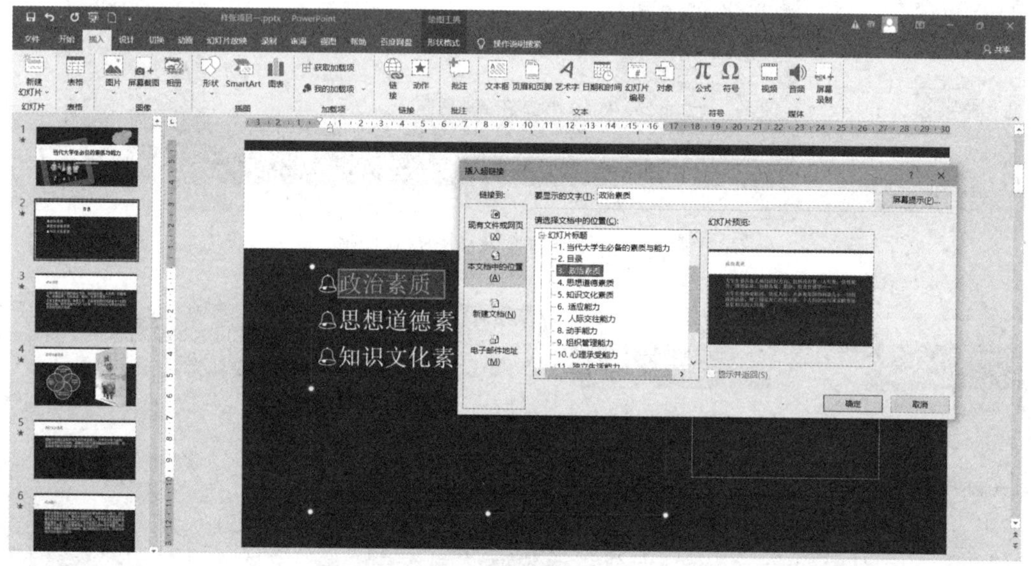

图 5-61　插入超链接

（5）如图 5-62 所示，单击“设计”选项卡的“变体”组右侧下方“其他”按钮。在弹出的下拉菜单中单击“颜色”列表中的“自定义颜色”选项。如图 5-63 所示，在弹出的“新建主题颜色”对话框中，单击“主题颜色”区域中的“超链接”按钮，更换“超链接”主题色为“粉红，超链接”；单击更换“已访问的超链接”按钮，更换“已访问的超链接”颜色为主题色“浅蓝，文字 2”。

（6）如图 5-64 所示，选中第 1 张幻灯片，单击“切换”选项卡的“切换到此幻灯片”组中的“华丽分组”中“帘式”按钮。在“计时”组中勾选“单击鼠标时”复选框。

选中第 2 张幻灯片，按住“Shift”键，选中最后一张幻灯片，单击“切换”选项卡的“动态内容”组中的“窗口”按钮，在弹出的“效果选项”下拉菜单中单击“自右侧”选项，在“计时”组中设置自动换片时间为“00:04:00”，取消勾选“单击鼠标时”复选框。

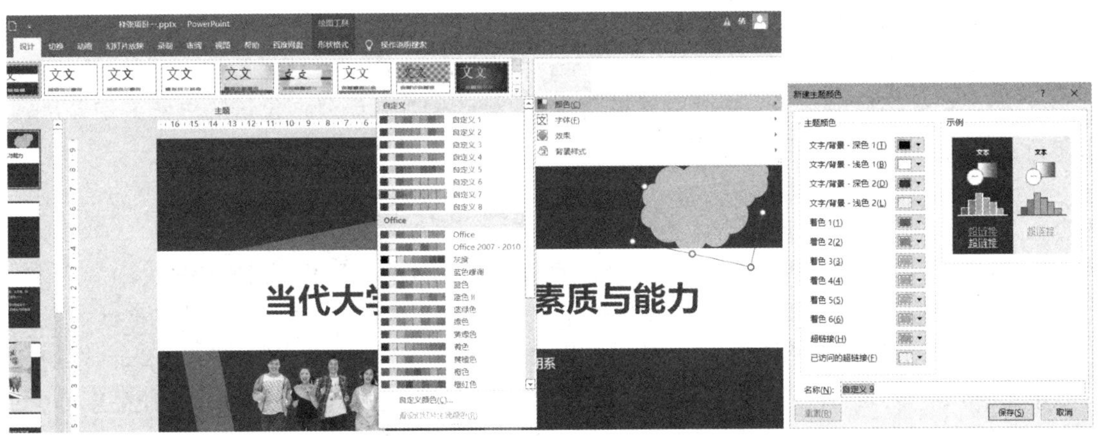

图 5-62　修改“超链接”颜色（一）　　图 5-63　修改“超链接”颜色（二）

图 5-64　设置“帘式”切换方式

5.3.2　项目二：设计《“大熊猫”百科知识》主题演示文稿

实训目的：

（1）熟练掌握幻灯片背景格式的设置方法。

（2）熟练掌握“插入”选项卡中对象的添加及参数设置。

（3）熟练掌握编辑、修改幻灯片母版的方法。

（4）熟练掌握幻灯片的动画设置效果的方法。

（5）掌握设置幻灯片放映、排练计时、自定义幻灯片放映等放映控制方法。

要求：

（1）新建空白演示文稿。以“素材\项目二大熊猫百科 .docx”文件为内容创建演示文稿。在第 1 张幻灯片下方新建 1 张“空白”版式的幻灯片。

（2）将“素材\项目二 1.jpg”图片文件设置为第 2 张幻灯片背景，将图片平铺设置为纹理，设置偏移量 X(O) 为“78 磅”，偏移量 Y（E）为“37.5 磅”，对齐方式为“左上对齐”，透明度为 60%，镜像为“水平”；设置其他幻灯片背景颜色为“白色，背景 1，深色 5%”。

（3）除“标题幻灯片”外的幻灯片中添加幻灯片编号，添加自动更新的日期和时间，设置格式为“×××× 年 ×× 月 ×× 日星期 ×”。修改幻灯片编号占位符的位置为幻灯片右上角，调整自动更新日期和时间占位符的位置为幻灯片右下角。

（4）为第 1 张幻灯片插入“填充：白色，轮廓-着色 2；清晰阴影-着色 2”样式的艺术字，内容为“‘大熊猫’百科”，设置字体为“微软雅黑”，字号为 66，加粗，文本效果为“下弯弧”。调整主标题占位符形状为“白色矩形”，设置透明度为 20%，根据样张调整矩形大小。

（5）参照项目二样张所示，在第 2 张幻灯片中插入《大熊猫种群分布与竹子产地关系》自定义组合图，并为图表添加数据标签，修改图表样式为“样式 6”，添加图表标题。在幻灯片右下角插入“转到结尾”动作按钮，自动链接到最后一张幻灯片。设置动作按钮高度为 1.5 厘米，宽度为 2 厘米，设置主题样式为“强烈效果，蓝色，强调颜色 5”。

（6）在第 3 张幻灯片中插入“项目二 3.jpg”图片文件，并将图片裁剪为“波形”，更改颜色为“冲蚀”。制作图片水印效果。在第 3 张幻灯片前面添加一张“标题”幻灯片，将版式转换为“标题和内容”幻灯片 。插入“蛇形图片半透明文本”的 SmartArt 图形，在图片占位符中分别插入“项目二（5）.jpg”“项目二（7）.jpg”“项目二（8）.jpg”“项目二（9）.jpg”文件。更改 SmartArt 图片形状为“矩形：圆角”，设置图片颜色为“绿色，个性色 6 浅色”，并输入文本。为每张图片添加“动作”，分别跳转到详细内容页。

（7）为所有幻灯片添加“素材文件夹 \ 项目 2.mp3”背景音乐文件，设置播放方式为“跨幻灯片播放，播放时隐藏”。

（8）为第 1 张幻灯片主标题添加“自左侧飞入”效果，并应用“上一动画同时”的“进入”动画效果，设置持续时间为 0.74s。

（9）设置所有幻灯片切换方式为“自顶部 棋盘”的华丽型切换方式，持续时间为 1.40s，并设置自动切换间隔为 4s，取消单击鼠标的换片方式。

（10）为第 2 张幻灯片图表添加“劈裂”进入动画效果，“计时”应用“与上一动画同时”。

（11）为第 3 张幻灯片 SmartArt 图形中每张图片添加应用“计时”为“上一动画同时”的“作为一个对象的”“从左右向中央收缩”效果的“劈裂”进入动画效果，设置持续时间为 2s。

（12）在母版视图中，将“素材\项目二 2.jpg”图片文件设置为“标题与内容”版式母版的背景图片，设置背景图片透明度为 88%。添加“素材 \ 项目二花 .png”图片文件，并显示外部右下偏移的阴影效果。参照样张，为“标题与文本”版式母版添加“素材\项目二花 .png”图片文件，显示“外部右下偏移”的阴影效果。

（13）在第 8 张幻灯片后面添加一张空白幻灯片，插入“素材\项目二熊猫 .mp4”文件，设置宽度为 28.9 厘米，高度为 14 厘米；并设置自动播放，设置视频样式为“中等 - 复杂框架，黑色”。

（14）在第 8 张幻灯片后面，添加一张“标题幻灯片”。根据样张添加主标题与副标题，主标题形状按样张调整，设置颜色填充为“橙色，个性色 2，淡色 80%”。

（15）在第 2 张幻灯片前面创建“内容”节。将幻灯片调整为“16 : 9”的比例。

（16）设置所有幻灯片的放映方式为“在展台浏览（全屏幕）”。

具体步骤如下。

（1）新建空白演示文稿，如图 5-65 所示。单击“开始”选项卡的“幻灯片”组中的“新建幻灯片”按钮，在下拉菜单中单击“幻灯片（从大纲）”选项，添加幻灯片，如图 5-66 所示。

将鼠标光标定位在第 1 张幻灯片下面，同样单击“开始”选项卡的“幻灯片”组中的“新建幻灯片”按钮，在下拉菜单中单击“空白”幻灯片版式。

图 5-65　新建空白演示文稿

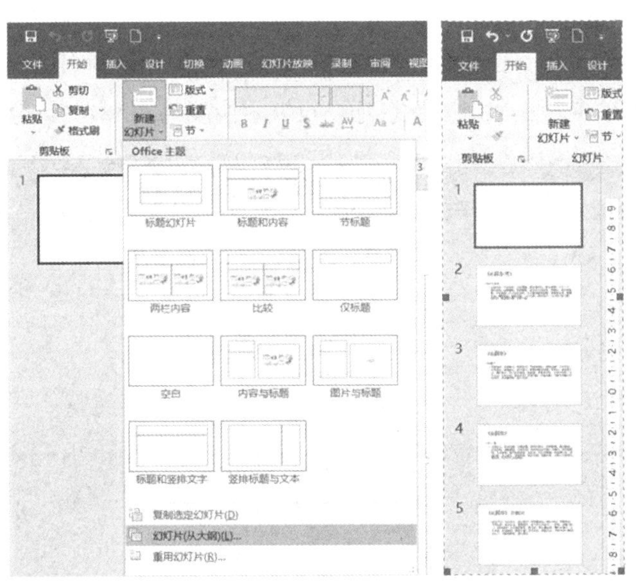

图 5-66　从“大纲”添加幻灯片

（2）单击第 1 张幻灯片，单击“设计”选项卡的“自定义”组中的“设置背景格式”按钮，如图 5-67 所示。在弹出的“设置背景格式”窗口中单击“填充”区域的“图片或纹理填充”单选按钮，单击“图片源”下方的“插入”按钮，如图 5-68 所示。在弹出的“插入图片”面板中单击“从文件”右侧的“浏览”按钮，选择“素材\项目二 1.jpg”图片文件。

图 5-67　设置背景格式

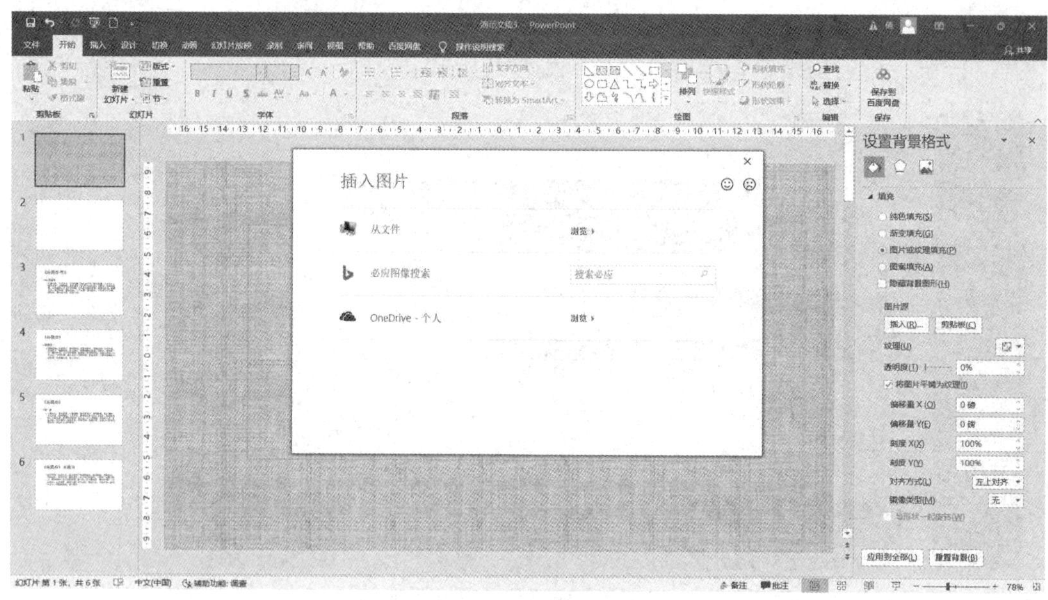

图 5-68　插入背景图片

如图 5-69 所示，在右侧“设置背景格式”窗口中勾选“将图片平铺为纹理”复选框；设置“偏移量 X(O)”为 78 磅，“偏移量 Y(E)”为 37.5 磅。单击“对齐方式”对话框下方三角形按钮，在列表中单击“左上对齐”选项。设置透明度为 60%，“镜像类型”为“水平”。

图 5-69　设置背景图片格式

单击第 2 张幻灯片，按住“Shift”键并单击最后一张幻灯片，选中除第 1 张幻灯片外的所有幻灯片，单击“设置背景格式”窗口的“填充”组中的“纯色填充”选项，单击右侧的“油漆桶”按钮，在弹出的下拉颜色列表中设置“主题颜色”分组为“白色，背景 1，深色 5%”。如图 5-70 所示。

图 5-70　设置背景颜色格式

（3）单击“插入”选项卡的“文本”组中的“日期和时间”按钮，在弹出的“页眉和页脚”对话框中勾选“时间和日期”“幻灯片编号”“标题幻灯片中不显示”复选框，在“自动更新”时间文本下拉菜单中设置语言为“中文”，自动更新为“××××年 ×× 月 ×× 日星期 ×”，单击“全部应用”按钮完成设置，如图 5-71 所示。单击“视图”选项卡中的“幻灯片母版”按钮。在左侧幻灯片母版中单击“空白”“标题与文本”幻灯片版式，如图 4-72 所示，拖曳“时间”“编号”“页脚”占位符到相应的位置，单击快速启动栏上的“保存”按钮，最后关闭母版视图。

图 5-71　幻灯片的设置

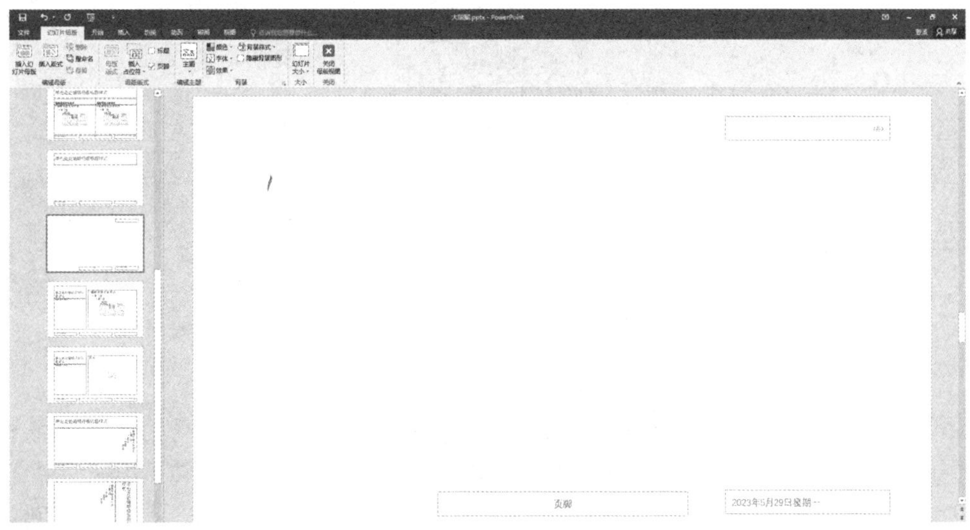

图 5-72　修改幻灯片母版的时间、编号、页脚

（4）选择第 1 张幻灯片，如图 5-73 所示，在“主标题”占位符中，单击“插入”选项卡的“文本”组中的“填充 - 白色，轮廓 - 着色 2，清晰阴影 - 着色 2”艺术字，输入内容为“大熊猫百科知识”。在“开始”选项卡的“字体”组中，设置字体为“微软雅黑”，字号为 66。

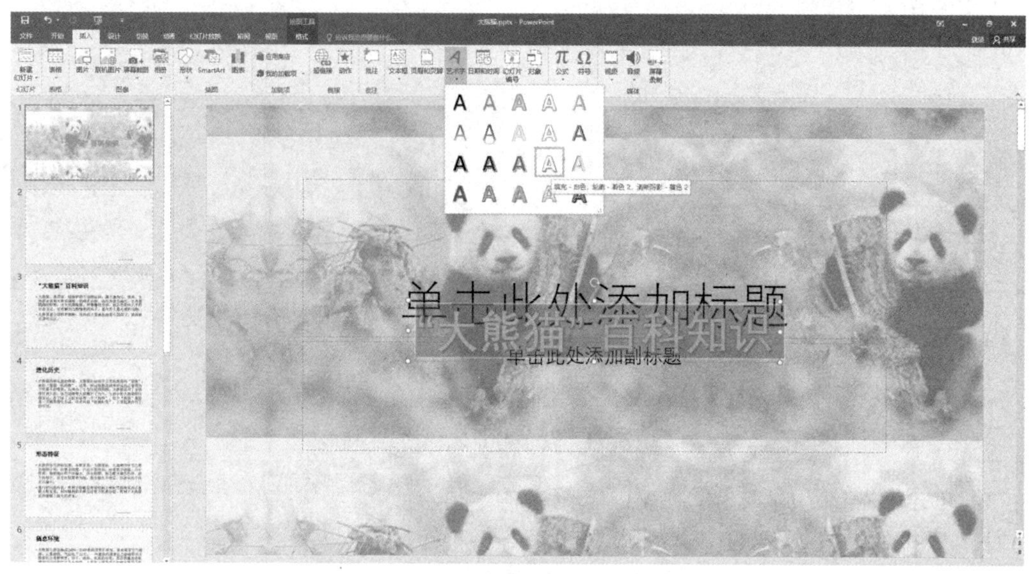

图 5-73　插入艺术字

单击“形状格式”选项卡的“艺术字样式”组中的“文本效果”按钮，在弹出的下拉菜单中单击“转换”→“下弯弧”选项，如图 5-74 所示。

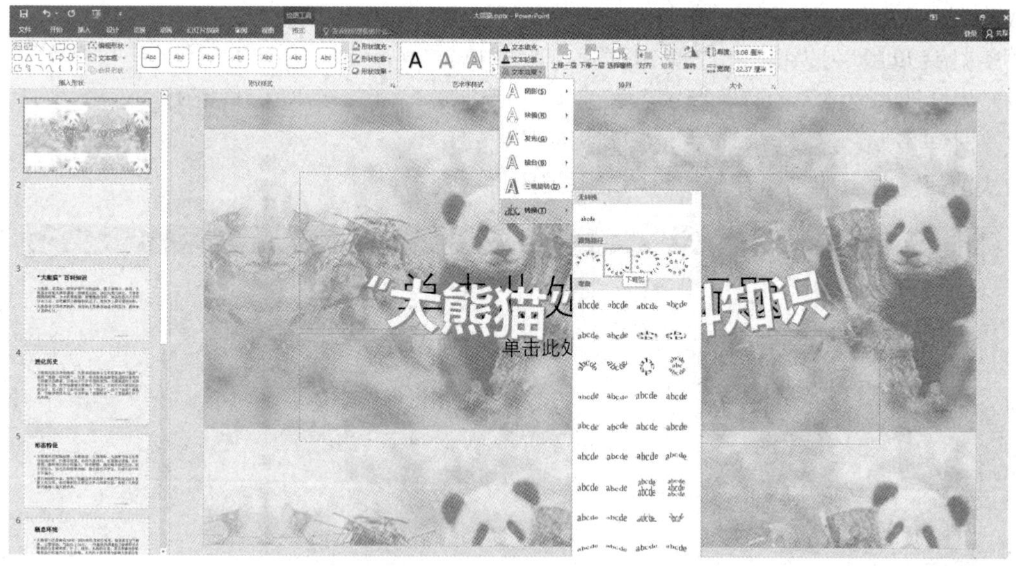

图 5-74　转换艺术字

选中主标题占位符，单击“形状格式”选项卡的“形状样式”组中的“设置形状格式”下拉按钮，在弹出的“设置形状格式”窗口中勾选“填充”区域中的“纯色填充”单选按钮，设置“颜色”为“白色，背景 1”，透明度为“20%”。将鼠标光标定位于边框右下角，将占位符放大至合适大小，如图 5-75 所示。

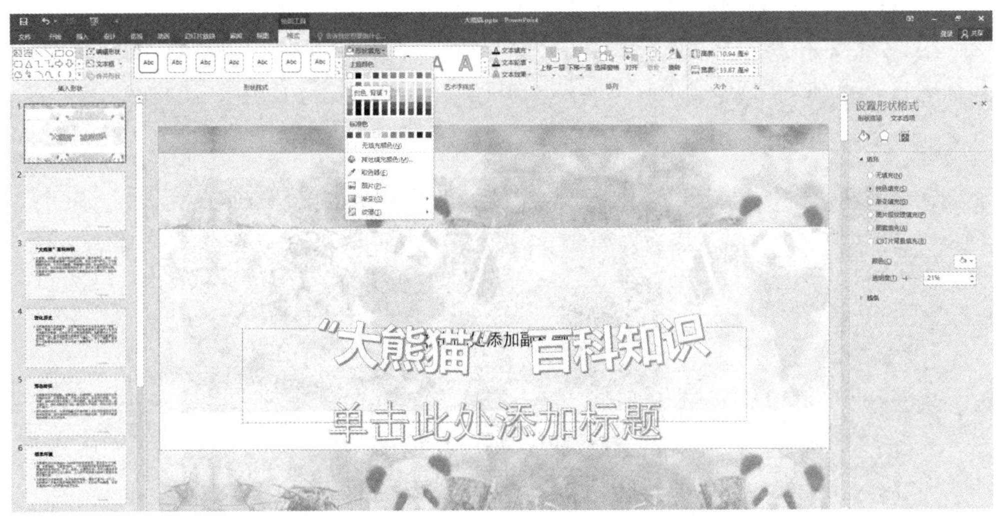

图 5-75　设置主标题占位符形状格式

（5）选中第 2 张幻灯片，单击“插入”选项卡的“插图”组中的“图表”按钮，在弹出的对话框中单击“组合”选项，如图 5-76 所示，最后单击“确定”按钮。在弹出的 Microsoft PowerPoint 的图表 Microsoft Excel 表格中按要求修改图表的数据，并拖曳蓝色边框线调整数据选择范围，如图 5-77 所示，并调整图表到合适位置。选中折线，在“图表设计”选项卡的“图表布局”组中的“添加图表元素”下拉菜单中，单击“数据标签”组中的“上方”选项。如图 5-78 所示，图表样式功能区设置为“样式 6”。单击“插入”选项卡的“插图”组中的“形状”按钮，在弹出的下拉菜单中单击“动作按钮”区域中的“结束”按钮，在弹出的“操作设置”对话框中“单击鼠标”选项卡中设置超链接到最后一张幻灯片，如图 5-79、图 5-80 所示。

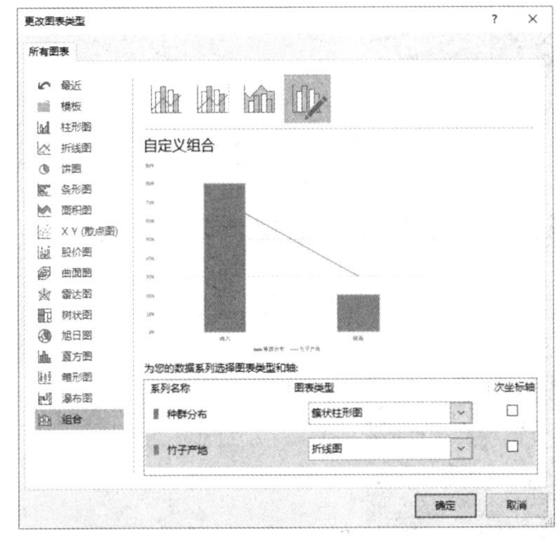

图 5-76　插入簇状柱形折线“组合图”

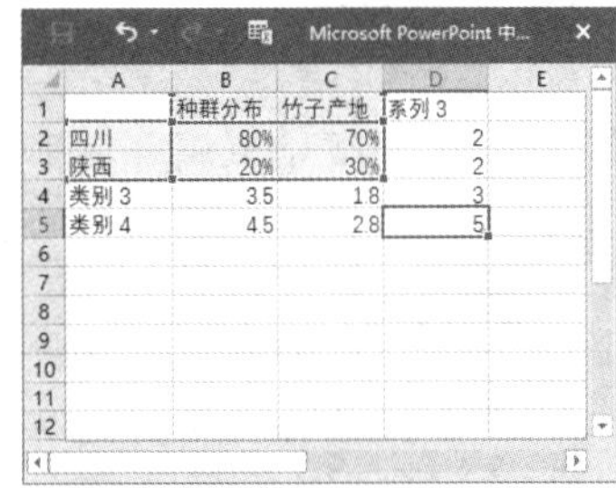

Microsoft PowerPoint 中...

	A	B	C	D	E
1		种群分布	竹子产地	系列 3	
2	四川	80%	70%	2	
3	陕西	20%	30%	2	
4	类别 3	3.5	1.8	3	
5	类别 4	4.5	2.8	5	
6					
7					
8					
9					
10					
11					
12					

图 5-77　修改图表数据

如图 5-81 所示，单击“动作”按钮，在“形状格式”选项卡的“大小”组中设置高度为 1.5 厘米，宽度为 2 厘米；单击“形状样式”功能区中的“其他”按钮，在下拉菜单中单击“主题样式”分组，设置为“强烈效果，蓝色，强调颜色 5”的主题样式。

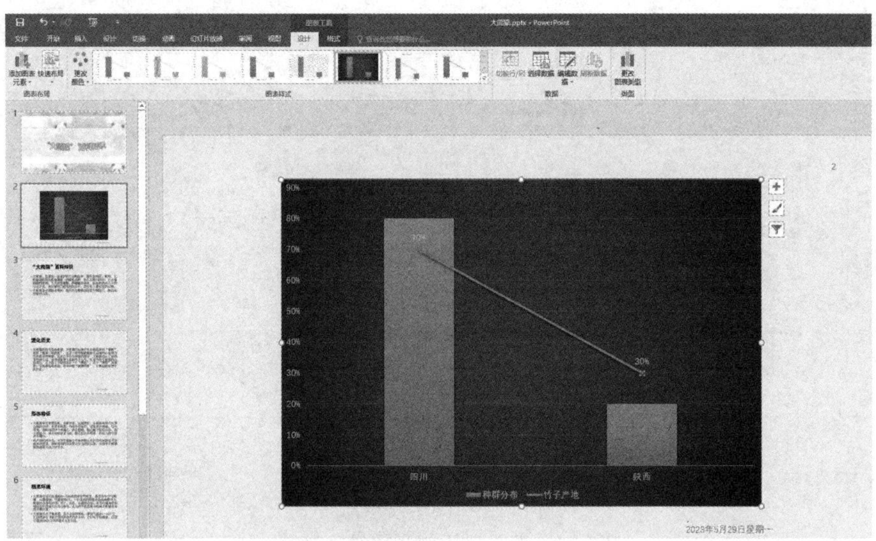

图 5-78　修改图表样式、添加数据标签

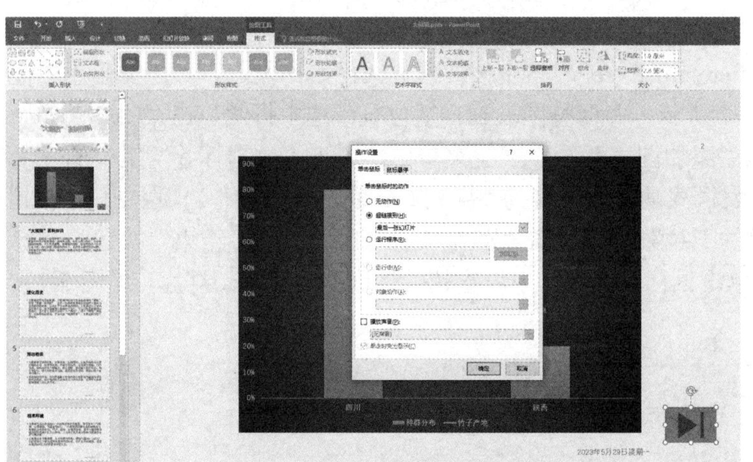

图 5-79　插入动作按钮

图 5-80　超链接到最后一张幻灯片

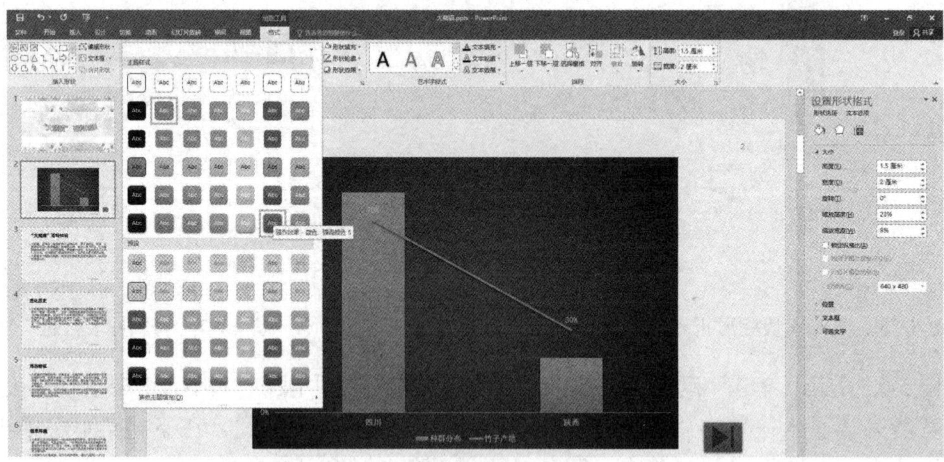

图 5-81　设置动作按钮大小及主题样式

（6）选择第 3 张幻灯片，单击“插入”选项卡的“图像”组中的“图片”按钮，在打开的面板中选择素材“项目二 3.jpg”图片文件。选中图片，单击“图片格式”选项卡的“大小”组中的“裁剪”下拉按钮，在弹出的下拉菜单中单击“裁剪到形状”→“波形”选项。单击“调整”组中“颜色”下拉按钮，选择“冲蚀”选项，如图 5-82 所示。右击图片，将鼠标光标定位在图片右上方，拖曳图片边框，改变图片大小。右击图片，在弹出的快捷菜单中设置将图片置于底层。

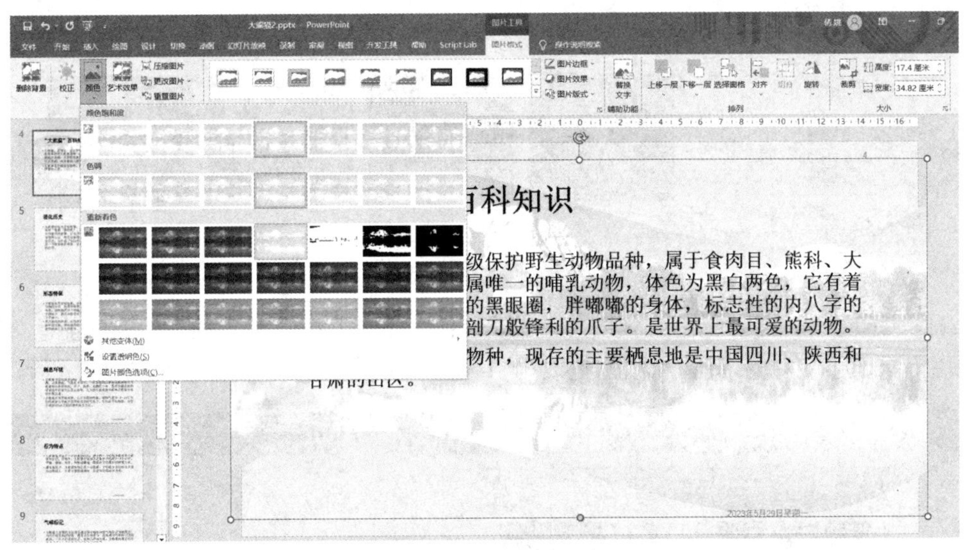

图 5-82　设置颜色为“冲蚀”

如图 5-83 所示，单击“开始”选项卡的“幻灯片”组中的“新建幻灯片”按钮，在弹出的下拉菜单中单击“标题幻灯片”选项。选中新建的幻灯片，单击“版式”按钮，在下拉菜单中更改版式为“标题和内容”幻灯片。单击“插入”选项卡的“插图”组中的“SmartArt”按钮，在弹出的面板中单击“图片”选项，在右侧的区域中单击“蛇形图片半透明文本”选项，如图 5-84 所示。单击“SmartArt 设计”选项卡的“创建图形”组中的“添加形状”下拉按钮，在弹出的下拉菜单中单击“在后面添加形状”选项。在图像占位符中分别单击，插入“项目二 (5).jpg”“项目二 (7).jpg”“项目二 (8).jpg”“项目二 (9).jpg”图片文件，拖曳 SmartArt 图形边框为横向排列，如图 5-85 所示。

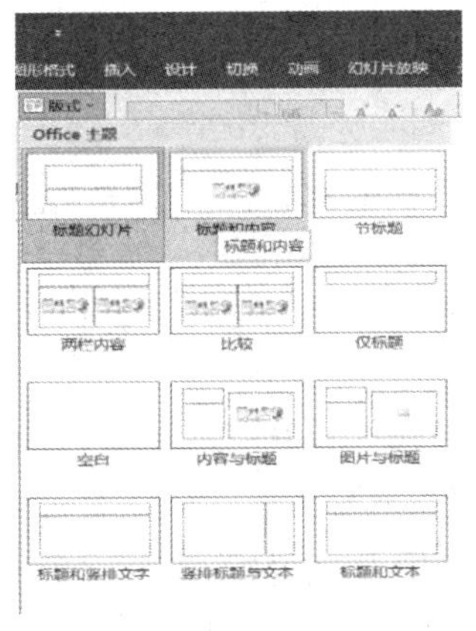

图 5-83　更改幻灯片版式

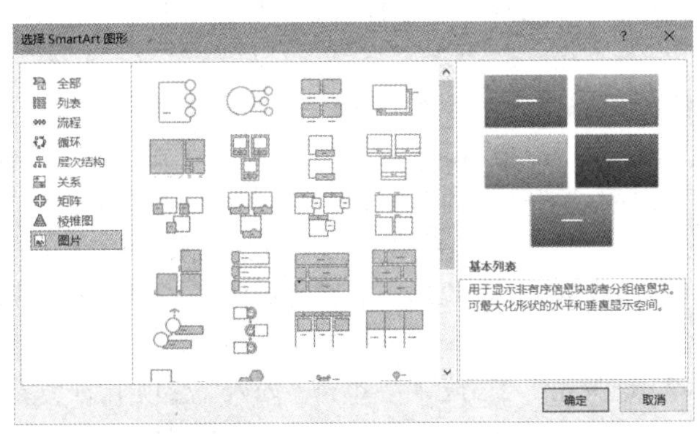

图 5-84　插入“蛇形图片半透明文本”SmartArt 图形

图 5-85　插入 SmartArt 图片

按住“Ctrl”键，同时选中几张图片，单击“图片格式”选项卡中的“调整功能区”按钮，在“颜色”下拉菜单中，将图片颜色更改为“绿色，个性色 6 浅色”，如图 5-86 所示。

图 5-86　设置图片颜色

按住“Ctrl”键，同时选中几张图片的边框，单击 SmartArt 工具中的“格式”选项卡“形状”组中的“更改形状”下拉按钮，在弹出的下拉菜单中单击“矩形：圆角”选项，如图 5-87 所示。

如图 5-88 所示，选择 SmartArt 图形中“项目二 (5).jpg”素材图片文件。单击“插入”选项卡的“链接”组中的“动作”按钮，在弹出的“操作设置”对话框中，单击“单击鼠标”选项卡中的“超链接到”按钮，在弹出的下拉菜单中单击“幻灯片”选项，在弹出的“超链接到幻灯片”下拉菜单中单击超链接到第 4 张内容页幻灯片。依次单击“项目二 (7).jpg”“项目二 (8).jpg”“项目二 (9).jpg”图片文件，按照相同的操作分别添加超链接到对应的内容页上。

（7）选择第 1 张幻灯片，单击“插入”选项卡的“媒体”对话框中“音频”按钮，如图 5-89 所示，在弹出的菜单中，单击“PC 上的音频（P）”选项，然后在弹出的“插入音频”地址栏中选择“素材\项目 2.mp3”文件。如图 5-90 所示，单击音频工具中“播放”选项卡的“音频选项”组中的“开始”下拉按钮，在弹出的下拉菜单中单击“自动”选项，并勾选“跨幻灯片播放”和“放映时隐藏”复选框。

图 5-87 更改 SmartArt 图形的边框的形状

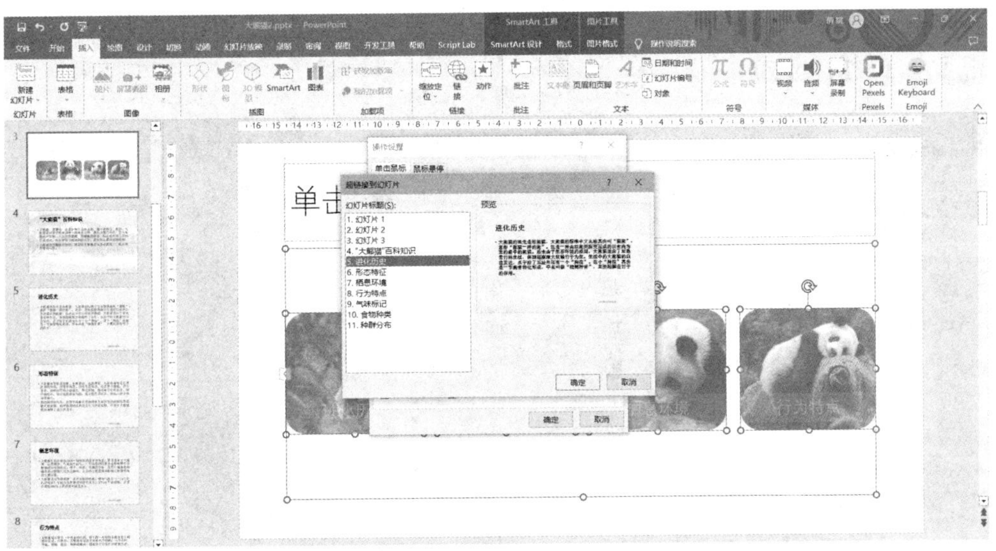

图 5-88 为 SmartArt 图片分别添加“动作”超链接

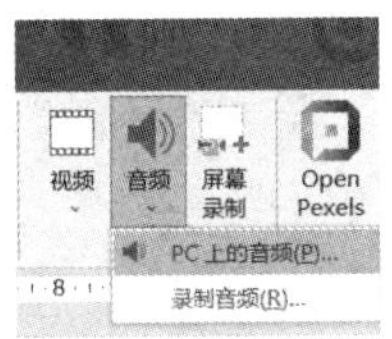

图 5-89 选择文件中的音频

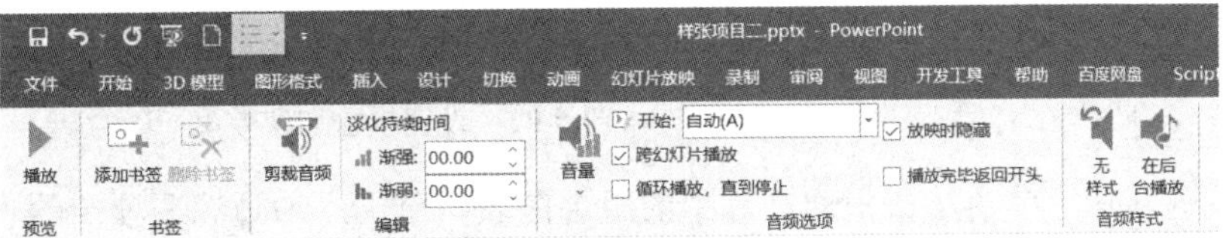

图 5-90 设置音频播放参数

（8）选中第 1 张幻灯片的标题，单击“动画”选项卡的“动画”组右下角的“其他”按钮，并单击“进入”分组中“飞入”选项。单击“效果选项”按钮，在弹出的下拉菜单中单击“自左侧”选项。单击“计时”组中“开始”列表的“与上一动画同时”选项，设置持续时间为“00.74”，如图 5-91 所示。

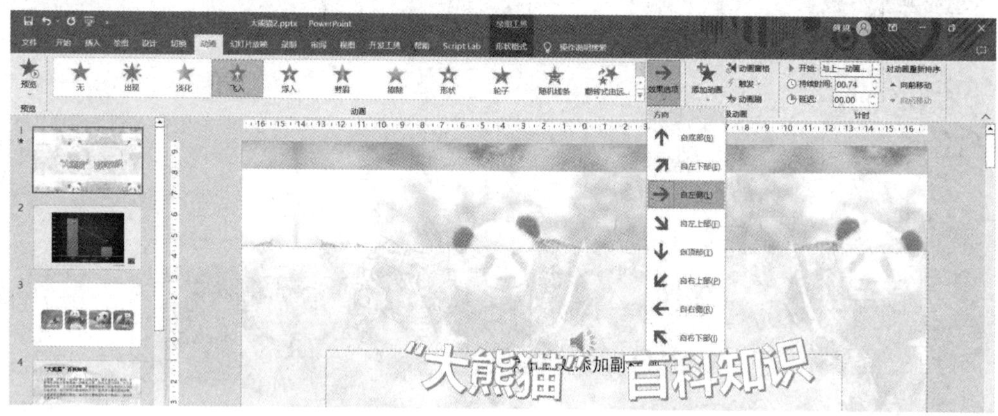

图 5-91　设置标题自左侧飞入的动画效果

（9）在幻灯片窗口中选中第 1 张幻灯片，按住“Shift”键并单击第 11 张幻灯片，选中所有的幻灯片，单击“切换”选项卡的“切换到此幻灯片”组中的“华丽”分组中的“棋盘”按钮切换效果，如图 5-92 所示；在效果选项中单击“自顶部”选项，在“计时”组中设置持续时间为“01.40”，设置自动换片时间为“00:04.00”，取消勾选“单击鼠标时”复选框，并单击“全部应用”按钮。

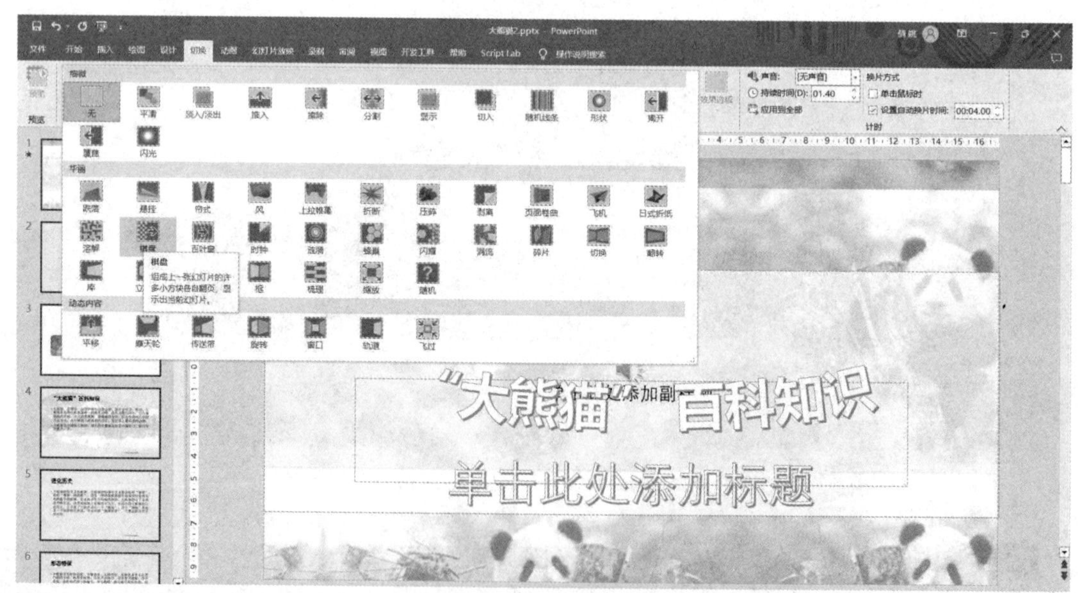

图 5-92　设置棋盘切换效果

（10）单击第 2 张幻灯片中的组合图表，单击“动画”选项卡的“动画”组中的“进入”分组中“劈裂”动画效果；单击“计时”组中“开始”下拉菜单中的“与上一动画同时”选项，如图 5-93 所示。

图 5-93　设置图标“劈裂”的动画效果

（11）如图 5-94 所示，选中第 3 张幻灯片的 SmartArt 图形，设置为“动画”选项卡的“动画”组中的“进入”分组中的“劈裂”动画效果，单击右侧“效果选项”按钮，在弹出的下拉菜单中“方向”分组中单击“从左右向中央收缩”选项。在“序列”分组中单击“作为一个对象”选项。单击“计时”组中“开始”下拉菜单中的“与上一动画同时”的计时方式。在“持续时间”数据框中输入“00.20”。

图 5-94　设置 SmartArt 动画

（12）单击“视图”选项卡的“母版视图”组中的“幻灯片母版”按钮。在左侧单击“标题与内容版式：由幻灯片 3 使用”母版，在幻灯片编辑区中右击，在弹出的快捷菜单中单击“设置背景格式”命令，在右侧的“设置背景格式”面板的“填充”组中选中“图片与纹理填充”单选按钮，单击下方的“插入”按钮。在“插入图片”对话框中设置背景图片路径为“素材 \ 项目二 3.jpg”，设置下方透明度对话框参数为“88%”。单击“插入”选项卡的“图像”组中的“图片”按钮，设置图片路径为“素材 \ 项目二花 .png”，如图 5-95 所示。单击“标题和文本版式：由幻灯片 4-7 使用”母版，在幻灯片编辑区右击“项目二花 .png 素材图片”，在弹出的快捷菜单中单击“复制”命令。选中“项目二花 .png”图片，按住“Shift”键拖曳图片边框的 4 个角可以同比例缩放，单击图片的旋转图标，改变旋转角度。如图 5-96 所示，选中插入的图片，单击“图片格式”选项卡的“图片样式”组中的“图片效果”按钮，在弹出下拉菜单的“阴影”组中单击外部的“偏移右下”的阴影效果。

单击“幻灯片母版”选项卡的“关闭母版视图”按钮。

（13）将鼠标光标定位于第 8 张幻灯片后面，单击“开始”选项卡的“新建幻灯片”组中的“空白幻灯片”按钮，创建一张新幻灯片。如图 5-97 所示，单击“插入”选项卡“媒体”组中的“视频”下拉按钮，在弹出的下拉菜单中单击“此设备”选项，如图 5-98 所示，在弹出的“插入视频文件”对话框中选择“素材 \ 项目二熊猫 .mp4”文件，在“视频格式”选项卡的“大小”组中的“宽”对话框中输入“28.9 厘米”，在“高”对话框中输入“14 厘米”，在“视频样式”组中单击“其他”按钮，在下拉的视频样式列表中单击“中等”分组的“中等复杂框架黑色”选项；切换到“播放”选项卡的“视频选项”组中，设置“开始”参数为“自动”，如图 5-99、图 5-100 所示。

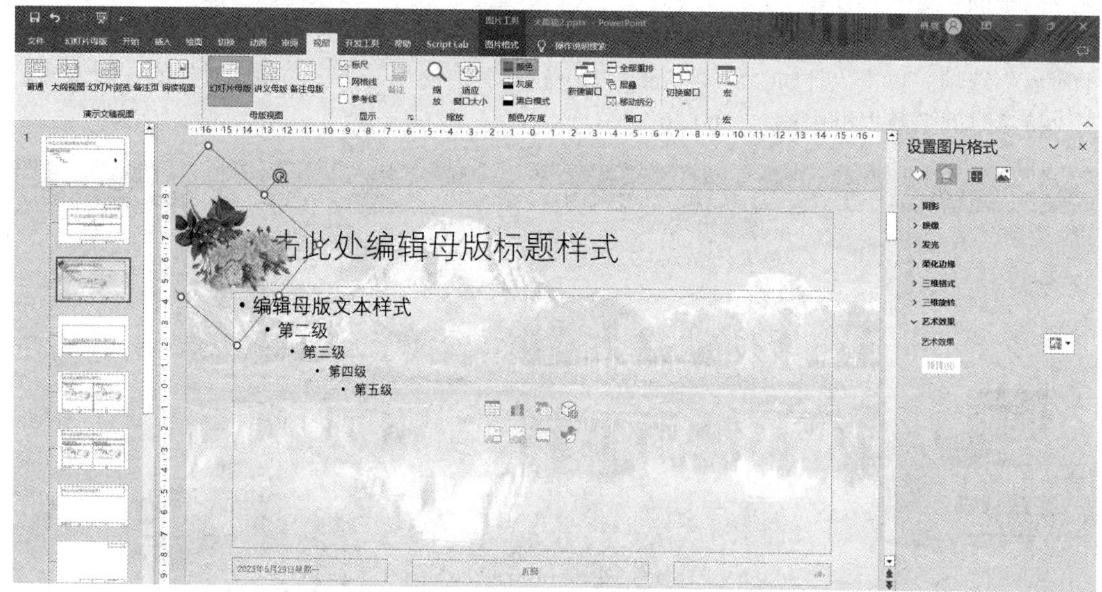

图 5-95　为母版插入背景图片

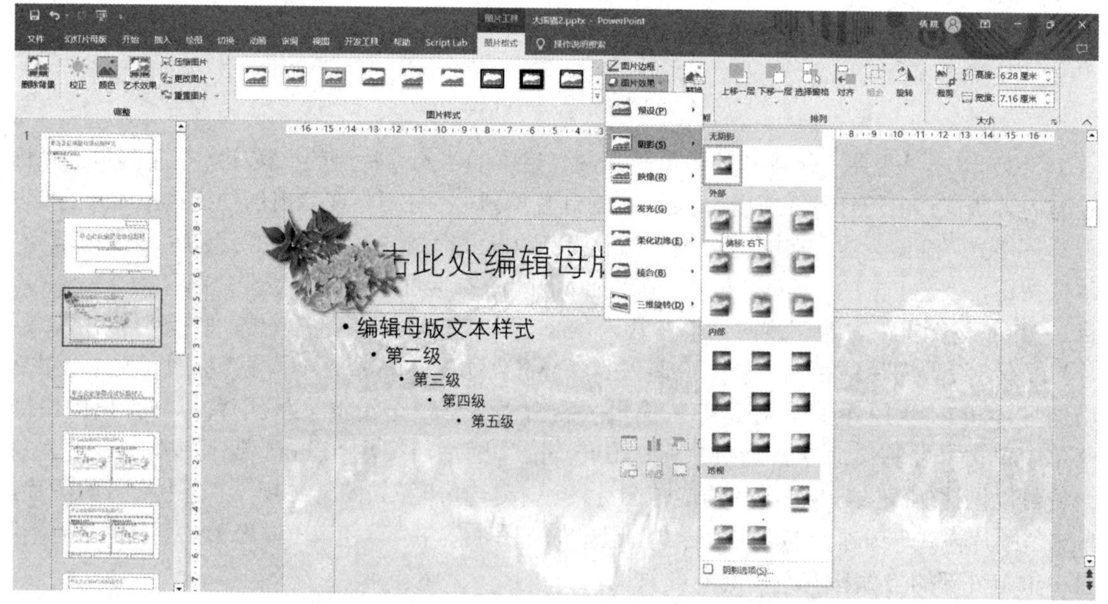

图 5-96　为母版的素材图片设置外部的“偏移右下”的阴影效果

图 5-97　插入视频素材

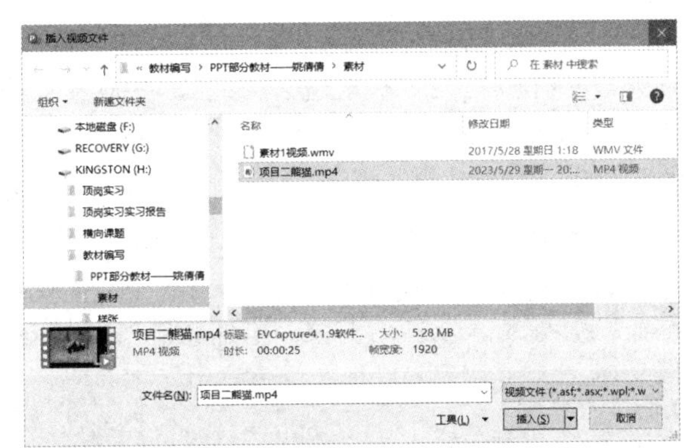

图 5-98　“插入视频文件”对话框

图 5-99　设置视频“自动播放”的效果

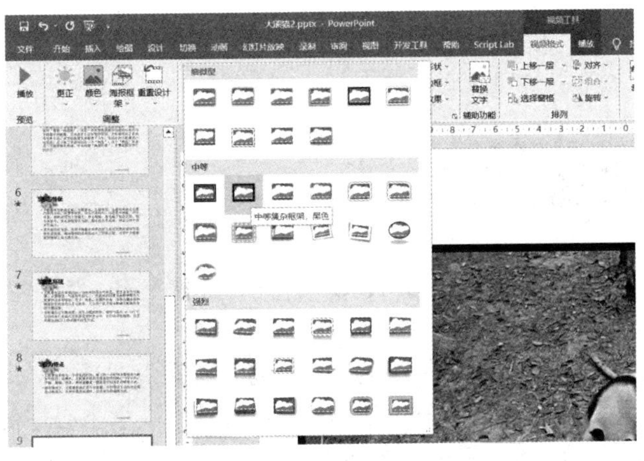

图 5-100　设置视频样式

（14）将鼠标光标定位于第 8 张幻灯片下面，单击“开始”选项卡的“新建幻灯片”组中的“标题幻灯片”按钮，创建一张新幻灯片。在主标题中输入“爱国诗歌选读”，在副标题中输入“谢谢！”。选中主标题文本，打开“开始”选项卡的“字体”组，设置字体为“宋体”，字号为96，字体颜色为“标准色 - 深红”，并设置加粗。选中副标题文本，在“开始”选项卡的“字体”组中，设置字体为“宋体”，字号为36，字体颜色为“黑色，文字 1 淡色 25%”，并设置加粗。如图 5-101 所示，选中主标题，在上方的“形状格式”选项卡的“形状样式”组中的“形状填充”下拉菜单中设置主题色为“橙色，个性色 2，淡色 80%”。

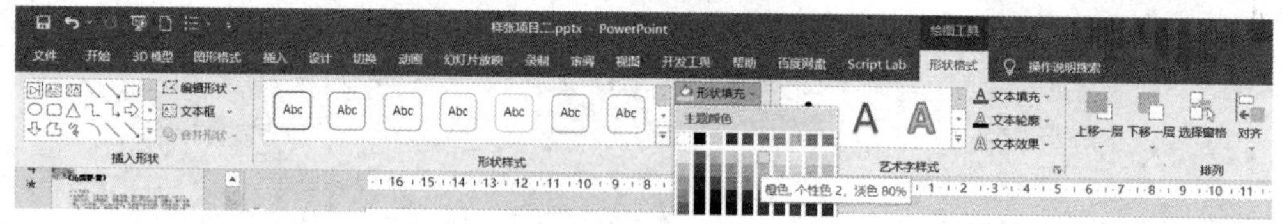

图 5-101　设置形状样式

（15）将鼠标光标定位于第 1 张幻灯片下边并右击，在弹出的快捷菜单中单击“新增节”命令，如图 5-102 所示，在弹出的“重命名节”对话框中输入节名称，如图 5-103 所示。

（16）单击“幻灯片放映”选项卡的“设置”组中的“设置幻灯片放映”按钮，在弹出的“幻灯片放映方式”对话框中设置放映类型为“在展台浏览（全屏幕）”，如图 5-104 所示。

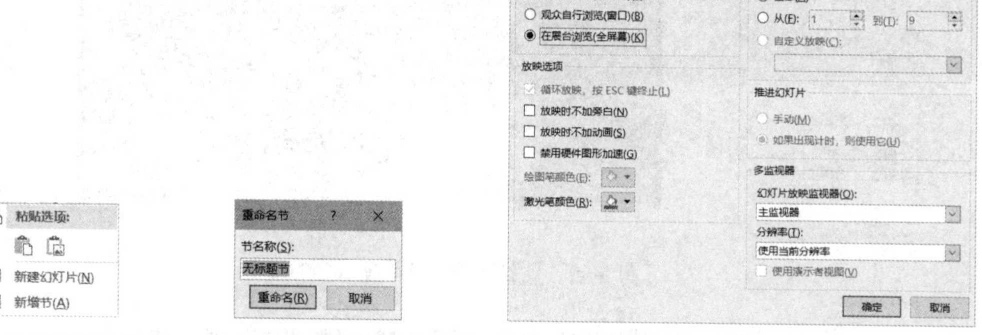

图 5-102　选择新增节菜单　　图 5-103　输入节名　　图 5-104　设置幻灯片放映方式

5.4　课后上机习题

1．具体要求如下：启动 PowerPoint 2016，打开“素材 1.pptx”文件，按以下要求操作，结果文件以同名保存在 D:\SX 文件夹中。

（1）设置幻灯片比例为“宽屏 16 : 9”，为所有幻灯片设置背景颜色，其填充纹理为“水滴”，透明度为 82%；将图片平铺为纹理。第 1 张幻灯片标题为“大学生心理健康问题对策研究”，设置格式为“华文行楷、44 磅、黑色，文字 1、阴影”。副标题输入作者“李明”，设置格式为“华文行楷、32 磅，黑色，文字 1”，为副标题添加邮件链接“123@sina.com”；为第 1 张幻灯片应用“主要事件”主题，自定义颜色为“中性”，设置超链接颜色为“金色，个性色 5”；插入“音乐素材 1.mp3”文件，设置“跨幻灯片播放”“播放时隐藏”“自动”的播放效果。

（2）将第 2 张幻灯片文本转换为 SmartArt“蛇形图片重点列表”，设置颜色为“渐变循环，个性色 1”。在图片占位符中插入图片“素材\素材 1 书 .png”文件，参照样张调整 SmartArt 形状。在第 2 张幻灯片下面插入 1 张新的空白幻灯片，插入“素材 1 视频 .wmv”文件。设置视频高度为 11.8 厘米，宽度为 20.98 厘米，设置海报框架为“素材\项目一 1.jpg”，设置视频播放为自动播放。

（3）设置第 4 张幻灯片文本内容形状填充为“蓝色”，透明度为 20%。应用“格式刷”复制第 4 张主题形状格式，将其复制到第 5、6、7 张幻灯片。设置第 4、5、6、7 张幻灯片背景为图片“素材\素材 1bj.jpg”文件，设置透明度为 56%。

（4）将第 4、5、6、7 张幻灯片标题文本颜色更改为“白色，背景 1”，为内容文本前添加红色五角星的项目符号，统一设置内容文本格式为“宋体”，字号为 24 号，行距为 1.5 倍。为第 4 张幻灯片插入“素材\素材 1 手 .jpg”文件。设置图片的样式为“映像圆角矩形”，并设置其动画效果为进入的缩放效果。设置计时开始为“与上一动画同时”，持续时间为“01.40”。

（5）为所有幻灯片添加华丽的居中“涟漪”自动切换的换片效果；自动换片时间为“00.10”。

2．具体要求如下：启动 PowerPoint 2016，打开“素材 2.pptx”文件，按以下要求操作，将结果文件以同名保存在 D:\SX 文件夹中。

（1）为所有幻灯片套用内置“框架”主题，调整第 1 张幻灯片副标题到合适位置。设置幻灯片页面为“全屏显示 16 : 9”。

（2）选择第 1 张幻灯片，插入图片“素材\素材 2 职场 2.jpg”文件。选择第 2 张幻灯片，插入图片“素材 \ 素材 2 职场 .jpg”文件。设置第 3 张幻灯片为隐藏背景图形。内容形状背景填充为渐变预设色“浅色渐变，个性色 1”。选中第 1 张幻灯片的主标题文本，设置文本的字体样式为“幼圆”，字号为“96”。

（3）调整第 3 张幻灯片中“兴趣”“能力”“性格”“价值观”的字号为 32，加粗；SmartArt 图形设置计时项为“在上一动画之后”，自左侧逐个“擦除”进入的动画效果。为第 3 张幻灯片插入“素材\素材 2 楼梯 .jpg”文件，删除图片背景，并放置在 SmartArt 图形下面。

（4）为第 3、4、5 张幻灯片添加“动作按钮：转到主页”，并添加超链接到第 2 张目录页。设置第 4 张幻灯片中“家庭环境分析”“社会环境分析”“学习环境分析”的字体为“幼圆（正文）”，字号为 13 号。SmartArt 图形设置计时项为“与上一动画同时”，并设置为“华丽型，字幕式”进入的动画效果。

（5）对所有幻灯片添加自动更新的日期和时间及幻灯片编号，页脚文本为“职业规划书”，标题幻灯片不显示。在第 1 张幻灯片前面添加“主体”节。所有幻灯片设置为鼠标单击时切换的显示效果。

3．具体要求如下：启动 PowerPoint 2016，打开“素材 3.pptx”文件，按以下要求操作，将结果文件以同名保存在 D:\SX 文件夹中。

（1）设置所有的幻灯片内容文本的字体样式为“宋体”，字体为 24 号，行距为 1.5 倍。为所有幻灯片添加背景样式 2，将第 1 张幻灯片的标题文本“从文化角度解读工匠精神”转换成“艺术字”，设置字体为“隶书”，字号为 80，加粗。设置艺术字样式为“填充：白色，边框：红色，主题色 2，清晰阴影：红色，主题色 2”。插入“图文框”形状，设置图文框的样式为“浅色 1 轮廓 - 彩色填充 - 红色，强调文字 2”。

（2）在第 2 张幻灯片文本右下方插入图片“素材 3 中国工匠 .jpg”文件，删除背景，设置图片重新着色为“红色，个性 2 浅色”，添加自左侧擦除动画效果，在计时列表中单击“与上一动画同时”选项。

（3）在第 3 张幻灯片中插入“素材\素材 3 工匠 3.jpg”文件，删除图片背景。设置第二段内容文本为自右侧擦除，“鼠标单击时”的动画效果。在效果选项中设置动画文本为“按词顺序 10”的擦除，时间为中速，以“素材 3 工匠 3.jpg”文件为触发器的动画效果。

（4）第 6 张幻灯片版式重新调整为“两栏内容”，右侧栏插入“素材\素材 3 工匠 .jpg”文件。

（5）单击“幻灯片放映”选项卡的“设置”组中的“设置幻灯片放映”按钮，在弹出的“幻灯片放映方式”对话框中设置放映类型为“演讲者放映（全屏幕）”。

4. 具体要求如下：启动 PowerPoint 2016，打开“素材 4.pptx”文件，按以下要求操作，将结果文件以原名保存在 D:\SX 文件夹中。

（1）打开幻灯片母版，设置第 1 张幻灯片母版为背景图片“素材\素材 4 背景 .jpg”，设置母版版式为“16 : 9”，“标题与内容版式，由幻灯片 3-7 张使用”。母版的内容占位符设置形状填充为“深蓝文字 2，淡色 60%”，设置透明度为 13%；关闭母版视图。打开大纲视图，在大纲视图里设置所有文本颜色为“白色，背景 1”。第 1 张幻灯片标题“公司简介”，设置格式为“微软雅黑、96 磅”，设置标题“翻转式由远及近式”与上一步同样的动画效果。

（2）删除第 2 张幻灯片，选择第 4 张幻灯片，插入 3 列 2 行的表格，设置表格的高度为 11.28 厘米，宽度为 30.48 厘米。设置表格样式为“主题样式，强调 1”，参照样张设置表格为“6 磅虚线”，设置边框为“橙色，个性色 6，深色 25%”。按照样张输入文本，设置文本在单元格内对齐方式为“水平、垂直居中”。设置表格映像变体为“全映像，接触”的样式。

（3）为第 5 张幻灯片 SmartArt 图形设置三维“砖块场景”；更改版式为“标记的层次结构”。更改颜色为“透明渐变范围，个性色 1”。为 SmartArt 图形添加“轮子”的动画效果，设置动画自动播放。

（4）所有幻灯片设置单击切换方式为华丽组的“悬挂”。设置自定义第 1、2、5、6 张幻灯片的放映方式。

5.5 课后练习与指导

一、选择题

1. 在 PowerPoint 2016 中，将某张幻灯片的版式更改为另一种版式应用到的菜单为“（　　）”。

A. 文件　　B. 视图　　C. 插入　　D. 开始

2. 在 PowerPoint 2016 中，要改变个别幻灯片背景可使用“设计”选项卡中的（　　）。

A. 背景　　B. 配色方案

C. 应用设计模板　　D. 幻灯片版式

3．在 PowerPoint 2016 中，不能对个别幻灯片内容进行编辑、修改的视图是（　　）。

A．普通　　B．幻灯片浏览　　C．大纲　　D．以上都不能

4．可以编辑幻灯片中文本、图像、声音等对象的视图方式是（　　）。

A．普通　　B．幻灯片浏览　　C．大纲　　D．备注

5．下列关于打上隐藏标记的幻灯片，说法正确的是（　　）。

A．播放时可能会显示　　B．不能在任何视图方式下编辑

C．可以在任何视图方式下编辑　　D．播放时不能显示

6．在 PowerPoint 2016 中，当前正新制作一个演示文稿，名称为“演示文稿 2”，当单击“文件”选项卡的“保存”命令后，会（　　）。

A．直接保存“演示文稿 2”，并退出 PowerPoint

B．弹出“另存为”对话框，供进一步操作

C．自动以“演示文稿 2”为名存盘，继续编辑

D．弹出“保存”对话框，供进一步操作

7．在 PowerPoint 2016 中，在当前窗口一共新建了 3 个演示文稿，但还没有对这 3 个文稿进行“保存”或“另存为”操作，那么（　　）。

A．3 个文稿名字都出现在“文件”菜单中

B．只有当前窗口中的文件出现在“文件”菜单中

C．只有不在当前窗口中的文件处于“文件”菜单中

D．3 个文稿名字都出现在“窗口”菜单中

8．如果当前编辑的演示文稿是 C 盘中名为“图像 .PPT”的文件，要将该文件复制到 A 盘，应使用（　　）。

A．“文件”菜单的“另存为”命令　　B．“文件”菜单的“发送”命令

C．“编辑”菜单的“复制”命令　　D．“编辑”菜单的“粘贴”命令

9．要在幻灯片中插入项目符号“■”，应该使用“（　　）”菜单中的命令。

A．插入　　B．文件　　C．格式　　D．段落

10．在放映幻灯片时，如果要从第 2 张幻灯片跳到第 5 张，应使用菜单“幻灯片放映”中的“（　　）”命令。

A．自定义放映　　B．幻灯片切换　　C．自定义动画　　D．动画方案

11．快速启动栏中的“新建”按钮用于（　　）。

A．插入一张新的幻灯片　　B．开始制作另一张新的演示文稿

C．覆盖当前不想要的幻灯片　　D．改变另一种式样

12．在 PowerPoint 2016 中，有关幻灯片母版中的页眉 / 页脚说法中错误的是（　　）。

A．页眉 / 页脚是添加在演示文稿中的注释性内容

B．典型的页眉 / 页脚内容是日期、时间及幻灯片编号

C．在打印演示文稿幻灯片时，页眉 / 页脚的内容也可打印出来

D．可以设置页眉 / 页脚的文本格式

13．在大纲视图中移动一个幻灯片应该（　　）。

A．从菜单中单击“格式”命令　　B．单击工具栏中的“粘贴”按钮

C．用鼠标把它拖曳到新位置　　D．按照 MOVE WIZRD 中的指令做

14．按“（　　）”键可以停止幻灯片播放。

A．Enter　　B．Esc　　C．Shift　　D．Ctrl

15．在 PowerPoint 2016 中录制屏幕，可以（　　）。

A．使用“插入”菜单　　B．使用“幻灯片版式”菜单命令

C．使用“设计”菜单　　D．使默认的字体也会发生变化

16．要给一个幻灯片加上隐藏标记，应使用“（　　）”菜单。

A．编辑　　B．格式　　C．工具　　D．幻灯片放映

二、填空题

1．演示文稿幻灯片有 ________、________、________、________ 等视图。

2．幻灯片的放映有 ________ 种方法。

3．将演示文稿打包的目的是 ________。

4．艺术字是一种 ________ 对象，它具有 ________ 属性，不具备文本的属性。

5．在幻灯片的视图中，向幻灯片插入图片，首先单击“________”菜单的“图片”命令，然后单击相应的命令。

6．在放映时，若要中途退出播放状态，应按“________”键。

7．在 PowerPoint 2016 中，为每张幻灯片设置切换声音效果的方法是使用“幻灯片放映”菜单下的“________”按钮。

8．按行列显示并可以直接在幻灯片上修改其格式和内容的对象是 ________。

9．在 PowerPoint 2016 中，能够观看演示文稿的整体实际播放效果的视图模式是 ________。

10．退出 PowerPoint 2016 的组合键是“________”。

11．用 PowerPoint 2016 应用程序所创建的用于演示的文件被称为 ________，其扩展名为 ________。

12．PowerPoint 2016 可利用模板来创建 ________，它提供了两类模板，________ 和 ________。模板的扩展名为 ________。

13．在 PowerPoint 2016 中，可以为幻灯片中的文字、形状和图形等对象设置 ________。设计基本动画的方法是先在 ________ 视图中选择好对象，然后选用幻灯片放映菜单中的 ________。

14．在“设置放映方式”对话框中，有 3 种放映类型，分别为 ________、________、________。

15．普通视图包含 3 种窗口：________、________ 和 ________。

16．状态栏位于窗口的底部它显示当前演示文档的部分 ________ 或 ________。

17．创建文稿的方式有 ________、________、________。

18．使用 PowerPoint 2016 演播演示文稿要通过 ________ 或 ________ 屏幕展现出来。

19．创建动画效果要使用到的命令是“________”。

20．________ 就是将幻灯片上的某些对象设置为特定的索引和标记。

第6章

多媒体技术基础

本章导读

技能目标

- 了解多媒体及多媒体技术的定义和分类
- 了解多媒体关键技术
- 理解计算机中音频信号的种类及特点
- 了解各种常用的视频文件格式、压缩原理和视频信息的获取方法

素质目标

- 倡导努力、孜孜以求的学习态度
- 提升自主学习的能力
- 在信息科技高速发展的时代，正确学习并使用新媒体知识，利用网络为载体，充分发挥当代青年人的新思维、新活力

6.1 多媒体的基本概念

多媒体技术就是利用计算机技术将文本、图形、图像、音频和视频等多种媒体信息综合一体化，建立逻辑连接，将其集成为一个交互性的系统，并对多媒体信息进行获取、压缩编码、编辑、加工处理、存储和展示。简单地说，多媒体技术就是将声、文、图等通过计算机集成在一起的技术。实际上，多媒体技术是计算机技术、通信技术、音频技术、图像压缩技术、文字处理技术等多种技术的一种结合。多媒体技术能提供多种文字信息和图像信息的输入、输出、传输、存储和处理，使表现的信息“图、文、声、触、味并茂”，更加直观和自然。

6.1.1 媒体及分类

1. 定义

媒体（Medium），又称载体，是信息传递和存储最基本的技术和手段，即信息的载体和表示形式。

2. 分类

（1）视觉媒体（Vision Medium）：通过视觉传达信息的媒体，包括点阵图像、矢量图形、动画、视频图像、符号、文字等。

（2）听觉媒体（Audition Medium）：通过声音传达信息的媒体，包括波形声音、语音和音乐等。

（3）触觉媒体（Sensation Medium）：即环境媒体，可以描述环境中的一切特征与参数。当人们置身于该环境时，就可以获取与人相关的信息。

（4）活动媒体（Activity Medium）：是一种时间性媒体。在活动中包含学习和变换两个最重要的过程。

（5）抽象媒体（Abstraction Medium）：包括自然规律、科学事实及抽象数据等，代表的是一类外在形象的抽象事实。抽象类媒体必须借助于感知媒体才可以表达出来。基本媒体可以组合起来。例如，交换媒体是指系统之间交换信息的手段和技术，既可以存储媒体或传输媒体，又可以将两者结合起来。

6.1.2 多媒体及多媒体技术

1. 多媒体及多媒体技术的概念

多媒体的英文是 Multimedia，它由 Media 和 Multi 两部分组成。“多媒体”一词在 1960 年至 1965 年开始使用。顾名思义，Multimedia 意味着非单一媒体，一般可以理解为多种媒体的综合，主要指的是文本、图形、视频、声音、音乐或数据等多种形态信息的处理和集成呈现（Processing and Integrated Presentation）。在多媒体技术中所说的“多媒体”，主要是多种形式的感知媒体。

2. 多媒体的数据类型

（1）文本：最基本的类型，有多种编码方式，如 ASCII 码、中文的 GB 码等。

（2）图形和图像：图像由像素组成；图形由图元组成。

（3）音频：音频属于听觉类媒体，主要分为波形声音、语音和音乐，其频率范围为 20Hz ～ 20kHz。

（4）动画和视频：动画是使用计算机生成一系列可供实时演播的连续画面技术。视频是由一幅幅拍摄下来的真实画面排列组成的。

6.1.3　多媒体技术的基本特性

1. 多样性

多样性是指使用多媒体技术可以综合处理多种媒体信息，包括文本、音频、图形、图像、动画和视频等。

2. 集成性

集成性是指多种媒体信息的集成及与这些媒体相关的设备集成。前者是指将多种不同的媒体信息有机地同步组合，使其成为一个完整的多媒体信息系统；后者是指多媒体设备应该成为一体，包括多媒体硬件设备、多媒体操作系统和创作工具等。

3. 交互性

交互性是指能够为用户提供更有效的控制和使用信息的手段。它可以增加用户对信息的注意和理解，延长信息的保留时间。从数据库中检索出用户需要的文字、照片和声音资料，是多媒体交互性的初级应用阶段；通过交互特征使用户介入到信息过程，则是交互性应用的中级应用阶段；当用户完全进入到一个与信息环境一体化的虚拟信息空间时，才达到了交互性应用的高级应用阶段。

4. 实时性

实时性是指当多种媒体集成时，其中的声音和运动图像是与时间密切相关的，甚至是实时的。因此，多媒体技术必然要支持实时处理，如视频会议系统和可视电话等。

总之，多媒体技术是一种基于计算机技术的综合技术，它包括信号处理技术、音频和视频技术、计算机硬件和软件技术、通信技术、图像压缩技术、人工智能和模式识别技术。

6.1.4　多媒体系统的关键技术

多媒体应用涉及许多相关技术，因此多媒体技术是一门多学科的综合技术，其主要内容有以下几方面。

（1）多媒体数据压缩技术。

（2）多媒体网络通信技术。

（3）多媒体存储技术。

（4）多媒体计算机专用芯片技术。

（5）多媒体输入 / 输出技术。

（6）多媒体系统软件技术。

（7）虚拟现实技术。

6.2　数字音频技术

声音是人类交流和认识自然的主要媒体形式，语言、音乐和自然之声构成了声音的丰富内涵，人类一直被包围在丰富多彩的声音世界当中。

声音是携带信息的重要媒体，多媒体技术的一个主要分支就是多媒体音频技术。其重要内容之一是数字音频信号的处理，这主要表现在数据采样和编辑加工两方面。其中，数据采样是将自然声转换成计算机能够处理的数据音频信号；对数字音频信号的编辑加工则主要表现为编辑、合成、静音、增加混响、调整频率等。

6.2.1 数字音频概述

1. 模拟音频

声音是通过一定介质（如空气、水等）传播的连续波，在物理学中被称为“声波”。声音的强弱体现在声波的振幅上，音调的高低体现在声波的周期或频率上。声波是随时间连续变化的模拟量，它有以下三个重要指标。

（1）振幅（Amplitude）。声波的振幅通常指音量，它是声波波形的高低幅度，表示声音信号的强弱程度。

（2）周期（Period）。音频信号的周期是指两个相邻声波之间的时间长度，即重复出现的时间间隔，以秒（s）为单位。

（3）频率（Frequency）。音频信号的频率是指每秒钟信号变化的次数，即周期的倒数，以赫兹（Hz）为单位。

2. 数字音频

由于音频信号是一种连续变化的模拟信号，而计算机只能处理和记录二进制的数字信号，因此由自然音源得到的音频信号必须经过一定的变化和处理，转换为二进制数据后才能送到计算机进行存储和再编辑，转换后的音频信号被称为数字音频信号。

模拟音频和数字音频在声音的录制、保存和播放方面有很大不同。模拟声音的录制是转换代表声音波形的电信号并存储到不同的介质，如磁带、唱片。在播放时将记录在介质上的信号还原为声音波形，经功率放大后输出。数字音频是先将模拟的声音信号转换（离散化处理）为计算机可以识别的二进制数据信号，再进行加工处理。在播放时首先将数字信号还原为模拟信号，经放大后再输出。

6.2.2 声音的基本特点

1. 声音的传播与可听域

声音依靠介质的振动进行传播。声源实际上是一个振动源，它使周围的介质（空气、液体、固体）产生振动，并以波的形式进行传播。如果人耳先感觉到这种传播过来的振动，再反映到大脑，就意味着人听到了声音。声音在不同介质中的传播速度和衰减率是不一样的，这两个因素导致了声音在不同介质中传播的距离不同。声音按频率可分为 3 种：次声波、可听声波和超声波。人类能听到声音频率范围为 20Hz ～ 20kHz，声音频率低于 20Hz 的为次声波，声音频率高于 20kHz 的为超声波。人说话的声音信号频率通常为 80Hz ～ 3kHz，我们把在这种频率范围内的信号称为语音信号。频率范围又被称为“频域”或“频带”，不同种类的声源其频带也不同。

不同声源的频带宽度差异很大。一般而言，声源的频带越宽，表现力越好，层次越丰富。例如，调频广播的声音比调幅广播好，宽带音响设备的重放声音质量（10Hz ～ 40 000Hz）比高级音响设备好。尽管宽带音响设备的频带已经超出人耳的可听域，但正是因为这一点，宽带音响设备可以把人们的感觉和听觉充分调动起来，才产生了极佳的声音效果。

2. 声音的方向

声音以振动波的形式从声源向四周传播，人类在辨别声源位置时，首先依靠声音到达左、右两耳的微小时间差和强度差异进行辨别，然后经过大脑综合分析从而判断出声音来自何方。从声源直接到达人类听觉器官的声音被称为直达声，直达声的方向辨别最容易。但是，在现实生活中有如森林、建筑等各种地貌，声音从声源发出后，经过多次反射才能被听到，这就是反射声。就理论而言，反射声在很大程度上影响了人们对声源方向的准确辨别。但令人惊讶的是，这种反射声不会使人类丧失方向感，在这里起关键作用的是人类大脑的综合分析能力。经过大脑的分析，不仅可以辨别声音的来源，还可以分析声音的层次，感觉声音的厚度和空间效果。

3. 声音的三要素

声音的三要素是音调、音色和音强。就听觉特性而言，声音质量的高低主要取决于这 3 个要素。

（1）音调——声音的高低。

音调与频率有关，频率越高，音调越高，反之亦然。人们都有这样的经验，当提高电唱机的转速时，唱盘旋转加快，声音信号的频率提高，其唱盘上声音的音调也提高。同样，在使用音频处理软件对声音的频率进行调整时，也可明显感到音调随之产生的变化。各种不同的声源具有自己特定的音调，如果改变了某种声源的音调，则声音会发生质的转变，使人们无法辨别声源。

（2）音色——声音的特色。

声音分为纯音和复音两种类型。纯音是指振幅和周期均为常数的声音；复音则是指具有不同频率和不同振幅的混合声音，大自然中的声音大部分是复音。在复音中，最低频率的声音是基音，它是声音的基调。其他频率的声音被称为谐音，即泛音。基音和谐音是构成声音音色的重要因素。各种声源都具有自己独特的音色，如各种乐器的声音、每个人的声音、各种生物的声音等，人们就是依据音色来辨别声源种类的。

（3）音强——声音的强度。

音强被称为声音的响度，常说的音量就是指音强。音强与声波的振幅成正比，振幅越大，音强越大。唱盘、CD 激光盘及其他形式的声音载体中的声音强度是一定的，通过播放设备的音量控制，可以改变声音的响度。如果要改变原始声音的音强，在把声音数字化以后，可使用音频处理软件提高音强。

4. 声音的频谱

声音的频谱可以分为线性频谱和连续频谱。线性频谱是具有周期性的单一频率声波；连续频谱是具有非周期性的、带有一定频带的、所有频率分量的声波。纯粹的单一频率的声波只能在专门的设备中创造出来，声音效果单调、乏味。自然界中的声音几乎全部属于非周期性声波，该声波具有广泛的频率分量，听起来声音饱满、音色多样、富有生机。

5. 声音的质量

声音的质量被称为“音质”，音质的好坏与音色和频率范围有关。悦耳的音色、宽广的频率范围，能够获得非常好的音质。影响音质的因素还有很多，常见因素如下。

（1）对于数字音频信号，音质的好坏与数据采样频率、数据位数有关。采样频率越低，位数越少，音质越差。

（2）音质与声音还原设备有关。音响放大器和扬声器的质量直接影响重放的音质。

（3）音质与信号噪声比有关。在录制声音时，音频信号幅度与噪声幅度的比值越大越好，否则声音被噪声干扰，会影响音质。

6. 声音的连续时基性

声音在时间轴上是连续信号，具有连续性和过程性，属于连续时基媒体形式。构成声音的数据前后之间具有强烈的相关性。此外，声音还具有实时性，这对处理声音的硬件和软件提出了很高的要求。

6.2.3 声音的数字化

声音是具有一定的振幅和频率且随时间变化的声波，通过话筒等转化装置可将其变成相应的电信号，但这种电信号是随时间连续变化的模拟信号，不能由计算机直接处理，必须先对其进行数字化，即先将模拟的声音信号经过模数转换器（ADC）转换成计算机能处理的数字声音信号，再利用计算机存储、编辑或处理。现在几乎所有的专业化声音录制、编辑都是数字的。在数字声音回放时，由数模转换器（DAC）将数字声音信号转换为实际的模拟声波信号，放大后由扬声器播出。把模拟声音信号转换为数字声音信号的过程被称为声音的数字化。它是通过对声音信号进行采样、量化和编码来实现的。采样是在时间轴上对信号数字化，量化是在幅度轴上对信号数字化，编码是按一定格式记录采样和量化后的数字数据。

仅从数字化的角度考虑，声音数字化的主要技术指标如下。

1. 采样频率

采样频率又称取样频率，它是指将模拟声音波形转换为数字音频时，每秒抽取声波幅度样本的次数。采样频率越高，经过离散数字化的声波越接近于其原始的波形，声音的保真度越高，声音特征复原就越好，当然所需要的信息存储量也越大。目前通用的采样频率有 3 种，分别为 11.025kHz、22.05kHz 和 44.1kHz。

2. 量化位数

量化位数又称取样大小，它是每个采样点能够表示的数据范围。量化位数的大小决定了声音的动态范围，即被记录和重放的最高音与最低音之间的差值。当然，量化位数越大，声音还原的层次就越丰富，表现力越强，音质越好，但数据量也越大。例如，16 位量化，即在最高音和最低音之间有 65 536 个不同的量化值。

3. 声道数

声道数是指所使用的声音通道的个数，它用于表示在记录声音时只产生一个波形（即单音或单声道）还是两个波形（即立体声或双声道）。当然立体声听起来要比单音丰满优美，更能反映人的听觉感受，但需要的存储空间是单音的 2 倍。

6.2.4　数字音频的质量与数据量

通过对上述影响声音数字化质量的 3 个因素的分析，可以得出声音数字化数据量的计算公式如下。

数据量（b/s）= 采样频率（Hz）× 量化位数（b）× 声道数

根据上述公式，可以计算出不同的采样频率、量化位数和声道数的各种组合情况下的数据量。音质越好，音频文件的数据量越大，所以音频文件的数据量不容忽视。为了节省存储空间，通常在保证基本音质的前提下，尽量采用较低的采样频率。

6.2.5　数字音频文件的保存格式

数字音频数据以文件的形式保存在计算机里。数字音频的文件格式主要有 WAVE、MP3、WMA、MIDI 等。专业数字音乐工作者一般都使用非压缩的 WAVE 格式进行操作，而普通用户更乐于接受压缩率高、文件容量相对较小的 MP3 或 WMA 格式。

1. WAVE 格式

WAVE 是微软公司和 IBM 公司共同开发的计算机标准声音格式。由于没有采用压缩算法，因此无论进行多少次修改和剪辑，WAVE 格式的文件都不会失真，而且处理速度也相对较快。这类文件最典型的代表是计算机上的 Windows PCM 格式文件，它是 Windows 操作系统专用的数字音频文件格式，扩展名为“.wav”，即波形文件。

标准的 Windows PCM 波形文件包含 PCM 编码数据，这是一种未经压缩的脉冲编码调制数据，是对声波信号数字化的直接表示形式，主要用于自然声音的保存与重放。其特点是声音层次丰富、还原性好、表现力强，如果使用足够高的采样频率，则其音质极佳。对波形文件的支持是最广泛的，几乎所有的播放器都能播放 WAVE 格式的音频文件，而电子幻灯片、各种算法语言、多媒体工具软件都能直接使用 WAVE 格式的音频文件。Windows 的录音机录制的声音就是这种格式。但是波形文件数据量比较大，其数据量的大小直接与采样频率、量化位数和声道数成正比。

2. MP3 格式

MP3 格式的文件是按 MPEG 标准的音频压缩技术制作的数字音频文件，是一种有损压缩文件，它利用人耳对高频声音信号不敏感的特性，将时域波形信号转换成频域信号，并将其划分成多个频段，对不同的频段使用不同的压缩率，对高频信号加大压缩比（甚至忽略信号），对低频信号使用小压缩比，保证信号不失真。这就相当于抛弃人耳基本听不到的高频声音，只保留能听到的低频部分，从而将声音以 1 : 10 甚至 1 : 12 的压缩率压缩。由于这种压缩方式的全称为 MPEG Audio Layer 3，因此将其简称为 MP3。以 MP3 格式存储的音乐就被称为 MP3 音乐，能播放 MP3 音乐的设备被称为 MP3 播放器。

3. WMA 格式

WMA 是 Windows Media Audio 的缩写，用于表示 Windows Media 音频格式。WMA 格式是 Windows Media 格式的一个子集，而 Windows Media 格式是由 Microsoft Windows Media 技术使用的格式，包括音频、视频或脚本数据文件，可用于创作、存储、编辑、分发、流式处理或播放基于时间线的内容。

WMA 格式的文件可以保证在文件只有 MP3 文件一半大小的前提下，保持相同的音质。现在的大多数 MP3 播放器都支持 WMA 格式的文件。

4. MIDI 格式

严格地说，MIDI 与上面提到的声音格式不是同一族，因为它不是真正的数字化声音，而是一种计算机数字音乐接口生成的数字描述的音频文件，扩展名是“.mid”。该格式文件本身并不记载声音的波形数据，而是将声音的特征——一系列指令，以数字的形式记录下来。MIDI 格式的音频文件主要用于计算机合成的声音的重放和处理，其特点是数据量小。

5. RA 格式

RA 是 Real Audio 的简称，是 RealNetworks 公司推出的一种音频压缩格式，它的压缩比可达 96∶1，在网上比较流行。经过压缩的音乐文件可以在传输速率为 14.4KB/s 的、使用 Modem 上网的计算机中流畅回放。其最大特点是可以采用流媒体方式实现网上实时播放。

6. CD 格式

CD 是音质较好的音频格式，其文件扩展名为“.cda”。标准 CD 格式使用 44.1kHz 的采样频率，传输速率为 88.2KB/s，16 位量化位数。因为 CD 音轨是近似无损的，因此它的声音基本上是与原声相同的。CD 光盘可以在 CD 唱机中播放，也可以使用计算机中的各种播放软件来重放。一个 CD 格式的音频文件就是一个文件扩展名为“.cda”的文件，它只记录索引信息，并不真正包含声音信息，所以不论 CD 音乐的长短，在计算机上看到的文件扩展名为“.cda”的文件的长度都是 44B。

6.3 多媒体视频处理技术基础

6.3.1 视频的基本概念

1. 视频信息

由于人眼的视觉暂留作用，在亮度信号消失后，亮度感觉仍可以保持短暂的时间。有人做过一个实验：在同一个房间中挂两盏灯，让两盏灯中一盏亮，一盏灭，交替变化。当交替速度比较慢时，人们会感觉到灯的亮、灭状态，但当这种交替速度达到每秒 30 次以上时，人们的感觉就会完全变了。人们看到的是一个光亮在眼前来回摆动，实际上这是一种错觉，这种错觉是由于人眼的视觉暂留作用。动态图像也正是由这一特性产生的。从物理意义上看，任何动态图像都是由多幅连续的图像序列构成的，每一幅图像保持一段显示时间，顺序地在眼睛感觉不到的速度（一般为 25 ～ 30 帧 / 秒）下更换另一幅图像，连续不断，就形成了动态图像。动态图像序列根据每一帧图像的产生形式，又分为不同的种类。当每一帧图像都是由人工或计算机产生时，其被称为“动画”；当每一帧图像是通过实时获取的自然景物时，被称为“动态影像视频或视频”。

2. 模拟视频与数字视频的概念

按照视频信息存储与处理方式的不同，视频可分为模拟视频和数字视频两大类。

1）模拟视频

模拟视频是指每一帧图像都是实时获取的自然景物的真实图像信号。人们在日常生活中看到的电视、电影都属于模拟视频的范畴。模拟视频信号具有成本低、还原性好等优点，视频画面往往给人一种身临其境的感觉。但它的最大缺点是，无论被记录的图像信号有多好，经过长时间的存放之后，信号和画面的质量将大大降低；或者经过多次复制之后，画面的失真会很明显。

（1）电视扫描。

在电视系统中，摄像端是通过电子束扫描将图像分解成与像素对应的随时间变化的点信号，并由传感器对每个点进行感应。在接收端，则以完全相同的方式利用电子束从左到右、从上到下地扫描，将电视图像在屏幕上显示出来。扫描分为隔行扫描和逐行扫描两种。在逐行扫描中，电子束从显示屏的左上角开始一行接一行地扫描到右下角，在显示屏上扫描一遍就可以显示一幅完整的图像。

在隔行扫描中，电子束扫描完第 1 行后，将从第 3 行开始的位置继续扫描，再分别扫描第 5 行、第 7 行等，直至最后一行。所有的奇数行扫描完后，再使用同样的方式扫描所有的偶数行，这时才构成一幅完整的画面，通常将其称为帧。由此看出，在隔行扫描中，一帧由奇数行和偶数行两部分组成，我们分别将它们称为奇数场和偶数场，也就是说，要得到一幅完整的图像需要扫描两遍。

为了更好地理解电视的工作原理，下面简要说明几个常用术语。

① 帧是指一幅静态的电视画面。

② 帧频是指电视机工作时每秒显示的帧数，对 PAL 制式的电视，帧频是 25 帧 / 秒。

③ 场频是指电视机每秒所能显示的画面次数，单位为 Hz。场频越大，图像刷新的次数越多，图像显示的闪烁就越小，画面质量越高。

④ 行频是指电视机中的电子枪每秒钟在屏幕上从左到右扫描的次数，又称屏幕的水平扫描频率，单位为 kHz。行频越大，分辨率越高，显示效果越好。

⑤ 分解率（清晰度）使用每秒垂直方向的行扫描数和水平方向的列扫描数来表示。分解率越大，电视画面越清晰。

（2）电视制式。

所谓电视制式，实际上是一种电视显示的标准。不同的制式，对视频信号的解码方式、色彩处理方式及屏幕扫描频率要求不同，因此如果计算机系统处理的视频信号的制式与连接的视频设备的制式不同，则在播放时图像的效果会有明显下降，甚至根本无法播放。

① NTSC 制式。NTSC（National Television System Committee，国家电视制式委员会）是 1953 年由美国成功研制的一种兼容的彩色电视制式。它规定每秒 30 帧，每帧 526 行，水平分辨率为 240 ～ 400 个像素点，隔行扫描，扫描频率为 60Hz，宽高比例为 4 : 3。北美、日本等一些地区使用这种制式。

② PAL 制式。PAL（Phase Alternate Line，相位逐行交换）是联邦德国在 1962 年制定的一种电视制式。它规定每秒 25 帧，每帧 625 行，水平分辨率为 240 ～ 400 个像素点，隔行扫描，扫描频率为 50Hz，宽高比例为 4 : 3。我国和西欧大部分地区都使用这种制式。

③ SECAM 制式。SECAM（SEquential Colour Avec Memorie，顺序传送彩色存储）是法国在 1965 年提出的一种标准。它规定每秒 25 帧，每帧 625 行，隔行扫描，扫描频率为 50Hz，宽高比例为 4 : 3。其上述指标均与 PAL 制式相同，不同点主要在于色度信号的处理上。法国、俄罗斯、非洲等地区使用这种制式。

④ HDTV。HDTV（High Definition TV，高清电视），它是目前正在蓬勃发展的电视标准，尚未完全统一。但一般规定宽高比例为 16 : 9，每帧扫描在 1000 行以上，采用逐行扫描方式，有较高扫描频率，传送信号全部数字化。

2）数字视频

数字视频基于数字技术记录视频信息。可以通过视频采集卡将模拟视频信号经 A/D（模拟 / 数字）转换器转换成数字视频信号，转换后的数字信号采用数字压缩技术存入计算机存储器中就成了数字视频。数字视频与模拟视频相比有如下特点。

- 可以不失真地进行多次复制。
- 便于长时间存放，不会有任何的质量变化。
- 可以方便地进行非线性编辑并可增加特技效果等。
- 数据量大，在存储与传输过程中必须进行压缩编码。

6.3.2 视频信息的数字化

随着多媒体技术的发展，计算机不仅可以播放视频信息，还可以编辑、处理视频信息，有效地控制视频信息，并对视频信息进行二次创作。

1. 视频信息的获取

获取数字视频信息主要有两种方式。

（1）将模拟视频信号数字化，即首先在一段时间内以一定的速度对连续的视频信号进行采集，然后将数据存储起来。使用这种方法需要拥有录像机、摄像机及视频卡。录像机和摄像机负责采集实际景物，视频卡负责将模拟视频信息数字化。

（2）利用数字摄像机拍摄实际景物，从而直接获取无失真的数字视频信号。

2. 视频卡的功能

视频卡是指计算机上用于处理视频信息的设备卡，其主要功能是将模拟视频信号转换成数字视频信号，或者将数字信号转换成模拟信号。在计算机上，首先通过视频卡接收来自视频输入端（录像机、摄像机或其他视频信号源）的模拟视频信号，将该信号采集、量化成数字信号；然后压缩编码成数字视频序列。大多数视频卡都具备硬件压缩功能，在采集视频信号时首先在卡上对视频信号进行压缩，然后通过 PCI 接口把压缩的视频数据传送到主机上。

一般的视频卡采用帧内压缩算法把数字化的视频存储成 AVI 格式的文件，高档视频卡还能直接把采集到的数字视频数据实时压缩成 MPEG-1 格式的文件。

模拟视频输入端可以提供不间断的信息源，视频卡要求采集模拟视频序列中的每帧图像，并在采集下一帧图像前把这些数据传入计算机系统。因此，实现实时采集的关键是每一帧的处理时间。如果每帧视频图像的处理时间超过相邻两帧的相隔时间，则会出现数据丢失，即出现丢帧现象。视频卡都是首先将获取的视频序列进行压缩处理，然后存入硬盘，一次性完成视频序列获取和压缩，避免了再次进行压缩处理的不便。

3. 视频卡的分类

（1）视频采集卡用于将摄像机、录像机等设备中的模拟视频信号经过数字化采集到计算机中。

（2）压缩 / 解压缩卡用于将静止和动态的图像按照 JPEG / MPEG 标准进行压缩或还原。

（3）视频输出卡用于将计算机中加工处理的数字视频信息转换成编码，并输出到电视机或录像机等设备上。

（4）电视接收卡用于将电视机中的节目通过该卡的转换处理，在计算机的显示器上播放。

6.3.3　视频文件格式

视频文件格式一般与标准有关，如 AVI 格式与 Video for Windows 有关，MOV 格式与 QuickTime 有关，而 MPEG 和 VCD 格式则为专有格式。

1. AVI 文件格式

AVI（Audio Video Interleaved）是一种将视频信息与同步音频信号结合在一起存储的多媒体文件格式。它以帧为存储动态视频的基本单位。在每一帧中，都是先存储音频数据，再存储视频数据。整体看起来，音频数据和视频数据相互交叉存储。在播放时，音频“流”和视频“流”交叉使用处理器的存取时间，保持同期同步。通过 Windows 的对象链接与嵌入技术，AVI 格式的动态视频片段可以嵌入到任何支持对象链接中，或者嵌入到 Windows 应用程序中。

2. MOV 文件格式

MOV 文件格式是 QuickTime 视频处理软件选用的视频文件格式。

3. MPEG 文件格式

它是采用 MPEG 方法进行压缩的全运动视频图像文件格式。目前许多视频处理软件都支持该格式，如“超级解霸”软件。

4. DAT 文件格式

它是 VCD 和卡拉 OK、CD 数据文件格式，是基于 MPEG 压缩方法的一种文件格式。

5. DivX 文件格式

这是由 MPEG-4 衍生出的另一种视频编码（压缩）标准，就是通常所说的 DVDrip。它在采用 MPEG-4 压缩算法的同时，又综合了 MPEG-4 与 MP3 各方面的技术，即使用 DivX

压缩技术对 DVD 盘片的视频图像进行高质量压缩，同时使用 MP3 或 AC3 对音频进行压缩，然后将视频与音频合成，并加上相应的外挂字幕文件形成的视频文件格式。该格式的画质接近 DVD 影片的画质，并且数据量只有 DVD 影片的数分之一。它的文件扩展名是“.m4v”。

6. Microsoft 流式视频格式

Microsoft 流式视频格式主要有 ASF 和 WMV 两种格式，它是一种在国际互联网上实时传播多媒体数据的技术标准。用户可以直接使用 Windows 自带的 Windows Media Player 对其进行播放。

（1）ASF（Advanced Streaming Format）。它使用 MPEG-4 压缩算法。如果不考虑网上传播因素，只选择最好的质量来压缩，则其生成的视频文件的图像质量优于 VCD 影片的图像质量；如果考虑在网上即时观赏视频“流”的需要，则其图像质量比 VCD 影片的图像质量差一些，但比同是视频“流”格式的 RM 格式的文件要好。它的主要优点是可以在本地或网络回放，可扩充的媒体类型、部件下载及扩展性等。它的文件扩展名是“.asf”。

（2）WMV（Windows Media Video）。它是一种采用独立编码方式且可直接在网上实时观看视频节目的文件压缩格式。在同等视频质量下，WMV 格式的文件体积非常小，很适合在网上播放和传输。同样是 2 小时的 HDTV 视频，如果使用 MPEG-2 格式最多只能将文件压缩至 30GB，而使用 WMV 格式的高压缩率编码器，则可以在画质丝毫不降低的前提下将文件压缩到 15GB 以下。它的主要优点是本地或网络回放、可扩充的媒体类型、部件下载、流的优先级化、多语言支持、环境独立性、丰富的流间关系及扩展性等。它的文件扩展名是“.wmv”。

7. Real Video 流式视频格式

Real Video 是由 RealNetworks 公司开发的一种新型、高压缩比的流式视频格式，主要在低速率广域网上实时传输活动视频影像。可以根据网络数据传输速率的不同，采用不同的压缩比率，从而实现影像数据的实时传输与实时播放。虽然画质稍差，但出色的压缩效率和支持流式播放的特征，使其广泛应用在网络和娱乐场合。

（1）RM（Real Media）。用户使用 RealPlayer 或 RealONE Player 播放器，可以在不下载音频 / 视频内容的条件下实现在线播放 RM 格式的文件。另外，作为目前主流网络视频格式，还可以通过其 RealServer 服务器将其他格式的视频转换成 RM 视频，其文件扩展名是“.rm”。

（2）RMVB（Real Media Variable Bit Rate）。它是一种由 RM 视频格式升级的新视频格式，称为可变比特率（Variable Bit Rate）的 RM 格式。它的先进之处在于，改变了 RM 视频格式平均压缩采样的方式，对静止和动作场面少的画面场景采用较低的编码速率；而在出现快速运动的画面场景时，采用较高的编码速率，从而在保证大幅度提高图像画面质量的同时，数据量并没有明显增加。一部 700MB 左右的 DVD 影片，如果将其转录成同样视听品质的 RMVB 格式文件，数据量最多 400MB。不仅如此，这种视频格式还具有内置字幕和不需要外挂插件支持等独特优点。如果要播放这种视频格式的文件，可以使用 RealONE Player 2.0 或 RealVideo 9.0 以上版本的解码器。其文件扩展名是“.rmvb”。

6.4 Photoshop 图像基础

21 世纪是一个充满信息的时代，图像作为人类感知世界的视觉基础，是人类获取信息、表达信息和传递信息的重要手段。Photoshop 是 Adobe 公司旗下最著名的图像处理软件之一，是一款集图像编辑、图像制作、图像输入与输出等功能于一体的图形图像处理软件。因其无所不能而被广泛应用于平面设计、插画设计、数码照片处理、广告制作，以及最新的 3D 效果制作等领域。Photoshop 图像作品欣赏如图 6-1 至图 6-4 所示。

图 6-1　作品一

图 6-2　作品二

图 6-3　作品三

图 6-4　作品四

本节导读

技能目标

- 掌握图形和图像的区别
- 了解各种常用的图形图像格式
- 初步掌握图像色彩与色调的调整
- 掌握图层、蒙版和滤镜的操作

素质目标

- 培养审美趣味，提高艺术修养水平
- 激发自主学习及创新能力
- 提高分析问题、解决问题的能力

6.4.1　图像基础知识

图像是多媒体技术中重要的媒体之一，下面以 Photoshop CC 为例介绍图像处理涉及的图像基本知识。

1. 位图与矢量图

位图图像又被称为栅格图像，它使用图片元素的矩形网格（即像素）来表现图像。每个像素都分配有特定的位置和颜色值。位图图像与分辨率有关。因此，如果在屏幕上以高缩放比率对它们进行缩放，则将丢失其中的细节，并会呈现出“锯齿”。

矢量图形又称矢量形状或矢量对象，是由被称为矢量的数学对象定义的直线和曲线构成的。矢量图形与分辨率无关，即无论如何调整矢量图形的大小，矢量图形都将保持清晰的边缘。

2. 像素与分辨率

像素是构成图像的最基本的单位，是一种虚拟的单位。

分辨率是指位图图像中的细节精细度，测量单位是像素 / 英寸。每英寸的像素越多，分辨率越高，得到的印刷图像的质量就越好。

3. 色彩模型

1）RGB 模式

RGB 是色光的色彩模式，R 代表红色，G 代表绿色，B 代表蓝色，三种色彩叠加形成了其他的色彩。因为三种颜色都有 256 个亮度水平级，所以三种色彩叠加就形成了 1670 万种颜色。就编辑图像而言，RGB 色彩模式也是最佳的色彩模式，因为它可以提供全屏幕的 24bit 的色彩范围，即真彩色显示。

2）CMYK 模式

CMYK 代表印刷上用的四种色彩，C 代表青色，M 代表洋红色，Y 代表黄色，K 代表黑色。CMYK 模式是最佳的打印模式。

3）Lab 模式

Lab 模式既不依赖光线，也不依赖颜料，它是 CIE 组织确定的一个理论上包括了人眼可以看见的所有色彩的色彩模式。Lab 模式由三个通道组成，一个通道是亮度（即 L），另外两个是色彩通道，分别用 a 和 b 来表示。当将 RGB 模式转换为 CMYK 模式时，Photoshop 先自动将 RGB 模式转换为 Lab 模式，再转换为 CMYK 模式。在表达色彩范围上，处于第一位的是 Lab 模式，第二位的是 RGB 模式，第三位的是 CMYK 模式。

4）HSB 模式

在 HSB 模式中，H 表示色相，S 表示饱和度，B 表示亮度。

色相是指纯色，即组成可见光谱的单色。红色在 0° 位置上，绿色在 120° 位置上，蓝色在 240° 位置上。它是 RGB 模式全色度的饼状图。

饱和度是指色彩的纯度，当饱和度为 0 时，即为灰色。白、黑和其他灰色色彩都没有饱和度。当饱和度为最大饱和度时，每一色相具有最纯的色光。

亮度是指色彩的明亮度，当亮度为 0 时即为黑色。最大亮度是色彩最鲜明的状态。

5）Indexed 模式

Indexed 模式就是索引颜色模式，又称映射颜色。在这种模式下，只能存储一个 8bit 色彩深度的文件，即最多 256 种颜色，而且颜色都是预先定义好的。一幅图像中的所有颜色都在它的图像文件中定义，也就是将所有色彩映射到一个色彩盘中，即色彩对照表。因此，当打开图像文件时，色彩对照表也一同被读入了 Photoshop 中。Photoshop 由色彩对照表找到最终的色彩值。

6）GrayScale 模式

灰色也是彩色的一种，也有绚丽的一面。灰度文件是可以组成多达 256 级灰度的 8bit 图像，亮度是控制灰度的唯一要素。亮度越高，灰度越浅，越接近于白色；亮度越低，灰度越深，就越接近于黑色。因此，黑色和白色被包括在灰度之中，它们是灰度模式的一个子集。

4. 文件存储格式

1）PSD 格式

PSD 格式是 Photoshop 的默认图像存储格式，能完整保留图层、通道、路径、蒙版等信息。

2）GIF 格式

GIF 格式可以极大地节省存储空间，因此常用于保存作为网页数据进行传输的图像文件。该格式不支持 Alpha 通道，最大缺点是最多只能处理 256 种色彩，不能用于存储真彩色的图像文件。但 GIF 格式支持透明背景，可以较好地与网页背景融合在一起。

3）JPEG 格式

JPEG 格式是一种最有效、最基本的有损压缩格式，被绝大多数的图形处理软件支持。其最大特色就是 JPEG 格式的图像比较小，经过了高位率的压缩。JPEG 是目前所有格式中压缩率最高的格式，但是 JPEG 格式在压缩保存的过程中会以失真方式丢掉一些数据，因此保存后的图像与原图有差别，没有原图的质量好。因此，印刷品一般不推荐使用此格式。

4）PNG 格式

PNG 格式可以用于网络图像文件。但它不同于 GIF 格式的图像只能保存 256 种色彩，PNG 格式的图像可以保存 24 位的真彩色，并且支持透明背景和消除锯齿边缘的功能，可以在不失真的情况下压缩保存图像。PNG 格式文件在 RGB 和灰度模式下支持 Alpha 通道，但在索引颜色和位图模式下不支持 Alpha 通道。

5）BMP 格式

BMP 格式图像文件是一种 Windows 标准的位图图像文件格式。它支持 RGB、索引颜色、灰度和位图颜色模式，但不支持 Alpha 通道。

6）TIFF 格式

TIFF 格式可以在许多图像软件和平台之间转换，是一种灵活的位图图像格式。TIFF 格式支持 RGB、CMYK 和灰度三种颜色模式，还支持使用通道、图层和路径的功能。

6.4.2　Photoshop 软件基础

2013 年 7 月，Adobe 公司推出新版本 Photoshop——Photoshop CC（Creative Cloud）。在 Photoshop CS6 功能的基础上，Photoshop CC 新增相机防抖动功能、CameraRAW 功能改进、图像提升采样、属性面板改进、Behance 集成等功能，以及 Creative Cloud（即云功能）。本节以 Photoshop CC 2015 为例，介绍软件基本应用。

1. 软件基本操作

1）启动

单击 Windows 桌面左下角任务栏中的“开始”按钮，在弹出的菜单中单击“所有程序”中的“Adobe Photoshop CC 2015”选项，即可启动该软件。如果桌面上有 Photoshop CC 2015 软件的快捷方式图标“Ps”，则可以双击该图标以启动该软件。

2）退出

单击 Photoshop CC 2015 工作界面右上方的“关闭”按钮，即可退出 Photoshop CC 2015。也可单击“文件”菜单中“退出”命令，或者按“Ctrl+Q”“Alt+F4”等组合键退出

Photoshop CC 2015。

2. 工作界面

Photoshop CC 2015 除了新增了很多功能，还对工作界面进行了很大改进。图像处理区域更开阔，文件切换也变得更加灵活。其工作界面按功能主要分为菜单栏、属性栏、工具栏、文件、窗口、状态栏等部分，如图 6-5 所示。

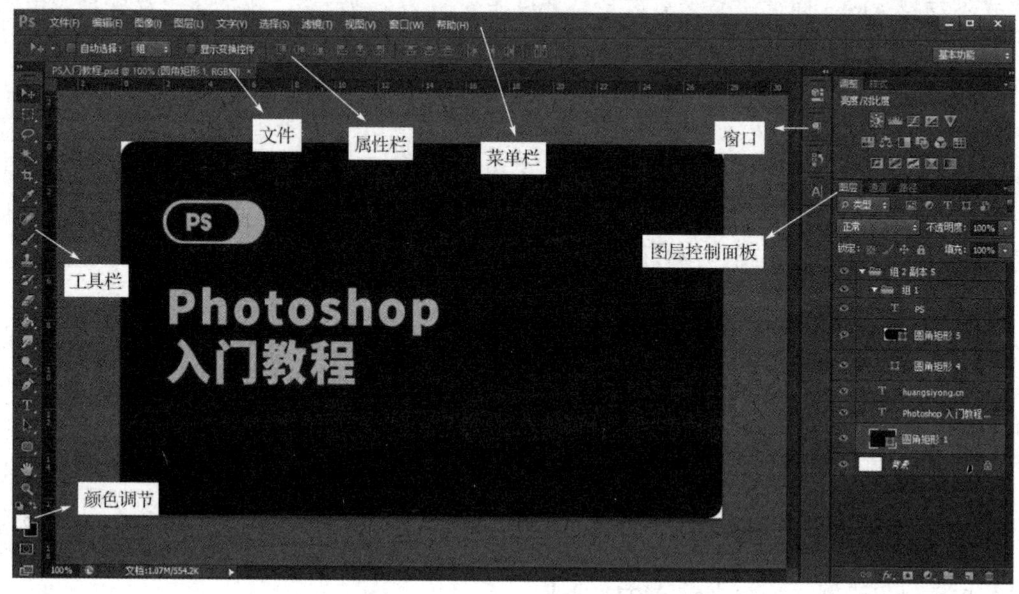

图 6-5　Photoshop CC 2015 工作界面

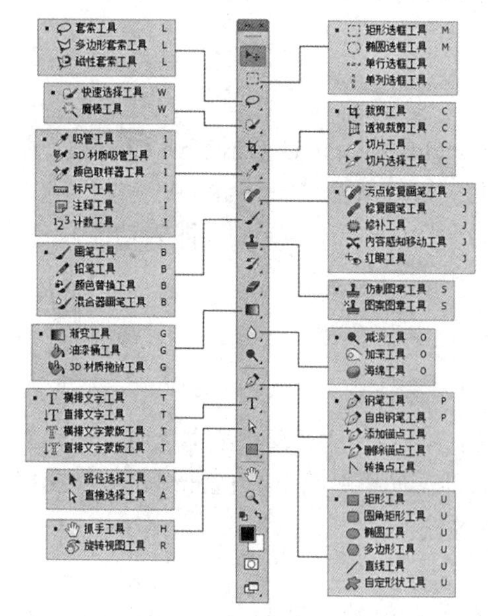

图 6-6　工具栏中所有的工具

3. 工具栏

Photoshop CC 2015 工具栏的默认位置在工作界面的左侧，包含 Photoshop CC 2015 的各种图形绘制和图像处理工具。大部分工具按钮的右下角都带有黑色的小三角形，表示该工具按钮是一个工具组，还有其他同类隐藏的工具，将鼠标光标放置在这样的按钮上并右击，即可将隐藏的工具显示出来。图 6-6 所示为工具栏中所有的工具。

4. 图像文件的基本操作

1）新建文件

单击“文件”菜单中的“新建”命令（或按“Ctrl+N”组合键），会弹出如图 6-7 所示的“新建”对话框。在此对话框中可以设置新建文件的名称、尺寸、分辨率、颜色模式、背景内容和颜色配置文件等。单击“确定”按钮即可新建一个图像文件。

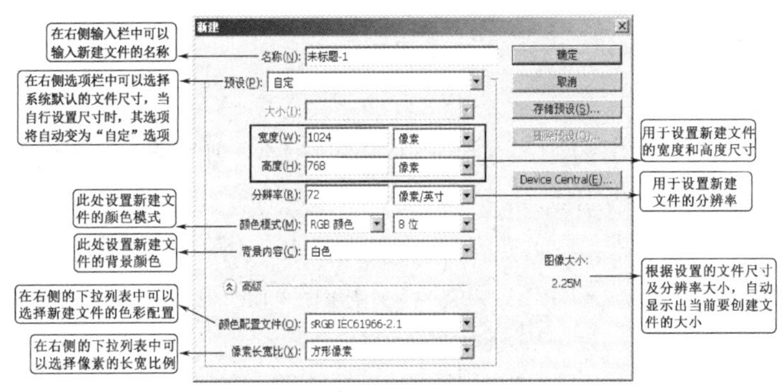

图 6-7　"新建"对话框

在处理图像之前创建一个大小合适的文件至关重要，除了设置合理的尺寸，也要设置合理的分辨率。图像分辨率的正确设置应考虑图像最终发布的媒介，通常针对一些有特别用途的图像，分辨率有一些基本的标准。

- Photoshop CC 2015 默认分辨率为 72 像素 / 英寸，这是满足普通显示器的分辨率。
- 发布在网页上的图像分辨率通常可以设置为 72 像素 / 英寸或 96 像素 / 英寸。
- 报纸图像通常设置为 120 像素 / 英寸或 150 像素 / 英寸。
- 彩版印刷图像通常设置为 300 像素 / 英寸。
- 大型灯箱图像通常设置为不低于 30 像素 / 英寸。

2）打开文件

单击"文件"菜单中的"打开"命令（或按"Ctrl+O"组合键），或者直接在工作区中双击，会弹出"打开"对话框，利用此对话框可以打开计算机中存储的各种格式的图像文件。

3）存储文件

在 Photoshop CC 2015 中，将打开的图像文件编辑后再存储时，应该正确区分"存储"命令和"存储为"命令的不同。

"存储"命令对应的组合键为"Ctrl+S"，可以在覆盖原文件的基础上直接进行存储，不弹出"存储为"对话框。

"存储为"命令对应的组合键为"Shift+Ctrl+S"，会弹出"存储为"对话框，在原文件不变的基础上将编辑后的文件重新命名并进行存储。

4）图像的查看

使用抓手工具、缩放工具、缩放命令和导航器调板等可以按照不同的放大倍数查看图像的不同区域。

6.4.3　图层基础与应用

图层就如一张张的透明纸，在不同的纸上先绘制不同的图像，再叠加起来可以构成一个复杂的图像，而且对某一图层进行修改不影响其他图层。图层是有上下顺序的，如果上层图层无任何图像，则对下层图层无影响；如果上层图层有图像，重叠的部分就会遮住下层图层的图像。因此图层的作用在于独立控制和管理图像中的各部分，如图 6-8 所示。

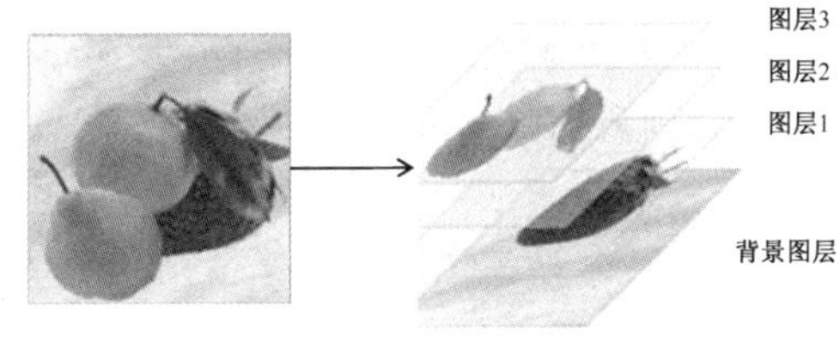

图 6-8　图层概念

1. 图层类型与操作

1）图层类型

Photoshop CC 2015 软件中的图层主要分为背景图层、普通图层、蒙版层、填充 / 调整图层、文字图层、形状图层、图层组。

- 背景图层：位于图像最底层。如果要将背景图层转换为普通图层，可以通过双击背景图层缩览图，打开“图层属性”对话框。单击“确定”按钮，即可将背景图层转换为普通图层。
- 普通图层：主要功能是存放和绘制图像，普通图层可以有不同的透明度。如果要将普通图层转换为背景图层，则可以单击“图层”菜单中的“新建”子菜单的“图层背景”命令，即可将普通图层转换为背景图层。
- 填充 / 调整图层：主要用于存放图像的色彩调整信息。
- 文字图层：文字在 Photoshop 中是一种矢量图形，矢量图形是不能按照位图图像进行处理的，除非将其转换为位图图像。将文字图层转换为普通图层的过程被称为“栅格化文字”，文字一旦栅格化就无法再进行修改和编辑了。
- 形状图层：使用形状工具或钢笔工具可以创建形状图层。在形状图层中可以自动填充当前的前景色，也可以通过其他方法对其进行修饰。形状的轮廓存储在链接到图层的矢量蒙版中。

2）新建图层

如果用户需要创建一个空白图层，则可以使用以下几种方法。

方法一：单击“图层”菜单中的“新建”→“图层”命令。

方法二：单击“图层”菜单，在弹出的菜单中单击“新建图层”命令，在打开的“新建图层属性”对话框中，单击“确定”按钮即可。

方法三：单击图层控制面板下方的“创建新图层”按钮，直接新建一个空白的普通图层。

3）复制图层

在同一幅图像中复制图层，操作方法如下。

方法一：在图层控制面板中，单击选中需要复制的图层，拖曳该图层到图层控制面板下方的“创建新图层”按钮。

方法二：在工具箱中单击“移动工具”按钮，按住“Alt”键，当鼠标指针变成双向箭头时，就可以拖曳图层进行复制了。

方法三：在图层控制面板中右击需要复制的图层，在弹出的快捷菜单中单击“复制图层”命令进行复制。

4）删除图层

方法一：在图层控制面板中选中需要删除的图层，将其拖曳到下方的“垃圾箱”按钮上。

方法二：右击需要删除的图层，在弹出的快捷菜单中单击“删除图层”命令。

5）调整图层顺序

方法一：选中需要移动的图层，使用鼠标直接将其拖曳到目标位置。

方法二：单击“图层”菜单中的“排列”子菜单的相应命令。

6）锁定图层

Photoshop CC 2015 提供了图层锁定功能。用户通过锁定全部或部分图层，避免在编辑图像过程中不小心破坏图层内容的情况。当图层被完全锁定时，锁形图标是实心的；当图层被部分锁定时，锁形图标是空心的。

7）选择图层

- 选择单个图层：使用鼠标左键单击，图层变成蓝色。
- 选择多个连续的图层：先选择第一个图层，再按“Shift”键选择最后一个图层。
- 选择多个不连续的图层：按“Ctrl”键依次单击图层。

8）图层合并

- 单击“图层”菜单，在弹出的菜单中单击“向下合并”命令（或者按“Ctrl+E”组合键）、“合并所见图层”命令（或者按“Ctrl+Shift+E”组合键）或“拼合图层”命令。单击“拼合图层”命令会提示“是否扔掉隐藏图层”，将可见图层合并至背景图层。当单击“合并和拼合图层”命令时，图层样式和蒙版将先被应用再被删除，文字被栅格化。
- 盖印图层：就是将处理后的效果盖印到新的图层上，其功能与合并图层相似，但盖印是重新生成一个新的图层而不影响之前处理的图层，因此更实用。一旦感觉之前处理的效果不满意，可以直接删除盖印图层，而之前处理效果的图层依然还在。可以方便处理图片，也可以节省时间。选择多个图层，按“Ctrl+Alt+E”组合键，可以盖印多个图层或链接的图层；选择任意一个图层或组，按“Shift+Ctrl+Alt+E”组合键，可以盖印所有可见图层。

2. 图层混合模式

图层混合模式决定了进行图像编辑时，当前选定的绘图颜色如何与图像原有的基色进行混合，或者当前图层如何与下面的图层进行色彩混合。使用混合模式可以创建各种特殊效果。图层混合模式可以在图层控制面板中设置。Photoshop CC 2015 提供了 25 种混合模式。在设置混合效果时，有时还需设置图层的不透明度。

1）基础型混合模式

此类混合模式包括“正常”和“溶解”，其共同点是利用图层的不透明度及填充不透明度来控制与下面的图像进行混合。

2）降暗图像型混合模式（减色模式）

此类混合模式包括“变暗”、“正片叠底”、“颜色加深”、“线性加深”及“深色”，主要用于滤除图像中的亮调图像，从而达到图像变暗的目的。

3）提亮图像型混合模式（加色模式）

此类混合模式包括“变亮”、“滤色”、“颜色减淡”、“线性减淡”及“浅色”。与上面的变暗混合模式刚好相反，此类混合模式主要用于滤除图像中的暗调图像，从而达到图像变亮的目的。

4）融合图像型混合模式

此类混合模式包括“叠加”、“柔光”、“强光”、“亮光”、“线性光”、“点光”及“实色混合”，主要用于不同程度的对上、下图层中的图像进行融合。另外，此类混合模式还可以在一定程度上提高图像的对比度。

5）变异图像型混合模式

此类混合模式包括“差值”和“排除”，主要用于制作各种变异图像效果。

6）色彩叠加型混合模式

此类混合模式包括“色相”、“饱和度”、“色彩”和“亮度”，主要依据图像的色相、饱和度等基本属性，完成图层之间的混合。

3. 图层样式

图层样式是应用于一个图层或图层组的一种或多种的效果。Photoshop CC 2015 提供了不同的图层混合选项即图层样式，有助于为特定图层上的对象应用效果。可以应用 Photoshop CC 2015 附带提供的某一种预设样式，或者使用“图层样式”对话框来创建自定样式。Photoshop CC 2015 有以下 10 种不同的图层样式。

1）投影样式

该样式可以为图层上的对象、文本或形状后面添加阴影效果。

2）内阴影样式

该样式可以在对象、文本或形状的内边缘添加阴影，让图层产生一种凹陷效果，设置内阴影效果会使文本对象效果更佳。

3）外发光样式

该样式可以为图层对象、文本或形状的边缘向外添加发光效果，实现类似玻璃物体发光的效果。

4）内发光样式

该样式可以为图层对象、文本或形状的边缘向内添加发光效果，设置参数与外发光样式相同。

5）斜面和浮雕样式

该样式可以为图层添加高亮显示和阴影的各种组合效果。样式又细分为外斜面、内斜面、浮雕、枕形浮雕和描边浮雕。

6）光泽样式

该样式可以为图层对象内部应用阴影，与对象的形状互相作用，通常用于创建规则波浪形状，实现光滑的磨光及金属效果。

7）颜色叠加样式

该样式可以在图层对象上叠加一种颜色，即用一层纯色填充到应用样式的对象上。

8）渐变叠加样式

该样式可以在图层对象上叠加一种渐变颜色，即用一层渐变颜色填充到应用样式的对象上。通过渐变编辑器设置还可以使用其他的渐变颜色。

9）图案叠加样式

该样式可以在图层对象上叠加图案，即用一致的重复图案填充对象。用图案拾色器还可以选择其他的图案。

10）描边样式

该样式可以使用颜色、渐变颜色或图案描绘当前图层上的对象、文本或形状的轮廓，对于边缘清晰的形状（如文本），这种效果尤其有用。

注意“编辑”菜单中的“描边”命令与图层控制面板中的“描边”按钮的区别。

- 相同之处：两者都不能给背景图层描边，都可以用单色给整幅图像描边。
- 不同之处：图层控制面板中的“描边”按钮无法给选区描边，针对选区，只有“编辑”菜单中的“描边”命令可以进行相应的操作；图层控制面板中的“描边”按钮还可以使用渐变、图案等进行描边。

4．蒙版

Photoshop CC 2015 的蒙版功能用来保护图像的任何区域不受编辑的影响，并能使对它的编辑操作作用到其所在的图层，从而在不改变图像信息的情况下得到实际的处理结果。它将不同的灰度值转换为不同的透明度，范围为 0 ～ 100，黑色（即保护区域）为完全透明不可见，白色为完全不透明，不同的灰度对应不同的透明度，使受其作用的图层上的图像产生对应的透明效果。当基于一个选区创建蒙版时，没有被选中的区域将成为被蒙版蒙住的区域，也就是被保护的区域，可以防止被编辑或修改。

1）快速蒙版

按“Q”键可在标准模式和快速蒙版模式之间切换。在快速蒙版模式下，Photoshop CC 2015 可以自动转换成灰阶模式，前景色为黑色，背景色为白色（可以按“X”键交换前景色和背景色）。可以使用画笔、铅笔、历史笔刷、橡皮擦、渐变等绘图和编辑工具增加或减少蒙版面积以确定选区。用黑色绘制时，显示为“红膜”，该区域不被选中，即增加蒙版的面积；用白色绘制时，“红膜”减少，该区域被选中，即减小蒙版的面积；用灰色绘制时，该区域被羽化，有部分被选中。通过快速蒙版可以创建很多特殊效果。

2）剪贴蒙版

剪贴蒙版是使用基底图层的形状来显示上层图层的内容。剪贴蒙版中只能包括连续图层。

- 创建剪贴蒙版：可以单击“图层”菜单中的“剪贴蒙版”命令进行创建，组合键为“Alt+Ctrl+G”；也可以在图层控制面板上按“Alt”键并单击两个图层之间的边界线。
- 释放剪贴蒙版：按住“Alt”键并单击两个图层之间的边界线即可。

3）矢量蒙版

矢量蒙版是通过钢笔工具或形状工具创建的蒙版。使用矢量蒙版可以创建分辨率较低的图像，并且可以使图层内容与底层图像中间的过渡拥有光滑的形状和清晰的边缘。一旦为图层添加矢量蒙版，就可以应用图层样式为蒙版内容添加图层效果，用于创建各种风格的按钮、面板或其他的 Web 设计元素。创建矢量蒙版，可以在选中图层后，先单击“蒙版”面板中的“矢量蒙版”按钮，再使用钢笔工具或形状工具在图层中进行绘制。

4）图层蒙版

在带有蒙版的图像组合层中，右边的图层是蒙版，它是基于灰阶的图层蒙版，其中白色的部分可以显示左边普通图层中对应的区域；黑色的部分则是蒙版，用于隐藏遮盖左边普通图层中对应的区域；灰色的部分对应的区域显示为半透明。图层蒙版对图层的影响是非破坏性的，随时可以取消蒙版效果或重新编辑蒙版效果，不会影响图像的像素。

（1）添加图层蒙版。

在添加图层蒙版时，需要确定要隐藏还是显示所有图层，也可以在创建蒙版之前建立选区，通过选区自动隐藏创建的图层蒙版的部分图层内容。在图层控制面板中选择需要添加蒙版的图层后，单击面板底部的“添加图层蒙版”按钮，或者单击“图层”菜单中的“图层蒙版”→“显示全部”或“隐藏全部”命令，即可创建图层蒙版。

（2）蒙版编辑。

- 蒙版的开与关：按“Alt”键并单击图层蒙版缩略图，可以显示蒙版；再次按“Alt”键并单击可以看到图像。
- 暂时停用蒙版或剪贴路径的蒙版：按“Shift”键并单击蒙版缩略图；再次按“Shift”

键并单击可以实现。

- 删除蒙版：右击图层蒙版缩略图，在弹出的快捷菜单中单击“删除图层蒙版”命令。

5. 滤镜

为了丰富照片的图像效果，摄影师们在照相机的镜头前加上各种特殊镜片，这样拍摄得到的照片就包含了所加镜片的特殊效果，即滤色镜。特殊镜片的思想延伸到计算机图像处理技术中，便产生了“滤镜”。滤镜遵循一定的程序算法，对图像中像素的颜色、亮度、饱和度、对比度、色调、分布、排列等属性进行计算和变换处理，其结果是图像产生特殊效果。滤镜的具体分类可以通过“滤镜”菜单来查看。

6.5 Photoshop 项目实训

6.5.1 项目一：制作“水果文字”图像效果

实训目的：利用常用工具实现图像复制、移动、擦除等基本操作，了解选区与图层的关系。

要求：掌握选区工具、橡皮擦工具、油漆桶工具等常用工具及变形命令的基本使用方法，了解选区与图层的关系。

具体操作步骤如下。

（1）启动 Photoshop CC 2015，打开素材图像文件“项目一\香蕉 .jpg”。

（2）使用工具栏中的快速选择工具，在图像中的香蕉区域按住鼠标左键滑动创建香蕉选区，如图 6-9 所示。

（3）按“Ctrl+J”组合键复制并创建图层 1。

（4）单击图层控制面板底部的“创建新图层”图标（），创建一个新的图层为图层 2。设置工具栏中的前景色为黑色，使用油漆桶工具填充新图层为黑色，移动该图层到图层 1 的下方，如图 6-10 所示。

图 6-9　快速选择工具

图 6-10　图层位置关系

（5）使用工具栏中的横排文本工具，设置文字类型为“Arial Narrow Bold”，字号为 260 点，输入“BANANA”，单击“窗口”菜单中的“字符”命令，打开“字符”面板，设置字符字距为“-160”，移动文字到合适的位置，选中文字图层并右击，在弹出的快捷菜单中单击“栅格化文字”命令，如图 6-11 所示。

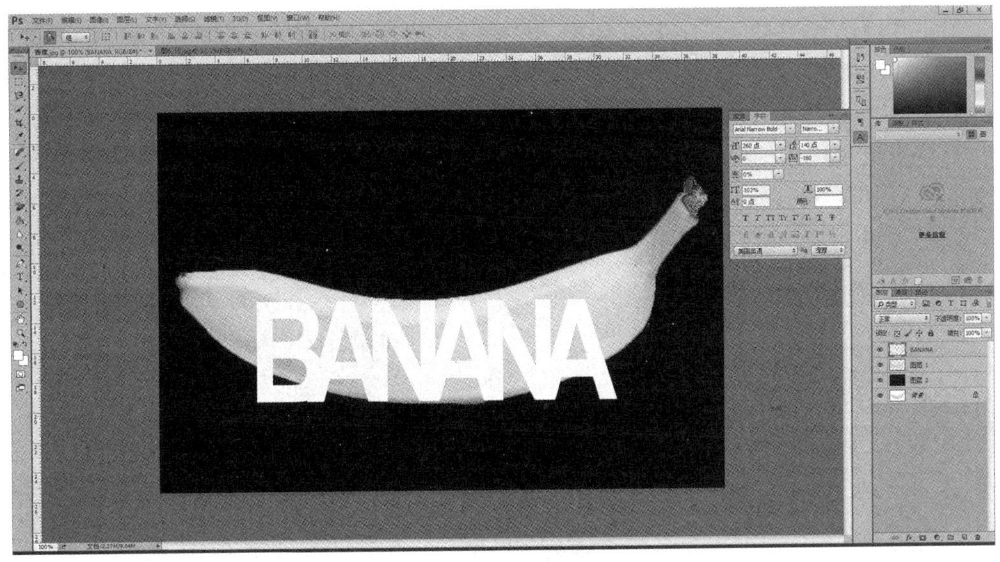

图 6-11　字符参数

（6）在图层控制面板中，选中栅格化的文字图层，单击“编辑”菜单中的“变换”→“变形”命令，改变文字形状使其贴合香蕉轮廓，如图 6-12 所示。

图 6-12　变形

（7）按“Ctrl”键，并单击文字所在图层的缩览图，将文字载入选区后隐藏文字所在图层。

（8）选中图层 1，按“Ctrl+Shift+I”组合键反向选择，使用工具栏中的橡皮擦工具来擦除文字选区外的部分，水果文字最终效果如图 6-13 所示。

图 6-13　水果文字最终效果

6.5.2 项目二：制作“小金人”图像效果

实训目的：利用图像调整命令、图层混合模式制作“小金人”图像效果。

要求：掌握图像调整命令的基本使用方法和调整图层的应用。

具体操作步骤如下。

（1）启动 Photoshop CC 2015，打开素材图像文件“项目二\舞者 .jpg”。

（2）使用工具栏中的磁性套索工具，勾选出舞者的图像（在选区过程中可以适当地放大或缩小图片），按“Ctrl+J”组合键复制并创建图层 1，如图 6-14 所示。单击背景图层前的眼睛图标按钮（👁）来隐藏背景图层。

图 6-14　创建图层 1

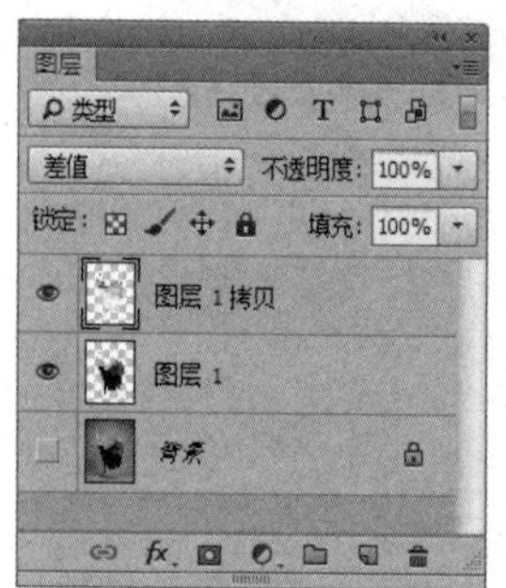

图 6-15　图层混合模式

（3）单击“图像”菜单中的“调整”→“去色”命令，按“Ctrl+J”组合键复制图层 1。

（4）选中复制的图层 1，并单击“图像”菜单中的“调整”→“反相”命令，设置图层混合模式为“差值”，如图 6-15 所示。

（5）先按“Ctrl+E”组合键向下合并图层，再按“Ctrl+J”组合键复制图层。

（6）重复单击“图像”菜单中的“调整”→“反相”命令，设置图层混合模式为“差值”，按“Ctrl+E”组合键向下合并图层。

（7）再次重复按“Ctrl+J”组合键复制图层，单击“图像”菜单中的“调整”→“反相”命令，设置图层混合模式为“差值”，按“Ctrl+E”组合键向下合并图层，让舞者图像具有金属质感。

（8）单击图层面板底部的“创建新的填充或调整图层”图标按钮（◐），对图层添加“色相 / 饱和度”的调整图层，如图 6-16 所示。勾选“着色”复选框，具体参数如图 6-17 所示。

（9）按“Ctrl+E”组合键向下合并图层后完成“小金人”图像效果，如图 6-18 所示。

（10）打开素材图像文件“项目二 \ 星空 .jpg”“项目二 \ 奖杯底座 .png”，将“星空”和“奖杯底座”图像拖放至“舞者”背景图层上进行合成。

（11）按“Ctrl+T”组合键可以自由变换，调整“星空”图像和“奖杯底座”图像的大小，并将其放置在适当位置，合成图像如图 6-19 所示。

图 6-16　调整图层

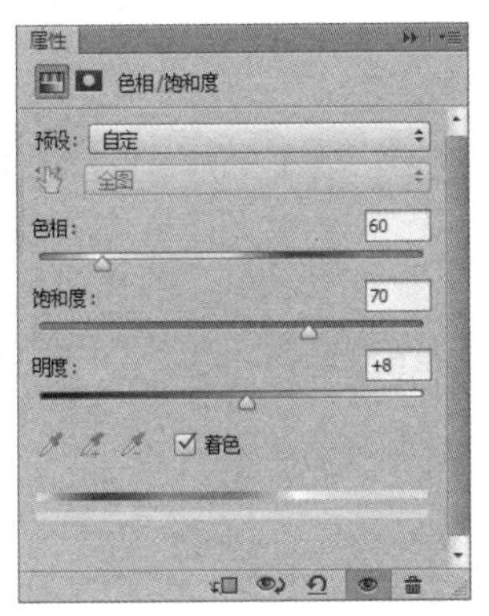

图 6-17　设置色相 / 饱和度参数

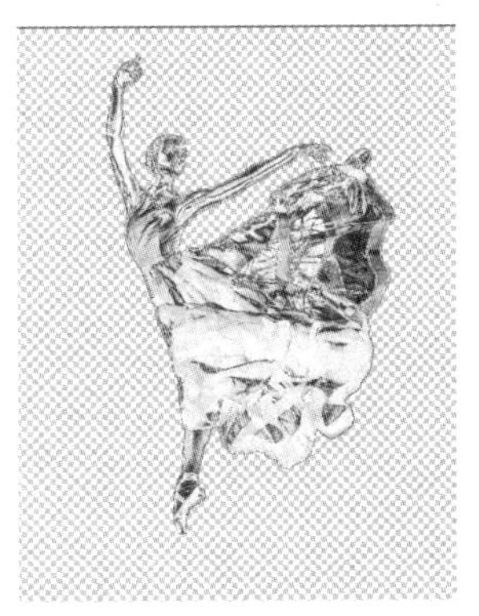

图 6-18　“小金人”图像效果

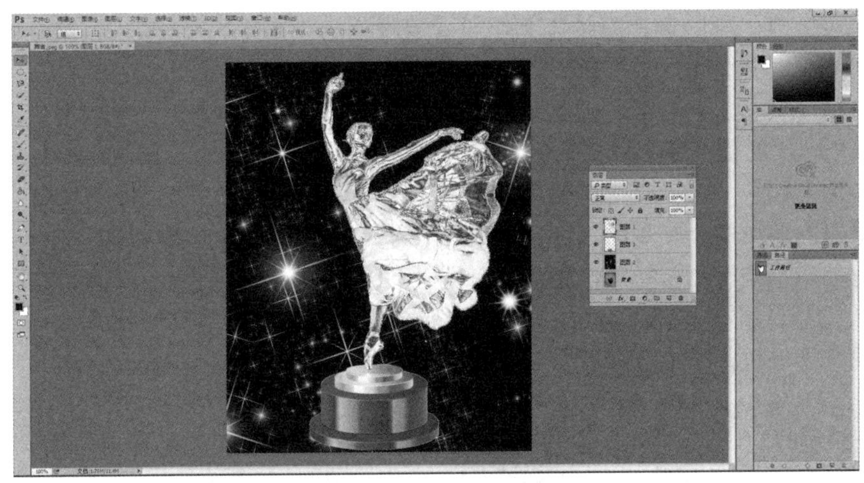

图 6-19　合成图像

6.5.3　项目三：制作“拼图”图像效果

实训目的：利用定义图案和图层样式等方法制作“拼图”图像效果。

要求：掌握定义图案及图层样式的设置。

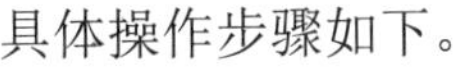

具体操作步骤如下。

（1）启动 Photoshop CC 2015，打开素材图像文件“项目三\小狗 .jpg”。

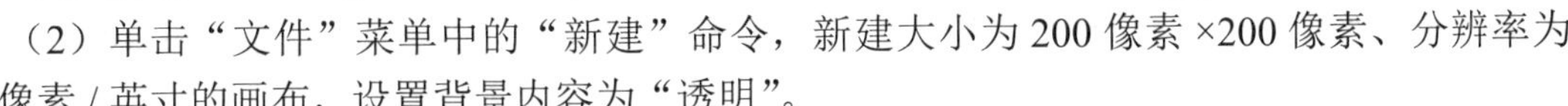

（2）单击“文件”菜单中的“新建”命令，新建大小为 200 像素 ×200 像素、分辨率为 72 像素 / 英寸的画布，设置背景内容为“透明”。

（3）单击“视图”菜单中的“新建参考线版面”命令，在打开的对话框中设置 4 行 4 列的参考线，如图 6-20 所示。参考线效果如图 6-21 所示。

（4）设置前景色为“黑色”，使用工具箱中的矩形选框工具，设置属性栏为“固定大小样式”，宽度、高度均为 100 像素，如图 6-22 所示。绘制一个固定大小的正方形选框，并移动到左上角，使用工具栏中的油漆桶工具填充前景色。

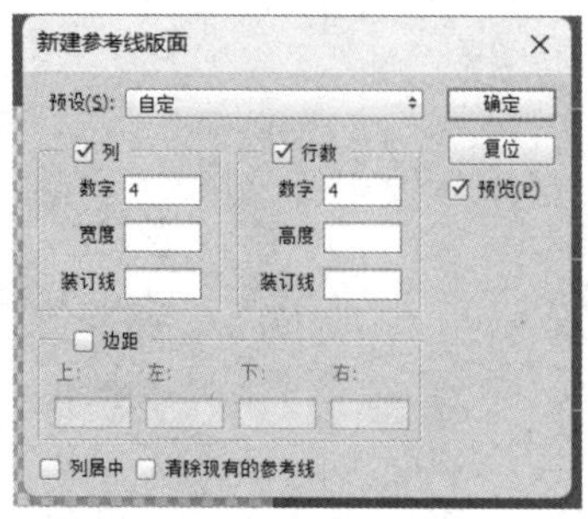

图 6-20　新建参考线版面

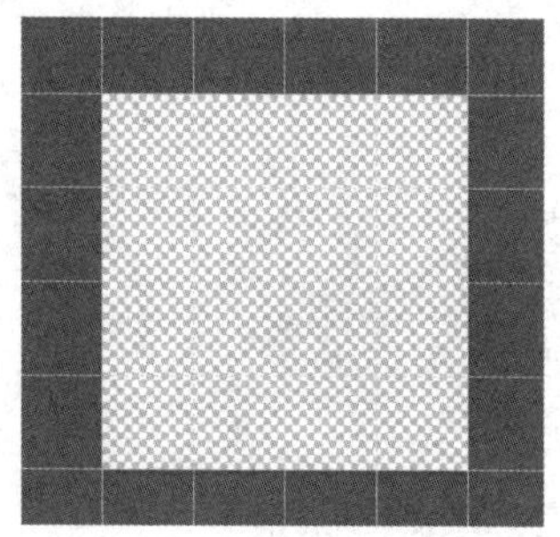

图 6-21　参考线效果

图 6-22　设置矩形选框

（5）使用工具栏中的椭圆选框工具，设置属性栏为“固定大小样式”，宽度、高度均为 30 像素，绘制一个固定大小的圆形选框，将选框移动到合适的位置，在绘制的正方形选框上删除 1 个半圆，填充 1 个半圆，拼图如图 6-23 所示。按“Ctrl+D”组合键取消选区。

（6）按“Ctrl+J”组合键复制图层，单击“编辑”菜单中的“变换”→“旋转 180 度”命令，移动复制的图形到右下角，合成拼图如图 6-24 所示，并保存为“图案 .psd”文件。

（7）单击“编辑”菜单中的“定义图案”命令，保存编辑好的图案。

（8）返回“小狗”图像，单击图层控制面板底部的“创建新图层”按钮，创建一个新的图层。单击“编辑”菜单中的“填充”命令，在弹出的“填充”对话框中，设置内容为“图案”，在“自定图案”下拉菜单中选择前面保存的图案来填充图层，如图 6-25 所示。

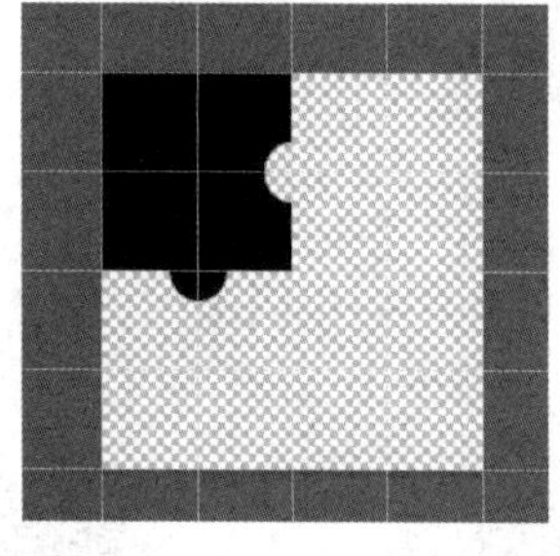

图 6-23　拼图

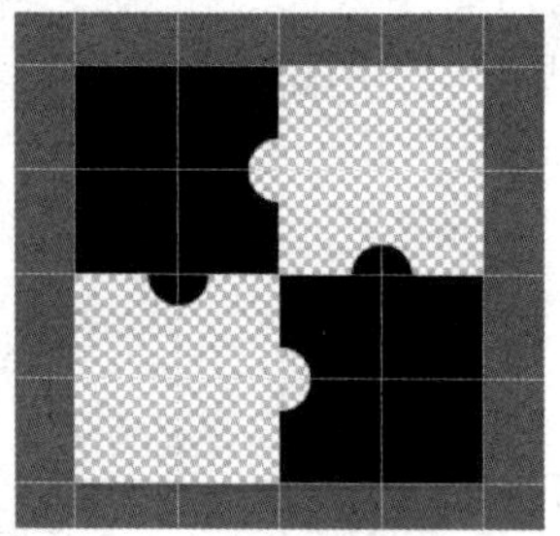

图 6-24　合成拼图

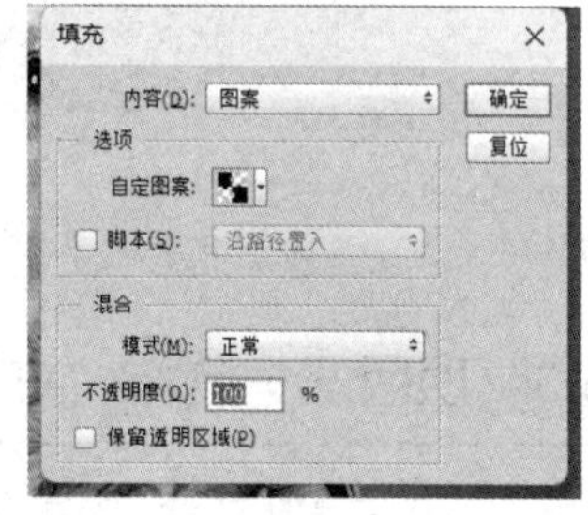

图 6-25　选择填充图案

（9）单击“图层”菜单中的“图层样式”→“斜面和浮雕”命令，设置样式为“枕状浮雕”，深度为 85%，大小为“15 像素”，并设置描边为“1 像素，#6C6363”。

（10）设置图层混合模式为“滤色”，按“Ctrl+E”组合键向下合并图层，并将背景层转换为普通图层，如图 6-26 所示。

（11）单击图层控制面板底部的“创建新图层”按钮，创建一个新图层。设置工具栏中的前景色为白色，使用油漆桶工具填充新图层为白色，移动该图层到“小狗”图像的下方。

（12）返回“图案 .psd”文件，使用工具栏中的移动工具拖曳一块拼图到“小狗”图像中，通过旋转使其贴合“小狗”图像上的一块拼图，按“Ctrl”键，单击拼图图层的缩览图，调出选区，如图 6-27 所示，并隐藏该图层。

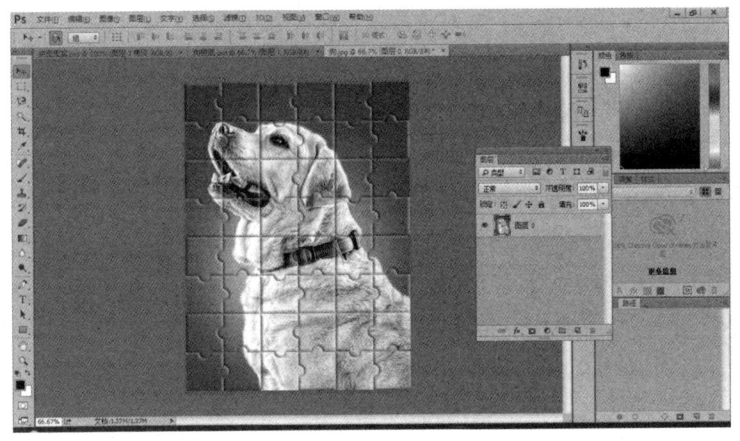

图 6-26　合并图层

（13）选中“小狗”图像，按“Ctrl+Shift+J”组合键移动并复制图层，将其移动并旋转适当的角度，使用同样的方法，移动并复制另一块拼图，最终效果如图 6-28 所示。

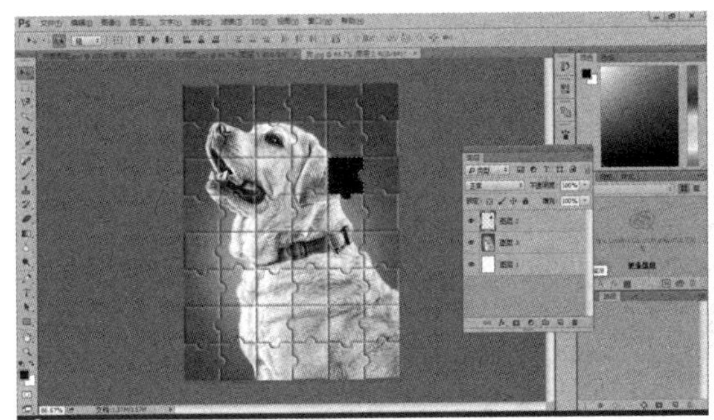

图 6-27　移动拼图并贴合

图 6-28　最终效果

6.5.4　项目四：制作“拍立得相片”图像效果

实训目的：利用形状工具、图层组、高级混合选项创建拍立得相片效果。

要求：掌握形状工具、图层样式的基本应用。

具体操作步骤如下。

（1）打开素材图像文件“项目四\布 .jpg”“项目四\照片 .jpg”，使用工具栏中的移动工具，将蓝色“布”素材图片移动合成至照片图层上，形成图层 1，单击“编辑”菜单中的“自由变换”命令，适当调整图像大小，使其与背景层图像大小一致。

（2）使用工具栏中的矩形工具，绘制一大一小的、叠加在一起的两个矩形，将上层的小矩形填充为黑色，下层的大矩形填充为白色，如图 6-29 所示。

（3）选中白色矩形形状图层，在右侧空白处双击，弹出“图层样式”对话框。在“图层样式”对话框中设置“投影”图层样式，设置不透明度为 75%，角度为 53，距离为“5 像素”，扩展为 16%，大小为“5 像素”。选中形状 2 黑色矩形形状图层并右击，在弹出的快捷菜单中单击“混合选项”命令，在弹出的“图层样式”对话框的“高级混合”项中设置填充不透明度为 0%，设置挖空为“深”，如图 6-30 所示。

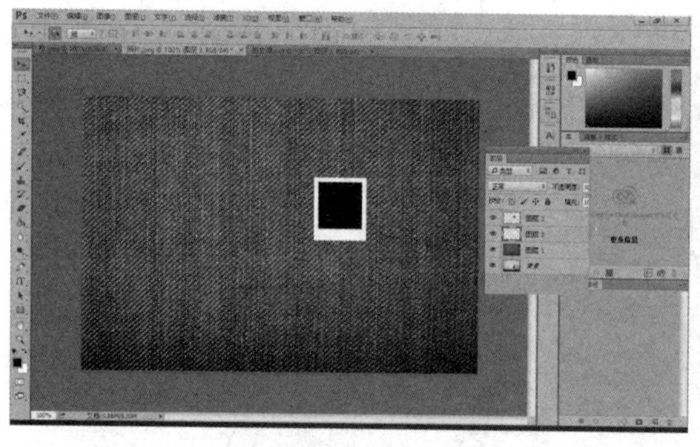

图 6-29　矩形工具

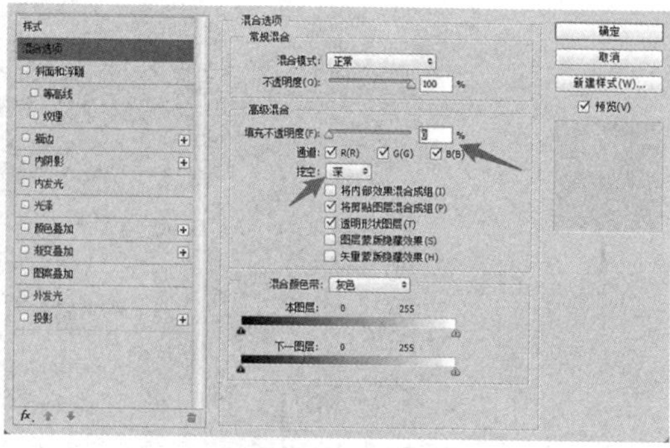

图 6-30　高级混合选项

（4）同时选中黑色矩形和白色矩形图层，按“Ctrl+G”组合键创建分组 1，如图 6-31 所示。

（5）将分组 1 折叠，按住“Alt”键，在图层控制面板拖曳分组 1 图层对象，可根据需要，复制多组分组 1 生成多个副本。分别选中各副本图层，单击“编辑”菜单中的“自由变换”命令，适当调整分组 1 中各副本的旋转角度以实现错落叠加，如图 6-32 所示，最后获得拍立得相片图像效果。

图 6-31　创建分组 1

图 6-32　拍立得相片图像效果

6.5.5　项目五：制作“烟花”图像效果

实训目的：利用滤镜、图层混合模式制作烟花效果。

要求：掌握滤镜和图层混合模式的使用方法。

具体操作步骤如下。

（1）启动 Photoshop CC 2015，在工具栏中设置背景色为黑色，单击“文件”菜单中的“新建”命令，新建大小为“500 像素 ×500 像素”的画布，并设置背景色。

（2）单击“滤镜”菜单中的“杂色”→“添加杂色”命令，弹出“添加杂色”对话框，设置数量为 30%，选中“高斯分布”单选按钮，勾选“单色”复选框，如图 6-33 所示。

（3）单击“图像”菜单中的“调整”→“阈值”命令，设置阈值色阶参数为 199。单击“滤镜”菜单中的“风格化”→“风”命令，设置方法为“风”，方向为“从左”。根据需要多次按“Ctrl+F”组合键重复应用滤镜将风吹效果变得明显，如图 6-34 所示。

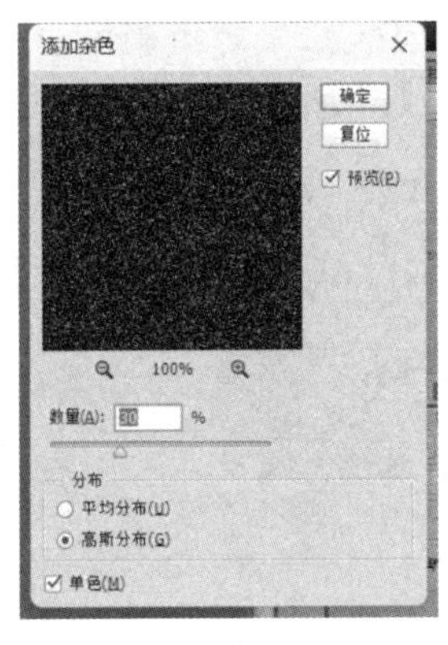

图 6-33　添加杂色

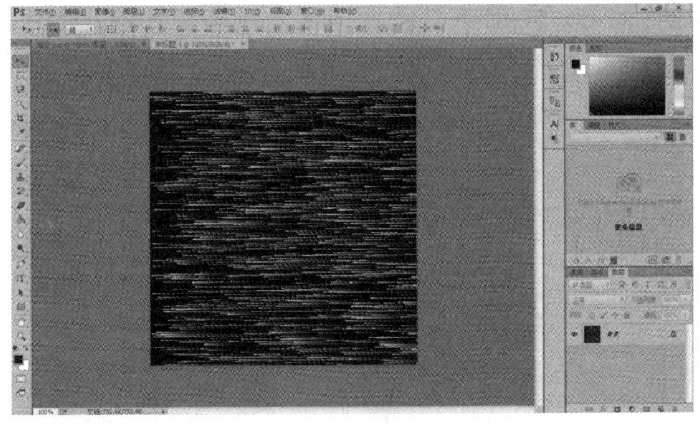

图 6-34　调整滤镜

（4）单击“图像”菜单中的“图像旋转”→“逆时针 90 度”命令，将图形逆时针旋转 90°。

（5）单击“滤镜”菜单中的“扭曲”→“极坐标”命令，并单击“平面坐标到极坐标”选项。

（6）单击图层控制面板底部的“创建新图层”按钮，创建一个新的图层。使用工具栏中的渐变工具，选择所需渐变颜色，设置渐变方式为“径向渐变”，在新图层上从中心到四周拉出渐变线，给图层填充渐变色。

（7）设置图层混合模式为“颜色”，效果如图 6-35 所示。

图 6-35　图层混合模式

6.5.6　项目六：制作“褶皱”图案效果

实训目的：了解智能对象，利用滤镜中的置换功能，给图案添加褶皱纹理效果。

要求：掌握图层滤镜的基本用法，理解图层混合模式的应用。

具体操作步骤如下。

（1）启动 Photoshop CC 2015，打开素材图像文件“项目六\纹理 .jpg”。按“Ctrl+J”组合键复制并创建图层 1。按“Ctrl+Shift+U”组合键给图层 1 去色。

（2）隐藏背景图层，单击“文件”菜单中的“存储为”命令，将其保存为“置换 .psd”文件。

（3）打开素材图像文件“项目六\花纹 .jpg”，使用工具栏中的移动工具，将花纹拖入纹理，形成图层 2。按“Ctrl+T”组合键适当调整花纹图片大小，单击“滤镜”菜单中的“转换为智能滤镜”命令，将该图层转为智能对象，方便后期重新调整参数，如图 6-36 所示。

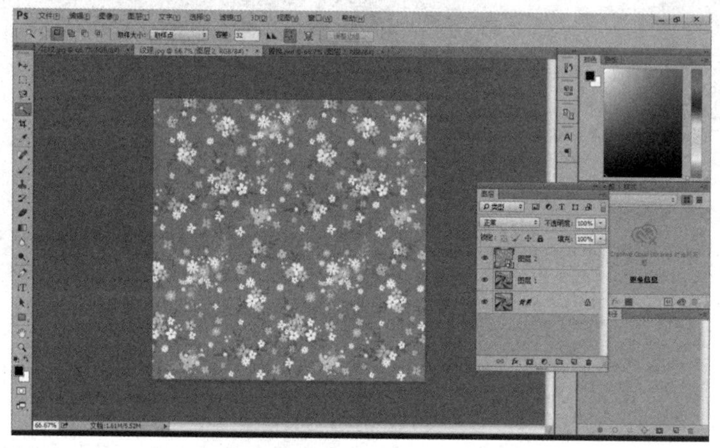

图 6-36　智能对象

（4）单击“滤镜”菜单中的“扭曲”→“置换”命令，弹出“置换”对话框，设置水平比例和垂直比例均为 10，如图 6-37 所示。单击“确定”按钮后选择之前保存的“置换 .psd”文件，设置图层混合模式为“正片叠底”，如图 6-38 所示。

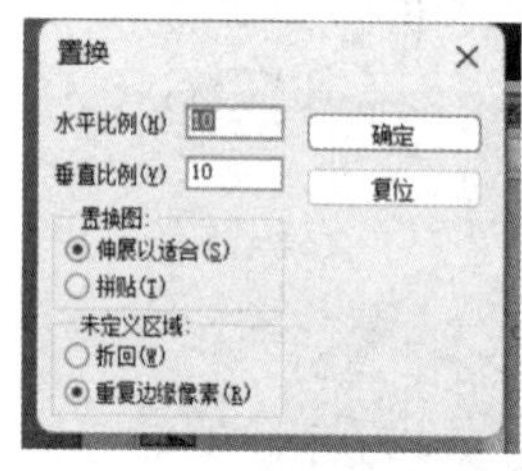

图 6-37　置换

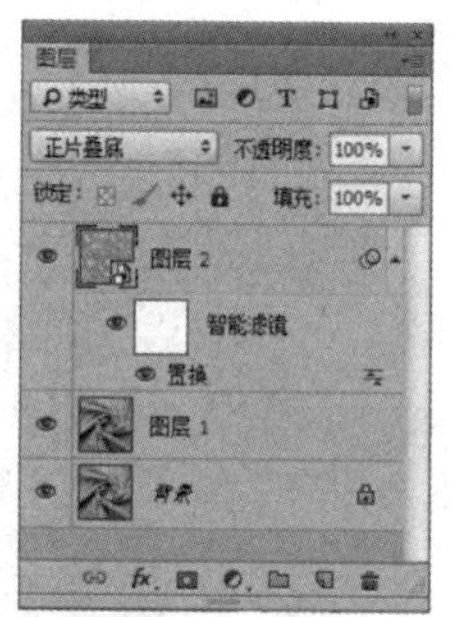

图 6-38　设置图层混合模式为“正片叠底”

（5）单击图层控制面板底部的“创建新的填充或调整图层”按钮，为图层添加“色阶”的调整图层，设置参数为“5，1.00，165”，如图 6-39 所示。最终效果如图 6-40 所示。

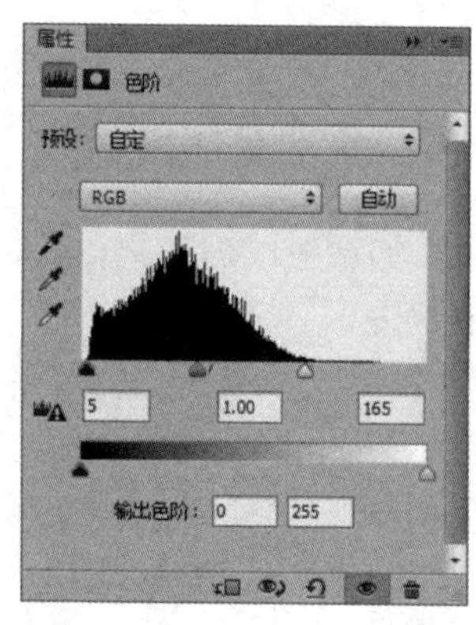

图 6-39　添加色阶并设置参数

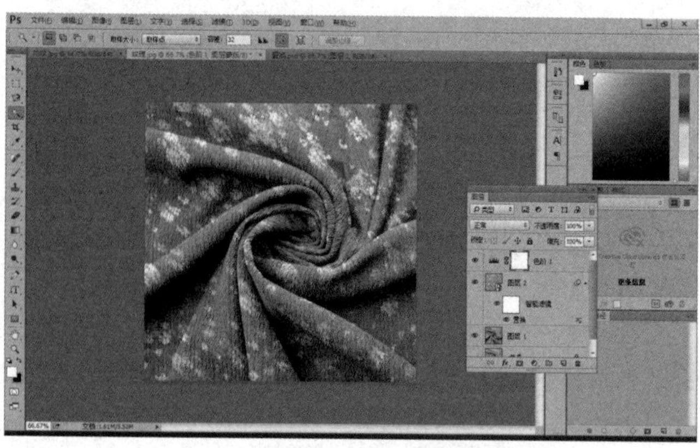

图 6-40　最终效果

6.5.7　项目七：制作“草地文字”图像效果

实训目的：利用图层蒙版制作“草地文字”图像效果。

要求：掌握画笔工具面板和图层蒙版综合操作。

具体操作步骤如下。

（1）启动 Photoshop CC 2015，单击“文件”菜单中的“新建”命令，新建大小为“600 像素 ×800 像素”的画布，设置背景色为白色。

（2）使用工具箱中的横排文本工具，设置文字类型为“Arial Bold”，输入为“5”，按“Ctrl+T”组合键适当调整文字大小。

（3）打开素材图像文件“项目七\草地 .jpg”，使用工具栏中的移动工具，将“草地”图像拖入新建文档。按“Ctrl+T”组合键适当调整大小，覆盖整个数字，如图 6-41 所示。

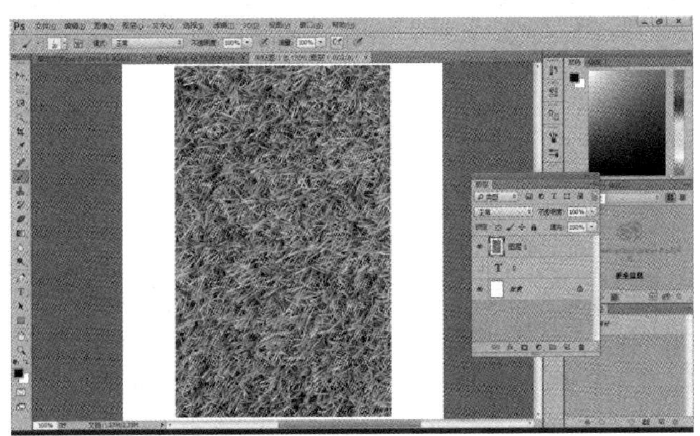

图 6-41　移动草地并覆盖数字

（4）按“Ctrl”键，使用鼠标单击数字图层的缩览图，调出选区，选择“草地”图像，单击图层控制面板底部的“添加图层蒙版”按钮（◘），创建图层蒙版，如图 6-42 所示。（注意这里不能使用剪切蒙版。）

（5）使用同样的方法，再次调出数字图层的选区，在“路径”面板下方单击“从选区创建工作路径”按钮，创建工作路径，如图 6-43 所示。

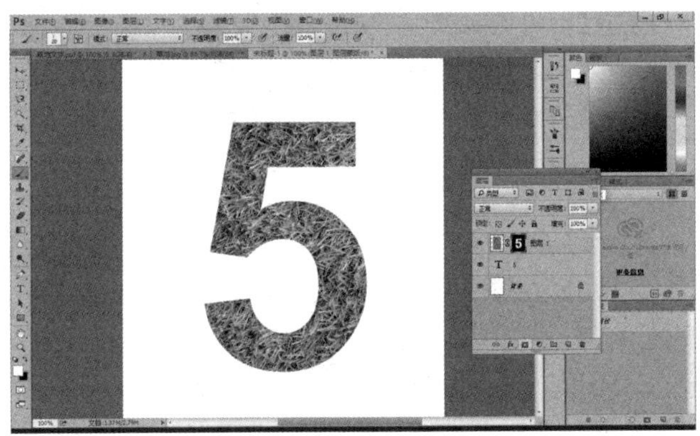

图 6-42　创建图层蒙版

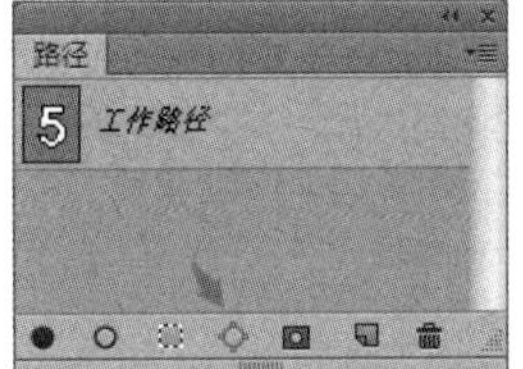

图 6-43　创建工作路径

（6）使用画笔工具，按“F5”键打开笔刷进行设置，先单击“小草”笔刷，再调整合适的大小和间距，如图 6-44 所示；在形状动态中，设置合适的角度抖动，如图 6-45 所示。

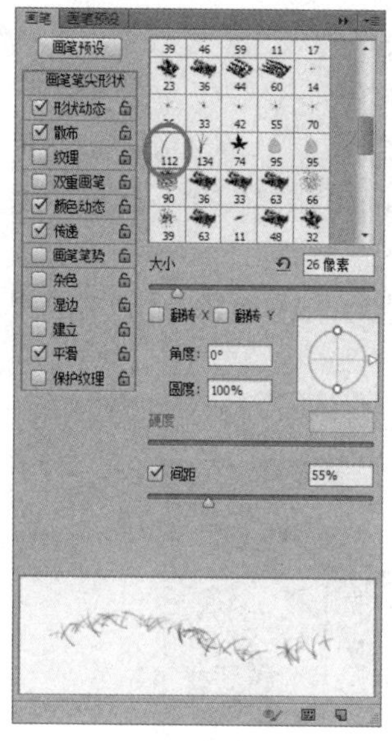

图 6-44　画笔调整

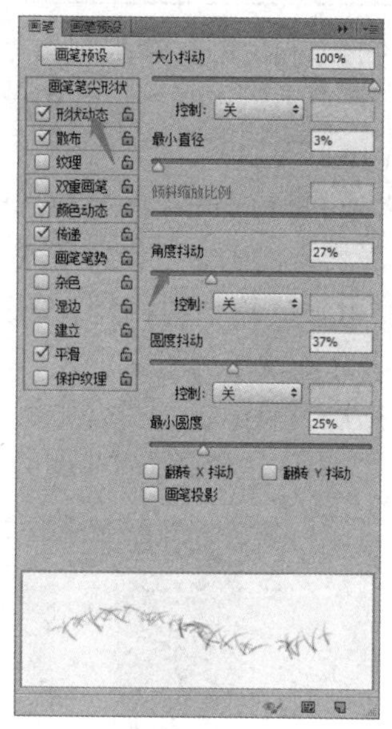

图 6-45　形状动态

（7）设置前景色为白色，返回图层控制面板，隐藏文字图层，选中“草地”图层的图层蒙版，使用钢笔工具并右击，在弹出的快捷菜单中单击“描边路径”命令。在弹出的“描边路径”对话框，设置工具为“画笔”并单击“确定”按钮，再选择画笔工具，多次按“Enter”键重复该命令，最后获得“草地文字”图像效果，如图 6-46 所示。

图 6-46　“草地文字”图像效果

6.5.8　项目八：制作“清凉水果”图像效果

实训目的：利用调整图层、图层蒙版及高级图层混合选项制作“清凉水果”图像效果。

要求：掌握调整图层基本用法，理解图层蒙版的应用。

具体操作步骤如下。

（1）启动 Photoshop CC 2015，打开素材图像文件“项目八\樱桃 .jpg”“项目八 \ 冰

块 .jpg”。

（2）使用工具栏中的魔棒工具，单击“樱桃”图像中的白色背景，按“Ctrl+Shift+I”组合键选区反选，选中图像中的“樱桃”，使用工具栏中的移动工具，拖动“樱桃”图像到“冰块”图像中，合成图层 1，如图 6-47 所示。按“Ctrl+T”组合键适当调整大小和位置。

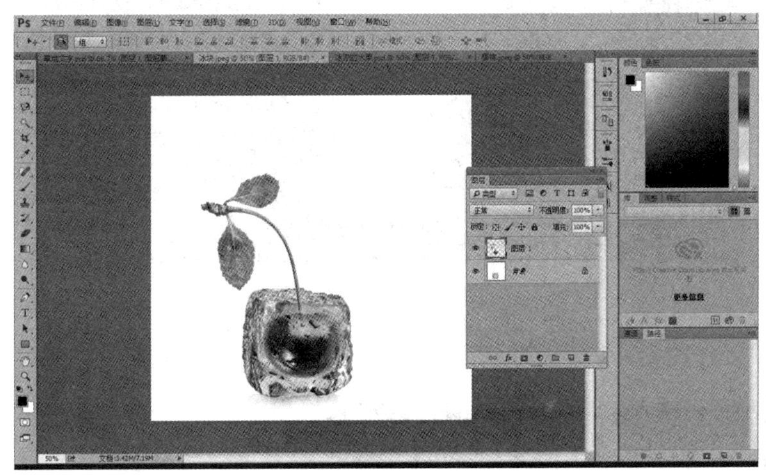

图 6-47　合成图层 1

（3）按“Ctrl+J”组合键复制“樱桃”图层，单击新图层前的眼睛图标按钮，隐藏图层。

（4）选中图层 1，单击图层控制面板底部的“创建新的填充或调整图层”图标，对图层添加“色相 / 饱和度”的调整图层。弹出对话框，单击对话框下面的“↲□”按钮，剪切调整到下面图层，勾选“着色”复选框，将色相调至与冰块相近的颜色参数，设置参数为“210，39，+3”，如图 6-48 所示。调整不透明度为 30%，图层效果如图 6-49 所示。

（5）在图层控制面板中，双击图层 1，弹出“图层样式”对话框，在“下一图层”处先将黑色滑块适当向右滑，再按住“Alt”键将黑色滑块拆分成左右两部分，将拆分后的黑色右边滑块再次向右调整，使用同样的方式适当向左调整白色滑块，如图 6-50 所示。

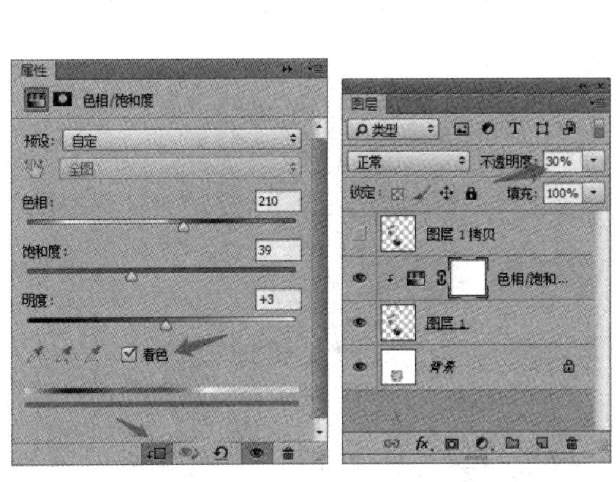

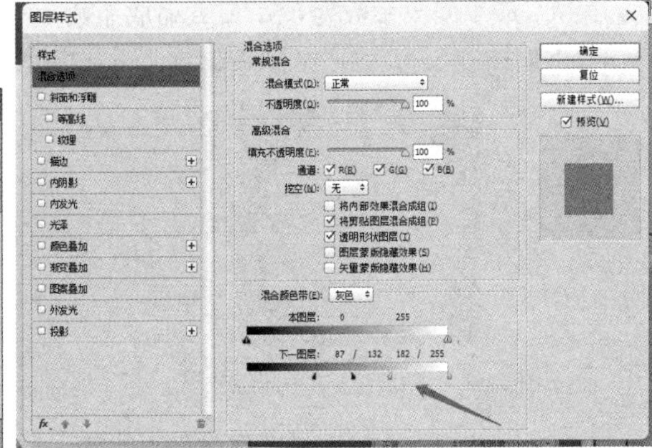

图 6-48　色相 / 饱和度　　图 6-49　不透明度　　图 6-50　高级图层混合选项

（6）显示并选中复制的“水果”图层，添加图层蒙版，设置前景色为黑色，使用画笔工具擦去部分冰块，最终效果如图 6-51 所示。

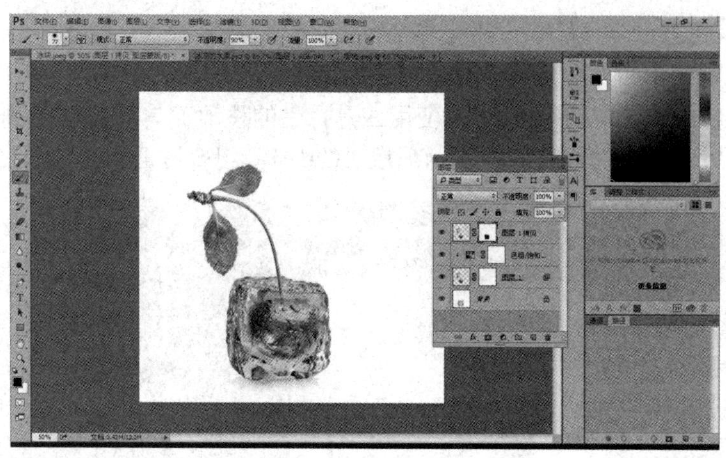

图 6-51　最终效果

6.6　Photoshop 课后上机练习

1. 打开习题一中的素材图像文件“盘子 .jpg”“小花 .jpg”，选取“小花”图像部分，合成到“盘子”图像中，并适当调整大小。按“Ctrl+R”组合键调出标尺，沿着“盘子”图像中心建立两根参考线。按“Ctrl+T”组合键，调整“小花”图像中心点的位置到“盘子”图像中心，设置旋转角度为“60 度”，多次按“Ctrl+Alt+Shift+T”组合键变换复制轨迹。“贴花盘子”图像效果如图 6-52 所示。保存文件为“贴花盘子 .jpg”。

2. 打开习题二中的素材图像文件“海绵宝宝 .jpg”，单击“编辑”菜单中的“定义图案”命令将“海绵宝宝”图像定义为图案，新建一个“800 像素 ×800 像素，分辨率为 72 像素 / 英寸，白色背景”的图层，使用“编辑”菜单中的“填充”命令，单击填充“图案”中保存的“海绵宝宝”选项，勾选“脚本”复选框，并单击“随机填充”命令。在弹出对话框中，设置浓度为最大，最小缩放系数为 0.5，最大缩放系数为 1.2，并勾选“旋转图案”复选框。“图案堆叠”图像效果如图 6-53 所示。保存文件为“图案堆叠 .jpg”

图 6-52　“贴花盘子”图像效果

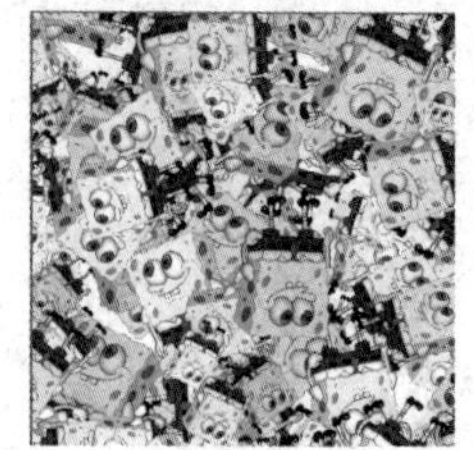

图 6-53　“图案堆叠”图像效果

3. 打开习题二中的素材图像文件“水滴 .jpg”“夜景 .jpg”，将“夜景”图像合成至“水滴”图像中，适当调整“夜景”图像的大小，设置为“叠加图层混合模式”，设置不透明度为 40%。利用横排文字工具，设置文本为“华文琥珀，200 点”，分别输入“致”“青”“春”，适当调整三个字的位置。在文字“致”所在图层设置文字图层样式，设置为“带投影的蓝色凝胶”样式，将其中设置的颜色叠加及外发光样式取消，获得所需效果。同样设置“青”“春”

两个字所在图层的图层样式。水晶字效果如图 6-54 所示。保存文件为“水晶字 .jpg”。

4. 打开习题四中的素材文件“女孩 .jpg”，按“Ctrl+J”组合键快速复制图层，生成图层 1。将图像去色。复制图层 1，生成图层 1 副本，设置反相，将图层 1 副本图层混合模式改为“颜色减淡”。利用最小值滤镜，设置半径为“2 像素”。添加图层蒙版，单击“滤镜”菜单中的“杂色”→“添加杂色”命令，设置“数量 190%，平均分布”。再次单击“滤镜”菜单中的“模糊”→“动感模糊”命令，设置“角度 60 度，距离 35 像素”。按“Ctrl+Shift+Alt+E”组合键盖印图层，生成图层 2，将该图层混合模式改为“正片叠底”，调整图层不透明度为 32%。素描效果如图 6-55 所示。保存文件为“素描 .jpg”。

图 6-54　水晶字效果

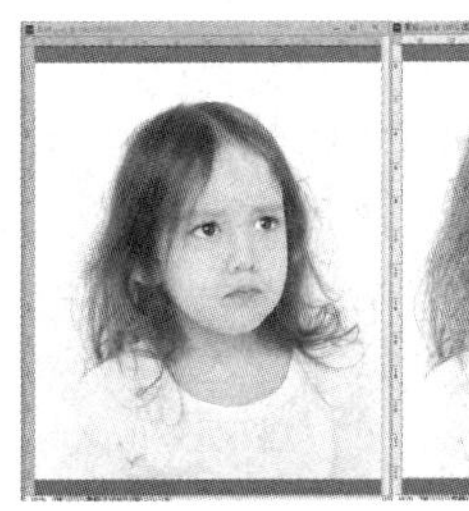

图 6-55　素描效果

5. 打开习题五中的素材文件“道路 .jpg”，使用文本工具输入“努力拼搏”，设置文本为“微软雅黑 Bold，120 点，白色”，设置行间距为 140，字符间距为 80；按“Ctrl”键，用鼠标单击文字图层的缩览图，调出文字选区，按“Ctrl+C”组合键复制，隐藏文字图层；取消选区，新建图层 1，单击“滤镜”菜单中的“消失点”命令，根据图片效果绘制透视，按“Ctrl+V”组合键复制文字，将其拖曳到绘制的透视区域自动生成文字的透视角度，按“Ctrl+T”组合键调整文字大小和位置后，设置图层混合模式为“叠加”，透视文字效果如图 6-56 所示。保存文件为“努力拼搏 .jpg”。

6. 新建一个“500 像素 ×900 像素，72 像素 / 英寸，背景颜色为 #61EDE2”的图层，输入文本“2023”，设置字体为“Arial Black，150 点，栅格化文字”。再次新建图层，在数字下面使用矩形选框工具如样张所示绘制矩形选框，并填充颜色，同时选中矩形和文字所在图层，按“Ctrl+E”组合键合并图层，并移动到合适位置；添加大小为“1 像素”，颜色为 #57A7BF 的描边图层样式，同时添加投影图层样式，设置不透明度为 75%，角度为 75°，距离为 6 像素，扩展为 0%，大小为 7 像素。打开习题六中的素材文件“花 .jpg”，将其拖入到新建图层里，按“Alt”键，单击“花”图像和“文字形状”图层之间的边界线，创建剪贴蒙版，适当调整“花”图像的大小和位置。输入文本“立夏”，设置字体为“隶书”，字号为“90 点”，颜色为 # 57A7BF，下方输入大小为“22 点”的文本“Beginning of Summer”。书签海报效果如图 6-57 所示。保存文件为“书签海报 .jpg”。

图 6-56　透视文字效果

图 6-57　书签海报效果

6.7 Animate 动画基础

本节导读

技能目标

- 了解动画的原理
- 熟练掌握 Animate 逐帧动画、补间动画的制作方法
- 掌握动画元件的使用方法及补间动画的制作方法
- 掌握 Animate 遮罩动画与骨骼动画的制作方法

素质目标

- 弘扬对技能的传承与钻研，对学习、工作精益求精的工匠精神
- 提高艺术修养，树立正确的世界观
- 培养分析问题、解决问题的能力

6.7.1 动画的产生原理

制作动画的原理和制作电影一样，都是根据视觉暂留原理制作的。人的视觉具有暂留特性，也就是说，当人看到一个物体后，图像会短暂停留在视网膜上，而不会马上消失。利用这一原理，在一幅图像还没有消失之前将另一幅图像呈现在人的眼前，就会产生一种连续变化的效果。

Animate 动画与电影一样，都是基于帧形成的，它通过连续播放若干静止的画面来产生动画效果，这些静止的画面被称为帧，每一帧都类似于电影底片上的一个图像画面。控制动画播放速度的参数的单位为 fps，即每秒播放的帧数。在 Animate 动画的制作过程中，一般将每秒播放的帧数设置为 24，但即使这样设置，仍然有很大的工作量，因此需要引入关键帧的概念。在制作动画时，可以先制作关键帧的画面，关键帧之间的帧则可以通过软件来自动产生，这样，就可以大大提高动画制作的效率。

6.7.2 动画的类型

1. 逐帧动画

逐帧动画是一种常见的动画形式，可以在时间轴的每帧上逐帧绘制不同的内容，使其连续播放而生成动画，也可以在此基础上修改得到新的动画。

逐帧动画的制作方法有通过导入图片的方式、通过导入序列图像的方式、通过输入文字的方式、通过绘制矢量图形的方式。

2. 补间动画

补间动画又被称为中间帧动画或渐变动画，只需建立起始和结束的画面，中间画面的部分由软件自动生成，计算机会根据两个关键帧之间的图像差别和普通帧的数量，计算生成过渡的动画效果，省去了中间动画制作的复杂过程。补间动画是 Animate 中最常用的动画效果。补间动画又可分为形状补间动画、动作补间动画。

1）形状补间动画

形状补间动画在实际操作中又被称为补间形状，是前后画面（首尾关键帧）中点到点的位置、颜色、大小等变化，使前后画面的形状逐渐发生变化的动画。

形状补间只能针对矢量图形进行，即首尾关键帧上的对象必须是矢量图形。当参与动画的对象为非矢量对象时，如图形、元件、文字等元素，则必须先执行“分离”命令使其成为矢量，才能创建变形动画，如图 6-58 所示。注意：有时需要分离多次直至出现均匀的小点。

形状补间动画的创建需要先在首尾关键帧处分别插入两个不同的对象，再在首尾关键帧中间任意一帧执行“创建形状补间动画”命令，即可自动创建形变动画。

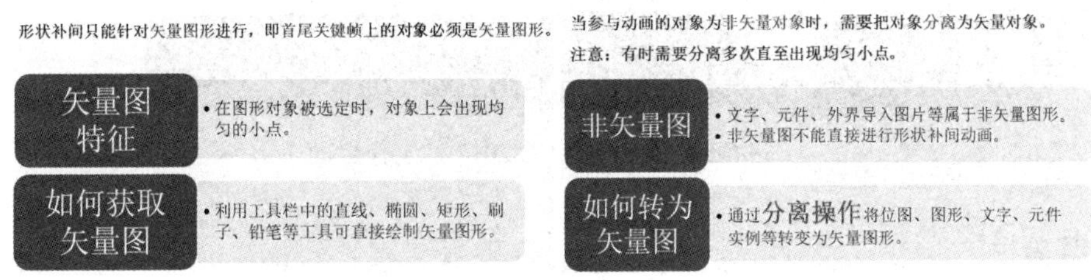

图 6-58　矢量图与非矢量图

2）动作补间动画

动作补间动画处理的对象必须是舞台上的组件实例、元件等，运用动作补间动画可以设置元件的大小、位置、透明度、旋转、颜色等属性。

创建动作补间动画只需要先在首帧选择元件，再在时间轴上执行“创建补间动画”命令，最后在尾帧上调整元件的位置或大小等属性，即可自动创建动画，创建方法简单、易上手。

3. 遮罩动画

遮罩动画是 Animate 中的很重要的动画类型，很多效果丰富的动画都是通过遮罩动画来完成的。在 Animate 的图层中有一个遮罩图层类型，为了得到特殊的显示效果，可以在遮罩图层上创建一个任意形状的“视窗”。遮罩图层下方的对象，即被遮罩图层，可以通过该“视窗”显示出来，而除“视窗”外的对象将不会显示。在 Animate 动画中产生遮罩效果，至少需要两层：遮罩图层和被遮罩图层。遮罩图层决定了看到的形状，被遮罩图层决定看到的形状中的内容。

4. 骨骼动画

在 Animate 动画中，有时需要制作如人物走路、动物摇尾巴、毛毛虫爬行、机械手臂运动等动画，可以利用 Animate 的骨骼动画来实现。Animate CC 2017 提供了一个全新的骨骼工具，可以很便捷地将符号连接起来，形成父子关系，从而实现反向运动。整个骨骼结构也被称为骨架（Armature）。把骨架应用于一系列影片剪辑（Movie Clip）符号上，或者应用于原始向量形状上，这样便可以通过在不同的时间将骨架拖曳到不同的位置来操纵它们。

6.7.3 了解 Animate 的工作界面

使用 Animate CC 2017 制作动画，首先要认识它的工作界面。其工作界面主要包括菜单栏、工具箱、时间轴面板、属性面板和舞台（画布）等，如图 6-59 所示。

图 6-59　Animate CC 2017 的工作界面

1. 菜单栏

Animate CC 2017 的菜单栏如图 6-60，单击相关菜单项，即可完成相关的操作。

图 6-60　菜单栏

2. 工具箱

工具箱提供了图形绘制和编辑的各种工具，分为“选择和变形工具”“绘图工具”“编辑工具”“选项”这四个功能区，如图 6-61 所示。

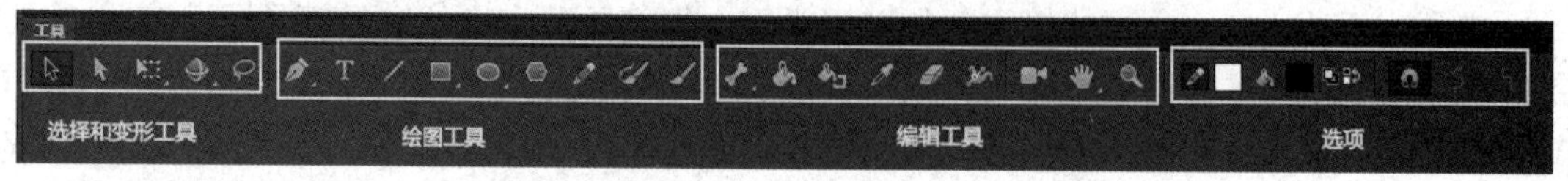

图 6-61　工具栏

各种工具功能如下。

- 部分选择工具：对选择的对象进行移动、拖动和变形等处理。
- 选择工具：选择和移动舞台中的对象。
- 任意变形工具：对图形进行缩放、扭曲和旋转变形等操作。
- 3D 旋转工具：对选择的影片剪辑进行 3D 旋转或变形。
- 套索工具：在舞台中选择不规则区域或多边形状。
- 钢笔工具：绘制更加精确、光滑的曲线，调整曲线的曲率等。

- 文本工具 T：在舞台中绘制文本框，输入文本。
- 线条工具：绘制各种长度和角度的直线段。
- 矩形工具：绘制矩形、多角星形，也可以绘制多边形或星形。
- 铅笔工具：绘制比较柔和的曲线。
- 刷子工具：绘制任意形状的色块矢量图形。
- 骨骼工具：便捷地把符号连接起来，形成父子关系，创建反向运动。
- 颜料桶工具：填充颜色，同组的墨水瓶可以填充对象的边线。
- 滴管工具：吸取舞台中的颜色，从而填充到另一个图形上。
- 橡皮擦工具：擦除舞台中的多余部分。

3. 时间轴面板

时间轴面板用于组织、控制动画中的帧和图层在一定时间内播放的坐标轴。按照功能的不同，时间轴面板可以分为左右两部分，分别为图层控制区、时间轴控制区，如图 6-62 所示。

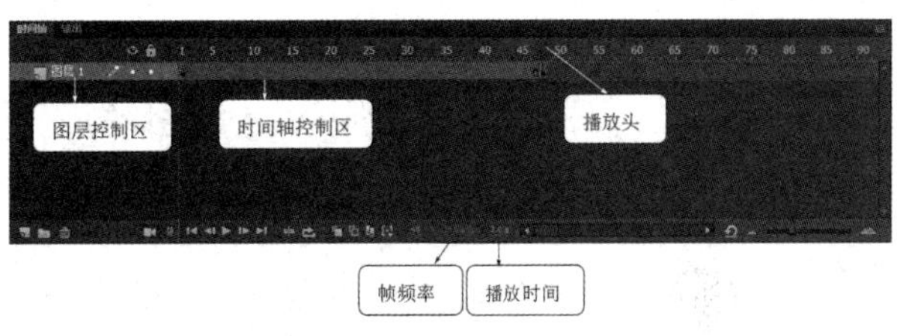

图 6-62　时间轴面板

1）时间轴控制区

时间轴控制区位于时间轴面板的右侧，它由若干帧序列、信息栏及一些工具按钮组成，主要用于设置动画的运动效果。时间轴面板底部的信息栏中显示了当前帧、帧速率及播放时间。

在 Animate CC 2017 的工作界面中，时间轴控制区中的每一个小方格代表一个帧。按照功能的不同，帧可以分为关键帧、空白关键帧、普通帧。

- 关键帧：关键帧主要用于定义动画的变化环节，是动画中呈现关键性内容或变化的帧（只有关键帧中的内容才能够被选取和编辑），使用一个黑色小圆圈“●”表示。
- 空白关键帧：空白关键帧中没有内容，主要用于在画面与画面之间形成间隔，使用空心的小圆圈“○”表示。一旦在空白关键帧中创建了内容，空白关键帧就会变为关键帧。
- 普通帧：普通帧中的内容与它前面一个关键帧的内容完全相同，在制作动画时可以用普通帧来延长动画的播放时间，使用一个矩形“▯”表示。

组成动画的每一个画面就是一个帧。

在 Animate 中，每一秒钟播放的帧数被称为帧频。在默认情况下 Animate CC 2017 的帧频是 24 帧 / 秒，即每 1 秒要显示动画中的 24 帧画面，如果动画有 48 帧，则动画播放的时间就是 2 秒。

2）图层控制区

图层控制区位于时间轴面板的左侧，是进行图层操作的主要区域。图层可以看作叠放在一起的透明胶片，可以根据需要在不同图层上编辑不同的动画，而且互不影响，并在放映时得到合成的效果。使用图层并不会增加动画文件的大小，相反可以更好地帮助安排和组织图形、文字和动画。

（1）图层的特点如下。

在编辑动画时，了解图层的特点，不仅可以方便制作动画，而且可以方便制作一些特殊的效果。

- 对图层中的某个对象进行编辑时，不影响其他图层中的内容。
- 最先创建的图层在底层。
- 每个图层都可以包含任意数量的对象，这些对象在该图层上又会有其自身的层叠顺序。
- 使用图层有助于对舞台上的各对象进行处理。
- 当改变图层的位置时，本图层中的所有对象都会随着图层位置的改变而改变，但图层内部对象的层叠顺序不会改变。

（2）图层的类型如下。

- 普通图层：普通图层是 Animate CC 2017 默认的图层，也是常用的图层，其中放置着制作动画时需要的最基本的元素，如图形、文字、元件等。普通图层主要作用是存放画面。
- 遮罩层：遮罩层可以将与遮罩层链接的图层中的图像遮盖起来，也可以将多个图层组合放在一个遮罩层下。遮罩层在制作 Animate 动画时会经常用到，但是在遮罩层中不能使用按钮元件。
- 被遮罩层：将普通图层变为遮罩层后，该图层下方的图层将自动变为被遮罩层，如图 6-63 所示。图 6-64 所示为遮罩前与遮罩后的不同效果。

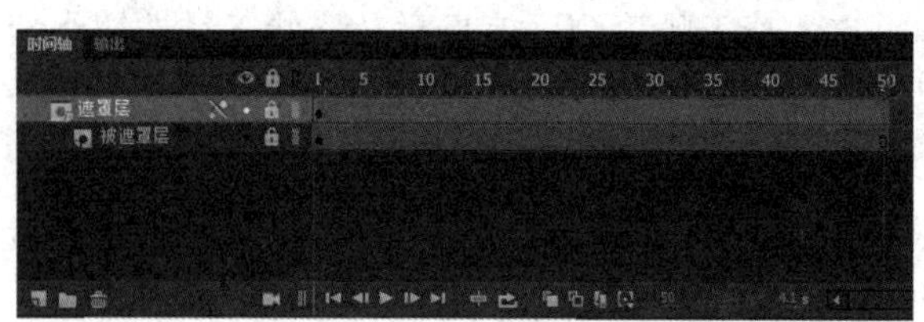

图 6-63　遮罩层与被遮罩层

图 6-64　遮罩前与遮罩后的效果

4. 舞台

舞台是所有动画元素的最大活动空间，是编辑和播放动画的矩形区域，在舞台上可以放置、编辑向量插图、文本框、按钮、导入的位图图形、视频剪辑等对象，如图 6-65 所示。

5. 属性面板

在属性面板中可以很容易地查看和更改对象的属性，从而简化文档的创建过程。当选定单个对象时，如文本、组件、形状、位图、视频、组、帧等，属性面板可以显示相应的信息和设置，图 6-66 所示为选择舞台后在属性面板中显示的信息。

6. 浮动面板

在浮动面板中可以查看、组合和更改资源，但由于屏幕的大小有限，为了尽量使工作区最大，从而达到工作的需要，Animate CC 2017 提供了许多浮动工作区的方式，例如，通过“窗口”菜单可以打开显示、隐藏面板，还有通过鼠标拖曳可以调整面板的大小及重新组合面板，图 6-67 所示为浮动的“变形”面板和“对齐”面板。

7. 库面板

库是元件和实例的载体，库面板如图 6-68 所示。在 Animate 库中的文件类型除了 Animate 的三种元件类型，还包括其他类型的素材文件。一个复杂的 Animate 动画中还会使用到一些位图、声音、视频、文字字符等素材文件，每种都被作为独立的对象存储在元件库中，并且用对应的元件符号来显示其文件类型。

图 6-65　舞台区域

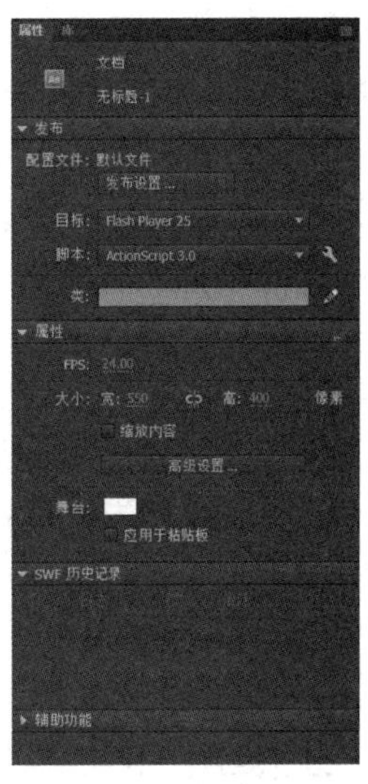

图 6-66　属性面板

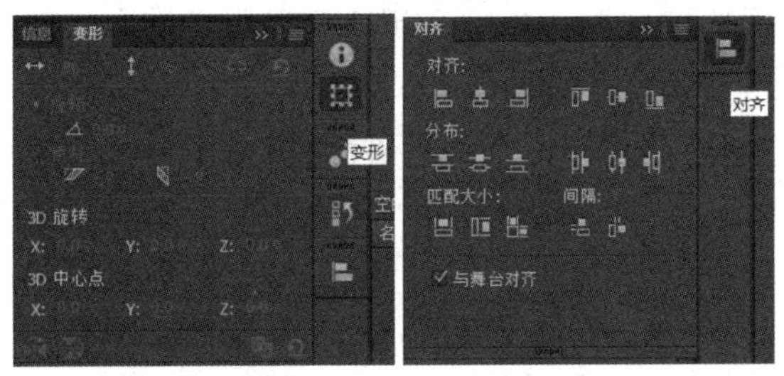

图 6-67　浮动的“变形”面板和“对齐”面板

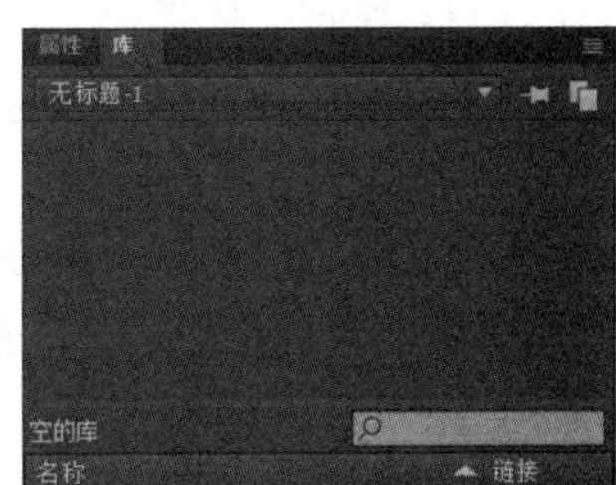

图 6-68　库面板

8. 元件与实例

1）元件

元件是可反复取出使用的图形、按钮或者一段小动画。元件中的小动画可以独立于主动画进行播放，每个元件可由多个独立的元素组合而成。在元件创建完成后，可以在当前的动画文档或其他动画文档中反复使用，元件可以包含从其他应用程序中导入的插图元素。

创建元件时需要选择元件类型，Animate 元件包括图形元件、影片剪辑元件和按钮元件三种类型。

- 图形元件：可以重复使用的静态图像，或者连接到主场景时间轴上的可重复播放的动画片段。图形元件与影片的时间轴同步运行。不支持交互图像，也不能添加声音。
- 影片剪辑元件：可以理解为电影中的小电影，可以完全独立于主场景时间轴，并且可以重复播放。该类型的元件可以包含动作、其他元件和声音，甚至可以是其他影片剪辑的实例。影片剪辑元件可以放在其他元件中，用于建立动画的按钮。它与图形元件的主要区别在于它支持 ActionScript 和声音，具有交互性，用途最广、功能最多。

- 按钮元件：用于建立交互按钮。按钮的时间轴带有特定的 4 帧，被称为状态。这四种状态分别为弹起、指针经过、按下和点击。用户可在不同的状态上创建不同的内容。制作按钮，首先要制作与不同的按钮状态相关的图形，为了使按钮有更好的效果，还可以在其中加入影片剪辑或音效文件。

2）实例

在场景中创建元件后，就可以将元件应用到工作区，当元件被拖曳到工作区，就转变为实例。一个元件可以创建多个实例，而且每个实例都有各自的属性。

修改实例对元件产生的影响如下。

- 实例是元件的复制品，一个元件可以产生多个实例，这些实例可以是相同的，也可以是通过编辑得到的各种对象。
- 对实例的编辑只影响该实例本身，而不会影响元件及其他由该元件生成的实例。也就是说，对实例进行缩放、效果变化等操作，不会影响到元件本身。

修改元件对实例产生的影响如下。

实例来源于元件，如果元件被修改，则舞台上所有该元件衍生的实例也将发生变化。

3）创建元件的方法

在 Animate CC 2017 中创建元件有两种方法，用户可以根据需要选择合适的方法。

（1）直接创建元件。

如果需要直接创建一个元件，可单击“插入”菜单中的“新建元件”命令，弹出“创建新元件”对话框，如图 6-69 所示。在其中选择需要的元件类型，并单击“确定”按钮，进入元件的编辑状态，在该状态下，可以创建所需要的元件内容。

（2）将图形转换成元件。

将绘制的图形和输入的文字直接转换为元件。选中图形或文字后，按“F8”键，弹出“转换为元件”对话框，如图 6-70 所示，该对话框与“创建新元件”对话框的选项相似，只是该对话框中多了一个“对齐”选项，利用该选项可以选择元件的中心点位置。

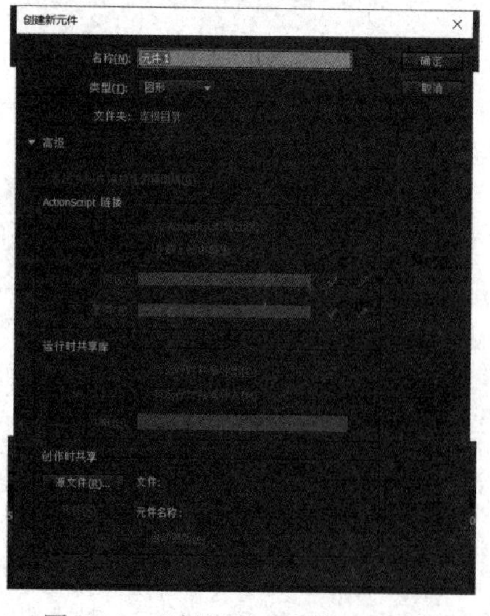

图 6-69 “创建新建元件”对话框

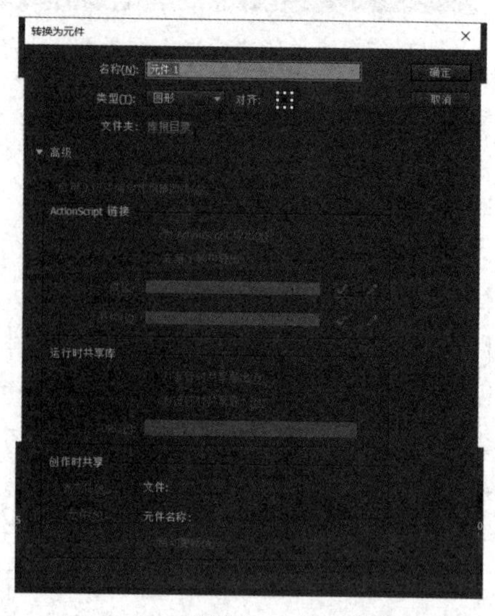

图 6-70 “转换为元件”对话框

6.7.4　Animate 文件的基本操作

1. 新建文件

在制作 Animate 动画之前，需要先进行新建文件、保存之类的操作。在操作 Animate CC 2017 时，新建文件是进行设计的第一步，下面将详细介绍新建文件的操作方法。

（1）启动 Animate CC 2017，单击“文件”菜单中的“新建”命令，如图 6-71 所示。

图 6-71　新建文件

（2）如图 6-72 所示，在弹出的“新建文档”对话框中，单击“ActionScript 3.0”选项，根据需求设置舞台参数，包括舞台大小、动画帧频、背景颜色；单击“确定”按钮，完成新建文件的操作。

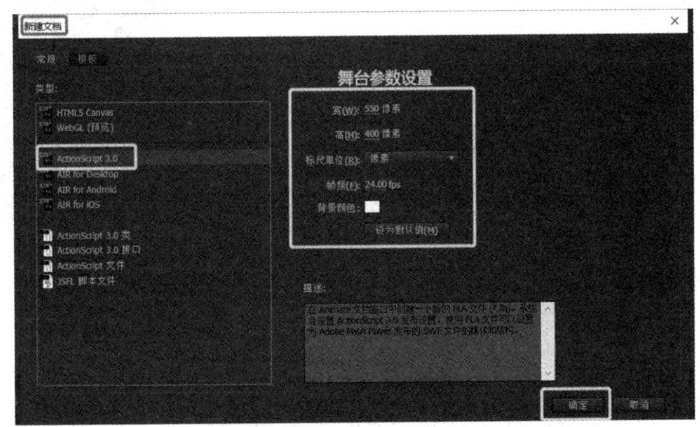

图 6-72　设置新建文件

2. 保存文件

在编辑和制作完动画后，需要将动画文件保存起来，操作方法如下。

单击“文件”菜单中的“保存”命令，弹出“另存为”对话框，在“保存在”区域中，选择准备保存的位置，如桌面；在“文件名”文本框中输入文件名称；单击“保存”按钮，完成保存文件的操作，如图 6-73 所示。

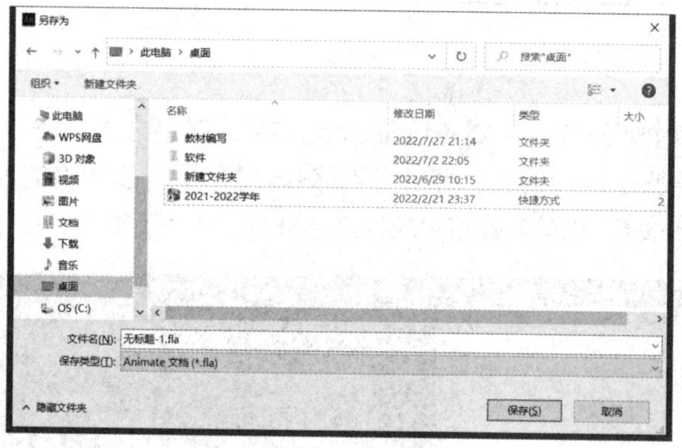

图 6-73　保存文件

3. 导入素材

如果在动画中需要使用外界的素材，通常可以通过导入的方式来实现。在导入素材时，可以根据软件中“导入”对话框支持的文件扩展名来了解其支持的文件格式。图 6-74 所示为在 Animate CC 2017 中导入图片、声音等素材的方式。

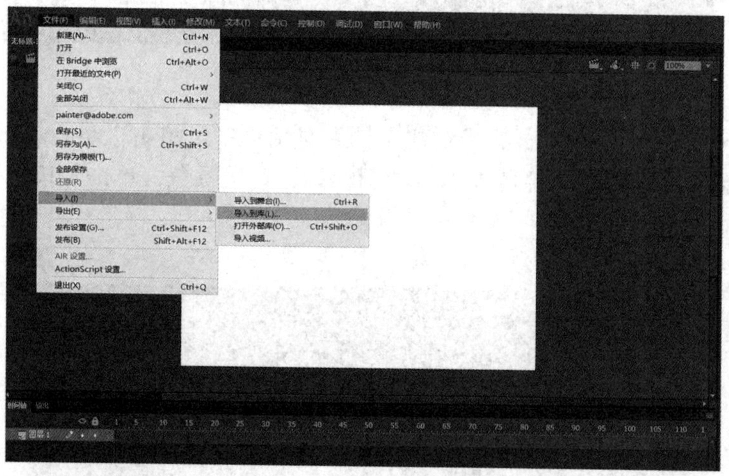

图 6-74　导入素材

4. 测试影片

制作 Animate 影片完成后，就可以将其导出，在导出之前应对动画文件进行测试，以检查是否能够正常播放。操纵方法如下。

单击“控制”菜单中的“测试”命令，即可测试当前准备查看的影片，如图 6-75 所示。

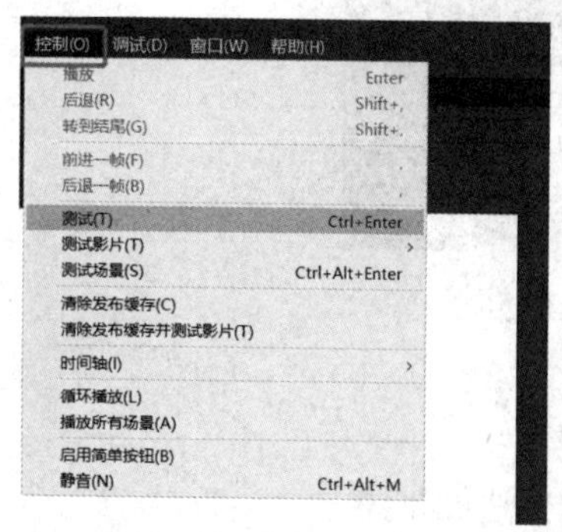

图 6-75　测试影片

5. 导出影片

使用导出功能，可以将制作的影片导出来，还可以根据需要设置导出的相应格式。打开准备导出的影片，单击“文件”菜单中的“导出”→“导出影片”命令，弹出“导出影片”对话框。在“文件名”文本框中，输入文件名称，在“保存类型”下拉菜单中设置准备保存的类型为“SWF 影片”，单击“保存”按钮，即可导出影片，如图 6-76 所示。

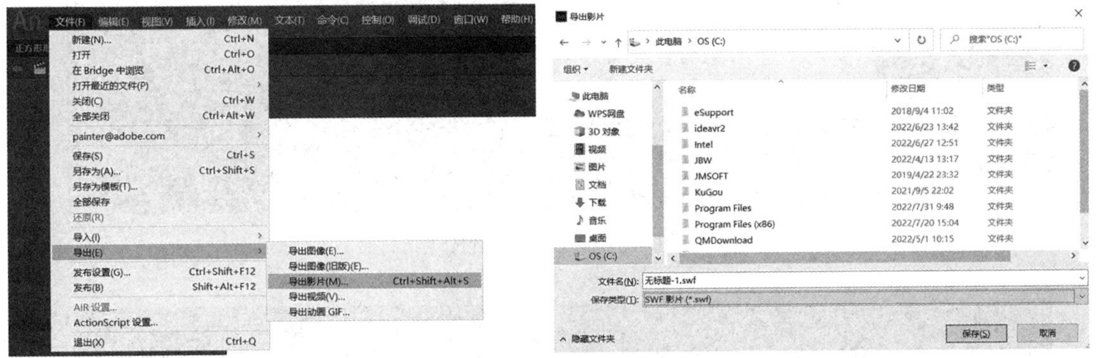

图 6-76　导出影片

6.8 Animate 项目实训

6.8.1 项目一：制作“女孩奔跑”逐帧动画

实训目的：掌握通过导入图片的方式来制作逐帧动画的过程；掌握空白关键帧的使用；掌握对齐面板的使用。

要求：参照样例文件“奔跑的小女孩样例 .gif”，将配套素材的 8 张女孩奔跑的图片制成 GIF 格式的动画，帧频为 12fps。

具体操作步骤如下。

（1）启动 Animate CC 2017，并单击“文件”菜单中的“新建”命令，创建一个新的 FLA 格式的文件。在新建文件的窗口中，单击“文件”菜单中的“导入”→“导入到库”命令，将“女孩奔跑”文件夹中的 8 张图片导入到库中，可以按“Shift”键选中要导入的多个文件，如图 6-77 所示。

（2）将库中的第 1 张图片拖曳到舞台，单击“修改”菜单中的“文档”命令，在弹出的“文档设置”对话框中单击“匹配内容”按钮，设置帧频为 12fps，如图 6-78 所示。

（3）在时间轴控制区的第 2 帧的位置右击，在弹出的快捷菜单中单击“插入空白关键帧”命令，如图 6-79 所示，将第 2 张图片拖曳到第 2 帧的舞台上对齐。或者使用对齐面板中的水平中齐、垂直中齐，如图 6-80 所示。

（4）依此类推，分别在时间轴控制区上的第 3 ～ 8 帧插入空白关键帧，并将其余图片依次拖曳到舞台上对齐，如图 6-81 所示。

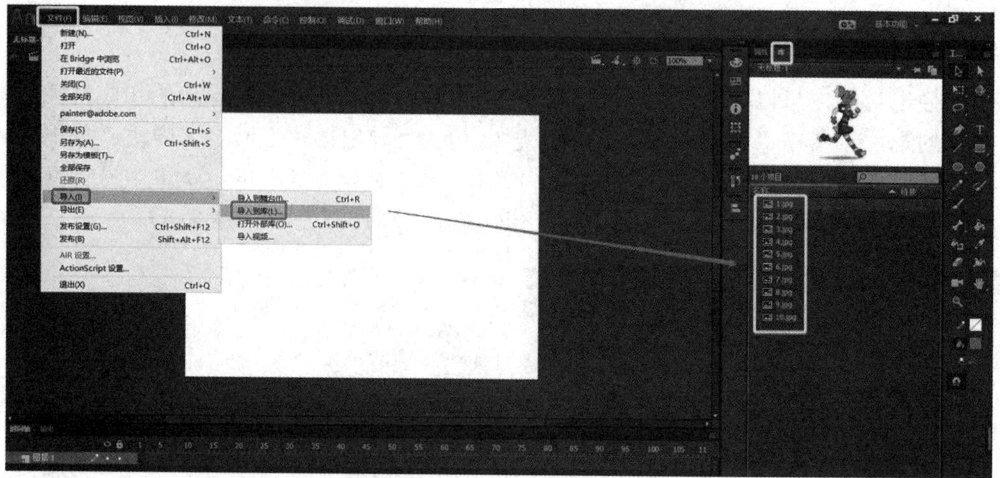

图 6-77　图片导入到库

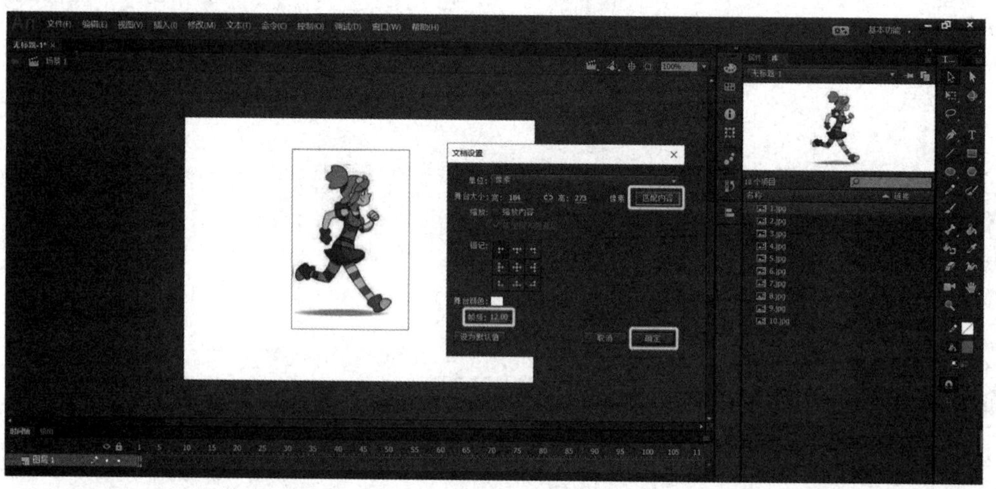

图 6-78　修改文档

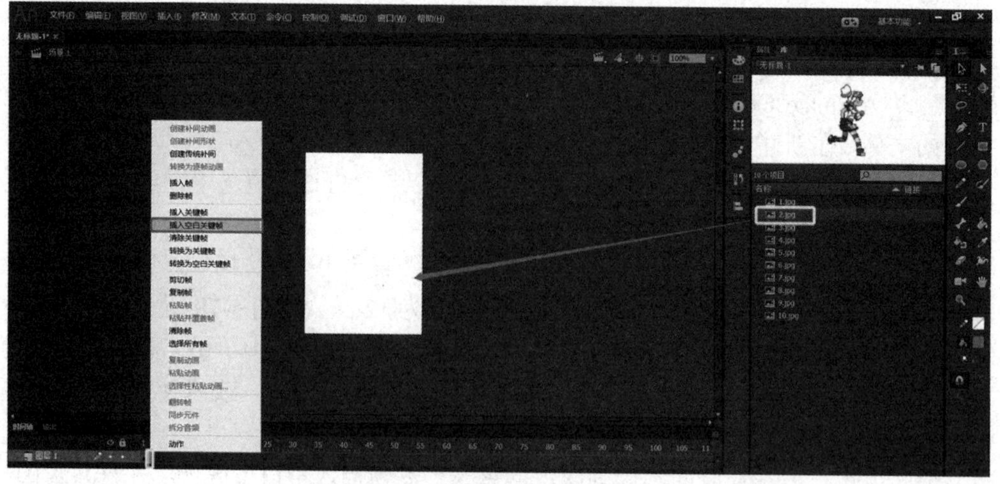

图 6-79　插入第 2 张图片

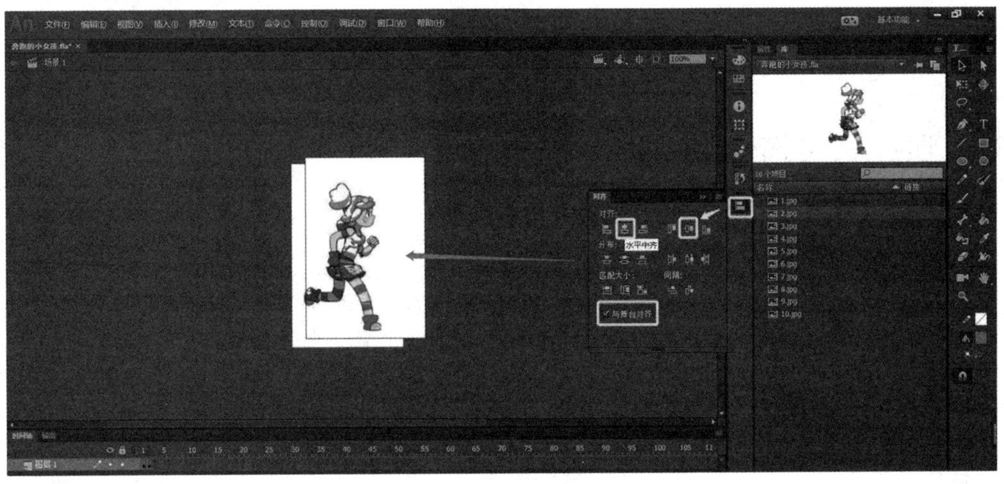

图 6-80　将图片与舞台对齐

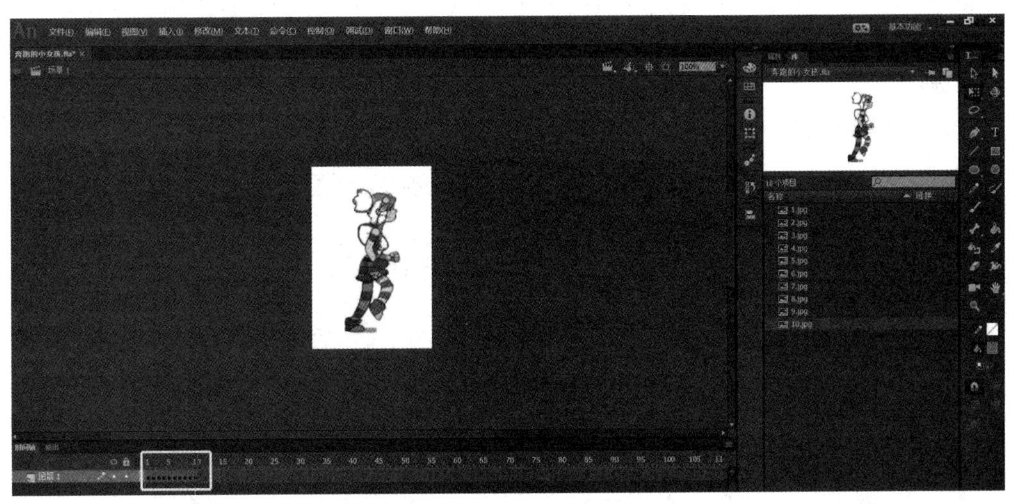

图 6-81　插入所有图片

（5）单击“文件”菜单中的“另存为”命令，将制作好的动画保存为“奔跑的小女孩 .fla”文件。单击“文件”菜单中的“导出”→“导出动画 GIF”命令，按默认参数设置，将动画导出为“奔跑的小女孩 .gif”文件，找到并打开查看 GIF 动画效果。执行“文件”菜单中的“导出”→“导出影片”命令，将动画导出为“奔跑的小女孩 .swf”文件，找到并打开查看 SWF 格式的影片动画效果与样张是否一致。如果将帧频由 12 改为 3，观察效果并对比区别。（提示：帧频越大，播放速度越快。）

【拓展】可以通过导入序列图像的方式将图像序列一次性导入到舞台中，步骤如下。

（1）启动 Animate CC 2017，并单击“文件”菜单中的“新建”命令，创建一个新的 FLA 格式的文件，在新的文档窗口中，单击“文件”菜单中的“导入”→“导入到舞台”命令。

图 6-82　图像序列导入到舞台中

（2）选择第 1 张图片，单击“打开”按钮，会弹出如图 6-82 所示的提示窗口。单击“是”按钮，观察舞台和时间轴。最后单击“修改”菜单中的“文档”

命令，在弹出的“文档设置”对话框中单击“匹配内容”按钮，并设置帧频为12fps，即可快速完成逐帧动画的制作。

6.8.2 项目二：制作“致匠心”逐帧动画

实训目的：掌握通过输入文字的方式来制作逐帧动画的过程；掌握关键帧的使用；掌握文本工具的使用。

要求：参照样例“致匠心样例.swf”文件，打开“致匠心素材.fla”文件制作文字逐字显示，动画时长2s。

具体操作步骤如下。

（1）启动 Animate CC 2017，单击“文件”菜单中的“打开”命令，打开“致匠心素材.fla”文件。在图层1的第1帧处，将“致匠心.jpg”文件从库中拖曳至舞台，并在属性面板中，更改其宽度、高度与舞台大小（550像素×400像素）相同。在图层1的第48帧处右击，插入帧并锁定图层1。（提示：该动画默认的帧频是24fps，2秒就是48帧。）

（2）新建图层2，使用文本工具，在属性面板中设置文本格式（华文行楷、120磅、红色、字符间距20等）。在第10帧处先右击，在弹出的快捷菜单中单击“插入关键帧”命令（或按“F6”键），再在舞台上输入文本“致”，使用移动工具调整位置，如图6-83所示。

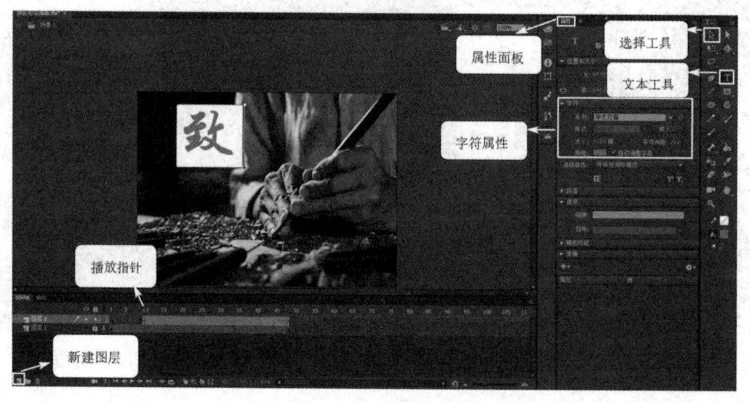

图 6-83 输入文本对象

（3）在第25帧处插入关键帧，并使用文本工具在文本“致”后输入文本“匠”，同理，在第40帧处插入关键帧，且在文本“匠”后输入文本“心”，这样就形成文字逐个显示的动画效果。

（4）单击“控制”菜单中的“测试”命令（或者按“Ctrl+Enter”组合键），测试影片效果与样张是否一致，确定与样例效果一致后，保存文件“致匠心.fla”，并导出影片文件“致匠心.swf”。

6.8.3 项目三：制作“男孩吹泡泡”形状补间动画

实训目的：掌握矢量对象的形状补间动画的制作过程；掌握关键帧和空白关键帧的使用；掌握椭圆工具的使用。

要求：参照样例文件“矢量形变样例.swf”，制作男孩吹泡泡动画效果的动画，总帧数60帧。

具体操作步骤如下。

（1）启动 Animate CC 2017，单击“文件”菜单中的“打开”命令，打开男孩吹泡泡素材.fla 动画文件。

（2）新建图层 2，在图层 2 的第 1 帧上，单击工具箱中的圆形工具，设置笔触颜色为“无色”，填充颜色为“水蓝色 #00FFFF”，按“Shift”键，在舞台上拖曳鼠标，绘制一个小正圆，制作初始泡泡，如图 6-84 所示。

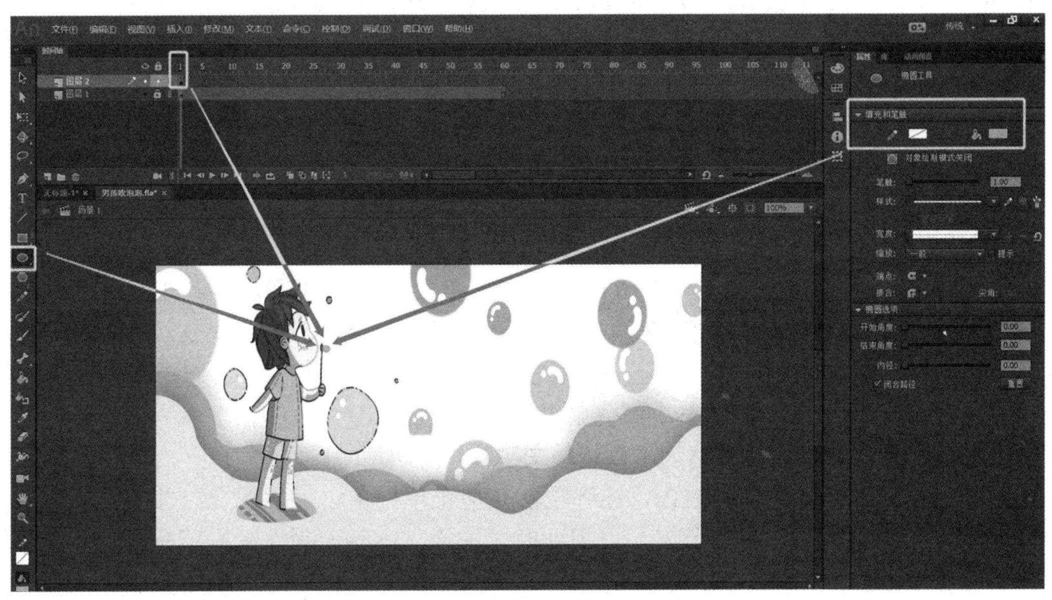

图 6-84　制作初始泡泡

（3）在图层 2 的第 15 帧插入关键帧，使用任意变形工具或部分选择工具，调整该泡泡的大小和形状，并在泡泡上绘制白色小圆作为反光。同样地，分别在第 30 帧、第 45 帧、第 60 帧处右击，在弹出的快捷菜单中单击“插入空白关键帧”命令，绘制水蓝色正圆泡泡和白色椭圆反光，并改变泡泡的形状和位置，如图 6-85 所示。

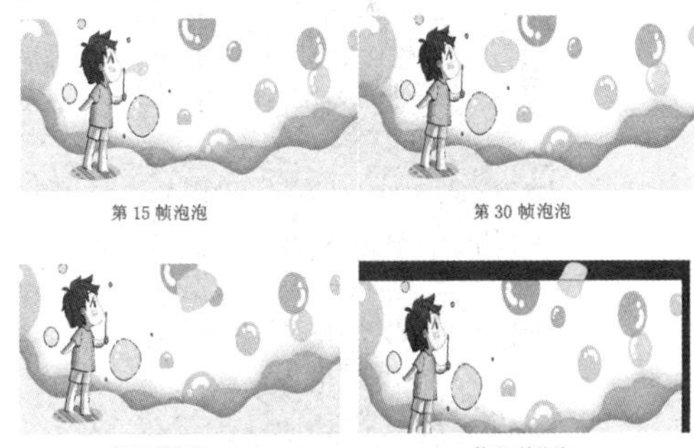

图 6-85　改变泡泡形状和位置

（4）最后分别在第 1 ～ 15 帧、第 16 ～ 30 帧、第 31 ～ 45 帧、第 46 ～ 60 帧的任意一帧右击，在弹出的快捷菜单中单击“创建补间形状”命令，即形状补间动画制作完成，完成的时间轴面板如图 6-86 所示。

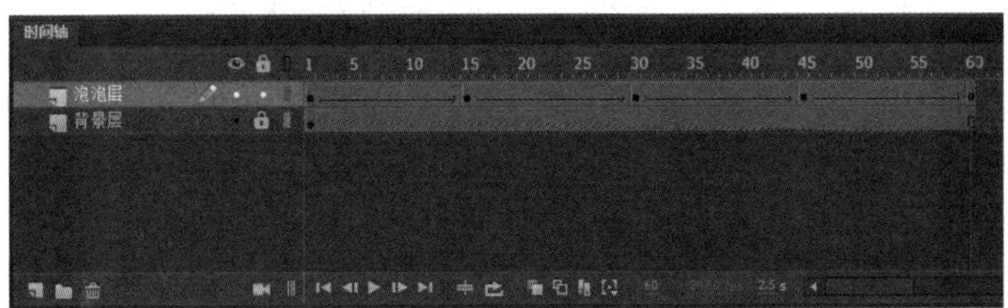

图 6-86　完成的时间轴面板

（5）单击“控制”菜单中的“测试”命令（或按“Ctrl+Enter”组合键），测试影片效果与样张是否一致。保存文件“男孩吹泡泡 .fla”，并导出影片文件“男孩吹泡泡 .swf”。

6.8.4 项目四：制作“最美逆行者”形状补间动画

实训目的：掌握非矢量对象为文字时的形状补间动画的制作过程；掌握空白关键帧的使用；掌握文本工具的使用；掌握文字分离操作。

要求：参照样例“文字形变样例 .swf”，制作“最美逆行者”动画，总帧数 60 帧。

具体操作步骤如下。

（1）启动 Animate CC 2017，单击“文件”菜单中的“打开”命令，打开“最美逆行者素材 .fla”文件，将库中的“最美逆行者 .jpg”这张图片拖曳到舞台中，单击“修改”菜单中的“文档”命令，在弹出的“文档设置”对话框中单击“匹配内容”命令，并单击“确定”按钮。

（2）使用文本工具，在属性面板中设置文本格式为“红色，30 磅，华文新魏”，打开图层 1 的第 1 帧，在舞台上输入文本“致敬最美逆行者”，参照样例使用移动工具将其调整至合适的位置，再在第 60 帧处右击，在弹出的快捷菜单中单击“插入帧”命令，并锁定图层 1。

（3）新建图层 2，使用文本工具，在属性面板中设置文本格式为“华文新魏、50 磅、黑色”，在第 5 帧处右击，在弹出的快捷菜单中单击“插入空白关键帧”命令，同时在舞台上输入文本“幸好有你”，使用移动工具调整文字位置。

（4）在图层 2 的第 55 帧处右击，在弹出的快捷菜单中单击“插入空白关键帧”命令，同时在舞台上输入文本“山河无恙”。发现此时无法给“山河无恙”文本填充五彩色，在第 5 ～ 55 帧之间任意一帧右击，发现“创建补间形状”命令也无法单击，如图 6-87 所示。

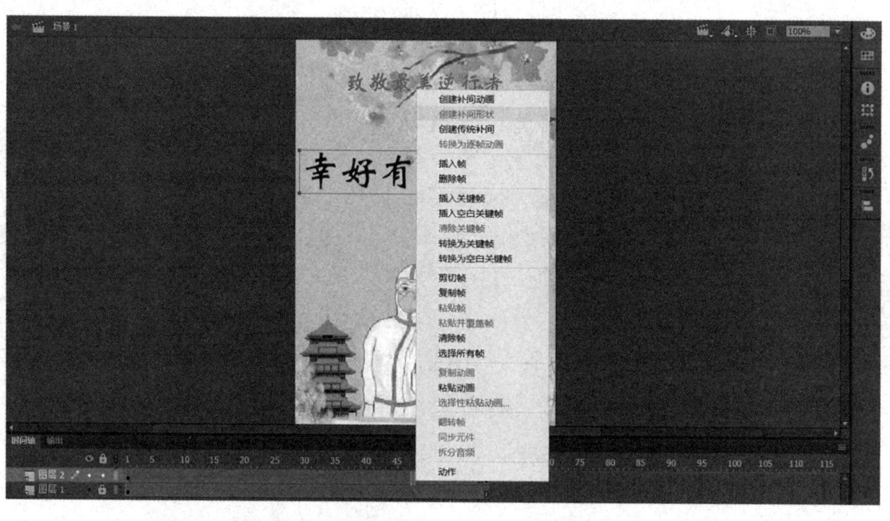

图 6-87 非矢量对象无法创建补间形状

提示：首尾关键帧分别是第 5 帧和第 55 帧，第 1 ～ 5 帧和第 55 ～ 60 帧的设置是为了使首尾关键帧的画面有一个暂停效果，使整个动画效果更好。

（5）选择第 5 帧处的文本对象，单击“修改”菜单中的“分离”命令 2 次（按“Ctrl+B”组合键分离，或者右击文本对象，在弹出的快捷菜单中单击“分离”命令），将非矢量对象（文本对象）分离为矢量对象，如图 6-88 所示。接着选择第 55 帧处的文本对象执行同样的分离操作，只有矢量对象才可设置为“五彩色填充”（样本面板左下角）。

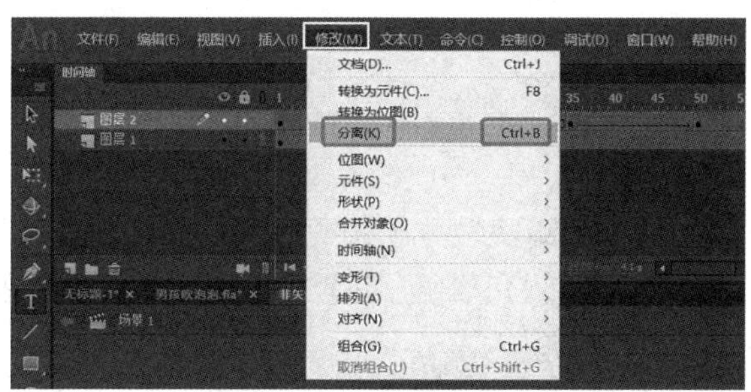

图 6-88　文字对象分离操作

（6）最后在首尾关键帧第 5 ～ 55 帧任意一帧的位置右击，在弹出的快捷菜单中单击“创建补间形状”命令，实现形状补间动画的制作。

（7）单击“控制”菜单中的“测试”命令（或按“Ctrl+Enter”组合键），测试影片效果与样张是否一致。保存文件“最美逆行者 .fla”，并导出影片文件“最美逆行者 .swf”。

6.8.5　项目五：制作“孙悟空七十二变”形状补间动画

实训目的：掌握非矢量对象为图片时的形状补间动画的制作过程；掌握关键帧和空白关键帧的使用；掌握变形面板的使用；掌握位图的分离操作。

要求：参照样例文件“图像形变样例 .swf”，制作“孙悟空七十二变”动画，总帧数 100 帧。

具体操作步骤如下。

（1）启动 Animate CC 2017，单击“文件”菜单中的“打开”命令，打开“孙悟空七十二变素材 .fla”文件。新建图层 1，使用文本工具，在属性面板中设置文本格式为“红色，30 磅，华文新魏”，打开第 1 帧在舞台上输入文本“孙悟空七十二变”，使用移动工具调整位置，再在第 100 帧处右击，在弹出的快捷菜单中单击“插入帧”命令，并锁定图层 1。

（2）新建图层 2，在第 1 帧处，将库中的“孙悟空 .png”文件拖曳到舞台，利用“变形”面板，设置其大小变为原来的 30%。利用“对齐”面板，使孙悟空在舞台中央，如图 6-89 所示。并在第 10 帧处右击，在弹出的快捷菜单中单击“插入关键帧”命令（或按“F6”键），使图像暂停时间变长。

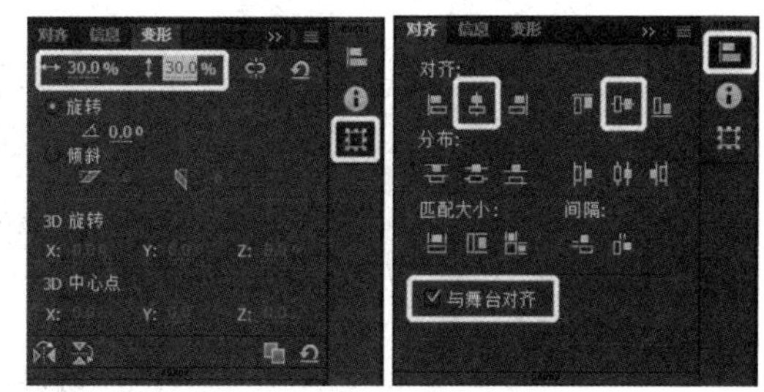

图 6-89　“变形”和“对齐”面板

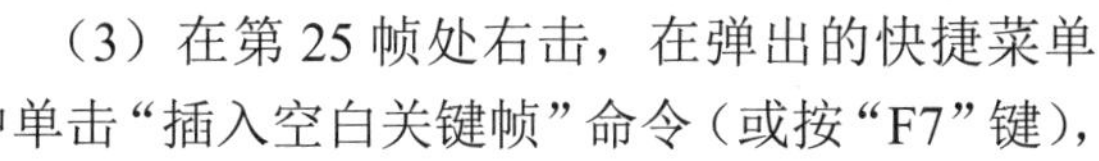

（3）在第 25 帧处右击，在弹出的快捷菜单中单击“插入空白关键帧”命令（或按“F7”键），同时将库中的“猪八戒 .jpg”文件拖曳至舞台，调整大小、位置操作同步骤（2），在第 35 帧处右击，在弹出的快捷菜单中单击“插入关键帧”命令。

以此类推，分别在第 50 帧、第 75 帧、第 100 帧处右击，在弹出的快捷菜单中单击“插入空白关键帧”命令，插入“唐僧 .jpg”“沙僧 .jpg”“孙悟空 .jpg”文件，并且均设置暂停 10 帧。

（4）分别在图层 2 的第 10 帧、第 25 帧、第 35 帧、第 50 帧、第 60 帧、第 75 帧、第 85 帧、第 100 帧进行如下分离操作。单击“修改”菜单中的“位图”→“转换位图为矢量图”命令，弹出窗口参数默认不变，如图 6-90 所示。（提示：由于图像是非矢量对象，并且图像是位图，因此分离操作不同。）

（5）分别在第 10 ～ 25 帧、第 35 ～ 50 帧、第 60 ～ 75 帧、第 85 ～ 100 帧任意一帧的位置右击，在弹出的快捷菜单中执行“创建补间形状”命令，实现形状补间动画的制作，如图 6-91 所示。

（6）单击“控制”菜单中的“测试”命令（或按“Ctrl+Enter”组合键），测试影片效果与样张是否一致。保存文件“孙悟空七十二变 .fla”，并导出影片文件“孙悟空七十二变 .swf”。

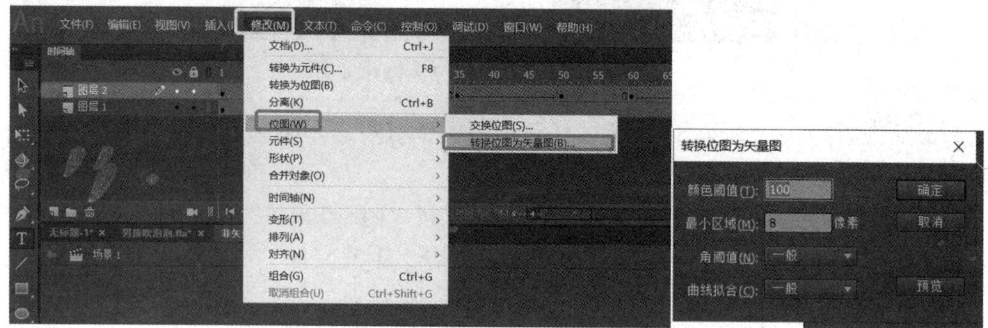

图 6-90　图像对象分离操作

图 6-91　完成时间轴图

6.8.6　项目六：制作“滑雪”补间动画

实训目的：掌握补间动画实现位移的制作过程；掌握选择工具画直为曲的使用；掌握变形面板中水平翻转的使用。

要求：打开“滑雪素材 .fla”文件，参照“滑雪样例 .swf”文件，制作滑雪人滑雪的动画效果，总帧数 30 帧，帧频 12fps。

具体操作步骤如下。

（1）启动 Animate CC 2017，单击“文件”菜单中的“打开”命令，打开“滑雪素材 .fla”文件，设置帧频为 12fps。在图层 1 的第 1 帧上，将库中的“滑雪赛道 .jpg”拖曳到舞台，并在属性面板设置图片大小为“550 像素 ×400 像素”，使之与舞台吻合。在该图层上的第 30 帧处按“F5”键插入帧，使动画延长到第 30 帧，锁定图层 1，如图 6-92 所示。

图 6-92　设置背景图像大小

（2）新建图层 2，将库中的“滑雪人”元件拖曳到舞台上，参照样张放置在赛道图片的右上角，在第 1 帧处右击，在弹出的快捷菜单中单击“创建补间动画”命令。在图层 2 的第 30 帧处右击，在弹出的快捷菜单中单击“插入关键帧”→“位置”命令，将滑雪人移动至赛道的左下角。

（3）使用“变形”面板将滑雪人水平翻转，此时舞台上可看到一条运动轨迹线。使用选择工具靠近运动轨迹，当箭头带弧线时即可拖曳，使运动轨迹变成曲线，如图 6-93 所示。

（4）单击“控制”菜单中的“测试”命令（或按“Ctrl+Enter”组合键），测试影片效果与样张是否一致。保存文件“滑雪 .fla”，并导出影片文件“滑雪 .swf”。

图 6-93　水平翻转对象，以及改变运动轨迹

6.8.7　项目七：制作“最美环保人”补间动画

实训目的：掌握补间动画实现透明度渐变、位置移动、大小变化、旋转等制作过程；掌

握空白关键帧制作闪烁的操作。

要求：利用“最美环保人素材 .fla”文件，参照“最美环保人样例 .swf”文件，制作一个易拉罐入桶的动画，要求帧频为 24fps，总时长为 50 帧。

具体操作步骤如下。

（1）启动 Animate CC 2017，单击“文件”菜单中的“打开”命令，打开“最美环保人素材 .fla”文件，分别将“垃圾桶盖”“垃圾桶身”两个图层延长至第 50 帧。

（2）新建图层并将其重命名为“易拉罐”，将该图层拖曳至最底层，并在第 1 帧处，从库中将“易拉罐 .png”文件拖曳到舞台左上角，使用任意变形工具调整到合适的大小。并将“易拉罐 .png”文件转换为图形元件（单击“修改”菜单中的“转换为元件”命令；或者选中易拉罐右击，在弹出的快捷菜单中单击“转换为元件”命令），如图 6-94 所示。（提示：创建补间动画时，对象必须是元件！）

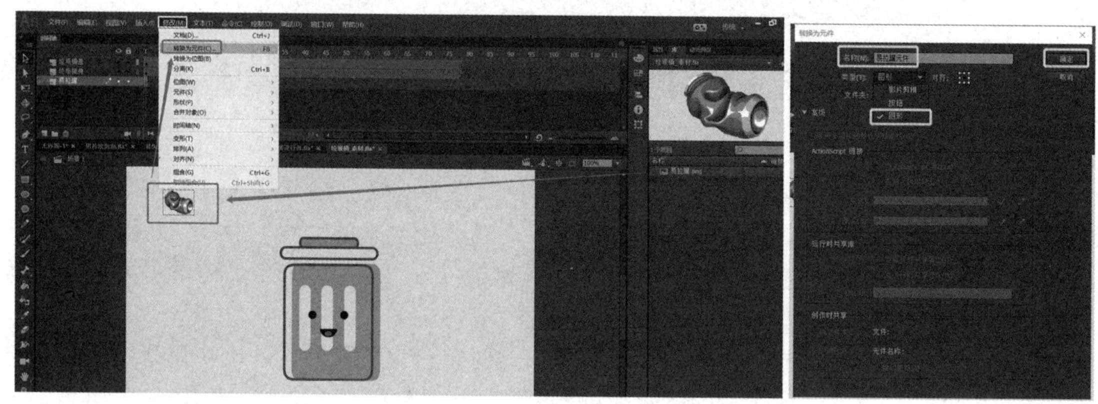

图 6-94　易拉罐由图片转换为图形元件

在“易拉罐”图层的第 1 帧处右击，在弹出的快捷菜单中单击“创建补间动画”命令，生成蓝色进度条。并在第 40 帧处右击，在弹出的快捷菜单中单击“插入关键帧”→“位置”命令，同时移动易拉罐的位置到垃圾桶内。

（3）将垃圾桶盖转换为图形元件，在“垃圾桶盖”图层第 10 帧处右击，在弹出的快捷菜单中单击“插入关键帧”命令，并用任意变形工具将垃圾桶盖的旋转中心点移动至右侧边中间位置。然后在第 10 帧处右击，在弹出的快捷菜单中单击“创建补间动画”命令，生成蓝色进度条。在第 30 帧处右击，在弹出的快捷菜单中单击“插入关键帧”→“旋转”命令，在“变形”面板里，将旋转角度改为 30 度，形成垃圾桶盖打开的状态，如图 6-95 所示。

同理，在“垃圾桶盖”图层第 45 帧处右击，在弹出的快捷菜单中单击“插入关键帧”→“旋转”命令，在“变形”面板里，设置旋转角度为 0，形成垃圾桶盖关闭的状态。

（4）新建文字图层。使用文本工具，设置文本格式为“方正舒体，红色，60 磅”。在第 1 帧处输入文本“垃圾请入桶”，并按“Ctrl+B”组合键分离一次后，分别在第 5 帧、第 10 帧、第 15 帧、第 20 帧、第 25 帧、第 35 帧、第 45 帧处右击，在弹出的快捷菜单中单击“插入关键帧”命令。在第 1 帧选中文本“圾请入桶”并按“Delete”键删除，在第 5 帧选中文本“请入桶”并按“Delete”键删除，在第 10 帧选中文本“入桶”并按“Delete”键删除，在第 15 帧选中文本“桶”并按“Delete”键删除，形成逐字显示效果。并分别在第 30 帧、第 40 帧处右击，在弹出的快捷菜单中单击“插入空白关键帧”命令，形成文字闪烁的效果。

（5）新建星星组合。使用多角星形工具，设置笔触颜色为 #0099FF，笔触大小为 1，填充颜色为 #FF6600。在“工具设置”面板中单击“选项”→“样式”选项，设置样式为“星形、边数：5”。打开第 1 帧在垃圾桶右上角画大小不一的 3 个星形，选中 3 个星形并右击，在弹出的快捷菜单中单击“转换为元件”命令，同时在“属性”面板中单击“色彩效果”→“样式”选项，设置 Alpha 值为 0%。接着在第 1 帧处右击，在弹出的快捷菜单中单击“创建补间动画”命令，在第 40 帧处右击，在弹出的快捷菜单中单击“插入关键帧”→“缩放”命令，使用任意变形工具放大星星组合，并且调整 Alpha 值为 100%。最终完成图如图 6-96 所示。

（6）单击“控制”菜单中的“测试”命令（或按“Ctrl+Enter”组合键），测试影片效果。保存 FLA 格式的文件，并导出影片文件“最美环保人 .swf”。

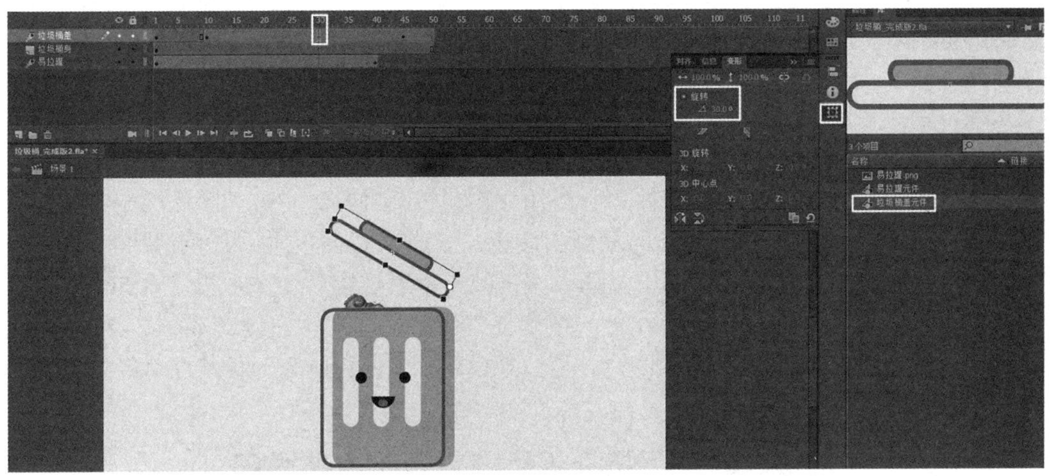

图 6-95　垃圾桶盖元件旋转 30°

图 6-96　最终完成图

6.8.8 项目八：制作“工匠精神”遮罩动画

实训目的：掌握文字遮罩动画的制作过程；掌握遮罩层与被遮罩层的区别。

要求：利用“工匠精神素材 .fla”文件，参照“工匠精神样例 .swf”文件，制作一个文字遮罩动画效果，总帧数为 60 帧，帧频为 12fps。

具体操作步骤如下。

（1）启动 Animate CC 2017，单击“文件”菜单中的“打开”命令，打开“工匠精神素材 .fla”文件，单击“修改”菜单中的“文档”命令，根据题目要求设置文档属性。

（2）新建图层 1，并重命名为“文字层”，使用文本工具，在属性面板设置文本格式为“华文行楷，100 磅，红色”。在舞台上输入文本“工匠精神精益求精”（“工匠精神”与“精益求精”之间需要换行），并利用“对齐”面板将该文本置于舞台中央。在时间轴的第 60 帧处按“F5”键插入帧，锁定该图层。

（3）新建图层 2，并重命名为“图片层”，并拖曳至“文字层”下方。从库中将文本“工匠精神元件”拖曳到舞台左侧，元件右侧正好与文本右侧对齐。右击“图片层”的第 1 帧，在弹出的快捷菜单中单击“创建补间动画”命令。将时间轴面板上的红色滑块拖曳到第 60 帧并右击，在弹出的快捷菜单中单击“插入关键帧”→“位置”命令，按住“Shift”键，使用选择工具水平右移“工匠精神”元件，使元件左侧正好与文本左侧对齐。“工匠精神”元件首尾帧位置如图 6-97 所示。测试影片，可以观察到“工匠精神”元件从左边经过文本“工匠精神精益求精”移动到右边的动画。

图 6-97 “工匠精神”元件首尾帧位置

（4）右击“文字层”图层，在弹出的快捷菜单中单击“遮罩层”命令，可以看到“工匠精神元件”只能在文本部分显示，其余部分都“消失”了，如图 6-98 所示。

（5）单击“控制”菜单中的“测试”命令（或按“Ctrl+Enter”组合键），测试影片效果与样张是否一致。保存文件“工匠精神精益求精 .fla”，并导出影片文件“工匠精神精益求精 .swf”。

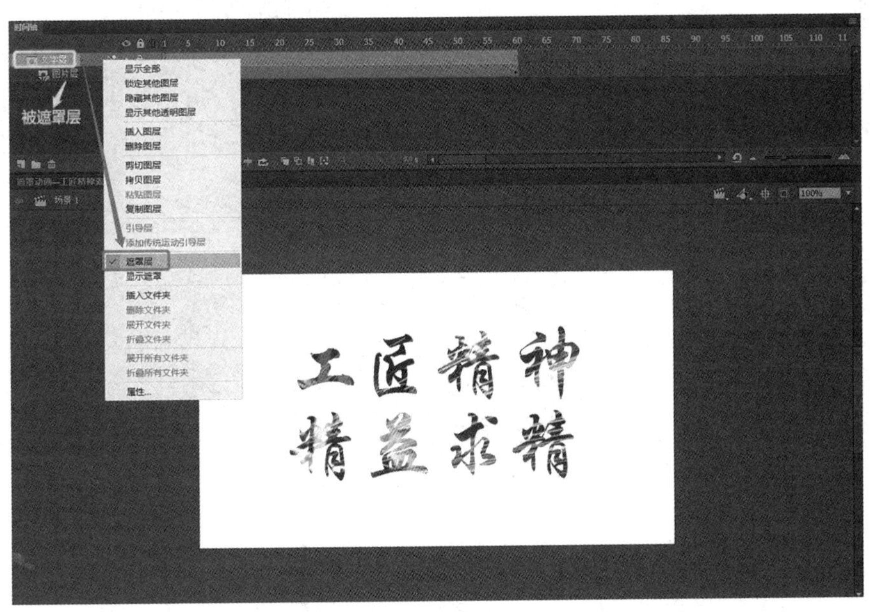

图 6-98　文字层设置为遮罩层

6.8.9　项目九：制作“最美新农村”遮罩动画

实训目的：掌握遮罩动画的制作过程；掌握遮罩层与被遮罩层的区别；掌握椭圆工具制作望远镜。

要求：利用“最美新农村素材 .fla”文件，参照“最美新农村样例 .swf”，制作一个望远镜视角看新农村新面貌的动画效果，总帧数为 50 帧，帧频为 12fps。

具体操作步骤如下。

（1）启动 Animate CC 2017，单击“文件”菜单中的“打开”命令，打开“最美新农村素材 .fla”文件，单击“修改”菜单中的“文档”命令，修改舞台颜色为黑色，帧频为 12fps，设置舞台大小为“显示帧”。

（2）将图层 1 重命名为“背景”，将库中的“最美新农村背景 .jpg”文件拖曳到舞台上，利用“对齐”面板使其与舞台匹配宽度、匹配高度，并与舞台中心对齐，在第 50 帧处按“F5”键插入帧，并锁住该图层。

（3）新建图层 2，将其重命名为“望远镜”。使用工具箱中的椭圆工具，设置笔触颜色为无色，填充色任意，按住“Shift”键在舞台背景上画出两个圆，使用选择工具选中这两个圆形，按“F8”键把它转换为图形元件，并命名为“望远镜”。

（4）在“望远镜”图层的第 1 帧处右击，在弹出的快捷菜单中单击“创建补间动画”

命令，分别在第 15 帧、第 25 帧、第 35 帧、第 50 帧的位置右击，在弹出的快捷菜单中单击“插入关键帧→位置”命令，如图 6-99 所示。可参照样例在每个关键帧上修改望远镜的大小和位置，如图 6-100 所示。

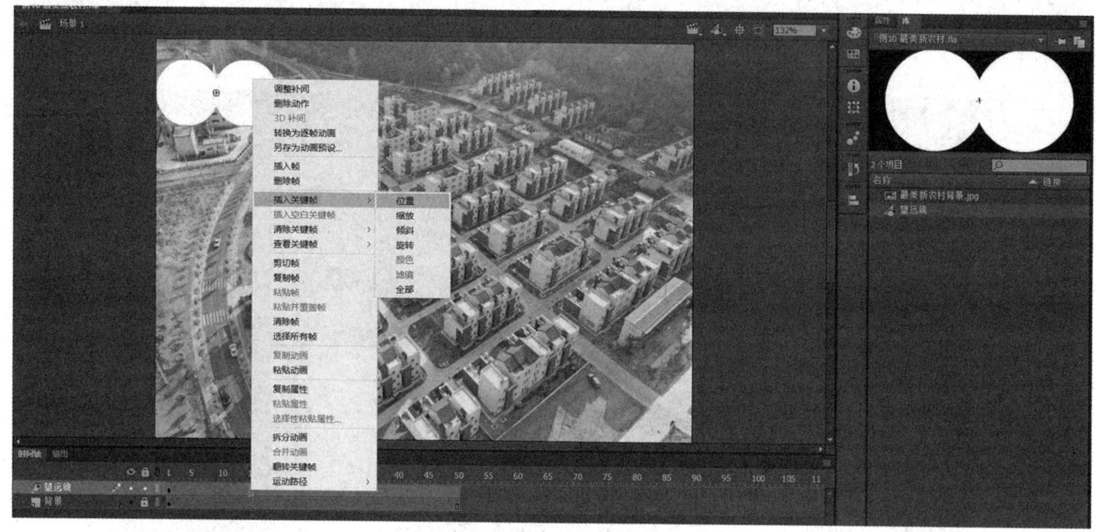

图 6-99　插入属性关键帧

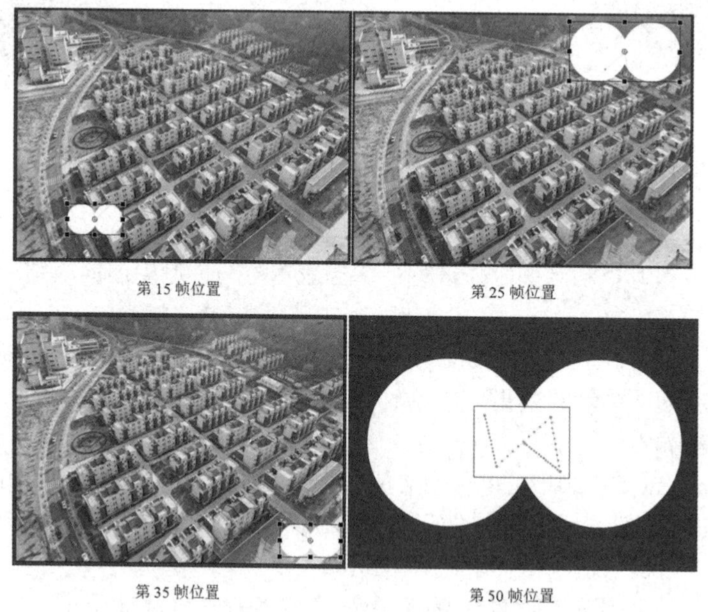

图 6-100　望远镜位置变化

（5）选中“望远镜”图层并右击，在弹出的快捷菜单中单击“遮罩层”命令，可以看到“背景”图层变为被遮罩层，以缩进的方式显示，同时舞台上的“望远镜”消失了，“望远镜”范围内的新农村面貌可见，而“望远镜”范围以外的部分则显示黑色的舞台，如图 6-101 所示。

（6）单击“控制”菜单中的“测试”命令（或按“Ctrl+Enter”组合键），测试影片效果与样张是否一致。保存文件“最美新农村 .fla”，并导出影片文件“最美新农村 .swf”。

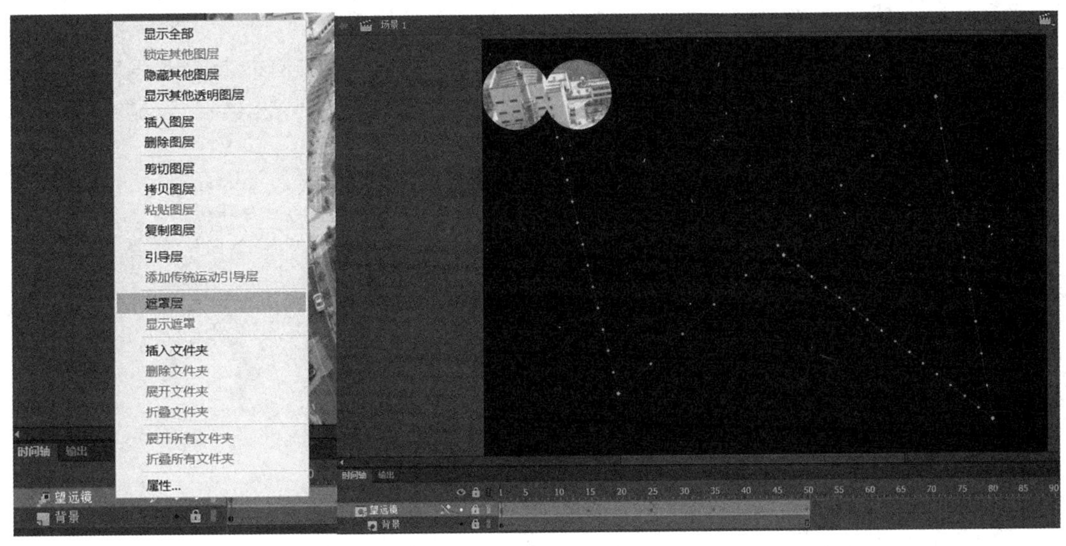

图 6-101　设置望远镜为遮罩层

6.8.10　项目十：制作“最美晨练人”骨骼动画

实训目的：掌握骨骼动画的制作过程；掌握骨骼工具的使用。

要求：打开“最美晨练人素材 .fla”文件，参照“最美晨练人样例 .swf”文件，制作倒立时两条腿运动的动画，总帧数为 50 帧。

具体操作步骤如下。

（1）启动 Animate CC 2017，单击“文件”菜单中的“打开”命令，打开“最美晨练人素材 .fla”文件，设置舞台大小为“显示帧”，并将所有图层都延续显示到 50 帧。

（2）选定人物图层第 1 帧，单击骨骼工具后，在舞台上将腿部对象拖曳成几段，如图 6-102 所示，此时在人物图层的上方自动生成了“骨架 _1”图层，并使用选择工具将人物脚尖拖曳至地面。

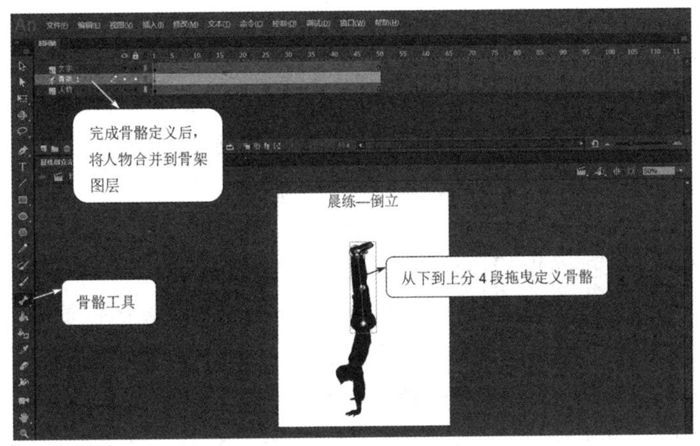

图 6-102　定义骨骼

（3）选中“骨架_1”图层的第 15 帧并右击，在弹出的快捷菜单中单击“插入姿势”命令，如图 6-103 所示，改变腿部位置。同样地，分别选中“骨架_1”图层的第 25、35、45 帧并右击，在弹出的快捷菜单中单击“插入姿势”命令，每到一处拖曳腿部改变其位置，腿部姿势变化效果如图 6-104 所示。

图 6-103　插入姿势

图 6-104　腿部姿势变化效果

（4）单击“控制”菜单中的“测试”命令（或按“Ctrl+Enter”组合键），测试影片效果与样张是否一致。保存文件为“最美晨练人素材 .fla”，并导出影片文件“最美晨练人 .swf”。

6.9 Animate 课后上机练习

1. 打开 D:\ 素材文件夹中的“樱花飘落 .fla”文件，参照示例文件 Yangli1.swf 制作动画，将制作结果以“donghua1.swf”为文件名导出影片，并保存在 D:\sx 文件夹中。注意，添加并选择合适的图层。

（1）设置影片的大小为 400 像素 ×300 像素，帧频为 12 帧 / 秒。动画总长为 60 帧。

（2）按样张将库中“樱花飘落 .jpg”文件放入舞台，在属性面板中更改图片大小为 400 像素 ×300 像素，使其与舞台吻合，显示至第 30 帧，并锁定该图层。

（3）新建图层，使用椭圆工具，设置为粉色，在舞台中央画一个粉色椭圆，即樱花的第一个花瓣。

（4）在第 5 帧右击，在弹出的快捷菜单中单击“插入关键帧”命令，并复制粘贴第一个花瓣，利用选择工具和任意变形工具调整第二个花瓣的位置，具体位置参考样张。以此类推，分别在第 10 帧、第 15 帧、第 20 帧、第 25 帧右击，在弹出的快捷菜单中单击“插入关键帧”命令，并复制粘贴一个花瓣，形成六瓣樱花逐次出现效果。

2. 打开 D:\ 素材文件夹中的“海边风景 .fla”文件，参照示例文件 Yangli2.swf 制作动画，制作结果以“donghua2.swf”为文件名导出影片并保存在 D:\sx 文件夹中。注意，添加并选择合适的图层。

（1）设置影片的大小为 550 像素 ×232 像素，帧频为 10 帧 / 秒，使用“海边风景”元件作为整个动画的背景，静止显示至第 60 帧。

（2）新建图层，将“台布”元件靠右放置在该图层，创建“台布”自第 1 帧到第 50 帧从左到右逐渐变窄的动画效果，并静止显示至第 60 帧。

（3）新建图层，将“卷轴”元件放置在该图层，与背景卷轴紧靠一起，创建卷轴自第 1 帧到第 50 帧从左向右运动的动画效果，静止显示至第 60 帧。

（4）新建图层，并移动到紧靠背景层之上，将“文字 1”元件放置在该图层，创建文字自第 15 帧到第 50 帧从无到有的动画效果，静止显示至第 60 帧。

（5）新建图层，利用“水滴”元件，制作从第 10 帧到第 50 帧逐渐变化为文本“水滴”，并显示至第 60 帧（设置“水滴”元件大小变形为 30%，文本“水滴”字体为“华文隶书”，字号为 60，颜色为 #3265FF）。

3．打开 D:\ 素材文件夹中的“迪士尼欢迎您 .fla”文件，参照示例文件 Yangli3.swf 制作动画，将制作结果以“donghua3.swf”为文件名导出为影片，并保存在 D:\sx 文件夹中。注意，添加并选择合适的图层。

（1）设置影片的大小为 500 像素 ×300 像素，背景颜色为 #FFFFFF。

（2）将“迪士尼 .jpg”图片放入到舞台，调整其大小与舞台相同，转换为元件，创建从第 1 帧到第 30 帧淡入出现的动画，显示至第 80 帧。

（3）新建图层，利用“元件 1”在第 1 帧到第 20 帧在舞台左下角静止显示，第 20 帧到 60 帧从舞台左下角逆时针旋转 2 圈到舞台右下角，并显示至 80 帧。

（4）新建图层，将“迪士尼欢迎您”元件放入第 20 帧，闪烁 3 次至第 50 帧，并显示到第 60 帧。

（5）制作从第 60 帧到第 80 帧“迪士尼欢迎您”文本由黄色逐渐变为粉红色的动画效果。

4．打开 D:\ 素材文件夹中的“迪士尼夜景 .fla”文件，参照示例文件 Yangli4.swf 制作动画，制作结果以“donghua4.swf”为文件名导出影片并保存在 D:\sx 文件夹中。注意，添加并选择合适的图层。

（1）设置影片的大小为 453 像素 ×308 像素，帧频率设为 12 帧 / 秒。

（2）将“迪士尼 .jpg”背景图片转换为名为“元件 1”的元件，设置元件透明度为 30%，从第 1 帧显示至第 80 帧。

（3）新建图层 2，选用元件 1 作为背景图片，新建图层 3，选用元件 2 制作探照灯行走的效果，共 60 帧。用 10 帧的时间让探照灯放大，设置最后的 10 帧为静止。

（4）新建图层，选用第 40 ～ 70 帧制作“文字 1”元件逐渐变成“文字 2”元件，设置最后的 10 帧为静止。

（5）新建图层，插入“幕布”元件，设置其透明度为 30%，创建从第 70 帧到第 80 帧从左到右拉上幕布的效果。

5．打开 D:\ 素材文件夹中的“禁止吸烟 .fla”文件，参照示例文件 Yangli5.swf 制作动画，将制作结果以“donghua5.swf”为文件名导出影片，并保存在 D:\sx 文件夹中。注意，添加并选择合适的图层。

（1）设置影片的大小为 400 像素 ×300 像素，帧频为 10 帧 / 秒。动画总长为 60 帧。

（2）按样张将库中的元件“父亲”、“孩子”和“母亲”放置于舞台适当位置，作为整个动画的背景，显示至第 80 帧。

（2）新建图层，将库中“禁止”元件放入在第 30 帧，舞台右上方，显示至第 80 帧。

（3）新建图层，将库中“烟”元件放入并居中，创建从第 1 帧到第 30 帧顺时针旋转 3 周，并移动到“禁止”位置处的动画，显示至第 80 帧。

（4）新建图层，在第 10 帧处输入文本“室内禁止吸烟”，设置为“华文琥珀、54 像素、黄色、字母间距为 20”。在第 15 帧、第 20 帧、第 25 帧、第 30 帧、第 35 帧处设置关键帧，创建文字逐字出现的动画效果，静止显示至 40 帧。

（5）创建从第 40 帧到第 60 帧“禁止吸烟”变为绿色的“关爱家庭”的动画，并静止显示至 80 帧（设置文本字体为“华文琥珀”，颜色为绿色，字号为 54）。

6．打开 D:\ 素材文件夹中的“毛毛虫 .fla”文件，参照示例文件 Yangli6.swf 制作动画，将制作结果以“donghua6.swf”为文件名导出影片，并保存在 D:\sx 文件夹中。注意，添加并选择合适的图层。

（1）设置影片的大小为 550 像素 ×400 像素，帧频为 12 帧 / 秒。动画总长为 30 帧。

（2）按样张新建毛毛虫影片剪辑元件。单击“插入”菜单中的“新建元件”→“新建新元件”命令，设置名称为“毛毛虫”，类型为“影片剪辑”。将库中的“元件 1”拖曳至舞台，按“Alt”键复制 4 次，将其作为毛毛虫身，并将“元件 2”拖曳至舞台，制作完整的毛毛虫。在该图层上的第 30 帧处按“F5”键使其静止延长到第 30 帧。

（3）定义骨骼。单击工具箱中的骨骼工具，从左边的第一个圆的中心开始拖曳到第二个圆的中心，以此类推，形成了一个骨架中的四个关节。使用了骨骼工具后，在图层 1 的上方自动生成了“骨架 _1”图层。使用骨骼工具，单击“骨架 _1”图层的第 1 帧，利用选择工具，移动 5 个骨骼对象，调整状态；分别单击“骨架 _1”图层的第 5 帧、第 10 帧、第 15 帧、第 20 帧、第 25 帧、第 30 帧，利用选择工具将 5 个活动对象调整成不同的姿势，设置毛毛虫运动变化姿态和“骨架 _1”图层对应的帧数。单击“场景 1”回到舞台，发现库中新增“毛毛虫影片剪辑元件”。

（4）创建从第 1 帧到第 30 帧“毛毛虫”从舞台左侧运动到舞台右侧的动画。

6.10 课后练习与指导

一、选择题

1．多媒体技术是将声音、图形、文本等多种媒体通过计算机技术集成在一起的技术，它具有集成性、实时性、（　　）和多样化等特征。

A．交互性　　B．完整性　　C．保密性　　D．不可否认性

2．声音的三要素不包括（　　）。

A．音调　　B．音色　　C．音强　　D．音质

3．人类听觉的声音频率范围是（　　）。

A．100 ～ 9000 Hz　　B．150 ～ 10 000 Hz

C．200 ～ 3400 Hz　　D．20 Hz ～ 20 kHz

4．声音波形采样频率越高，声音的保真度越（　　），所需要的信息存储量越（　　）。

A．高，大　　B．低，小　　C．高，小　　D．低，大

5．多媒体创作工具软件是多媒体操作系统之上的系统软件，下列（　　）是图形图像处理工具软件。

A．Cool Edit　　B．Visual Studio　　C．Photoshop　　D．LaTex

6．下列文件格式中属于音频类型格式的是（　　）。

A．TXT　　B．WAV　　C．PDF　　D．TEX

7．下列文件格式中属于视频类型格式的是（　　）。

A．MOV　　B．VSD　　C．BMP　　D．JPG

8．图像类文件类型中不包括下列（　　）。

A．EPS　　B．WMF　　C．AVI　　D．PNG

9．把模拟声音信号转变为数字声音信号的过程称为声音的数字化，声音数字化的过程不包括（　　）。

A．采样　　B．量化　　C．编码　　D．传输

10．下列哪个是 Photoshop 图像最基本的组成单元？（　　）

A．节点　　B．色彩空间　　C．像素　　D．路径

11．图像分辨率的单位是（　　）。

A．dpi　　B．ppi　　C．lpi　　D．pixel

12．如果在图层上增加一个蒙版，当要单独移动蒙版时下面哪种操作是正确的？（　　）

A．首先单击图层上的蒙版，然后使用移动工具就可以了

B．首先单击图层上的蒙版，然后全选，使用选择工具拖曳

C．首先要解除图层与蒙版之间的链接，然后使用移动工具就可以了

D．首先要解除图层与蒙版之间的链接，再选择蒙版，然后使用移动工具就可以移动了

13．下列哪种格式只支持 256 色？（　　）

A．GIF　　B．JPEG　　C．TIFF　　D．PCX

14．以下有关过渡动画叙述正确的是（　　）。

A．中间的过渡帧由计算机通过首尾帧的特性及动画属性要求来计算得到

B．过渡动画不需建立动画过程的首尾两个关键帧的内容

C．动画效果主要是依赖于人的视觉暂留特征而实现的

D．当帧速率达到 12fps 以上时，才能看到比较连续的视频动画

15．在 Animate 中如果要制作人物行走的动画，最好选择（　　）功能。

A．逐帧动画　　B．形状补间动画　　C．骨骼　　D．动画补间动画

16．以下属于动画制作软件的是（　　）。

A．Photoshop　　B．Ulead Audio Editor

C．Animate　　D．Dreamweaver

17．以下具有动画功能的图像文件格式是（　　）。

A．JPG　　B．BMP　　C．GIF　　D．TIF

18．测试影片时可用的组合键是（　　）。

A．“Ctrl+Alt+Enter”　　B．“Ctrl+ Enter”

C．“Ctrl+Shift+Enter”　　D．“Alt+Shift+Enter”

19．在 Animate CC 2017 中默认的帧频是（　　）帧。

A．24　　B．25　　C．12　　D．32

20．我们可以对场景中的（　　）对象进行形状渐变动画设置。

A．任意　　B．元件　　C．矢量图形　　D．组合

二、填空题

1．一般多媒体系统是由多媒体硬件系统和 __________ 组成的，将多媒体信息和计算机交互式控制相结合，由对媒体信号的 __________、生成、__________、处理和 __________ 数字化技术所组成的一个完整的系统。

2．Photoshop 中的蒙版通常分为四种，有 __________、__________、__________、__________。

3．显示媒体是指媒体传输中的电信号与媒体之间转换所用的一类媒体。它分为两种：一种是 __________，如键盘、鼠标等；另一种是输出显示媒体，如显示器、打印机等。

4．CD 是当今音质较好的音频格式，其文件后缀为 __________，标准 CD 格式的采样频率为 __________ kHz，传输速率为 88.2KB/s，量化位数为 16 位。

5．计算机图像分为两大类，包括 __________ 图像和 __________ 图像。

6．__________ 是组成图像的最小单位，它是小方形的颜色块。

7．套索工具包含三种，即 __________、__________ 和 __________。

8．补间动画大致可分为形状补间动画和 __________ 动画两种。

9．Animate 工具箱提供了图形绘制和编辑的各种工具，分为 __________、查看、颜色、__________ 四个功能区。

10．元件是在 Animate 中创建的 __________、__________ 或 __________，在 Animate 中元件只需创建一次，然后就可以在整个动画中反复使用而不增加文件的大小。

第 7 章

数字媒体 Web 集成

本章导读

技能目标

- 认识 Dreamweaver CC 2018 的工作界面
- 了解网站与网页的概念，站点的结构
- 了解站点的建立、网页发布
- 学会使用表格和 Div 对网页进行简单布局
- 掌握网页制作（文字、图片、多媒体、表格、表单、超级链接）
- 能通过 Dreamweaver 工具制作出简单的多媒体网页

素质目标

- 注重培养良好的心理素质和职业道德素质
- 以学生为中心，科学合理地划分学习小组，培养团队合作精神
- 激发学习兴趣，注重创新意识、创新精神的培养
- 鼓励原创，鼓励自由探索，具有较强的网页设计创意思维、艺术设计素质。
- 具有一定的科学思维方式和判断分析问题的能力

当你在浩瀚无边的网络天地里尽情欣赏别人的博客和主页时，有没有想过做一个属于自己的网站呢？现在让我们携手步入网站制作的精彩之旅，建立一个属于自己的网站。

Adobe Dreamweaver CC 是最优秀的可视化网页设计工具之一，Adobe Dreamweaver CC 最大的更新就是 Edge Web Fonts 和 Edge Animate 整合，支持 CSS3 和拖曳 jQuery UI Widget。Adobe Dreamweaver CC 以更快的速度开发更多网页内容。使用简化的用户接口、连接的工具及新增的可视化 CSS 编辑工具，用户可通过直觉方式更有效地编写程序代码。

Adobe Dreamweaver CC 2018 版引入了多种新增功能和增强功能，包括 HDiPi 支持、多显示器支持、Git 增强功能支持等。

7.1 了解 DreamWeaver CC 2018 的工作界面

Dreamweaver CC 2018 提供了多种工作界面，以适合不同的工作人员。当打开一个文件或新建一个文件后，进入 Dreamweaver CC 2018 工作界面如图 7-1 所示。

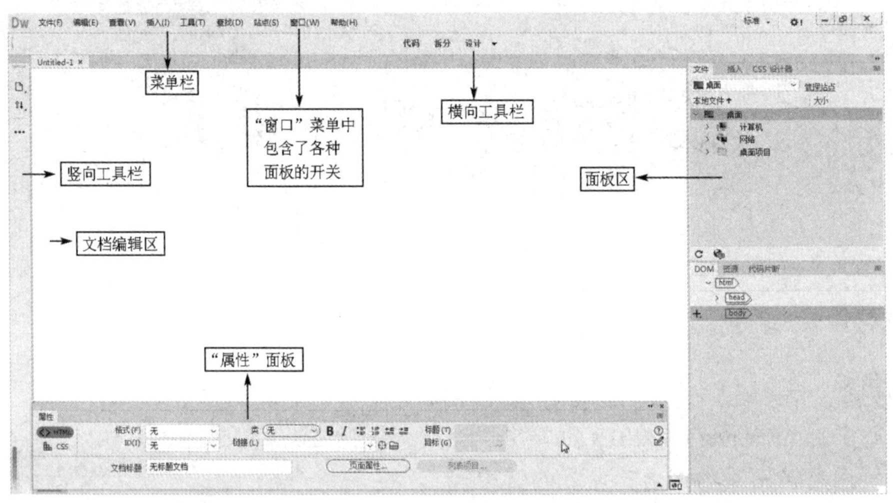

图 7-1 Dreamweaver CC 2018 工作界面

该工作界面又被称为设计界面。如果不适应这种工作界面，可以通过界面切换菜单进行切换，选择适合自己的界面模式。本章将以设计界面模式介绍 Dreamweaver CC 2018 的应用。

7.1.1 菜单栏

Dreamweaver CC 2018 的菜单栏主要由 9 个主菜单组成：文件、编辑、查看、插入、工具、查找、站点、窗口、帮助，如图 7-2 所示。

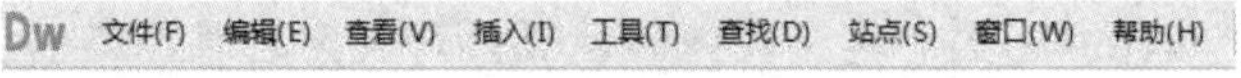

Dw 文件(F) 编辑(E) 查看(V) 插入(I) 工具(T) 查找(D) 站点(S) 窗口(W) 帮助(H)

图 7-2 菜单栏

7.1.2 "插入"面板和插入工具栏

Dreamweaver CC 2018 的"插入"面板中包含了 7 个标签，分别为 HTML、表单、模板、Bootstrap 组件、jQuery Mobile、jQuery UI、收藏夹，如图 7-3 所示。

图 7-3 "插入"面板

Dreamweaver CC 2018 的插入工具栏有两个显示模式，即工具栏模式和面板模式，只要将右侧的"插入"面板组拖至工具栏中，"插入"面板组随即融入工具栏中，如图 7-4 所示。单击"插入"工具栏中的不同标签可以进行切换，每一个标签中包括了若干的插入对象按钮。

单击插入工具栏中的“对象”按钮，或者将按钮拖曳到编辑窗口内，即可将相应的对象添加到网页文件中，并在网页中编辑添加的对象。

图 7-4　插入工具栏

7.1.3　文档编辑区

文档编辑区是编辑和设计网页的主要工作区域，如图 7-5 所示。

图 7-5　文档编辑区

7.1.4　“属性”面板

“属性”面板又称属性检查器，用于显示或修改当前所选对象的属性。在页面中选择不同的对象时，“属性”面板将显示出不同对象的属性。例如，选择文字，在“属性”面板中显示的是文字的属性；如果选择图像，则“属性”面板中将显示图像的属性。如图 7-6 所示。另外，还可以直接在“属性”面板中修改所选对象的属性，修改后的效果可以在编辑窗口中反映出来。

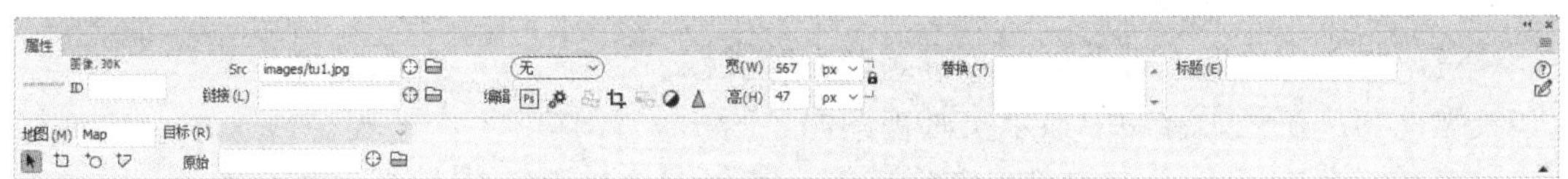

图 7-6　选择图像的“属性”面板

Dreamweaver CC 2018 进一步提升了 CSS 规则在网页设计上的应用，在属性面板里提供了 HTML 和 CSS 两种类型的属性设置。当单击“HTML”按钮时，如图 7-7 所示；当单击“CSS”按钮时，如图 7-8 所示。

在“属性”面板的右下角单击三角形的“切换”按钮（△），可以将“属性”面板切换为常用属性或全部属性模式 。

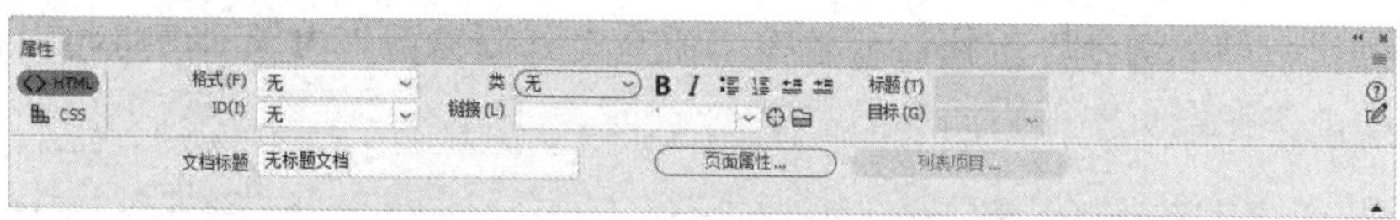

图 7-7 “属性”面板的 HTML 设置

图 7-8 “属性”面板的 CSS 设置

7.1.5 工具栏

Dreamweaver CC 2018 横向工具栏中包含了“代码”“拆分”“设计”3 个按钮，用来切换视图模式，如图 7-9 所示。Dreamweaver CC 2018 竖向工具栏如图 7-10 所示。

图 7-9 横向工具栏

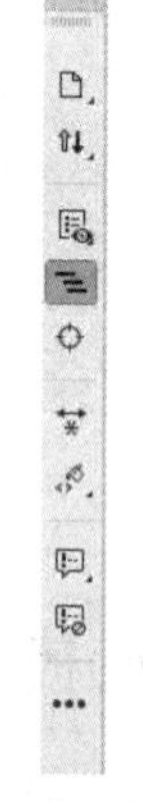

图 7-10 竖向工具栏

代码：用于编写和编辑 HTML、JavaScript、服务器语言（如 PHP、ColdFusion 标记语言 CFML）及任何其他类型语言的手工编码环境。

拆分：用于代码和设计视图，可以在窗口中同时看到文档的代码视图和设计视图。

设计：用于可视化页面布局、可视化编辑和快速应用程序开发的设计环境，与在浏览器中查看页面时看到的内容类似。

实时视图：在代码视图中显示实时视图源。

用户通过单击工具栏中的“视图”按钮，可以自由地在不同的视图之间快速切换。

7.1.6 各种面板

面板为编辑网页提供了既直观又快速的操作方法，是设计、制作网页不可缺少的工具。单击“窗口”菜单下的相应命令，可以打开或关闭面板。“行为”面板如图 7-11 所示。

图 7-11 “行为”面板

7.2 功能介绍

7.2.1 建立与管理站点

1. 规划站点

规划站点是建立站点的前期准备工作，主要包括规划站点主题、规划站点结构、设计网页版面、收集站点素材等。

2. 创建站点的基本结构

创建站点的基本结构，是指确定站点的整体结构和网页之间的结构关系。在创建站点的基本结构时，首先建立空白的站点，其次添加网页文件与站点文件夹。

3. 创建站点

1）定义站点过程

Dreamweaver CC 2018 创建站点的方法如下。在 Dreamweaver 工作环境下，单击“站点”菜单中的“新建站点”命令，如图 7-12 所示。在弹出的“站点设置”对话框中进行设置，如图 7-13 所示。

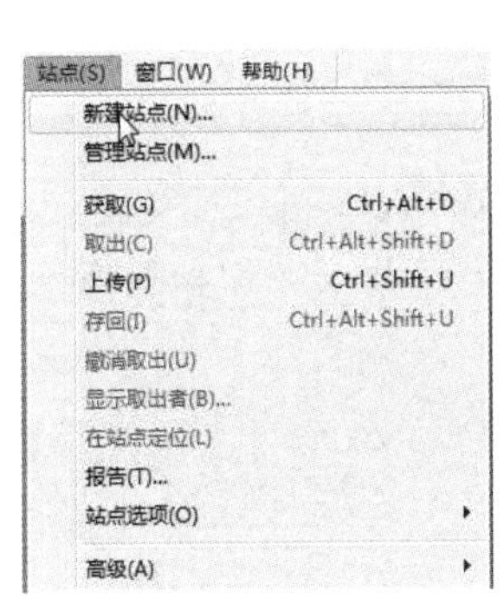

图 7-12 新建站点

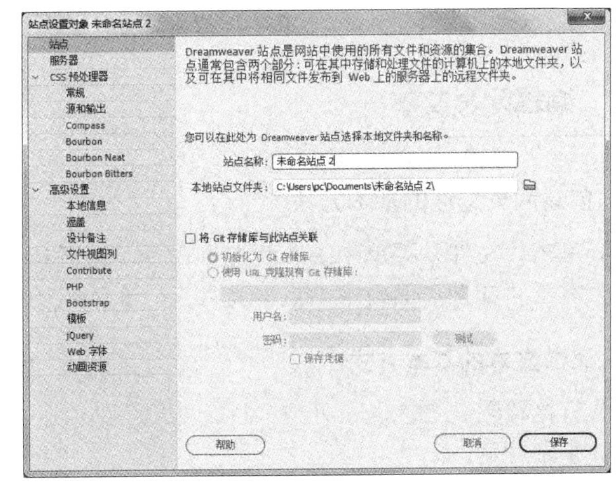

图 7-13 “站点设置”对话框

2）“文件”面板

在 Dreamweaver CC 2018 的“文件”面板中有 3 个选项卡，其中“文件”选项卡就是站点管理器的缩略图。没有定义站点时的“文件”面板如图 7-14 所示；已定义站点时的“文件”面板如图 7-15 所示。

3）站点管理器

单击“站点”菜单中的“管理站点”命令，打开“管理站点”对话框，可以实现删除站点、编辑站点、复制站点、导出站点等，如图 7-16 所示。

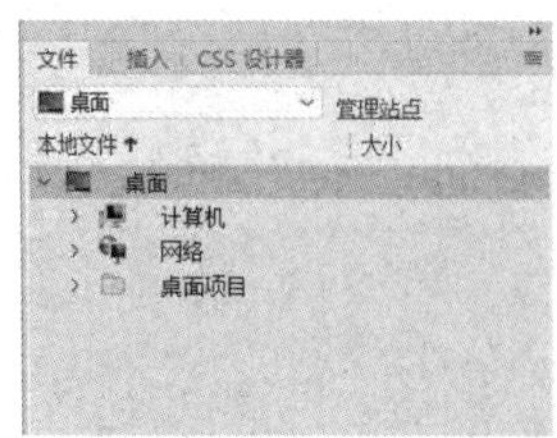

图 7-14　没有定义站点时的“文件”面板

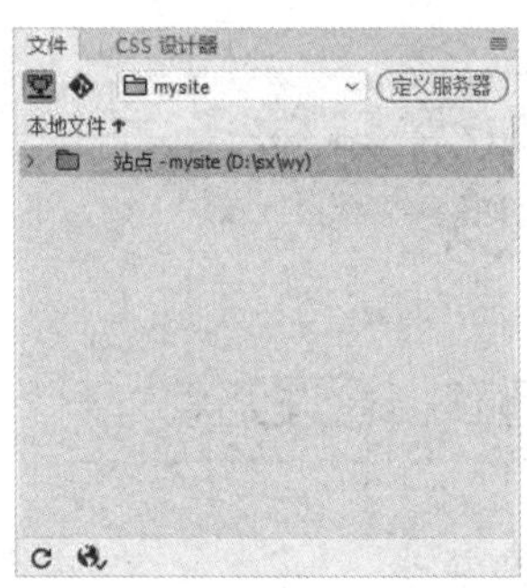

图 7-15　定义站点后的“文件”面板

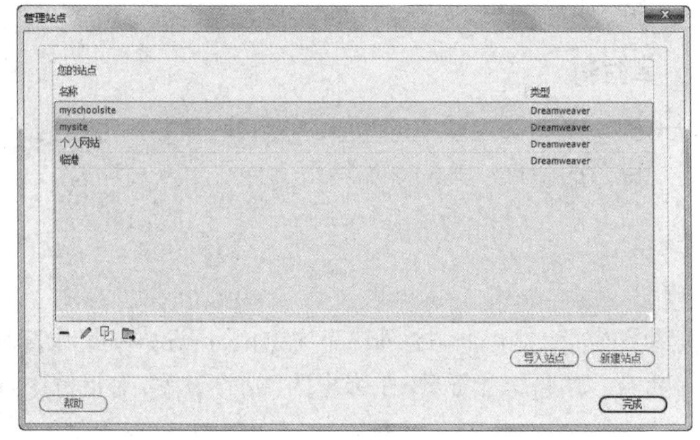

图 7-16　“管理站点”对话框

7.2.2　编辑网页文本

1. 创建网页文件的基本方法

（1）单击“文件”菜单中的“新建”命令，或者按“Ctrl+N”组合键。

（2）右击“文件”面板中站点根文件夹，在弹出的快捷菜单中单击“新建文件”命令。

2. 添加文本的基本方式

（1）直接输入。

（2）复制粘贴。

（3）导入。单击“文件”菜单中的“导入”命令，选择要导入的文件。

3. 分段和换行

在文档窗口中，每按一次“Enter”键就会生成一个段落。按“Enter”键的操作通常被称为“硬回车”，段落就是带有硬回车的文本组合。由硬回车生成的段落，其 HTML 标签是“<p>文本 </p>”。使用硬回车划分段落后，段落与段落间会产生一个空行间距。

如果希望文本换行后不产生空行间距，可以采取插入换行符的方法。插入换行符可以单击“插入”菜单中的“HTML”→“字符”→“换行符”命令，也可以按“Shift+Enter”组合键。其 HTML 标签是“
”。使用换行符只能使文本换行，但这不等于重新开始一个段落，只有按“Enter”键才是重新开始一个段落。

4. 设置文档标题格式

（1）应用标题格式。

把鼠标光标放置在文档标题所在行，在“属性”面板的“格式”下拉菜单中单击相应的选项。

（2）定义标题样式。

打开“页面属性”对话框，在“分类”列表中选择“标题”选项，可以重新定义标题的字体、大小和颜色。

（3）文本的对齐方式。

文本的对齐方式通常有 4 种，分别为左对齐、居中对齐、右对齐和两端对齐。通过“属性”面板的 CSS 设置来设置。

5. 设置正文格式

（1）通过“页面属性”对话框设置文本属性。

在“属性”面板中单击“页面属性”按钮，打开“页面属性”对话框，在“外观”分类中定义页面文本的字体、大小和颜色。

（2）通过“属性”面板的 CSS 设置来设置文本属性。

在“属性”面板的 CSS 设置的“字体”下拉菜单中设置字体，在“大小”下拉菜单中设置大小，在“颜色”文本框中定义颜色。

（3）设置文本的样式方法。

通过“属性”面板的 HTML 设置可以设置文本为粗体或斜体的样式。

单击“编辑”菜单中的“文本”命令，可以对文本设置粗体、斜体等样式。

（4）设置列表的方法主要有以下几种。

通过“属性”面板的 HTML 设置可以给文本设置项目列表或编号列表格式。

单击“编辑”菜单中的“列表”命令，可以对文本设置列表格式。

如果对默认的列表不满意，可以进行修改。先将鼠标光标放置在列表中，再在“属性”面板的 HTML 设置中单击“列表项目”按钮，打开“列表属性”对话框进行设置，如图 7-17 所示。

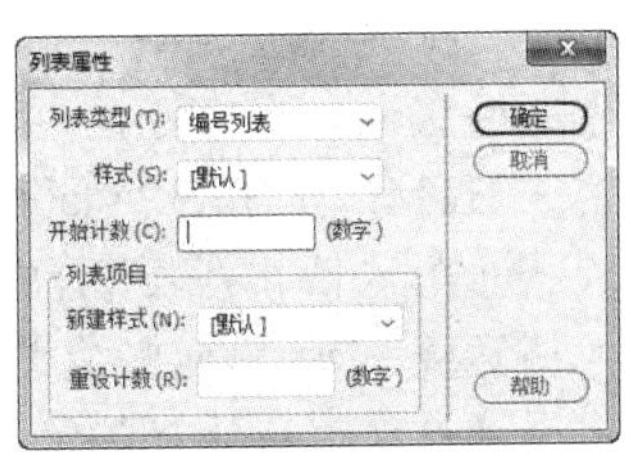

图 7-17　列表属性对话框

（5）设置文本缩进或凸出的方法有以下几种。

单击“编辑”菜单中的“文本”→“缩进”或“凸出”命令。

单击“属性”面板的 HTML 设置中的“凸出”按钮（ ）或“缩进”按钮（ ）。

7.2.3 插入图像

1. 网页中图像的作用和常用格式

网页中图像的作用基本上可分为两种，一种起装饰作用，如背景图像；另一种起传递信息作用，它和文本的作用是一样的。

在网页中使用的最为普遍的图像格式主要是 GIF 和 JPG。由于 GIF 格式的文件小、支持透明色、下载时具有从模糊到清晰的效果，为网页制作中首选的图像格式。JPG 为摄影提供了一种标准的有损耗压缩方案，比较适合处理照片一类的图像。

2. 设置背景图像

打开“页面属性”对话框，在“外观（CSS）”分类中单击“浏览”按钮打开“选择图像源文件”对话框，在“查找范围”下拉菜单中单击网页背景图像文件。

在“重复”下拉菜单中有 4 个选项，分别为“repeat”、“repeat-x”、“repeat-y”和“no-repeat”，用于定义背景图像的重复方式。

3. 插入图像

在网页中，插入图像的方法通常有以下 3 种。

（1）单击“插入”菜单中的“Image”命令。

（2）单击“插入”面板的 HTML 设置中的“Image”按钮。

（3）在“文件”面板中使用鼠标选中文件，然后将其拖到文档中适当位置。

4. 设置图像属性

在图像的“属性”面板中，比较常用有宽、高设置，替换、编辑图片等功能。

7.2.4 使用表格布局页面

1. 表格的概念

在网页制作中，表格的作用主要体现在两方面，一方面是组织数据，如各种数据表；另一方面是布局网页，即使用表格对网页的各种元素进行有序布局。

一个完整的表格包括行、列、单元格、单元格间距、单元格边距（填充）、表格边框和单元格边框。表格边框可以设置粗细和颜色等属性，单元格边框的粗细不可设置。另外，表格的 HTML 标签是“<table>”，行的 HTML 标签是“<tr>”，单元格的 HTML 标签是“<td>”。

一个包括 n 列表格的宽度 =2× 表格边框 +（n+1）× 单元格间距 +2n× 单元格边距 +n× 单元格宽度 +2n× 单元格边框宽度（1 个像素）。掌握这个公式是非常有用的，在运用表格布局时，可以通过设置单元格的宽度或高度来精确地定位网页。

2. 插入表格

单击“插入”菜单中的“Table”命令，或者在“插入”面板的 HTML 设置中单击“Table”按钮（ ），打开“表格”对话框进行设置，最后单击“确定”按钮。

3. 选择表格，设置其属性

选择表格的方法如下。

（1）单击表格的左上角，或者表格中任何一个单元格的边框线。

（2）将鼠标光标移至选择的表格内，单击文档窗口左下角对应的“＜ table ＞”标签。

（3）将鼠标光标置于表格的边框上，当鼠标光标呈上下箭头形状时单击。

（4）将鼠标光标置于表格内并右击，在弹出的快捷菜单中单击“表格”→“选择表格”命令。

选中表格，在“属性”面板中显示表格的各项属性，同时也可以修改这些属性设置。

4. 设置单元格属性

将鼠标光标置于单元格内，在单元格的“属性”面板设置单元格属性，如图 7-18 所示。

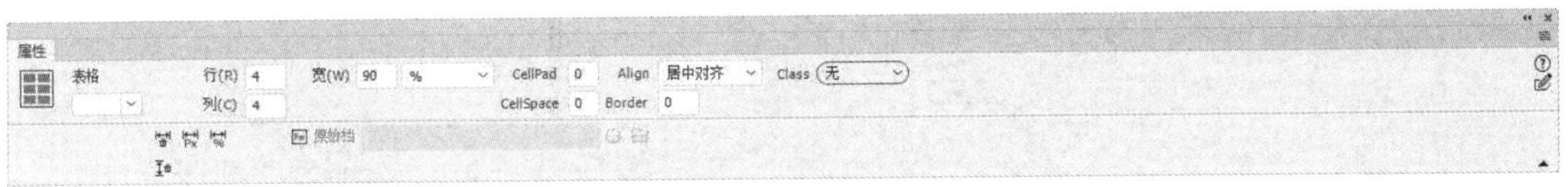

图 7-18　单元格的“属性”面板

5. 插入嵌套表格

嵌套表格，即在表格的单元格中再插入表格。

将鼠标光标置于单元格内，单击“插入”菜单中的“Table”命令，在单元格中插入一个嵌套表格。嵌套表格嵌套的层数不宜过多，以 3 ～ 4 层为宜。

6. 在表格中增加行或列方法

在鼠标光标所在行右击，在弹出的快捷菜单中单击“表格”菜单中的“插入行”或“插入列”命令，在鼠标光标所在行的上面插入一行，或者在所在列的左侧插入一列。

7. 合并和拆分单元格

合并单元格是针对多个单元格操作的，而且这些单元格必须是连续的一个矩形。合并单元格首先需要选中这些单元格，单击“属性”面板中的“合并单元格”按钮。

拆分单元格是针对单个单元格操作的，可看成是合并单元格的逆向操作。拆分单元格首先需要将鼠标光标置于该单元格内，单击“属性”面板中的“拆分”按钮。将弹出“拆分单元格”对话框。在“拆分单元格”对话框中，“把单元格拆分”选项后面有“行”和“列”两个单选按钮，这表明可以将单元格纵向拆分或横向拆分，如图 7-19 所示。

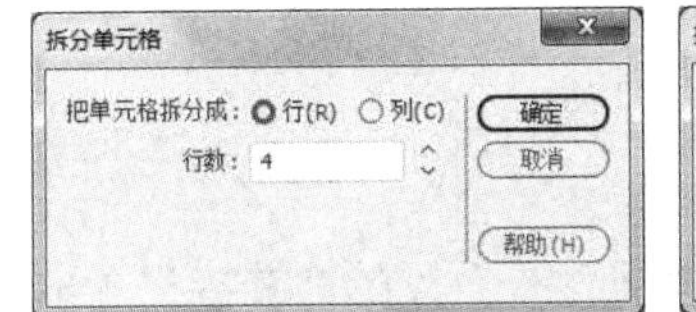

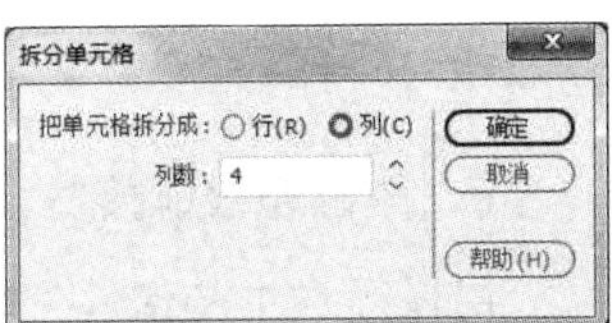

图 7-19　“拆分单元格”对话框

8. 删除表格的行或列

如果要删除表格的行或列，可以先将鼠标光标置于要删除的行或列中，或者选中要删除的行或列，右击后在弹出的快捷菜单中单击“表格”→“删除行”或“删除列”命令即可。

7.2.5　网页中各种链接的形式

1. 设置文本超级链接的方法

（1）单击“插入”菜单中的“Hyperlink”命令，或者在“插入”面板中的“HTML”面板中单击“Hyperlink”按钮，打开“Hyperlink”对话框，如图 7-20 所示。

（2）用鼠标选中文本，在“属性”面板的“链接”列表文本框中输入链接地址，在“目标”

下拉菜单中设置目标窗口打开方式。“目标”下拉菜单中共有 5 项，如图 7-21 所示，单击“_blank”选项会打开一个新的浏览器窗口；单击“new”选项会在同一个刚创建的窗口中打开；单击“_parent”选项会回到上一级的浏览器窗口；单击“_self”选项会在当前的浏览器窗口；单击“_top”选项会回到最顶端的浏览器窗口。

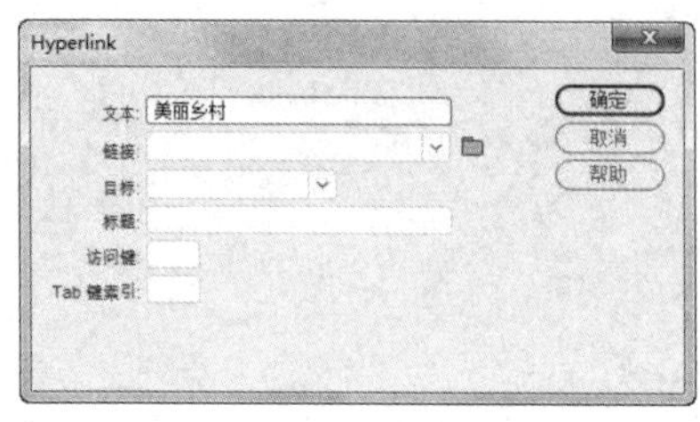

图 7-20　超级链接对话框

图 7-21　“属性”面板的“目标”下拉菜单

2. 设置空链接的方法

空链接是一个未指派目标的链接，在“属性”面板的“链接”文本框中输入“#”即可。通常，建立空链接的目的是激活页面上的对象或文本，使其可以被应用。

3. 设置文本超级链接的状态

打开“页面属性”对话框，切换至“链接”分类，可以设置链接文本的字体、样式、大小，还可以为“链接颜色”、“已访问链接”、“变换图像链接”和“活动链接”设置不同的颜色，并设置“始终无下画线”。

4. 超级链接的种类

同一网站文档间的链接被称为内部链接，不同网站文档间的链接被称为外部链接。超级链接根据路径可分为两类：绝对路径和相对路径。相对路径又可分为文档相对路径和站点根目录相对路径。

5. 图像超级链接

用鼠标选中图像，在“属性”面板的“链接”文本框中输入图像的链接地址，并在“目标”下拉菜单中定义目标窗口的打开方式。

6. 图像热点超级链接

用鼠标选中图像，在“属性”面板中单击“地图”下面的矩形、圆形或多边形的热点工具按钮，并将鼠标光标移动到图像上，按住鼠标左键绘制一个相应的区域，在“属性”面板中设置各项参数即可。

图 7-22　“电子邮件链接”对话框

7. 设置电子邮件超级链接

（1）设置电子邮件超级链接的方法。

单击“插入”菜单中的“HTML”→“电子邮件链接”命令，或者在“插入”面板的 HTML 设置中单击“电子邮件”按钮（✉），打开“电子邮件链接”对话框进行设置即可，如图 7-22 所示。

（2）电子邮件超级链接的组成元素。

“mailto：”、“@”和“.”这 3 个元素在电子邮件链接中是必不可少的。有了它们，才能构成一个正确的电子邮件链接。

7.2.6　创建表单

1. 表单

表单可以通过主菜单或工具栏创建。表单工具栏如图 7-23 所示。单击“插入”菜单中的“表单”→“表单”命令，或者在“插入”面板中的“表单”工具栏中单击“ ”按钮创建表单。任何其他表单对象，都必须被插入到表单中，浏览器才能正确处理这些数据。表单将以红色虚线框显示，但在浏览器中是不可见的。将鼠标光标放置在表单内，单击左下方的“<form>”标签选中整个表单，可以在“属性”面板中设置表单属性。

图 7-23　表单工具栏

2. 文本域

单击“插入”菜单中的“表单”→“文本域”命令，或者在“插入”面板中的“表单”工具栏中单击“ ”按钮插入文本域。单击“插入”菜单中的“表单”→“密码”命令，或者在“插入”面板中的“表单”工具栏中单击“ ”按钮插入密码文本。这种类型的文本内容显示为“*”。

3. 单选按钮 / 单选按钮组

单击“插入”菜单中的“表单”→“单选按钮 / 单选按钮组”命令，或者在“插入”面板中的“表单”工具栏中单击插入“单选”按钮（ ）或“单选按钮组”按钮（ ）。单选按钮一般以两个或两个以上的形式出现，它的作用是让用户在两个或多个选项中选择一项。

4. 选择菜单

单击“插入”菜单中的“表单”→“选择”命令，或者在“插入”面板中的“表单”工具栏中单击“ ”按钮，插入选择菜单域。在“属性”面板中打开“列表值”对话框，添加项目标签和值。

5. 复选框 / 复选框组

单击“插入”菜单中的“表单”→“复选框 / 复选框组”命令，或者在“插入”面板中“表单”工具栏中单击“ ”按钮和插入复选框 / 复选框组。

6. 文本区域

单击“插入”菜单中的“表单”→“文本区域”命令，或者在“插入”面板中的“表单”工具栏中单击“ ”按钮，插入一个文本区域。

7. 按钮

按钮包含了按钮、“提交”按钮和“重置”按钮。

插入按钮：单击“插入”菜单中的“表单”→“按钮”命令，或者在“插入”面板中的“表单”工具栏中单击“ ”按钮。

插入“提交”按钮：单击“插入”菜单中的“表单”→“提交按钮”命令，或者在“插入”面板中的“表单”工具栏中单击“ ”按钮。

插入“重置”按钮：单击“插入”菜单中的“表单”→“重置按钮”命令，或者在“插入”面板中的“表单”工具栏中单击“ ”按钮。

8. 文件域

单击“插入”菜单中的“表单”→“文件”命令，或者在“插入”面板中的“表单”工具栏中单击“ ”按钮，可以插入一个文件域，文件域的作用是使用户可以浏览并选择本地计算机上的某个文件，以便将该文件作为表单数据进行上传。当然，真正上传文件还需要相应的上传组件才能进行，文件域仅供用户浏览选择计算机上文件，并不能上传。

7.3 网页设计项目实训

7.3.1 项目一：创建和管理站点

实训目的：学会使用 Dreamweaver CC 2018 定义并生成新站点、导出站点、导入素材等。

要求：

（1）使用 Dreamweaver CC 2018 定义一个本地站点，设置站点名为“个人网站”，对应站点文件夹为 myweb，在站点中建立文件夹 images、flash。

（2）将已有的“美丽乡村 .txt”文档复制到站点下，将 bj1.jpg、tu1.jpg、tu2.jpg、tu3.jpg 图片复制在文件夹 images 中。

（3）导出站点，生成“个人网站 .ste”文件，保存在 D:\。

操作步骤如下。

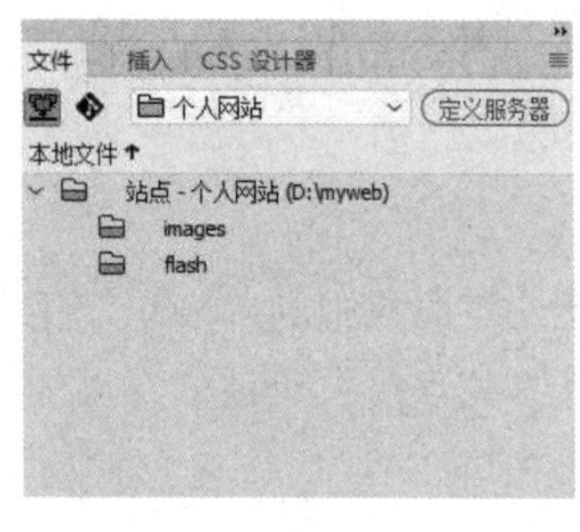

图 7-24　站点文件夹

（1）使用 Dreamweaver CC 2018 定义一个本地站点，站点名为“个人网站”，对应站点文件夹为 myweb，在站点中建立文件夹 images、flash，如图 7-24 所示。

- 创建站点，首先在 D 盘根目录下新建一个名“myweb”文件夹作为站点文件夹，启动 Dreamweaver CC 2018，单击“站点”菜单中的“新建站点”命令，如图 7-25 所示，在弹出的对话框中，设置站点名称为“个人网站”；本地根目录为 D:\myweb，设置完成后单击“保存”按钮，如图 7-26 所示。
- 在“文件”面板中右击站点的根文件夹“站点”文件夹中的“个人网站”（在 D:\myweb 中），在弹出的快捷菜单中单击“新建文件夹”命令，新建一个文件夹并将其命名为

“images”，以同样方式再新建一个名为“flash”文件夹，结果如图 7-24 所示。

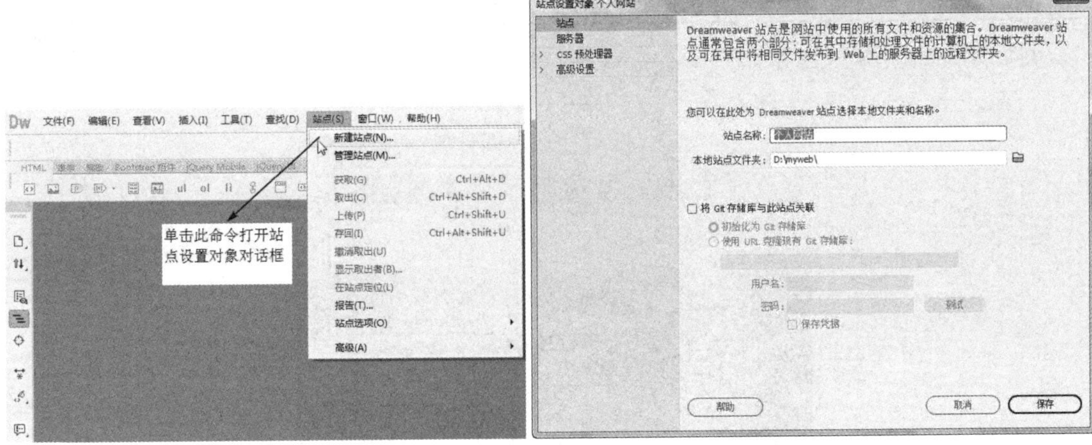

图 7-25　新建站点　　　　图 7-26　站点定义

（2）将“第七章\项目 1”文件夹中的“美丽乡村 .txt”文档复制到站点下，将 bj1.jpg、tu1.jpg、tu2.jpg、tu3.jpg 图片复制在 images 文件夹中，将 go.mp4 视频文件复制到 flash 文件夹，结果如图 7-27 所示。

- 在“文件”面板的“站点名称”下拉菜单中单击“第七章\项目 1”文件夹，选中“美丽乡村 .txt”文档右击，在弹出的快捷菜单中单击“编辑”→“拷贝”命令；在“站点名称”下拉菜单中重新选择站点名称“个人网站”并右击站点根目录，在弹出的快捷菜单中单击“编辑”→“粘贴”命令，将文件复制到站点根目录。
- 使用上述方法将“第七章\项目 1”文件夹下的 bj1.jpg、tu1.jpg、tu2.jpg、tu3.jpg 图片复制到个人网站根目录下的 images 子目录中。
- 使用上述方法将“第七章\项目 1”文件夹下的 go.mp4 视频文件复制到个人网站根目录下的 flash 子目录中。

（3）导出站点，生成“个人网站 .ste”文件。

- 单击“站点”菜单中的“管理站点”命令，打开“管理站点”对话框。选中“个人网站”选项，单击“ ”按钮，如图 7-28 所示；在打开的“导出站点”对话框中选择文件并将其保存在 D:\ 上，单击“保存”按钮，最后单击“管理站点”对话框中“完成”按钮。

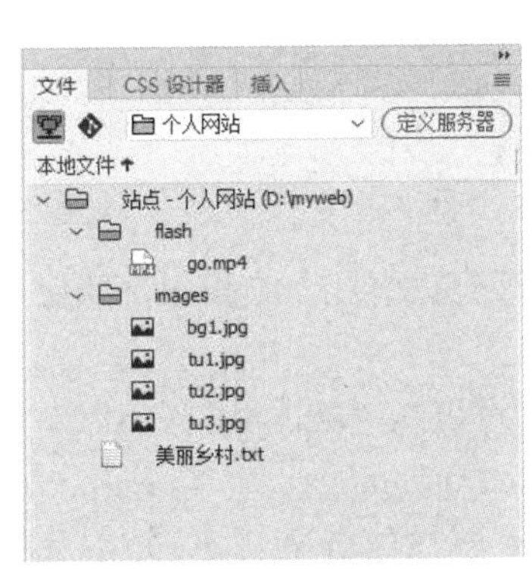

图 7-27　站点文件

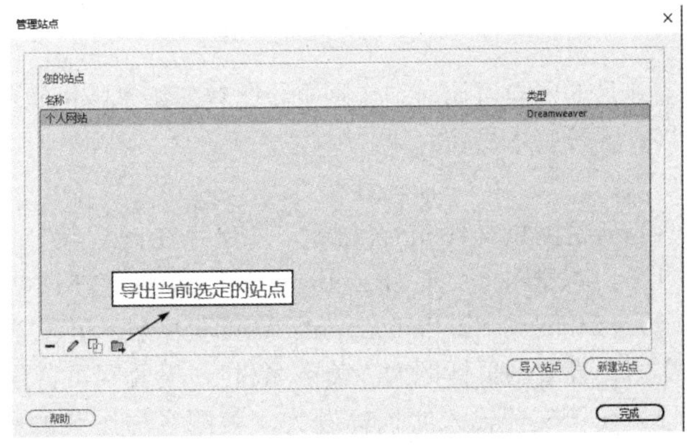

图 7-28　“管理站点”对话框

7.3.2 项目二：制作主题为“美丽乡村”的网页

网页效果如图 7-29 所示。

美丽乡村，美丽庭院

首页 魅力乡村 休闲旅游 友情链接

近年来，上海市围绕提升村容村貌、推进绿色田园建设、改善农村水环境质量、推动农村公路提质增效等各个方面，全要素提升“房田水路林村”，推动农村人居环境整治走深走实。
各个涉农区结合自身实际，梳理打造特色工程，打出“自有”品牌。奉贤区聚焦产业导入区，形成了南庄公路乡村商务区、农艺公园总部区等多个美丽乡村片区；浦东新区实施“美丽庭院”升级版规划，美化公共区域，全域推进架空线整理序化，解决“空中蜘蛛网”问题；松江区聚焦农户庭院、口袋公园、小微景观三要素，“一村一方案”提升村容风貌。
近几年，上海“全区域、全要素、全覆盖”促进农村地区面貌的整体提升，实现城市开发边界外乡村地区村庄改造的全覆盖，改善村民出行条件，整修老旧房屋、清理乱搭乱建85万平方米，在13.3万户农居中建设美丽庭院“小三园”（小花园、小菜园、小果园）。
在农村生活垃圾分类已实现全覆盖的基础上，进一步规范分类投放、分类收集、分类运输、分类处理，强化作业管理。经测评，全市农村生活垃圾分类达标率已达95%。同时，推进生活垃圾资源化利用，生活垃圾回收利用率达到40%。
据了解，上海未来将以全面提升乡村环境品质、彰显乡村美学价值为目标，聚焦村容风貌塑造、生态环境治理、环境景观提升、城乡公共服务均等化等内容，进一步提升农村人居环境，推进规划保留村依标准全面开展美丽乡村建设，打造300个美丽乡村示范村、150个乡村振兴示范村。

2023年5月8日 星期一 0:13 AM

版权所有©2023
联系我们

走进连民村

图 7-29 网页效果

实训目的：学习如何制作网页，比较熟练掌握网页文本编辑、图片编辑、页面属性设置、超链接设置等基本操作。

要求：

（1）新建网页文件 index.html，并保存在该站点中。新建网页文件 LMC.html，并保存在该站点中。新建网页文件 zhucebiao.html，并保存在该站点中。

（2）打开网页文件 index.html。在网页中输入正文内容，可以从“美丽乡村 .txt”中复制相关文本，设置网页标题为“美丽乡村”，设置网页背景图片为 bj1.jpg。

（3）在正文前输入文档标题为“美丽乡村，美丽庭院”，设置字体为“隶书”，字号为 38 像素，颜色为 #66CC99，居中。

（4）在标题下方插入图片 tu1，设置图片宽度为 800 像素，高度为 60；图片中包含“友情链接”四个字的热点区域，添加链接 http://www.zgmlxc.com/，并能在新窗口中打开。

（5）在文档末插入水平线，设置水平线宽度为 800 像素，高度为 6，水平居中，不带阴影，颜色为绿色；按样张在文章末插入时间。

（6）在时间的下方输入文本“版权所有 ©2023”，软回车换行后输入文本“联系我们”，链接到邮箱地址 abc@stiei.edu.cn。

（7）在正文的上方插入鼠标经过图像文件 tu2.jpg 和 tu3.jpg；设置宽度和高度分别为 500 像素和 400 像素，单击能链接到 http://www.baidu.com，并在新窗口打开。

（8）设置链接颜色为红色（#F00），已访问链接颜色为灰色（#333），活动链接颜色为绿色（#9F0）。

（9）在文档的最后建立一个用于放置文本和视频的 DIV 区域，添加文本“走进连民村”，设置文本格式为“楷体、30 像素”，加粗为“500、italic 字形、蓝色”，链接到 LMC.html。

（10）在文本“走进连民村”下方插入 flash 文件夹中的 go.MP4 文件，设置视频大小为 600 像素 ×300 像素，带有控件。

操作步骤如下。

（1）新建网页文件 index.html，并保存在该站点中。新建网页文件 LMC.html，并保存在该站点中。新建网页文件 zhucebiao.html，并保存在该站点中。

- 单击“文件”菜单中的“新建”命令，打开“新建文档”对话框，设置文档类型为“html”页面类型，框架为“无”，单击“创建”按钮，如图 7-30 所示。单击“文件”菜单中的“保存”命令，在“另存为”对话框中设置文件保存在“D：\myweb”文件中，输入文件名为“index.html”，单击“保存”按钮，如图 7-31 所示。
- 使用上述方法，新建网页文件 LMC.html，并保存在该站点中。新建网页文件 zhucebiao.html，并保存在该站点中。

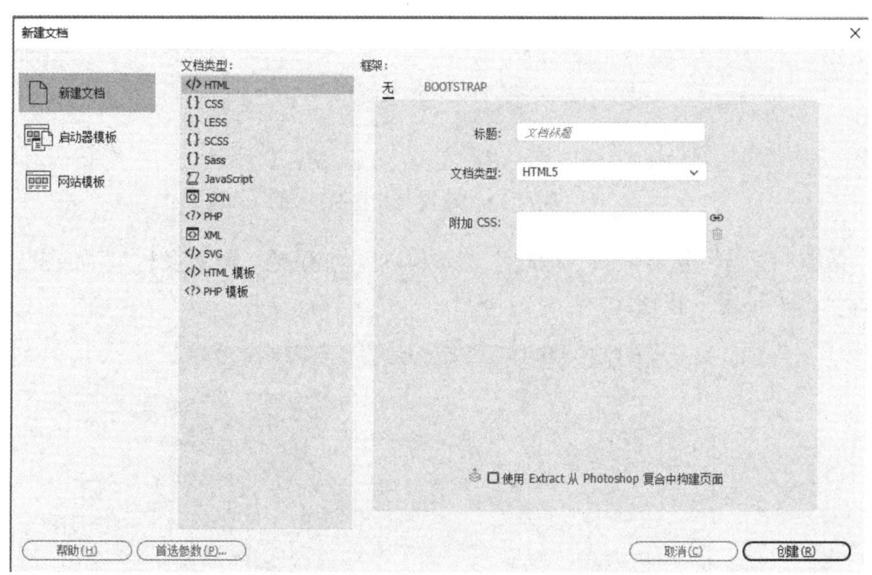

图 7-30 “新建文档”对话框

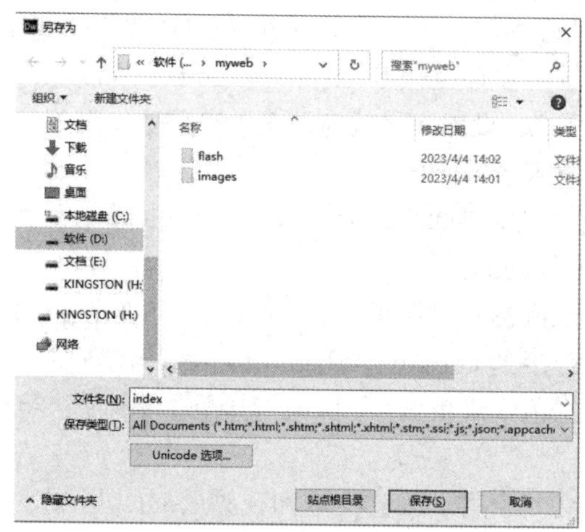

图 7-31 保存网页

（2）打开网页文件 index.html。在网页中输入正文内容，可以从“美丽乡村 .txt”文件复制相关文本，设置网页背景图片为 bj1.jpg，设置网页标题为“美丽乡村”。

- 打开网页文件 index.html，打开“美丽乡村 .txt”文件，选中所有文本，将其复制并粘贴到主页。
- 在“属性”面板单击“页面属性”命令，打开“页面属性”对话框。在“外观（CSS）”分类中，单击背景图像右侧“浏览”按钮，打开“选择图像源文件”对话框，选择 bj1.jpg 图片设置为页面背景图片，单击“确定”按钮，如图 7-32 所示，最后单击“应用”按钮。

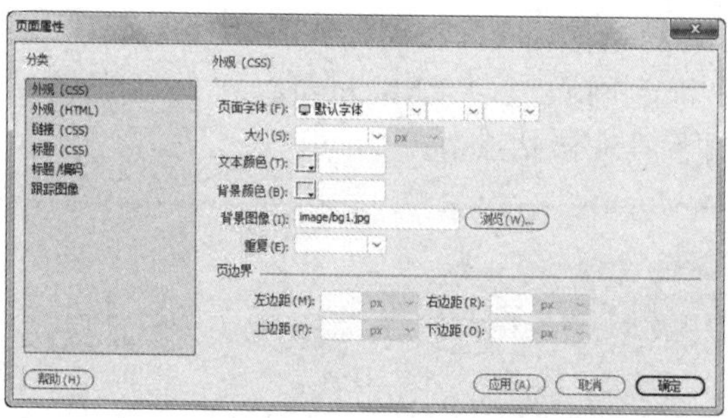

图 7-32 设置背景图片

- 在“标题 / 编码”分类中的“标题”文本框内输入标题“美丽乡村”，如图 7-33 所示，最后单击“确定”按钮。

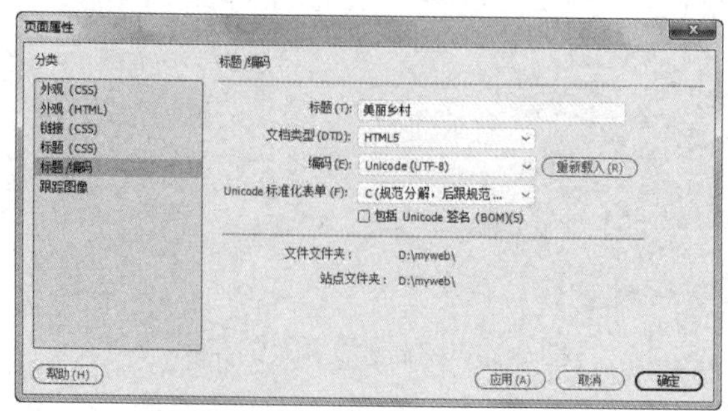

图 7-33 设置网页标题

（3）在正文前输入文档标题“美丽乡村，美丽庭院”，设置字体为“隶书”，字号为 38 像素，颜色为 #66CC99，居中。

- 将鼠标光标放入第 1 行，输入文本“美丽乡村，美丽庭院”并选中，单击“属性”面板中的“CSS”选项，打开“字体”下拉菜单设置所需要的字体，如图 7-34 和图 7-35 所示。如果在“字体”下拉菜单中没有需要的字体，可单击“管理字体”选项，在打开的对话框中设置需要的字体，完成字体添加，如图 7-36 所示。添加字体后，再从“属性”面板的“字体”下拉菜单中设置新添加的字体。在“大小”下拉菜单中设置大小为“38”。单击“属性”面板中的“图标”按钮（），打开颜色面板，输入颜色值，如图 7-37 所示。最后单击“属性”面板中的“居中”按钮（），标题居中。

图 7-34　设置字体

图 7-35　字体列表

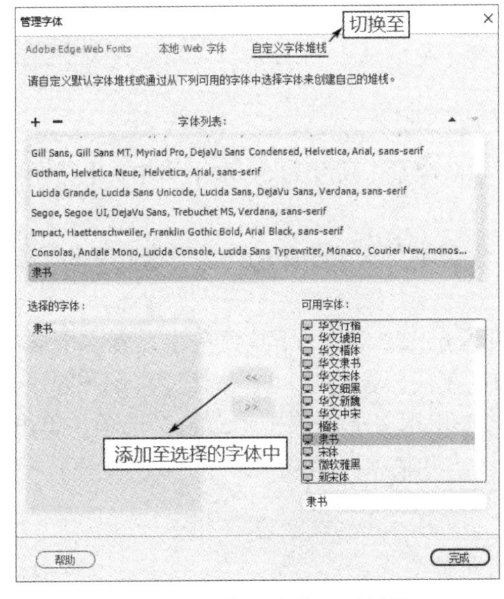

图 7-36　“管理字体”对话框

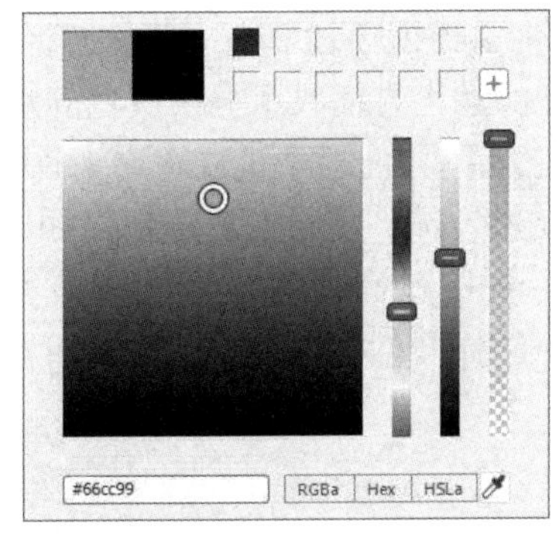

图 7-37　文本颜色

（4）在标题下方插入图片 tu1，设置图片宽度为 800 像素，高度为 60 像素；图片中包含文本“友情链接”的热点区域，添加链接至 http://www.zgmlxc.com/，并能在新窗口中打开。

- 将鼠标光标定位在文档标题“美丽乡村，美丽庭院”后面，按“Enter”键，单击“插入”面板中的“Image”命令，在“选择图像源文件”对话框中单击 tu1.jpg 图片文件，如图 7-38 所示，最后单击“确定”按钮。

图 7-38　“选择图像源文件”对话框

- 选中 tu1.jpg 图片文件，在图像的“属性”面板中设置宽度为 800 像素，高度为 60 像素；单击“属性”面板左下方的“矩形热点工具”按钮，如图 7-39 所示，在该图片的“友情链接”位置绘制热点区域，在“属性”面板中的“链接”处输入“http://www.zgmlxc.com/”。在“目标”列表中单击“_blank”选项。

图 7-39　“矩形热点工具”按钮

（5）在文档末插入水平线，设置水平线宽度为 800 像素，高度为 6，水平居中，不带阴影，颜色为绿色；按样张在文章末插入时间。

- 将光标定位在文档末，单击“插入”工具栏“HTML”选项卡中的“水平线”按钮（▤），在标题下方插入了一条灰色的水平线。
- 在“属性”面板中设置宽度为 800 像素，高度为 6，在“对齐”下拉菜单中设置水平居中，取消勾选“阴影”复选框，如图 7-40 所示。在代码窗格的 <hr> 标记内 size="6" 的后面单击插入鼠标光标，按“空格”键后，自动出现菜单，单击“color”选项，单击用于选择颜色的命令，出现如图 7-41 所示面板，并输入 ="#00FF00"。

图 7-40　设置水平线属性

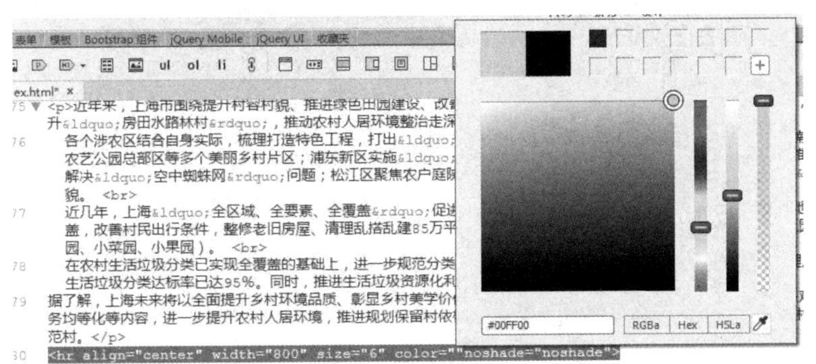

图 7-41　水平线颜色的设置

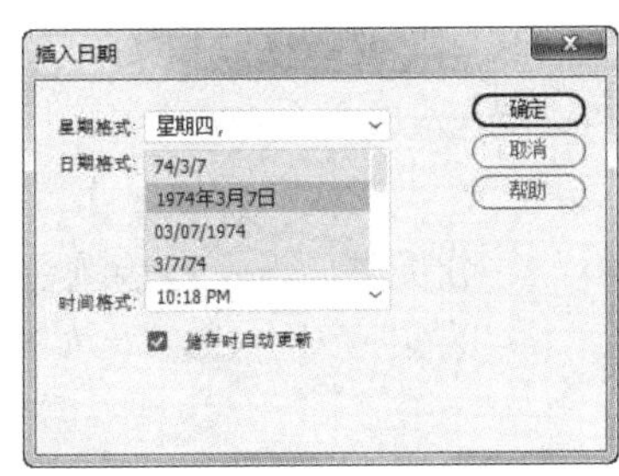

图 7-42　“插入日期”对话框

- 将鼠标光标定位在水平线下方，单击“插入”工具栏中“HTML”选项卡中的“日期”按钮（ ），在“插入日期”对话框中设置星期格式为“星期四”，日期格式为“1974 年 3 月 7 日”，时间格式为“10:18PM”，勾选“储存时自动更新”复选框，如图 7-42 所示，最后单击“确定”按钮。

（6）在时间的下方输入文本“版权所有 ©2023”，软回车换行后输入文本“联系我们”，链接到邮箱地址为“abc@stiei.edu.cn”。

- 在文档末输入文本“版权所有 2023”，将鼠标光标定位在“版权所有”之后，单击“插入”菜单中的“HTML”→“字符”→“版权”命令，输入“©”符号。

图 7-43　“电子邮件链接”对话框

- 将鼠标光标定位在“2023”右边按“Shift+Enter”组合键，输入软回车。输入文本“联系我们”，选中该文本，单击“插入”工具栏“HTML”选项卡中的“电子邮件链接”按钮（ ），打开“电子邮件链接”对话框，如图 7-43 所示，输入邮箱地址为“abc@stiei.edu.cn”。

（7）在正文的上方插入图像文件 tu2.jpg 和 tu3.jpg；设置宽度和高度分别为 500 像素和 400 像素，链接到 http://www.baidu.com，并在新窗口打开。

- 将鼠标光标定位在 tu1 的后面，按“Enter”键，使鼠标光标居中，单击“插入”菜单中的“HTML”子菜单的“鼠标经过图像”命令。
- 打开“插入鼠标经过图像”对话框，单击“原始图像”旁的“浏览”按钮，在“原始图像”对话框中选择 tu2.jpg 图片，单击“确定”按钮；单击“鼠标经过图像”旁的“浏览”按钮，在“鼠标经过图像”对话框中选择 tu3.jpg 图片，单击“确定”按钮，在“按下时，前往的 URL”中输入“http://www.baidu.com”如图 7-44 所示，再次单击“确定”按钮。
- 选取“tu2.jpg”图片，在图像的“属性”面板中设置宽度为 500 像素，高度为 400 像素。在“目标”列表中单击“_blank”选项。

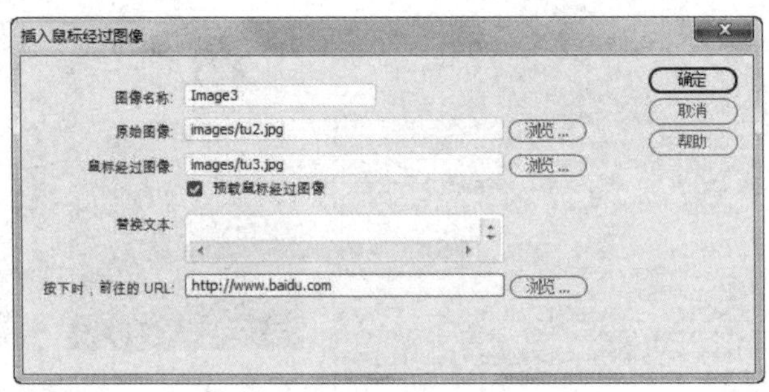

图 7-44　“鼠标经过图像”对话框

（8）设置链接颜色为红色（#F00），已访问链接颜色为灰色（#333），活动链接颜色为绿色（#9F0）。

- 在“属性”面板单击“页面属性”按钮，打开“页面属性”对话框，在“链接（CSS）”分类中，设置链接颜色为“#F00”，设置已访问链接的颜色为“#9F0”，设置活动链接的颜色为“#333”，如图 7-45 所示。

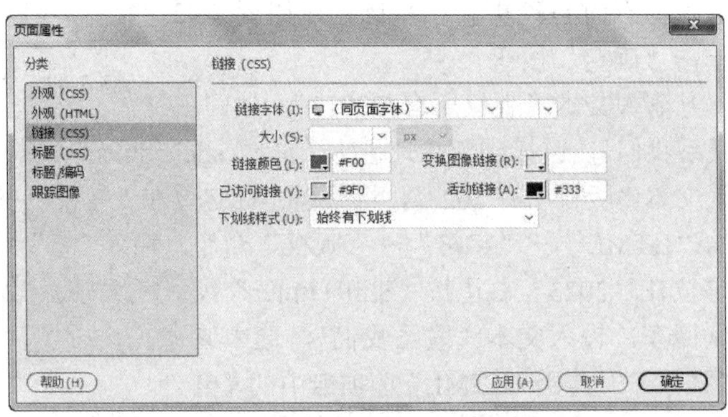

图 7-45　“页面属性”对话框

（9）在文档最后建立一个用于放置文本和视频的 Div 区域，文本内容为“走进连民村”，设置文本格式为“楷体、30 像素”，加粗为“500、italic 字形、蓝色”，链接到 LMC.html。

- 将鼠标光标置于网页最后，单击“插入”菜单中的“Div”命令，打开“插入 Div”对话框，如图 7-46 所示。

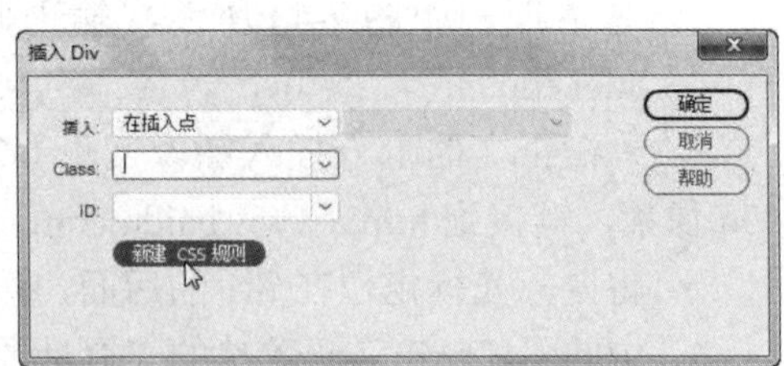

图 7-46　“插入 Div”对话框

- 单击“新建 CSS 规则”按钮，打开“新建 CSS 规则”对话框，如图 7-47 所示。在对话框中输入新建的 CSS 规则选择器名称为“.lcm”后，单击“确定”按钮。
- 打开“.lcm 的 CSS 规则定义”对话框，完成 CSS 规则设置，如图 7-48 所示。
- 完成 CSS 规则设置单击“确定”按钮后，回到“插入 Div”对话框中，从“Class”下拉菜单中，选择刚才定义的选择器名称为“.lcm”，如图 7-49 所示，最后单击“确定”按钮。
- 在 Div 区域中输入文本“走进连民村”，选中文本，在“属性”面板中的“链接”处指向“LMC.html”网页。在“目标”列表中单击“_blank”选项，如图 7-50 所示。

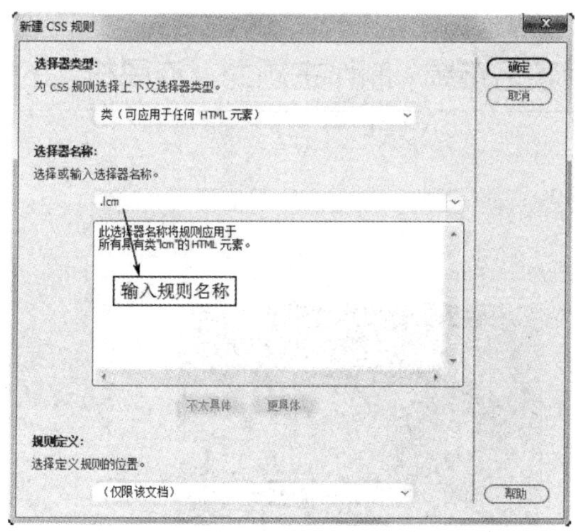

图 7-47　“新建 CSS 规则”对话框

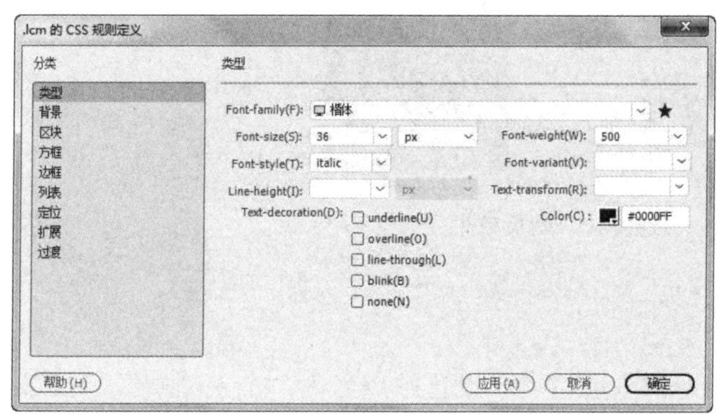

图 7-48　设置 Div 区域文本的格式

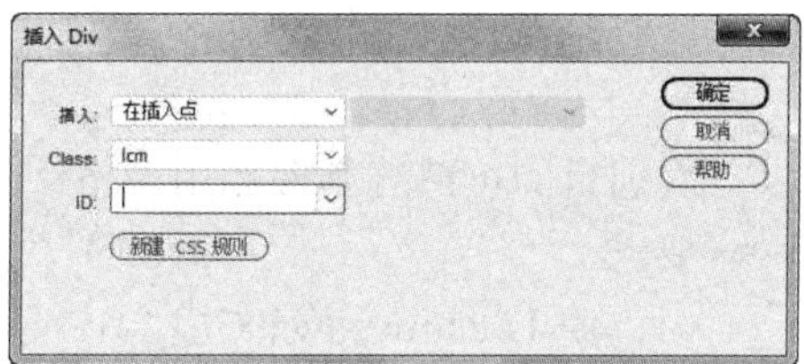

图 7-49　设置完成的“插入 Div”对话框

图 7-50　文本链接

（10）在文本“走进连民村”下方插入 Flash 文件夹中的 go.MP4，设置视频大小为 600 像素 ×300 像素，带有控件。

- 将鼠标光标置于文本“走进连民村”下方，单击“插入”菜单中的“HTML”子菜单的“HTML5Video”命令，或者通过单击“插入”工具栏“HTML”选项卡中的“HTML 5 Video”按钮（ ），插入对象。选中被插入的代表视频的对象，使用“属性”面板设置参数，如图 7-51 所示。

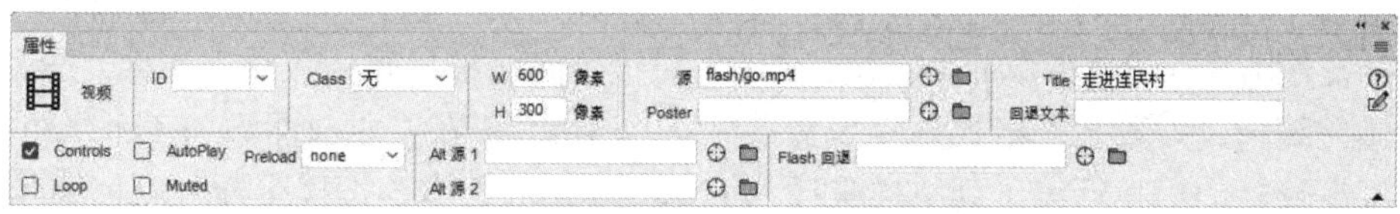

图 7-51　设置参数

7.3.3　项目三：利用表格布局 - 制作主题为“连民村”的网页

网页效果如图 7-52 所示。

图 7-52　“连民村”网页效果

实训目的：熟练掌握利用表格布局网页。

要求：

（1）用 Dreamweaver CC 2018 导入一个本地站点，设置站点名为“个人网站”，对应站点文件夹为 myweb，将“第七章\项目 3”文件夹中的“连民村 .txt”、LMC.txt 文档复制到站点下，将 bj2.jpg、tu4.jpg、tu5.gif 图片复制到 images 文件夹中，将 gohome.mp3 复制到 flash 文件夹中。

（2）打开网页文件 LMC.html。设置网页标题为“欢迎来到美丽的连民村”；设置网页背景图像为 bj2.jpg。

（3）在 LMC.html 网页文件的第 1 行插入一个 4 行 3 列的表格，设置表格属性为对齐方式水平居中，宽度为 900 像素，边框线宽度为 0，单元格边距为 0，单元格间距为 5。

（4）合并第 1 行所有单元格，分别合并第 3、4 行的第 1 列和第 2 列，设置表格内第 1 行单元格属性为水平和垂直均居中。

（5）在表格的第 1 行中输入文本“连明村”，设置文本格式为“华文彩云、60 像素、绿色”。在第 2 行的 3 个单元格中分别输入文本“连民湖、宿予民宿、用户注册”，设置格式为“标题 2”，并且在单元格内居中。

（6）在表格的第 3 行第 1 列中插入 tu5.gif，设置其宽度为 600 像素，高度为 450 像素，在表格的第 4 行的第 3 列中插入 tu4.jpg，设置其宽度为 300 像素，高度为 300 像素。

（7）设置第 3 行第 3 列单元格宽度为 300，在该单元格按样张插入文本文件“连民村 .txt”中的文本并编辑，设置文本格式为“华文楷体、24 像素”，在文本前面添加 4 个半角空格。

（8）在表格的第 4 行第 1 列按样张插入 LMC.txt 中的文本，按样张插入项目编号。

（9）在表格的下方添加自动播放不带控制的背景音乐文件 gohome.mp3。

（10）为文本“用户注册”添加链接，链接至 zhucebiao.html，在新窗口中打开。为图片 tu4.jpg 添加链接，链接至 LMC.txt。

操作步骤如下。

（1）用 Dreamweaver CC 2018 导入一个本地站点，站点名为“个人网站”，对应站点文件夹为 myweb，将“第七章\项目 3”文件夹中的“连民村 .txt”、LMC.txt 文档复制到站点下，将 bj2.jpg、tu4.jpg、tu5.gif 图片复制到 images 文件夹中，将 gohome.mp3 复制到 flash 文件夹中。

- 在单击“站点”菜单中的“管理站点”命令，打开“管理站点”对话框，选中“个人网站”，单击“导入”按钮；在打开的“导入站点”对话框中单击文件保存在“D:\ 个人网站 .ste”，单击“保存”按钮，最后单击“管理站点”对话框中“完成”按钮。
- 在“文件”面板的“站点名称”下拉菜单中单击“第七章\项目 3”文件夹，选中“连民村 .txt”文本文件并右击，在弹出的快捷菜单中单击“编辑”菜单中的“拷贝”命令；在“站点名称”下拉菜单中重新单击站点名称“个人网站”，右击站点根目录，在弹出的快捷菜单中单击“编辑”菜单中的“粘贴”命令，将文件复制到站点根目录中。
- 使用上述方法将“第七章\项目 3”文件夹下的 bj2.jpg、tu4.jpg、tu5.gif 图片复制到个人网站根目录下的 images 子目录中。将 gohome.mp3 复制到 flash 文件夹中。

（2）打开网页文件 LMC.html。设置网页标题为“欢迎来到美丽的连民村”；设置网页背景图像为 bj2.jpg。最终效果如图 7-52 所示。

- 打开网页文件 LMC.html，在“属性”面板单击“页面属性”按钮，打开“页面属性”对话框，在“标题 / 编码”分类中的“标题”框内输入标题“欢迎来到美丽的连民村”，在“外观（CSS）”分类中的单击背景图像右侧“浏览”按钮，打开“选择图像源文件”对话框，选择 bj2.jpg 图片设置为页面背景图片，单击“确定”按钮，最后单击“确定”按钮。

（3）在 LMC.html 网页第 1 行插入一个 4 行 3 列的表格，设置表格属性为对齐方式水平居中，设置宽度为 900 像素，边框线宽度为 0，单元格边距为 0，单元格间距为 5。

- 将鼠标光标置于空白页，在“插入”工具栏中单击“HTML”选项卡中的“表格”按钮（▦），在“Table”对话框中设置表格参数为 4 行 3 列，设置表格宽度为 900 像素，设置边框粗细为 0，单元格边距为 0，单元格间距为 5，如图 7-53 所示，单击“确定”按钮。单击表格的外框，选中表格，在“属性”面板的“对齐”下拉菜单中单击“居中对齐”选项。

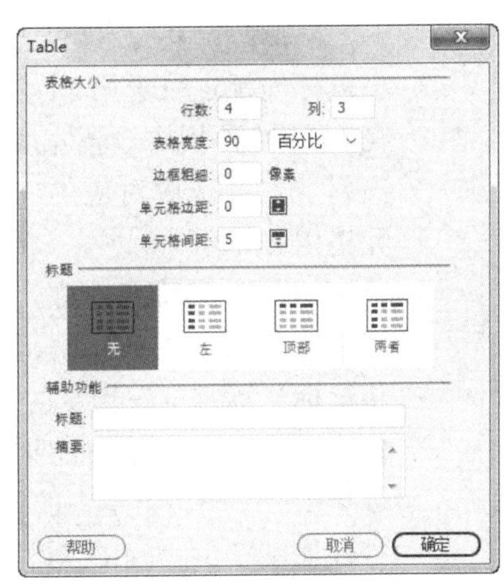

图 7-53　表格对话框

（4）合并第 1 行所有单元格，分别合并第 3、4 行的第 1 列和第 2 列，设置表格内第 1 行单元格属性为水平和垂直均居中。

- 将插入点置于表格第 1 行第 1 列单元格，拖曳鼠标选中第 1 行所有单元格并右击，在弹出的快捷菜单中单击“表格”菜单中的“合并单元格”命令，按上述方式选中第 3 行的第 1 列和第 2 列单元格进行合并，选中第 4 行的第 1 列和第 2 列单元格进行合并。

- 将鼠标光标定位于第 1 行单元格中，在“属性”面板的单元格“水平”下拉菜单中单击“居中对齐”选项、“垂直”下拉框中单击“居中”选项。

（5）在表格的第 1 行中输入文本“连明村”，设置文本格式为“华文彩云、60 像素、绿色”。在第 2 行的 3 个单元格中分别输入“连民湖、宿予民宿、用户注册”，设置格式为“标题 2”，并且在单元格内居中。

- 将鼠标光标定位于第 1 行单元格中，输入文本“连明村”，选中文本“连明村”，单击“属性”面板中的“CSS”选项，打开“字体”下拉菜单中设置字体为“华文彩云”。如果“字体”下拉菜单中没有需要的字体，可以单击“管理字体”选项，在打开的对话框中设置需要的字体，完成字体添加。添加后，再在“属性”面板中设置字体为“华文彩云”，大小为 60。单击属性面板中的“图标”按钮，打开颜色面板，设置颜色值为“rgba(44,243,48,1.00)”。
- 按上述方法在表格的第 2 行的第 1、2、3 列中分别输入“连民湖”“宿予民宿”“用户注册”，分别选中文本后单击“插入”菜单中的“标题”→“标题（2）”命令，最后单击“属性”面板的单元格“水平”下拉框中的“居中对齐”选项。

（6）在表格的第 3 行第 1 列中插入 tu5.gif，设置其宽度为 600 像素，高度为 450 像素，在表格的第 4 行的第 3 列中插入 tu4.jpg，设置其宽度为 300 像素，高度为 300 像素。

- 将鼠标光标定位于第 3 行第 1 列单元格中，单击“插入”菜单中的“Image”命令，在“选择图像源文件”对话框中单击 tu5.gif 图片文件，单击“确定”按钮。选取 tu5.gif 图片，在图像的“属性”面板中设置宽度为 600 像素，高度为 450 像素。
- 按上述方法在表格的第 4 行的第 3 列中插入 tu4.jpg，设置其宽度为 300 像素，高度为 300 像素。

（7）设置第 3 行第 3 列单元格宽度为 300，在该单元格按样张插入文本文件“连民村 .txt”中的文本并编辑，设置文本格式为“华文楷体、24 像素”，在文本前面添加 4 个半角空格。

- 将鼠标光标定位于第 3 行第 2 列单元格中，在“属性”面板中设置宽度为 300，打开“连民村 .txt”，选中对应的文本，复制到该单元格内。
- 单击“属性”面板上的“CSS”选项，设置字体为“华文楷体”，设置大小为 24。
- 将鼠标光标定位在正文的“上海市”之前，输入 4 个半角空格，如果无法输入，则可以单击“编辑”菜单中的“首选项”命令，打开如图 7-54 所示的对话框，进行设置后再输入。（或者通过单击“插入”菜单中的“HTML”子菜单的“不换行空格”命令）。

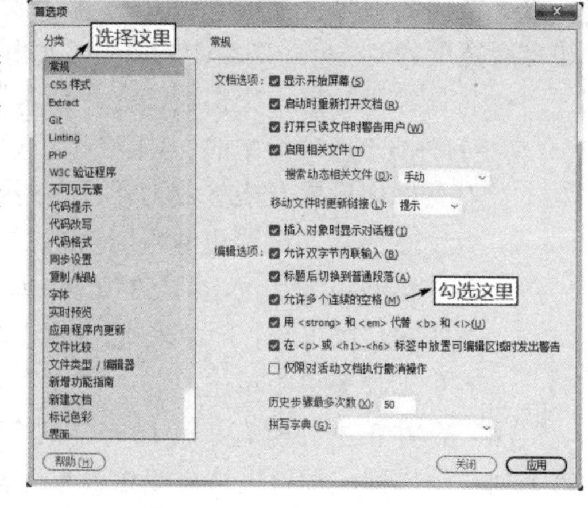

图 7-54 “首选项”对话框

（8）在表格的第 4 行第 1 列按样张插入 LMC.txt 中的文本，按样张插入项目编号。

- 将鼠标光标定位于第 4 行第 1 列单元格中，选中“文件”面板中的 LMC.txt 文本文件，直接将其拖曳到第 4 行第 1 列单元格中；在“插入文档”对话框中勾选“带结构（段落、列表、表格等）的文本”单选按钮，如图 7-55 所示。
- 选中对应第 2 至 4 段文本，单击“属性”面板中的“html”选项，单击“编号列表”按钮（ ），建立样张所示编号。

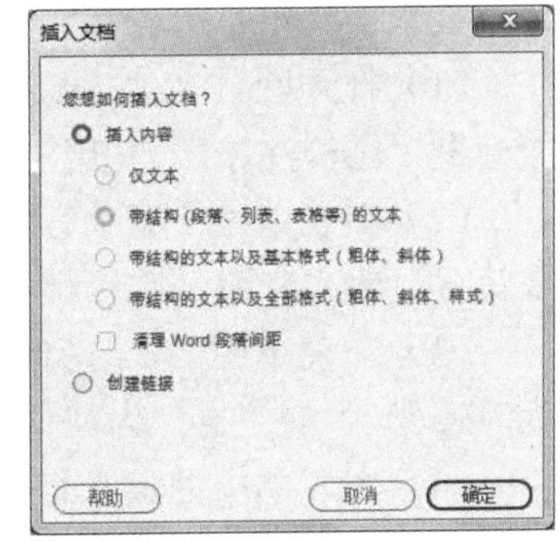

图 7-55　“插入文档”对话框

（9）在表格的下方添加自动播放不带控制的背景音乐文件 gohome.mp3。

- 将鼠标光标定位于表格下方，单击“插入”菜单中的“HTML”→“HTML5Audio”命令，或者通过单击“插入”工具栏“HTML”选项卡中的“HTML5Audio”按钮（ ），插入音频对象。选中插入的代表音频的对象，使用“属性”面板设置背景音乐的参数，如图 7-56 所示。

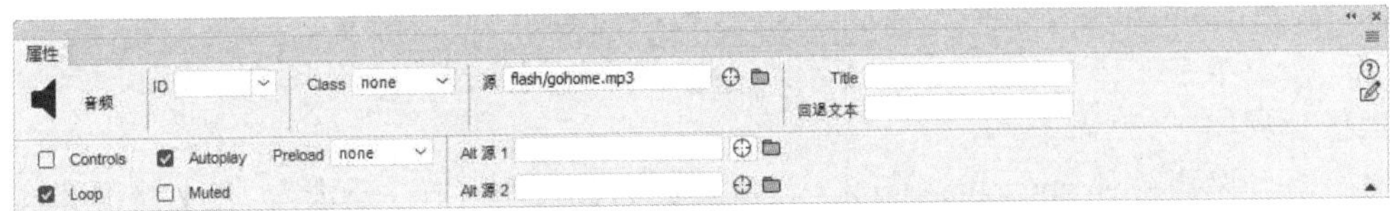

图 7-56　设置背景音乐的参数

（10）为文本“用户注册”添加链接，将其链接至 zhucebiao.html 网页，在新窗口中打开。为图片文件 tu4.jpg 添加链接，将其链接至 LMC.txt。

- 选中文本“用户注册”，在“属性”面板中设置链接指向 zhucebiao.html 网页。在“目标”列表中单击“_blank”选项。
- 选中图片文件 tu4.jpg，在“属性”面板中设置链接指向“LMC.txt”文件。

7.3.4　项目四：制作表单

表单效果如图 7-57 所示。

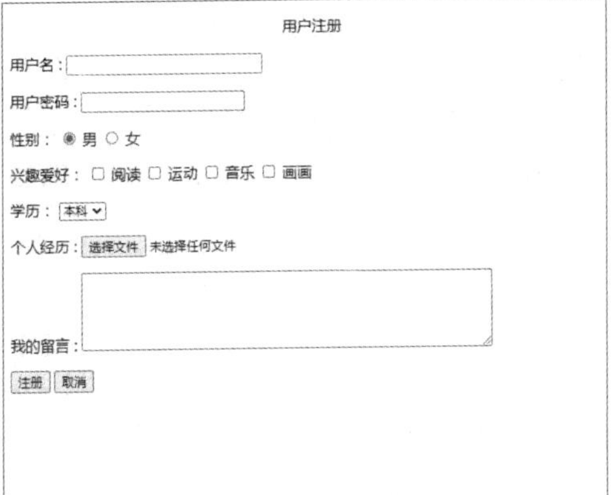

图 7-57　表单效果

实训目的：熟练掌握网页中的表单制作。

要求：

（1）打开网页文件 zhucebiao.html，设置网页标题为“用户注册表”，在文档顶部输入文档标题“用户注册”，并居中；如图 7-57 所示，设计“用户注册表”表单。

（2）在表单中的第 1 行输入“用户名”，设置用户名字符宽度为 25，最多字符数为 25；在第 2 行输入密码，密码字符宽度为 20。

（3）在表单中的第 3 行输入“性别”，性别后面添加单选按钮，设置单选按钮组（名称为“xb”）中的“男”为默认选项。

（4）在表单中的第 4 行输入“兴趣爱好”，在文本“兴趣爱好”后面添加复选按钮，并添加“阅读”、“运动”、“音乐”和“画画”标签。

（5）在表单中的第 5 行输入“学历”，在“学历”后添加列表，列表内容为“高中”“本科”“硕士”“博士”，初始选定“本科”。

（6）在表单中的第 6 行添加“个人经历”文件域；表单中的第 7 行输入“我的留言”，行数为 5，宽度 60 的多行文本区域。

（7）在表单中的第 8 行添加两个按钮，分别为“注册”按钮和“取消”按钮。

操作步骤如下。

（1）打开网页文件 zhucebiao.html，设置网页标题为“用户注册表”，在文档顶部输入文档标题“用户注册”，并居中；如图 7-57 所示，设计“用户注册表”表单。

- 打开网页文件 zhucebiao.html，在“属性”面板“文档标题”框内输入标题“用户注册表”，按“Enter”键确认。
- 在文档顶部输入文本“用户注册”，在“属性”面板中单击“居中”按钮（）。

（2）在表单中的第 1 行输入用户名，设置用户名字符宽度为 25，最多字符数为 25；第 2 行输入密码，设置密码字符宽度为 20。

- 单击“插入”工具栏上的“表单”选项卡，如图 7-58 所示。

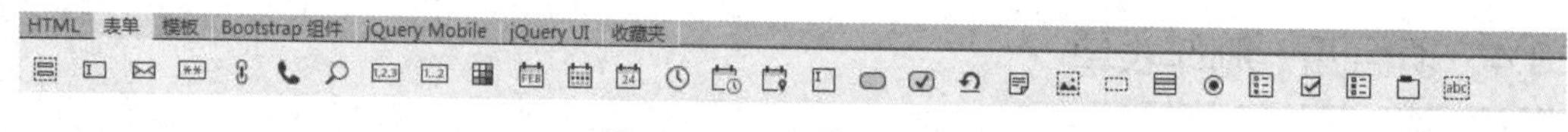

图 7-58 “表单”选项卡

- 将鼠标光标定位在第 2 行，单击“插入表单域”按钮（），在光标所在行插入红色虚线框表单域，在红色虚线框内的第 1 行输入“用户名”后，单击“文本字段”按钮（），删除出现的“Text Field”文本，选定其右边的文本框，在“属性”面板中设置字符宽度和最多字符数均为 25，如图 7-59 所示。

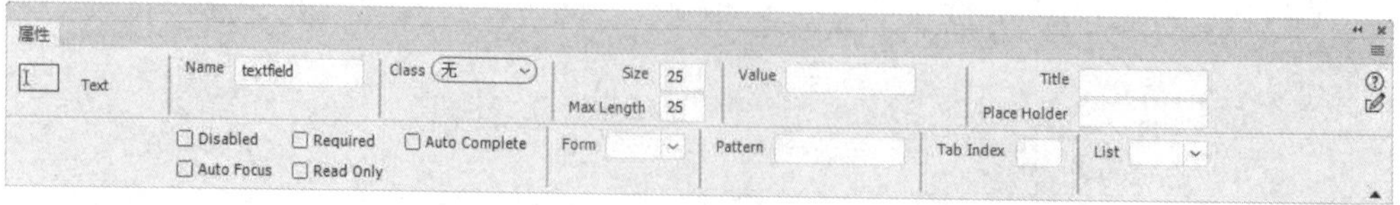

图 7-59 设置“表单域”按钮

- 将鼠标光标定位于红色虚线框内的第 2 行，输入用户密码后，单击“密码”按钮（），删除出现的“Password”文本，选中其右边的文本框，在“属性”面板中设置字符宽度为 20，如图 7-60 所示。

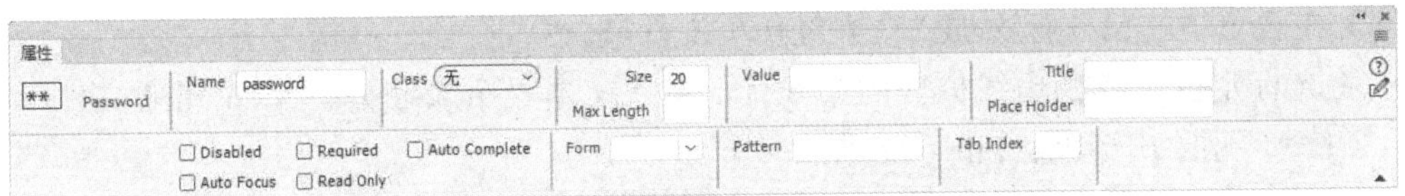

图 7-60　设置“用户密码”按钮

（3）在表单中的第 3 行输入“性别”，在“性别”后面添加单选按钮，设置单选按钮组（名称为“xb”）中的“男”为默认选项。

- 将鼠标光标定位于红色虚线框内的第 3 行，输入文本“性别：”，单击“单选按钮组”按钮（ ），打开“单选按钮组”对话框，如图 7-61 所示，设置性别信息，完成后单击“确定”按钮。删除出现的“ ”标记，使单选按钮显示在一行中。选中“男”前面的单选按钮，在“属性”面板中勾选“checked”选项，表示该项为默认选项，参数如图 7-62 所示。

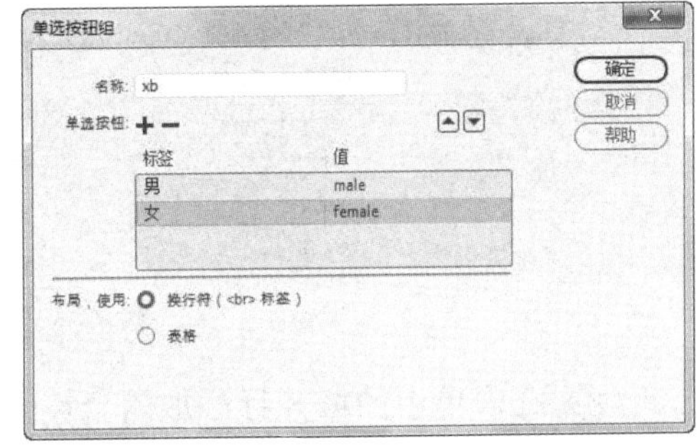

图 7-61　表单中“单选按钮组”对话框

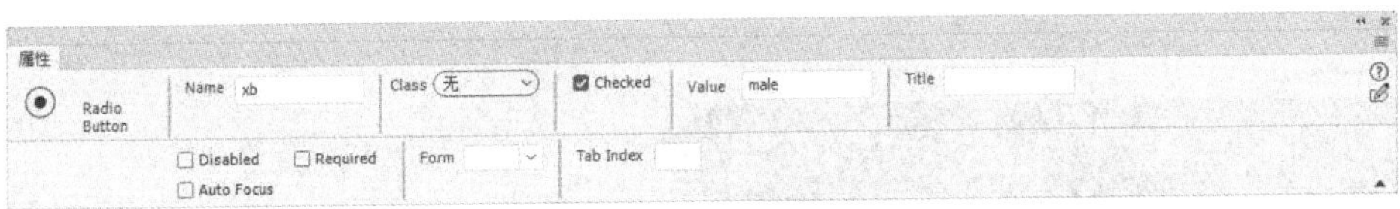

图 7-62　表单中单选按钮参数

（4）在表单中的第 4 行输入文本“兴趣爱好”，在“兴趣爱好”后面添加复选框，并添加“阅读”、“运动”、“音乐”和“画画”标签。

- 将光标定位于红色虚线框内的第 4 行，输入文本“兴趣爱好：”，单击“复选框组”按钮（ ），打开“复选框组”对话框，如图 7-63 所示，设置兴趣爱好信息，完成后单击“确定”按钮。删除出现的“ ”标记，使复选框项显示在一行中。

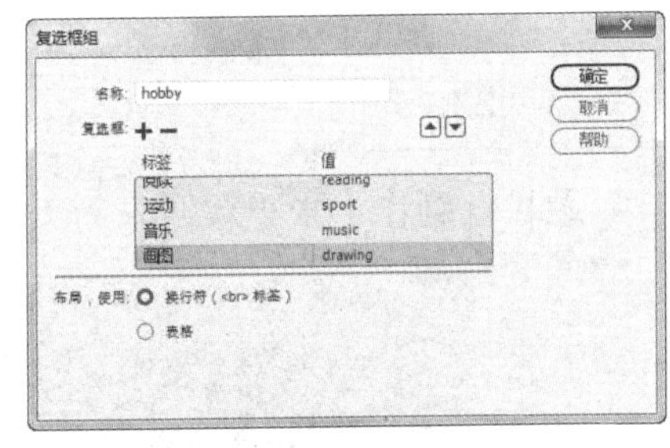

图 7-63　表单中复选框组设置

（5）在表单中的第 5 行输入文本“学历”，在“学历”后面添加列表，列表内容为“高中”“本科”“硕士”“博士”，默认选定为“本科”。

- 将鼠标光标定位于红色虚线框内的第 5 行，输入文本“学历：”，单击“选择”按钮（ ），删除出现的“Select”文本。
- 选定其右边的列表框，在“属性”面板单击“列表值”按钮（列表值...），打开“列表值”对话框，如图 7-64 所示，输入列表内容，完成后单击“确定”按钮，在“属性”面板的“Selected”菜单中单击“本科”选项。

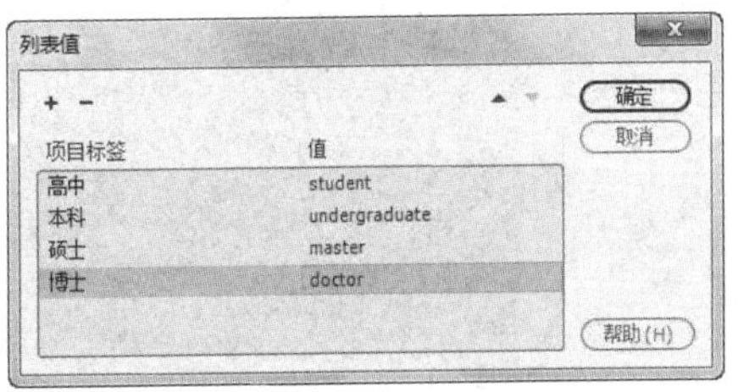

图 7-64　“列表值”对话框设置

（6）在表单中的第 6 行添加“个人经历”文件域。

- 将光标定位于红色虚线框内的第 6 行，输入文本“个人经历：”，单击“文件”按钮（ ），删除出现的“File”文本。

（7）在表单中的第 7 行输入“我的留言”，设置行数为 5，宽度为 60 的多行文本区域。

- 将鼠标光标定位于红色虚线框内的第 7 行，输入文本“我的留言”，单击“文本区域”按钮（ ），删除出现的“Text Area”文本。选择其右边的文本框，在“属性”面板中设置“Rows”为 5，“Cols”为 60。如图 7-65 所示。

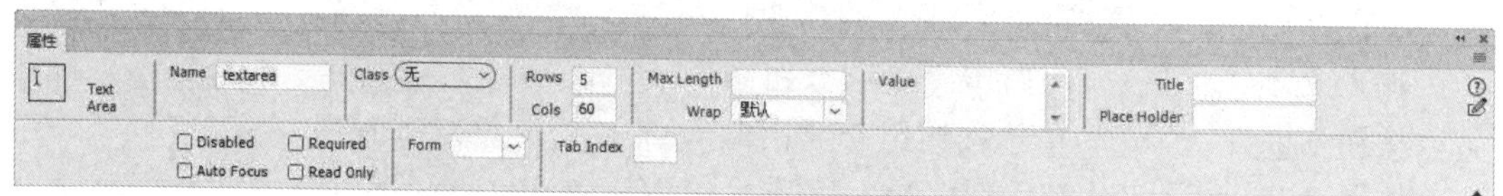

图 7-65　文本区域“属性”面板

（8）在表单中的第 8 行添加两个按钮“注册”按钮和“取消”按钮。

- 将鼠标光标定位于红色虚线框内第 7 行，单击“提交”按钮（ ），选定按钮，在“属性”面板的“Value”框中输入“注册”；将鼠标光标定位于“注册”按钮后，单击“重置”按钮（ ），选定按钮，在“属性”面板的“Value”框中输入“取消”。

7.4　网页设计课后上机练习

7.4.1　练习 1

题目：制作一张“欢迎来到美丽的临港”主页，效果如图 7-66 所示。

图 7-66　“欢迎来到美丽的临港”主页效果

具体要求如下。

操作提示：利用 wy1 文件夹中的素材（图片素材在 wy1\images 文件夹中，动画素材在 wy1\flash 文件夹中），按题目要求制作或编辑网页，将结果保存在原文件夹中。

（1）启动 Dreamweaver CC 2018，将“第七章\wy1”文件夹复制到 D:\下，并利用“站点”菜单中的“新建站点”命令建立“临港”站点。

（2）新建主页 index.html，将其保存在该站点中；设置网页标题为“欢迎来到美丽的临港”；设置网页背景图片为 bg.jpg；在第 1 行插入一个 6 行 3 列的表格，设置宽度为 90%，设置表格属性为“居中对齐、边框线宽度”，设置单元格填充为 0，设置单元格间距为 10。

（3）按样张合并第 1 行第 1 列和第 2 行第 1 列的单元格，并在其中插入图片文件 Img1.jpg，设置该图片的宽度为 336 像素，高度为 239 像素，设置图片所在单元格与图片同宽，将该图片中滴水湖部分超链接到“滴水湖 .jpg”文件，以新窗口方式打开。

（4）按样张合并第 1 行第 2 列和第 3 列的单元格，在单元格内输入文本“美丽的临港”设置“美丽的临港”字体为“黑体”，字号为 30 像素，颜色为 #ED2408，设置在该单元格内水平垂直均居中对齐；按样张在表格第 2 行第 2 列和第 3 列单元格内输入文本（文本可从“美丽的临港 .txt”中获得），文字在单元格内水平左对齐，垂直顶端均对齐。

（5）按样张合并第 3 行的第 1 ～ 3 列单元格，调整该单元格高度为 30 像素，并插入水平线，设置水平线的宽度为 90%，高度为 5，颜色为 #520C03。

（6）按样张在表格的第 4 行第 1 列单元格输入文本“临港简介”，设置“临港简介”文本格式，字体为“隶书”，字号为 36 像素，颜色为 #701306，粗体。

（7）按样张合并第 5 行第 1 列和第 6 行第 1 列的单元格，在合并后单元格内插入文本文件“临港简介 .txt”中的文本并编辑，设置正文文本格式为“隶书、14 像素（或 12 磅）”，颜色为 #996633，在该表格的文本前插入 8 个半角空格。

（8）按样张合并第 4 行第 2 列和第 5 行第 2 列的单元格，插入鼠标经过图像效果，原始图像为 Img2.jpg，鼠标经过图像为 Img3.jpg，调整图像大小为 360 像素 ×300 像素（宽度 × 高度）。

（9）在表格第 4 行第 3 列单元格输入文本“问卷调查”，设置在该单元格内水平垂直均居中对齐；按样张在表格第 5 行第 3 列单元格内创建表单，在表单中添加“喜欢”和“不喜欢”单选按钮（组名为“xh”）；在文本“您的建议：”后插入文件域，最后插入“提交”按钮和“重置”按钮。

（10）按样张为表格第 2 行第 2 列中的文本“上海天文馆”设置超链接到 https://www.sstm-sam.org.cn/，在新窗口中打开；在表格的第 6 行第 2 列输入文本“版权所有临港”，并在文本中插入版权符号“©”。在表格第 6 行第 3 列输入文本“联系我们”，将“联系我们”设置为单击后可发送电子邮件到 Lin@163.com。

（11）设置已访问链接颜色为灰色（#333）。

7.4.2　练习 2

题目：制作一张“神舟飞船介绍”主页，效果如图 7-67 所示。

操作提示：利用 wy2 文件夹中的素材（图片素材在 wy2\images 中，动画素材在 wy2\flash 中），按题目要求制作或编辑网页，结果保存在原文件夹中。

具体要求如下。

（1）打开主页 index.html，设置网页标题为“神舟飞船”，网页背景颜色为 #FFFFCC。设置表格宽度为 70%，单元格边距、间距均为 5，边框为 0；将表格第 1 行合并单元格，单元格背景颜色为 #FFCC66。单元格内容水平居中对齐。

（2）将第 1 行文本“神舟飞船介绍”设置为“微软雅黑、颜色为 #FFFFFF、36 像素，内容居中对齐”。在表格第 2 行第 2 列，插入图像 T1.jpg，调整图片大小为 300 像素 ×200 像素（宽度 × 高度）。表格第 2 行中的“更多详情 ...”设置超链接到网站 http://www.china.com.cn/，并在新窗口中打开。

图 7-67　“神舟飞船介绍”主页效果

（3）在表格第 3 行第 3 列插入鼠标经过图像效果，原始图像为 T2.jpg，鼠标经过图像为 T3.png，调整图像大小为 300 像素 ×150 像素（宽度 × 高度）；为第 3 行第 1 列相关段落内容添加如样张所示的项目列表，设置“联系我们”邮件链接为 ourname@163.com。

（4）按样张在第 3 行的表单中，插入 1 个名为“radio”的单选按钮组，标签分别为“是”和“否”，其中“是”为默认选项，在“留言内容”后添加文本域，并添加“提交”按钮和“重置”按钮。

（5）在表格第 4 行“版权所有”上方插入水平线，设置宽度为 90%，高度为 3，无阴影。并在文本“版权所有”后面插入版权符号，设置单元格内容为水平居中对齐。

7.5　课后练习与指导

一、选择题

1．HTML 代码 <img src=”name”> 表示 ____。

A．添加一个图像　　　　B．排列对齐一个图像

C．设置围绕一个图像的边框的大小　　D．加入一条水平线

2．在网页的表单中允许用户从一组选项中选择多个选项的表单对象是 ____。

A．单选按钮　　B．列表　　C．复选框　　D．跳转菜单

3．在 HTML 中，<font> 标记的 size 属性最大取值可以是 ____。

A．6　　B．7　　C．8　　D．9

4．网页标题可以在“____”对话框中修改。

A．参数　　B．页面属性

C．编辑站点　　D．标签编辑器

5．网页设计软件中的 CSS 表示 ____。

A．数据库　　B．行为　　C．时间线　　D．样式表

6．在制作网页时，一般不选用的图像文件格式是 ____。

A．JPG 格式　　B．GIF 格式

C．BMP 格式　　D．PNG 格式

7．以下 ____ 不属于 Dreamweaver CC 2018 提供的热点创建工具。

A．矩形热点工具　　B．圆形热点工具

C．多边形热点工具　　D．指针热点工具

8．在 Dreamweaver CC 2018 表单中，关于文本域说法错误的是 ____。

A．密码文本域输入值后显示为“*”

B．多行文本域不能进行最大字符数设置

C．多行文本域的行数设定以后，输入内容不能超过设定的行数

D．密码文本和单行文本域一样，都可以进行最大字符数的设置

9．建立电子邮件的超链接时，在属性面板的文本框中输入“____+ 电子邮件地址”。

A．mali to　　B．mail to:　　C．mailto;　　D．mailto:

10．在网页设计中，____ 的说法是错误的。

A．可以给文字定义超级链接

B．可以给图像定义超级链接

C．不能对图像某部分定义超级链接

D．链接、已访问过的链接、当前访问的链接可设为不同的颜色

11．在 HTML 中，下面换行标签的是 ____。

A．<body> </body>　　B．<title> </title>

C．
　　D．<u> </u>

12．动态网页一般都需要发布到服务器上才能运行，这样的服务器被称为 ________ 服务器。

A．Email　　B．DNS　　C．Web　　D．News

13．规划站点时应该遵循 ____ 原则。

A．建立树形文件夹保存文件

B．所有插入的对象建议都要保存在树形文件夹内

C．避免使用中文文件名

D．以上各项都正确

14．在 Dreamweaver CC 2018 中，“项目列表”功能作用的对象是 ________。
A．单个文本　　B．段落　　C．字符　　D．图片

15．HTML 标记中，用于显示水平线的标记是 ________。
A．<TR>　　B．<HR>　　C．
　　D．<PR>

二、填空题

1．HTML 的正式名称是 ________。

2．创建空链接使用的符号是 ________。

3．一个具体对象对其他对象的超级链接是一种 ________ 的关系。

4．在 HTML 文档中插入图像其实只是写入一个图像的 ________，而不是真的把图像插入到文档中。

5．Dreamweaver CC 2018 的模板文件的扩展名是“________”。

附录A

课后练习与指导参考答案

第2章

一、选择题

1．C　2．C　3．C　4．C　5．B　6．B　7．D　8．D　9．D　10．D

二、填空题

1．Alt+Tab　2．Alt+PrintScreen　3．并排显示　4．文件类型　5．快捷菜单

第3章

一、选择题

1．A　2．A　3．A　4．B　5．C　6．D　7．C　8．B　9．B　10．B
11．B　12．C　13．A　14．D

二、填空题

1．.dotx/dotx　2．Tab　3．字体　4．两端对齐　5．Ctrl

第4章

一、选择题

1.B 2.D 3.A 4.A 5.D 6.C 7.C 8.D 9.A 10.B
11.B 12.C 13.A 14.D 15.C

二、填空题

1．列宽 2．混合 3．=B3+C3 4．单元格 5．字段

第5章

一、选择题

1．D 2．C 3．B 4．A 5．A 6．D 7．D 8．A 9．C 10．A
11．B 12．D 13．C 14．B 15．B 16．D

二、填空题

1．大纲视图 普通视图 幻灯片浏览视图 备注页视图 2．2
3．为了展示给别人看 4．图表 图表 5．插入 6．Esc 7．幻灯片切换
8．表格 9．幻灯片放映 10．Alt+F4 11．演示文稿 .PPT
12．新演示文稿 设计模板 内容模板 .pot 13．动画效果 普通 动画方案
14．演讲者放映 观众自行浏览 在展台浏览
15．大纲窗口幻灯片窗口 备注窗口 幻灯片窗口 16．属性 状态
17．内容提示向导 设计模板 空演示文稿 18．投影仪 计算机
19．预设动画 20．超级链接

第6章

一、选择题

1．A 2．D 3．D 4．A 5．C 6．B 7．A 8．C 9．D 10．C
11．B 12．D 13．A 14．A 15．C 16．C 17．C 18．B 19．A 20．C

二、填空题

1．多媒体系统 获取 存储 传输 2．快速蒙版 图层蒙版 矢量蒙版 剪切蒙版
3．输入显示媒体 4．.cda 44.1 5．矢量图、位图 6．像素
7．套索工具，多边形套索工具，磁性套索工具 8．动作补间
9．工具 选项 10．图形 影片剪辑 按钮

第7章

单选题：

1．A 2．C 3．B 4．B 5．D 6．C 7．D 8．C 9．D 10．C
11．C 12．C 13．B 14．D 15．B

填空题：

1．超文本标识语言 2．# 3．一对一 4．链接地址 5．.dwt